Digitale Baustelle-
innovativer Planen, effizienter Ausführen

Willibald Günthner • André Borrmann
Herausgeber

Digitale Baustelle-
innovativer Planen,
effizienter Ausführen

Werkzeuge und Methoden für das Bauen
im 21. Jahrhundert

 Springer

Herausgeber
Prof. Dr. Willibald Günthner
Lehrstuhl für Fördertechnik
Materialfluss Logistik (fml)
Technische Universität München
Boltzmannstr. 15, Gebäude 5
85748 Garching
Deutschland
guenthner@fml.mw.tum.de

Dr. André Borrmann
Lehrstuhl für Computation in Engineering
(CiE)
Technische Universität München
Arcisstraße 21
80290 München
Deutschland
andre.borrmann@tum.de

Bayerische
Forschungsstiftung

Der Forschungsverbund ForBAU wurde von der Bayerischen Forschungsstiftung gefördert.
Die Verantwortung für den Inhalt liegt bei den Autoren.

ISBN 978-3-642-16485-9   e-ISBN 978-3-642-16486-6
DOI 10.1007/978-3-642-16486-6
Springer Heidelberg Dordrecht London New York

Die Deutsche Nationalbibliothek verzeichnet diese Publikation in der Deutschen Nationalbibliografie;
detaillierte bibliografische Daten sind im Internet über http://dnb.d-nb.de abrufbar.

Einbandentwurf: WMXDesign GmbH, Heidelberg

Gedruckt auf säurefreiem Papier

Springer ist Teil der Fachverlagsgruppe Springer Science+Business Media (www.springer.com)

Vorwort

Das Bauwesen unterliegt heute enormen Anforderungen. Immer komplexere Bauvorhaben müssen in immer kürzerer Zeit realisiert werden. Gleichzeitig erzeugt der starke Wettbewerb in der Branche einen deutlichen Kostendruck. Diesen Anforderungen wird die deutsche Bauindustrie nur durch eine Steigerung der Effizienz bei der Planung und Abwicklung von Bauvorhaben begegnen können. Im Augenblick muss jedoch konstatiert werden, dass die im Bauwesen erreichte Prozessqualität, vor allem hinsichtlich Termintreue und Kostensicherheit, stark hinter der anderer Branchen, wie beispielsweise der Fahrzeugindustrie, zurückbleibt.

Die Gründe hierfür sind vielfältig und liegen zum einen in den schwierigen Rahmenbedingungen, denen die Bauindustrie unterliegt, darunter die Fertigung von Unikaten, die Abhängigkeit von Witterungseinflüssen, die starke Fragmentierung der Branche und die ausgeprägte Segmentierung entlang der Prozesskette. Zum anderen lässt sich aber eine im Vergleich mit anderen Industriezweigen nur sehr eingeschränkte Nutzung moderner Informations- und Kommunikationstechnologien beobachten. Zwar werden für spezifische Teilaufgaben bereits ausgereifte Softwareprodukte eingesetzt, vor allem in der Verbesserung des Datenflusses und damit in der Weiterverwendung bestehender digitaler Daten besteht jedoch erhebliches Potential für eine Effizienz- und Qualitätssteigerung im Bauwesen.

Experten und Forscher aus Wissenschaft und Industrie haben sich daher im dreijährigen Forschungsverbund „ForBAU – Digitale Werkzeuge für die Bauplanung und -abwicklung" der Herausforderung gestellt, ein Konzept zur ganzheitlichen computergestützten Abbildung komplexer Bauvorhaben in Form eines digitalen Baustellenmodells zu entwickeln, welches in jeder Projektphase – von der Planung über die Ausführung bis zur Bewirtschaftung – genutzt werden kann.

Gemeinsam mit einer Vielzahl von Unternehmen aus der Bau- und Softwareindustrie erarbeiteten sieben Lehrstühle der Technischen Universität München, der Universität Erlangen-Nürnberg, der Hochschule Regensburg und vom Deutschen Zentrum für Luft- und Raumfahrttechnik (DLR) Methoden und Konzepte für das Bauen im 21. Jahrhundert. Dabei galt es, die Vision der Digitalen Baustelle mit Leben zu erfüllen und die konzeptionelle und technologische Grundlage für ihre Umsetzung zu schaffen. Das ForBAU-Projekt konzentrierte sich dabei auf den Infrastrukturbau, also die Realisierung von Verkehrstrassen und der darin enthaltenen

Brückenbauwerke. Anhand dieses Baustellentyps konnten die Vorteile einer ganz-heitlichen, integrierten Abbildung der im Zuge von Planung und Ausführung an-fallenden Daten und ihre vielfältige Nutzung aufgezeigt werden.

Von besonders großer Bedeutung war der interdisziplinäre Charakter des For-schungsverbunds, der es ermöglichte, die in anderen Industriezweigen gesammel-ten Erfahrungen bei der Einführung der digitalen Prozesskette zu nutzen und auf die Spezifika des Bauwesens zu übertragen.

Das vorliegende Buch fasst die im ForBAU-Projekt erzielten Ergebnisse der dreijährigen Forschungsarbeit zusammen. Das erste Kapitel beschreibt den Status Quo der Planung und Ausführung und die damit verbundenen Probleme und Her-ausforderungen. Darauf aufbauend werden in den Kap. 2 bis 5 die im Rahmen des ForBAU-Projekts entwickelten Methoden und Technologien zur Umsetzung der Vi-sion der Digitalen Baustelle vorgestellt. Dazu gehören die konsequent 3D-gestützte Planung, die Nutzung von Systemen zur zentralen Datenhaltung, die computerge-stützte Simulation des Bauablaufs und die Einführung moderner Logistikkonzepte. Kapitel 6 beschreibt die erfolgreiche Validierung der entwickelten Methoden an-hand einer ganzen Reihe von Pilotbaustellen.

Dieses Buch und die darin vorgestellten Ergebnisse wurden nur durch die inten-sive Zusammenarbeit aller Projektpartner ermöglicht. Für die stets gute und pro-duktive Kooperation möchten wir uns bei allen Partnern herzlich bedanken. Ein ganz besonderer Dank gilt der Bayerischen Forschungsstiftung, deren großzügige Förderung das Projekt überhaupt erst ermöglicht hat. Die unkomplizierte und part-nerschaftliche Zusammenarbeit hat uns die Freiheit gegeben, die Vision der Digita-len Baustelle umzusetzen. Wir danken auch dem Springer-Verlag für die angeneh-me Zusammenarbeit bei der Herausgabe des Buches.

München   Willibald A. Günthner, André Borrmann
September 2010

Inhalt

Autorenverzeichnis

Dipl.-Ing. Tobias Baumgärtel Zentrum Geotechnik, Technische Universität München, Baumbachstraße 7, 81245 München, Deutschland
E-Mail: t.baumgaertel@bv.tum.de

Dr.-Ing. André Borrmann Lehrstuhl für Computation in Engineering, Technische Universität München, Arcisstraße 21, 80290 München, Deutschland
E-Mail: andre.borrmann@tum.de

Prof. Dr.-Ing. Thomas Euringer Fachbereich Bauingenieurwesen Bauinformatik/CAD, Hochschule Regensburg, Prüfeninger Str. 58, 93049 Regensburg, Deutschland
E-Mail: thomas.euringer@hs-regensburg.de

Dipl.-Ing. (FH) Andreas Filitz PROCAD GmbH & Co. KG, Vincenz-Prießnitz-Straße 3, 76131 Karlsruhe, Deutschland
E-Mail: af@procad.de

Dipl.-Math. Matthias Frei Obermeyer Planen + Beraten GmbH, Hansastraße. 40, 80686 München, Deutschland
E-Mail: matthias.frei@opb.de

Prof. Dr.-Ing. Dipl.-Wirtsch.-Ing. Willibald A. Günthner Lehrstuhl für Fördertechnik Materialfluss Logistik (fml), Technische Universität München, Boltzmannstr. 15, 85748 Garching, Deutschland
E-Mail: guenthner@fml.mw.tum.de

Dipl.-Betriebswirt (FH) Tobias Hasenclever Saint-Gobain Building Distribution Deutschland GmbH, Hanauer Landstraße 150, 60314 Frankfurt am Main, Deutschland
E-Mail: tobias.hasenclever@saint-gobain.com

Prof. Dr.-Ing. Gerd Hirzinger Institut für Robotik und Mechatronik, Deutsches Zentrum für Luft- und Raumfahrt (DLR), Münchner Straße 20, 82234 Oberpfaffenhofen-Wessling, Deutschland
E-Mail: gerd.hirzinger@dlr.de

Dipl.-Kfm. Gerritt Höppner Abteilungsleitung Logistik, hagebau
Handelsgesellschaft für Baustoffe mbH & Co. KG, Celler 47, 29614 Soltau,
Deutschland
E-Mail: gerritt.hoeppner@hagebau.de

Dipl.-Ing. Tim Horenburg Lehrstuhl für Fördertechnik Materialfluss Logistik,
Technische Universität München, Boltzmannstr. 15, 85748 Garching, Deutschland
E-Mail: horenburg@fml.mw.tum.de

Dipl.-Inf. Yang Ji Lehrstuhl für Computation in Engineering,
Technische Universität München, Arcisstraße 21, 80290 München, Deutschland
E-Mail: y.ji@bv.tum.de

Dr.-Ing. Rudolf Juli Obermeyer Planen + Beraten GmbH, Hansastraße 40,
80686 München, Deutschland
E-Mail: rudolf.juli@opb.de

Alexander Kisselbach Siemens Industry Software GmbH & Co. KG,
Oskar-Messter-Straße 22, 85737 Ismaning, Deutschland
E-Mail: alexander.kisselbach@siemens.com

Dipl.-Ing. Cornelia Klaubert Lehrstuhl für Fördertechnik Materialfluss Logistik,
Technische Universität München, Boltzmannstr. 15, 85748 Garching, Deutschland
E-Mail: klaubert@fml.mw.tum.de

Prof. Dr.-Ing. Markus König Lehrstuhl für Informatik im Bauwesen, Ruhr-
Universität Bochum, Universitätsstraße 150, 44780 Bochum, Deutschland
E-Mail: office@inf.bi.rub.de

Prof. Dr. Michael Krupp Fachgebiet Logistik & Supply Chain Management,
Hochschule für angewandte Wissenschaften Augsburg, Schillstr. 100,
86189 Augsburg, Deutschland
E-Mail: michael.krupp@hs-augsburg.de

Dipl.-Ing. Erhard Lederhofer Obermeyer Planen + Beraten GmbH,
Hansastraße 40, 80686 München, Deutschland
E-Mail: erhard.lederhofer@opb.de

Dr.-Ing. Thomas Liebich AEC3 Deutschland GmbH, Wendl-Dietrich-Str. 16,
80634 München, Deutschland
E-Mail: tl@aec3.de

Dipl.-lng. (FH) Jürgen Mack Max Bögl Bauservice GmbH & Co. KG,
Postfach 1120, 92301 Neumarkt, Deutschland
E-Mail: jmack@max-boegl.de

Dr.-Ing. Frank Neuberg Max Bögl Bauservice GmbH & Co. KG,
Postfach 1120, 92301 Neumarkt, Deutschland
E-Mail: fneuberg@max-boegl.de

M.Eng. Dipl.-Ing. (FH) Mathias Obergrießer Fachbereich Bauingenieurwesen
Bauinformatik/CAD, Hochschule Regensburg, Prüfeninger Str. 58,
93049 Regensburg, Deutschland
E-Mail: mathias.obergriesser@hs-regensburg.de

Dipl.-Ing. (FH) Stefan Pfaff PPI Informatik – Dr. Prautsch & Partner,
Posenerstraße 1, 71065 Sindelfingen, Deutschland
E-Mail: stefan.pfaff@ppi-informatik.de

Dipl.-Wirtsch.-Ing. Markus Pfitzner Max Bögl Bauservice GmbH & Co. KG,
Postfach 1120, 92301 Neumarkt, Deutschland
E-Mail: mpfitzner@max-boegl.de

Dipl.-Ing.(FH) Dipl.-Inf.(FH) Claus Plank Fachbereich Bauingenieurwesen,
Labor für Vermessungskunde, Hochschule Regensburg, Prüfeninger Str. 58,
93049 Regensburg, Deutschland
E-Mail: claus.plank@hs-regensburg.de

Dr. (Univ. FI) Karin H. Popp RIB Software AG, Lindberghstr. 11,
82178 Puchheim, Deutschland
E-Mail: pok@rib-software.com

Dipl.-Ing. (FH) Hanno Posch SSF Ingenieure GmbH, Leopoldstraße 208,
80804 München, Deutschland
E-Mail: hposch@ssf-ing.de

Dr.-Ing. Rupert Reif Safelog GmbH, Ammerthalstraße 8, 85551 Kirchheim,
Deutschland
E-Mail: reif@safelog.de

Dr.-Ing. Stefan Sanladerer Siemens Industry Software GmbH & Co. KG,
Oskar-Messter-Straße 22, 85737 Ismaning, Deutschland
E-Mail: stefan.sanladerer@siemens.com

Dipl.-Ing. Oliver Schneider Lehrstuhl für Fördertechnik Materialfluss Logistik,
Technische Universität München, Boltzmannstr. 15, 85748 Garching, Deutschland
E-Mail: schneider@fml.mw.tum.de

Dipl.-Ing. Markus Schorr Lehrstuhl für Fördertechnik Materialfluss Logistik,
Technische Universität München, Boltzmannstr. 15, 85748 Garching, Deutschland
E-Mail: schorr@fml.mw.tum.de

Dipl.-Ing. (FH) Wilhelm Schürkmann Bauvision Management BVM GmbH,
James-Watt-Straße 6, 33334 Gütersloh, Deutschland
E-Mail: wschuerkmann@bauvision.de

Dipl.-Ing. Sabine Steinert Faust Consult GmbH Architekten + Ingenieure,
Biebricher Allee 36, 65187 Wiesbaden, Deutschland
E-Mail: sabine.steinert@faust-consult.de

Dipl.-Ing. Dirk Steinhauer Flensburger Schiffbau-Gesellschaft mbH & Co KG, Batteriestr. 52, 24939 Flensburg, Deutschland
E-Mail: steinhauer@fsg-ship.de

Prof. Dipl.-Ing. Wolfgang Stockbauer Fachbereich Bauingenieurwesen, Labor für Vermessungskunde, Hochschule Regensburg, Prüfeninger Str. 58, 93049 Regensburg, Deutschland
E-Mail: stockbauerw@t-online.de

Dipl.-Ing. Bernhard Strackenbrock Institut für Robotik und Mechatronik, Deutsches Zentrum für Luft- und Raumfahrt (DLR), Rutherfordstraße 2, 12489 Berlin-Adlershof, Deutschland
E-Mail: bernhard.strackenbrock@dlr.de

Dipl.-Ing. Dieter Stumpf SSF Ingenieure GmbH, Leopoldstraße 208, 80804 München, Deutschland
E-Mail: dstumpf@ssf-ing.de

Dipl.-Ing. Alaeddin Suleiman Zentrum Geotechnik, Technische Universität München, Baumbachstraße 7, 81245 München, Deutschland
E-Mail: alaeddin.suleiman@bv.tu-muenchen.de

Dipl.-Kfm. Sebastian Uhl Zentrum für Intelligente Objekte ZIO, Fraunhofer-Arbeitsgruppe für Supply Chain Services SCS, Dr.-Mack-Straße 81, 90762 Fürth, Deutschland
E-Mail: uhlsn@scs.fraunhofer.de, sebastian.uhl@dm-drogeriemarkt.de

Univ.-Prof. Dr.-Ing. Norbert Vogt Zentrum Geotechnik, Technische Universität München, Baumbachstraße 7, 81245 München, Deutschland
E-Mail: vogt@bv.tum.de

Dipl.-Wirtsch.-Ing. Jörg Weidner Zentrum für Intelligente Objekte ZIO, Fraunhofer-Arbeitsgruppe für Supply Chain Services SCS, Dr.-Mack-Straße 81, 90762 Fürth, Deutschland
E-Mail: joerg.weidner@scs.fraunhofer.de

Dr.-Ing. Uwe Willberg Autobahndirektion Südbayern, Seidlstraße 7-11, 80335 München, Deutschland
E-Mail: uwe.willberg@abdsb.bayern.de

Dipl.-Ing. Johannes Wimmer Lehrstuhl für Fördertechnik Materialfluss Logistik, Technische Universität München, Boltzmannstr. 15, 85748 Garching, Deutschland
E-Mail: wimmer@fml.mw.tum.de

Über die Autoren

Dipl.-Ing. Tobias Baumgärtel studierte Bauingenieurwesen an der Technischen Universität München. Seit 2002 ist er am Zentrum Geotechnik der Technischen Universität München als wissenschaftlicher Mitarbeiter beschäftigt. Neben der geotechnischen Beratung und Begleitung von Bauprojekten bearbeitet er Forschungsprojekte aus den Bereichen Erdbau des Straßenbaus, Tunnel- und Rohrleitungsbau sowie Nachhaltigkeit in der Geotechnik. Im Rahmen seiner Dissertation setzt er sich mit der Verwendung von Erdbaustoffen mit zeitlich veränderlichen Eigenschaften auseinander.

Dr.-Ing. André Borrmann ist Leiter der Forschungsgruppe Bauinformatik am Lehrstuhl für Computation in Engineering der Technischen Universität München. Er hat bis 2003 an der Bauhaus-Universität Weimar Bauingenieurwesen in der Vertiefungsrichtung Bauinformatik studiert und 2007 an der Technischen Universität München promoviert. Seine Forschungsschwerpunkte liegen in den Bereichen des Building Information Modeling, der Computerunterstützung des kooperativen Engineerings, der Simulation von Bauabläufen, der geometrisch-topologischen Analyse von digitalen Bauwerksmodellen und der Simulation von Personenströmen. Darüber hinaus ist Borrmann Geschäftsführer der BIMconsult UG, einem Unternehmen, das zu Fragestellungen des Building Information Modeling beratend tätig ist.

Prof. Dr.-Ing. Thomas Euringer war im Anschluss an das Studium des Bauingenieurwesens als Assistent am Lehrstuhl für Bauinformatik an der Technischen Universität in München beschäftigt. Nach der Promotion trat er als Leiter der Entwicklungsabteilung in die Firma Fides DV-Partner GmbH ein. Im Jahr 2002 erfolgte der Ruf an die Hochschule Regensburg. Euringer vertritt dort an der Fakultät für Bauingenieurwesen das Fachgebiet Bauinformatik/CAD.

Dipl.-Ing. (FH) Andreas Filitz studierte Maschinenbau an der Fachhochschule Aalen und der University of Wolverhampton (GB). Im Anschluss arbeitete er drei Jahre in Konstruktion und Arbeitsvorbereitung/Einkauf in einem Werkzeug- und Maschinenbauunternehmen. Seit 1996 ist er bei der Firma PROCAD GmbH & Co. KG für den Vertrieb des Dokumenten- und Produktdatenmanagementsystems PRO. FILE verantwortlich.

Dipl.-Math. Matthias Frei studierte Mathematik mit Nebenfach Informatik an der Technischen Universität München und ist seit 1993 bei der Obermeyer Planen + Beraten GmbH in der Abteilung Datenverarbeitung als Softwareentwickler tätig. Seit 1996 ist er als Projektleiter bzw. Fachbereichsleiter (seit 2004) verantwortlich für die Entwicklung der Trassierungssoftware ProVI, einem Programmsystem für den Verkehrs- und Infrastrukturbau.

Prof. Dr.-Ing. Dipl.-Wirtsch.-Ing. Willibald A. Günthner studierte an der Technischen Universität München Maschinenbau sowie Arbeits- und Wirtschaftswissenschaften. Nach seiner Promotion am dortigen Lehrstuhl für Förderwesen trat er als Konstruktions- und Technischer Leiter für Förder- und Materialflusstechnik in die Fa. Max Kettner Verpackungsmaschinen ein. 1989 übernahm er die Professur für Förder- und Materialflusstechnik an der FH Regensburg. Seit 1994 ist Günthner Leiter des Lehrstuhls für Fördertechnik Materialfluss Logistik an der TU München. Seit 2008 ist er Sprecher des Forschungsverbunds ForBAU.

Dipl.-Betriebswirt (FH) Tobias Hasenclever studierte Betriebswirtschaftslehre mit Schwerpunkt Beschaffung und Logistik an der Fachhochschule Pforzheim. Seit 2004 arbeit er bei Saint-Gobain Building Distribution Deutschland GmbH als Mitarbeiter der Zentralen Logistik. Zurzeit betreut Hasenclever die Bereiche Lagerplanung und Transportmanagement sowie das logistische Projektmanagement.

Prof. Dr.-Ing. Gerd Hirzinger studierte an der Technischen Universität München Elektrotechnik und promovierte danach am Deutschen Zentrum für Luft- und Raumfahrt (DLR) in Oberpfaffenhofen auf dem Gebiet der Regelungstechnik. 1991 wurde er Honorarprofessor an der TU München und kurz darauf Direktor des DLR-Instituts für Robotik und Mechatronik. 1993 brachte er weltweit erstmalig einen Roboter in den Weltraum, der von der Erde aus ferngesteuert wurde. Er ist der erste Wissenschaftler, der alle hochrangigen internationalen Auszeichnungen auf dem Gebiet der Robotik und Automation erhalten hat, dazu viele nationale Auszeichnungen wie den Leibniz-Preis, den Karlheinz-Beckurts-Preis oder das Bundesverdienstkreuz am Bande.

Dipl.-Kfm. Gerritt Höppner studierte Betriebswirtschaftslehre an der Fachhochschule Flensburg. Zuvor absolvierte er eine Ausbildung zum Groß- und Außenhandelskaufmann bei einem großen Baustoffhändler in Norddeutschland. Dort leitete er anschließend zwei Jahre die Warenwirtschaft. Seit 2008 ist Höppner wissenschaftlicher Mitarbeiter an der Fraunhofer Arbeitsgruppe für Supply Chain Services. Hier ist er in der Abteilung Technolgien für die Entwicklung neuer, nachhaltiger Dienstleistungen u. a. in der Bauwirtschaft verantwortlich. Darüber hinaus studiert er derzeit Umweltwissenschaften an der Fernuniversität Hagen Logistikleiter Hagebau.

Dipl.-Ing. Tim Horenburg studierte von 2003 bis 2009 Maschinenwesen an der Technischen Universität München mit den Schwerpunkten Fahrzeug- und Regelungstechnik. Seit Anfang 2009 arbeitet er als wissenschaftlicher Mitarbeiter am

Lehrstuhl für Fördertechnik Materialfluss Logistik der Technischen Universität München. Seine Hauptaufgabenfelder innerhalb des Forschungsprojekts ForBAU liegen im Bereich der Materialflussplanung und Baulogistik.

Dipl.-Inf. Yang Ji studierte von 2002 bis 2007 Diplom-Informatik mit Vertiefung in Software Engineering und Nebenfach Wirtschaftswissenschaft an der Friedrich-Schiller-Universität Jena und begann seine Forschungstätigkeit Ende 2007 am Lehrstuhl für Computation in Engineering der Technischen Universität München als wissenschaftlicher Mitarbeiter im Forschungsverbund ForBAU. Seine Schwerpunkte liegen im Bereich der 3D-Modellierung von Trassen und Brückenbauwerken sowie der Optimierung und Simulation von Erdbauprozessen.

Dr.-Ing. Rudolf Juli hat an der Technischen Universität München Bauingenieurwesen studiert und 1983 dort promoviert. Seitdem arbeitet er beim Ingenieurbüro Obermeyer Planen + Beraten in München, seit 1987 als Leiter der Abteilung Datenverarbeitung. Darüber hinaus ist Juli Vorstandsvorsitzender des buildingSMART e. V. Deutschland.

Alexander Kisselbach, Jahrgang 1967, ist Sales Support Manager bei der Siemens Industry Software GmbH & Co. KG. Er ist verantwortlich für nationale und internationale Geschäftsansätze, Kunden und Projekte bei denen die Portierung der etablierten Systemlösungen und prozessunterstützenden Verfahren aus Automobilbau, Luftfahrt und dem produzierendem Gewerbe in neue Märkte im Vordergrund stehen. Vor seiner Tätigkeit bei der UGS, heute Siemens Software Industry GmbH, war er innerhalb der Dassault AG im Bereich PLM- und Qualitäts-Systeme tätig. Kisselbach war unter anderem für die Daimler AG, die BMW AG, die MTU Aero Engines und andere OEMs zuständig und kommt aus dem Maschinenbau.

Dipl.-Ing. Cornelia Klaubert studierte Maschinenwesen an der Technischen Universität in München, der Universidad Politécnica in Valencia, Spanien und der Strathclyde University in Glasgow, Schottland. Seit 2007 ist sie als wissenschaftliche Mitarbeiterin am Lehrstuhl für Fördertechnik Materialfluss Logistik der TU München beschäftigt. 2008 übernahm sie die Geschäftsführung des Forschungsverbunds ForBAU. Ihr Forschungsschwerpunkt liegt im Bereich RFID-Einsatz in der Bauindustrie.

Prof. Dr.-Ing. Markus König leitet seit 2009 den Lehrstuhl für Informatik im Bauwesen an der Fakultät für Bau- und Umweltingenieurwissenschaften der Ruhr-Universität Bochum. Er promovierte 2003 am Fachbereich Bauingenieur- und Vermessungswesen der Leibniz-Universität Hannover. Im Anschluss war er fünf Jahre an der Bauhaus-Universität Weimar als Juniorprofessor für Theoretische Methoden des Projektmanagements tätig. Seine Forschungsschwerpunkte liegen im Bereich der Planung, Simulation und Optimierung von Unikatprozessen, der Kopplung von heterogenen Fachmodellen sowie in der Entwicklung von Wissensmanagementkonzepten für das Bauwesen.

Prof. Dr. Michael Krupp studierte Sozialwissenschaften und Betriebswirtschaftslehre an der Universität Erlangen-Nürnberg, der Universität Sevilla und der Fern-
Universität in Hagen. Von 2002 bis 2010 arbeitete er in der Fraunhofer-Arbeitsgruppe für Supply Chain Services SCS. In dieser Zeit schloss er am Lehrstuhl für
Logistik in Nürnberg seine Dissertationsschrift zum Thema „Kooperatives Verhalten auf der sozialen Ebene einer Supply Chain" ab. Seit 2008 leitete er im SCS
die Gruppe Service Engineering und das Lab Geschäftsmodellentwicklung. Seine
Tätigkeitsschwerpunkte waren Prozessgestaltung und Technologieeinsatz zur Optimierung von Supply Chain Prozessen und zur Entwicklung neuer logistischer
Dienstleistungen. Seit Oktober 2010 hat er die Professur für Allgemeine Betriebswirtschaftslehre, insbesondere Logistik und Supply Chain Management an der
Hochschule Augsburg inne.

Dipl.-Ing. Erhard Lederhofer hat von 1985 bis 1991 Bauingenieurwesen an der
Technischen Universität München studiert. Seitdem arbeitet er beim Ingenieurbüro
Obermeyer Planen + Beraten, seit 2003 als Leiter der Abteilung Verkehrsbauwer-
ke und Brücken. Zu seinen Aufgaben gehört die Projektleitung und Koordinierung
komplexer Ingenieurplanungen und Bauaufgaben im Bereich Verkehrs- und Brückenbauwerke sowie die Gesamt-, Objekt- und Tragwerksplanung für Ingenieurbauwerke.

Dr.-Ing. Thomas Liebich studierte Architektur und promovierte 1994 an der Bau-
haus Universität Weimar. Er ist Geschäftsführer der AEC3 Deutschland GmbH,
einer Beratungsfirma, die sich intensiv mit der Einführung von Building Information Modeling (BIM) in Unternehmen beschäftigt und sowohl Softwarefirmen als
auch Lösungsanbieter und Planungsbüros, Baufirmen und die öffentliche Hand im
In- und Ausland dabei unterstützt. Ein wesentlicher Schwerpunkt sind für Liebich
offene Verfahren und Schnittstellen, um BIM als Methode zu begreifen und über die
Grenzen proprietärer Softwarelösungen hinaus zu nutzen. Dazu engagiert er sich in
Netzwerken wie buildingSMART und ist Leiter des internationalen Entwicklungs-
teams der offenen BIM-Schnittstelle IFC.

Dipl.-Ing. (FH) Jürgen Mack ist Zentralbereichsleiter bei der Firmengruppe Max
Bögl. Als Projektleiter und Oberbauleiter war er beim Bau von Flughäfen, Auto-
bahnen sowie ICE-Hochgeschwindigkeitsstrecken für die Umsetzung zahlreicher
Großprojekte verantwortlich. In den letzten Jahren arbeitet er im Infrastrukturbereich an der Entwicklung von praxisgerechten Managementmethoden, um vor allem Großbauprojekte durch den Einsatz moderner Hilfsmittel noch effektiver zu
steuern und abzuwickeln.

Dr.-Ing. Frank Neuberg studierte Bauingenieurwesen an der Technischen Universität München und war seit 1994 als freiberuflicher Bauingenieur im Ingenieurbüro
Dieter Neuberg im Raum Nürnberg tätig. Die anschließende Tätigkeit als Wissenschaftlicher Assistent und Forschungsgruppenleiter für „Produktmodelle & CAD"
am Lehrstuhl für Bauinformatik bei Prof. Ernst Rank an der TU München schloss er

2004 mit der Promotion ab. Im Januar 2005 wechselte er als Projektleiter 3D in den
Bereich Forschung und Entwicklung der Firmengruppe Max Bögl nach Neumarkt
i. d. Oberpfalz. Seit Anfang 2007 leitet Neuberg dort die Abteilung „Technische
IT-Anwendungen" und ist im Zentralbereich Unternehmensentwicklung für die
Umsetzung von modellbasierten Prozessen wie z. B. BIM (Building Information
Modeling) oder CAD/CAM-Integrationen mit verantwortlich.

M.Eng. Dipl.-Ing. (FH) Mathias Obergrießer studierte von 2000 bis 2005
Diplom-Bauingenieurwesen mit Vertiefung im konstruktiven Ingenieurbau an der
Fachhochschule Regensburg. Sein Studium ergänzte er von 2005–2007 durch ein
zusätzliches Masterstudium an der Fachhochschule Erfurt und begann Anfang 2008
an der Hochschule Regensburg als wissenschaftlicher Mitarbeiter im Forschungsprojekt ForBAU zu arbeiten. Seine Forschungsschwerpunkte liegen im Bereich der
trassengebunden und parametrisierten 3D Modellierung sowie in der Integration
von geotechnischen Planungsprozessen.

Dipl.-Ing. (FH) Stefan Pfaff, Jahrgang 1966, ist Partner und Geschäftsführer bei
PPI Informatik, einem auf die Anwendung von Simulationen in Produktion und
Logistik spezialisierten Dienstleister. Nach dem Studium der Fertigungstechnik an
der FH Aalen, wo er bereits erste praktische Erfahrungen in der Anwendung von
Materialflusssimulationen sammelte, arbeitete er als Anwendungsberater beim Hersteller eines heute führenden Simulationswerkzeugs. Mitte 1996 gründete Pfaff zusammen mit zwei Partnern das Unternehmen PPI-Informatik. Er ist dort auf die Anwendung der Simulation zur Planung und Optimierung von Produktionssystemen
spezialisiert und als Projektleiter für die Umsetzung von Prozessoptimierungen und
Integration von IT-Systemen bei Kunden in unterschiedlichen Branchen, z. B. der
Baustoffindustrie, der Möbelproduktion oder Metallveredelung tätig.

Dipl.-Wirtsch.-Ing. Markus Pfitzner ist seit 2006 für die Firmengruppe Max
Bögl im Bereich der strategischen Unternehmensentwicklung tätig und beschäftigt
sich mit der Entwicklung und Einführung von neuen 3D-Softwareanwendungen
und Building Information Modeling Methoden im Unternehmen. Während dieser
Zeit hat er an verschiedenen internationalen sowie nationalen Forschungsprojekten
mitgearbeitet, um die 3D-modellbasierten Methoden weiterzuentwickeln. Darüber
hinaus engagiert sich Pfitzner in internationalen Initiativen für die praktische Anwendung neuer Prozesse, wie z. B. in der 5D-Initiative, gemeinsam mit anderen
großen europäischen Baukonzernen. Vorher war er in verschiedenen Funktionen
mit der Optimierung von IT und Geschäftsprozessen in der Bau- und Fabrikplanung
betraut.

Dipl.-Ing.(FH) Dipl.-Inf.(FH) Claus Plank studierte an der Fachhochschule Regensburg Bauingenieurwesen. Nach fünfjähriger beruflicher Tätigkeit als Vermes-
sungsingenieur bei der Firma Stratebau GmbH nahm er 2003 ein weiteres Studium
zum Diplom-Informatiker an der FH Regensburg auf. Seit 2008 arbeitet Plank an der
Hochschule Regensburg als wissenschaftlicher Mitarbeiter im Forschungsprojekt

ForBAU. Sein Schwerpunkt liegt im Bereich moderner Vermessungstechnologien und in der zugehörigen Schnittstellen- und Softwarelandschaft.

Dr. (Univ. FI) Karin H. Popp studierte an der Universität Florenz Architektur und promovierte dort am Lehrstuhl für Statik und Festigkeitslehre. Später war sie u. a. als Projektleiterin und Baustellenbetreuerin im Hoch-, Tief- und Infrastrukturbau tätig, wobei sie das Management technischer Projektprozesse auf der Baustelle verantwortete. Seit über zehn Jahren agiert sie für die RIB-Gruppe im Pre-Sales- sowie im After-Sales-Bereich und steuert die Implementierung der technischen ERP-Software bei Vertretern der Baubranche aller Segmente – vom mittelständischen Planungsbüro bis hin zu den Top-10-Bauunternehmen – der weltweiten Bauwirtschaft. Zu ihren Aufgaben gehören Beratung sowie Aus- und Fortbildung der Mitarbeiter mit den RIB-Softwaresystemen.

Dipl.-Ing. (FH) Hanno Posch studierte Bauingenieurwesen an der Fachhochschule Augsburg. Seit seinem Abschluss im Jahre 2001 arbeitet er für die SSF Ingenieure GmbH in München als Planer von Ingenieurbauwerken im In- und Ausland. Poschs Hauptaufgabengebiet ist die Ausführungsplanung und Objektplanung von Straßen- und Eisenbahnbrücken.

Dr.-Ing. Rupert Reif studierte Maschinenwesen an der Technischen Universität München mit den Schwerpunkten Produktionsmanagement und Systematische Produktentwicklung. Von 2004 bis 2009 arbeitete er am Lehrstuhl für Fördertechnik Materialfluss Logistik als wissenschaftlicher Assistent und promovierte 2009 zum Thema „Entwicklung und Evaluierung eines Augmented Reality unterstützten Kommissioniersystems". Seit September 2009 ist er für die Safelog GmbH in München im Bereich Logistikplanung und Projektmanagement in leitender Position tätig.

Dr.-Ing. Stefan Sanladerer, Jahrgang 1977, ist Consultant bei der Siemens Software Industry GmbH und beschäftigt sich mit der Einführung des PDM-Systems Teamcenter sowie allen dafür erforderlichen Prozessrestrukturierungen und Prozessdesigns. Er promovierte im Jahr 2008 am Lehrstuhl für Fördertechnik Materialfluss Logistik zum Thema „IT-gestützte Optimierung von Transportprozessen auf Baustellen" und war an der Konzeption des Forschungsverbundes ForBAU maßgeblich beteiligt. In der Zeit von 1996 bis 2003 studierte Sanladerer an der Technischen Universität München Maschinenwesen mit den Fachrichtungen Materialfluss & Logistik sowie Produktionsmanagement.

Dipl.-Ing. Oliver Schneider studierte Maschinenwesen an der Technischen Universität München mit den Schwerpunkten Fahrzeugtechnik und Logistik. Seit 2005 war er als wissenschaftliche Hilfskraft, seit 2007 ist er als wissenschaftlicher Mitarbeiter am Lehrstuhl für Fördertechnik Materialfluss Logistik der Technischen Universität München tätig. Seine Forschungsschwerpunkte liegen in der Anwendung von RFID in der Logistik, im Speziellen auch in der Baulogistik.

Dipl.-Ing. Markus Schorr studierte Maschinenwesen an der Friedrich-Alexander-Universität Erlangen-Nürnberg und der Technischen Universität München. Seit 2007 ist er als wissenschaftlicher Mitarbeiter am Lehrstuhl für Fördertechnik Materialfluss Logistik der Technischen Universität München tätig. Im Forschungsverbund ForBAU leitet Schorr das Teilprojekt BAUSIM. Sein Forschungsschwerpunkt liegt im Bereich der Verwaltung von Bauprojektdaten.

Dipl.-Ing. (FH) Wilhelm Schürkmann studierte Bauingenieurwesen an der FH Münster. Seit 2008 ist Schürkmann als Senior Sales Consultant beim Microsoft Partner Modus Consult AG und seit 2009 auch bei der BVM GmbH zuständig für den Vertrieb der Bauvision-Lösung.

Dipl.-Ing. Sabine Steinert studierte Architektur an der Bauhaus-Universität in Weimar. Seit 2004 ist sie im Architekturbüro Faust Consult, der Tochtergesellschaft für Gesundheitsbau der Obermeyer Planen + Beraten, tätig. Seit 2008 betreut sie, beginnend als Projektleiterin, internationale Großprojekte im Bereich der Krankenhausplanung und wirkt hierbei federführend an der Implementierung der BIM-Idee im Unternehmen. Seit Juli 2010 ist sie als Design Director der Niederlassung in Abu Dhabi tätig.

Dipl.-Ing. Dirk Steinhauer studierte Maschinenbau an der Universität Hannover mit der Fachrichtung Produktionstechnik. Seit 1995 ist er bei der Flensburger Schiffbau-Gesellschaft mbH & Co. KG in der Stabsabteilung „Entwicklung Fertigungstechnologie" beschäftigt. Dort hat er zunächst an unterschiedlichen Projekten in den Bereichen Qualitätsmanagement und Organisations- bzw. Fertigungsentwicklung gearbeitet. Seit 1997 führt Steinhauer die Aktivitäten zur Produktionssimulation und ist sowohl Leiter des Simulationsteams als auch Projektleiter zahlreicher, auch öffentlich geförderter Simulationsprojekte. Zusätzlich koordiniert er die internationale Kooperationsgemeinschaft SimCoMar (**Sim**ulation **Co**operation in the **Mar**itime Industries) aus Werften, Universitäten und Forschungseinrichtungen. Seit 2003 hält Steinhauer im Rahmen eines Lehrauftrags die Vorlesung Schiffsfertigung an der Technischen Universität Berlin.

Prof. Dipl.-Ing. Wolfgang Stockbauer studierte Bauingenieurwesen an der Fachhochschule Regensburg und an der Technischen Universität Darmstadt. Von 1988 bis 2000 war er als Bauingenieur im technischen Büro der Firmengruppe KLEBL tätig. Im Anschluss fungierte Stockbauer bis 2003 als Geschäftsführer der KLEBL Baulogistik GmbH. Im März 2003 erfolgte die Berufung als Professor an die Fakultät Bauingenieurwesen der Hochschule Regensburg im Lehrgebiet Vermessungskunde und Verkehrswegebau.

Dipl.-Ing. Bernhard Strackenbrock studierte an der TFH Berlin Photogrammetrie und Vermessung und danach Archäologie an der FU Berlin. Noch während seiner Studienzeit an der FU Berlin begann er in der Abteilung Photogrammetrie am Deutschen Bergbaumuseum in Bochum mit dem Bau spezieller Messkameras für den Nahbereich. In der Zeit von 1980 bis 1990 folgten zahlreiche archäologische Expeditionen zur photogrammetrischen Vermessung antiker Bauwerke in Europa, dem vorderem Orient und Afrika. Seit 1991 ist Strackenbrock für verschiedene Firmen freiberuflich im Bereich der Nahbereichsphotogrammetrie und Informatik tätig, woraus ab 2000 eine intensive Zusammenarbeit mit dem Institut für Robotik und Mechatronik des DLR erwachsen ist. Seit nunmehr acht Jahren ist er im Architekturbüro illustrated architecture, das auf die Planungsvorbereitung in der Denkmalpflege spezialisiert ist für die Bereiche Laserscanning und Photogrammetrie verantwortlich.

Dipl.-Ing. Dieter Stumpf, Jahrgang 1943, ist geschäftsführender Gesellschafter der SSF Ingenieure GmbH. Er studierte bis 1968 Bauingenieurwesen an der Technischen Universität München, war dann bis 1972 im Konstruktionsbüro einer Münchner Baufirma im Bereich des damals beginnenden U-Bahnbaus tätig. Seit 1972 ist er Geschäftsführer der SSF Ingenieure. Schwerpunkt von SSF ist der Verkehrsinfrastrukturbereich und der konstruktive Ingenieurbau. SSF hat inzwischen etwa 200 Ingenieure und ist weltweit tätig. Stumpf versuchte schon frühzeitig, bei SSF die gesamte Planung, sowohl die statischen Berechnungen als auch alle konstruktiven Aufgaben mit Hilfe von IT zu unterstützen. Dies erfolgte zuerst bei der zeichnerischen Planung in 2D, inzwischen entstehen jedoch auch die statischen Berechnungen ausschließlich am 3D-Modell.

Dipl.-Ing. Alaeddin Suleiman studierte Bauingenieurwesen an der Universität Aleppo in Syrien und an der Technischen Universität München und hat sich in den Bereichen Baubetrieb und Baukonstruktion vertieft. Seit 2008 arbeitet Suleiman am Zentrum Geotechnik als wissenschaftliche Hilfskraft und strebt die Promotion an, deren Thema die 3D Baugrundmodellierung und die Quantifizierung der Unsicherheit in Baugrundmodellen ist.

Dipl.-Kfm. Sebastian Uhl studierte Betriebswirtschaftslehre an der Universität Erlangen-Nürnberg. Er begann seine Tätigkeit bei der Fraunhofer Arbeitsgruppe für Supply Chain Services SCS im Jahr 2008 als wissenschaftliche Hilfskraft. Seit 2010 ünterstützt er als freier Mitarbeiter die Fraunhofer SCS im Geschäftsfeld „Technologien" in der Gruppe „Service Engineering". Im Rahmen dieser Tätigkeit beschäftigt er sich schwerpunktmäßig mit der Optimierung von Anlieferprozessen in der Bauwirtschaft.

Univ.-Prof. Dr.-Ing. Norbert Vogt, Jahrgang 1953, studierte Bauingenieurwesen an den Universitäten in Braunschweig und Stuttgart und promovierte in Stuttgart über den Erdwiderstand bei zyklischen Verformungen, wozu er teilweise auch in Karlsruhe und Hannover arbeitete und neben Versuchen im Feld und Labor numerische Modelle einsetzte. Nach 18 Jahren als geotechnischer Berater und Geschäftsführer der Smoltczyk & Partner GmbH und Mitwirkung an vielen herausfordernden Grundbauprojekten wurde er 2001 auf den Lehrstuhl für Grundbau, Bodenmechanik, Felsmechanik und Tunnelbau an der Technischen Universität München berufen.

Sein spezielles Interesse betrifft die Baugrund-Bauwerks-Interaktion sowie Verfahren des Spezialtiefbaus. Vogt arbeitet als deutscher Delegierter im Scientific Committee 7 am EC 7 und an der internationalen Normung im Grundbau mit.

Dipl.-Wirtsch.-Ing. Jörg Weidner studierte Wirtschaftsingenieurwesen an der Universität Erlangen-Nürnberg. Seit 2009 unterstützt er als wissenschaftlicher Mitarbeiter die Fraunhofer Arbeitsgruppe für Supply Chain Services SCS. Weidner arbeitet dort im Geschäftsfeld „Technologien" in der Gruppe „Service Engineering". Im Rahmen dieser Tätigkeit entwickelt er innovative Lösungen für spezialisierte logistische Prozesse. Weidners derzeitige Schwerpunkte sind Anlieferprozesse im Umfeld der Bauwirtschaft und logistische Prozesse entlang der Lebensmittel Supply Chain.

Dr.-Ing. Uwe Willberg hat nach seinem Studium des Bauingenieurwesens an der TU München von 1984 bis 1986 die Ausbildung für den höheren bautechnischen Verwaltungsdienst in Bayern absolviert. Von 1986 bis 1998 war er als Referent für den Brückeneubau bei der Autobahndirektion Nordbayern beschäftigt. Von 1998 bis 2001 arbeitete er als wissenschaftlicher Assistent am Lehrstuhl für Bau von Landverkehrswegen der TU München bei Prof. Leykauf und promovierte dort 2001. Von 2001 bis 2003 war er erneut bei der ABD Nordbayern als Sachgebietsleiter für Brückenplanung und Bauwerksunterhaltung tätig. Seit September 2003 ist Willberg Abteilungsleiter für den Brücken- und Ingenieurbau bei der ABD Südbayern.

Dipl.-Ing. Johannes Wimmer studierte Maschinenwesen an der Technischen Universität München und der Université Laval in Québec, Kanada mit den Schwerpunkten Logistik und Systematische Produktentwicklung. Von 2005 bis 2008 war er wissenschaftliche Hilfskraft am Lehrstuhl für Fördertechnik Materialfluss Logistik, seit 2008 ist er am gleichen Lehrstuhl als wissenschaftlicher Mitarbeiter tätig. Wimmers Forschungsschwerpunkte liegen im Bereich der Baulogistik und der Ablaufsimulation.

Abkürzungsverzeichnis

2D-Plan	Zweidimensionaler Plan
3D-CAD-Tool	Rechnergestützes System zur Erstellung von virtuellen, dreidimensionalen Modellen
3D-Modell	Dreidimensionales Modell
3D-Visualisierung	Dreidimensionale Visualisierung
AEC	Architecture, Engineering and Construction
AEC CAD	Architecture Engineering and Construction Computer Aided Design
AR	Augmented Reality
ArbSchG	Arbeitsschutzgesetz
ArbStättV	Arbeitsstättenverordnung
ARGE	Arbeitsgemeinschaft
ASCII	American Standard Code for Information Interchange
ASP	Application Service Provider
ASPRS	American Society of Photogrammetry and Remote Sensing
AT	Aerotriangulation
AutoID	Automatische Identifikation
BetrSichV	Betriebssicherheitsverordnung
BIM	Building Information Model(ing)
BLM	Building Lifecycle Management
BWS	Baustellenwirtschaftssystem
CAD	Computer Aided Design
CAM	Computer Aided Manufacturing
CCD	Charged-coupled Device
CDS	Car Driven Survey
CPI	Construction Process Integration
CSM	Cutter-Soil-Mixing
DGM	Digitales Geländemodell
DIN	Deutsches Institut für Normung
DLR	Deutsches Luft- und Raumfahrtzentrum
DMS	Dokumentenmanagement-System
DOE	diffraktive optische Elemente

DSNU	Dark Signal Non Uniformity
DWG	Dateiformat für Zeichnungsdateien der Fa. Autodesk
dxf	Drawing Interchange Format der Fa. Autodesk
EAN	European Article Number
ECAD	Electronic CAD
ECM	Enterprise Content Management
EDIFACT	Electronic Data Interchange for Administration, Commerce and Transport
EDV	Elektronische Datenverarbeitung
EIS	Equipment Information System
EMV	Elektromagnetische Verträglichkeit
ERP	Enterprise Ressource Planning
EUS	Entscheidungsunterstützungssystem
FM	Facility Management
FT-PlaBa	Fertigteil-Plattenbalken
GAEB	Gemeinsamer Ausschuss Elektronik im Bauwesen
GeneSim	Generisches Daten- und Modellmanagement für die schiffbauliche Produktionssimulation
GIS	Geoinformationssystem
GNSS	Global Navigation Satellite System
GPRS	General Packet Radio Service
GPS	Global Positioning System
GUI	Graphical User Interface
HF	High Frequency
IAI	Internationale Allianz für Interoperabilität
IC	Integrated Circuits
ID	Identifier
IFC	Industry Foundation Classes
INS	Inertial Navigation System
ISO 9000	Norm für Qualitätsmanagement
IT	Informationstechnologie
IuK	Information und Kommunikation
JIS	Just in Sequence
JIT	Just in Time
JT	Jupiter Tessellation, offenes 3D-Datenformat
KMU	Kleinere und mittlere Unternehmen
KPI	Key Performance Indicators
K-TLS	kinematisch terrestrisches Laserscanning
KVP	Kontinuierlicher Verbesserungsprozess
LANDXML	Dateiformat zum Austausch georeferenzierter Objekte
LF	Low Frequency
LIDAR	Light Detection and Ranging
lmi	leistungsmengeninduziert
lmn	leistungsmengenneutral
LMS	Lebensdauermanagement-System
LV	Leistungsverzeichnis

mBDE	mobile Baudatenerfassung
MCAD	Mechanical Computer Aided Design
ME	Mengeneinheit
MLM	Mobile Lifecycle Manager
MRP	Material Requirement Planning
NBIMS	National BIM Standard
NFC	Near Field Communication
NIST	US-amerikanisches Institut für Standards und Technologie
NLfB	Niedersächsisches Landesamt für Bodenforschung
NURBS	Non-uniform rational B-splines
OCR	Optical Character Recognition
OKSTRA	Objektkatalog für das Straßen- und Verkehrswesen
PDA	Personal Digital Assistant
PDM	Produktdatenmanagement
PGM	Portable GrayMap
PIN	persönliche Identifikationsnummer
PKMS	Projekt-Kommunikations-Management-System
PKW	Personenkraftwagen
PLM	Product Lifecycle Management
PPM	Portable PixMap
PPP	Public Private Partnership
PRNU	Photo Response Non Uniformity
RADAR	Radio Detection and Ranging
RAS	Richtlinien für die Anlage von Straßen
RAS-Ew	Richtlinien für die Anlage von Straßen – Teil: Entwässerung
RAS-L	Richtlinien für die Anlage von Straßen – Teil: Linienführung
RAS-Q	Richtlinien für die Anlage von Straßen – Teil: Querschnitt
REB	Regelungen für die elektronische Bauabrechnung
RFID	Radio Frequency Identification
RGB	Farben rot, grün und blau
RO	Read Only
ROI	Return On Investment
Ro-Ro-Schiffe	Roll on Roll off Schiffe
RW	Read Write
SAPP	Simulationsbasierte Produktionsplanung und -steuerung
SCEM	Supply Chain Event Management
SCM	Supply Chain Management
SEP	Schicht-Erfassungs-Programm
SimCoMar	Simulation Cooperation in the Maritime Industries
SIMoFIT	Simulation of Outfitting Processes in Shipbuilding and Civil Engineering
SLA	Service Level Agreements
SMM7	British Standard Method of Measurement for Building Works
STEP	Standard for the Exchange of Product Model Data
STS	Simulation Toolkit Shipbuilding
StVO	Straßenverkehrsordnung

TEP	Turmdrehkran Einsatzplaner
TGA	Technische Gebäudeausrüstung
TIF	Tagged Image File
TLS	Terrestrisches Laserscanning
TUL	Transportieren, Umschlagen, Lagern
UHF	Ultra High Frequency
UMTS	Universal Mobile Telecommunications System
USB	Universal Serial Bus
VAE	Vereinigte Arabische Emirate
VDI	Verein Deutscher Ingenieure
VOB	Vergabe- und Vertragsordnung für Bauleistungen
Voxel	Volumetric Pixel
VR	Virtual Reality
VRML	Virtual Reality Modeling Language
VRT	Virtual Raster
WORM	Write Once Read Many
XML	Extensible Markup Language
XREF	externe Referenz; wird bei CAD-Systemen dazu verwendet, verschiedene Teilmodelle zu einem Gesamtmodell zu verknüpfen

Kapitel 1
Bauen heute und morgen

Tobias Baumgärtel, André Borrmann, Willibald A. Günthner, Rudolf Juli,
Cornelia Klaubert, Erhard Lederhofer, Jürgen Mack und Uwe Willberg

Seit fast 2 Mio. Jahren baut die Menschheit und ihre Vorfahren. Von dem Zeitpunkt an, als der Mensch vor ca. 10.000 Jahren sesshaft geworden ist, strebte er stetig nach einer Verbesserung seiner Baukünste. Fortschritte wurden vor allem bei den verwendeten Baustoffen und Bauverfahren erzielt, so dass es möglich wurde, immer kompliziertere Bauwerke zu erschaffen (Partsch 1999).

Je größer die Bauwerke wurden, desto größer wurden auch die zu bewegenden Massen. Schon seit dem Mittelalter nutzt und entwickelt der Mensch Maschinen, um diese zu bewegen. Die Entwicklung der Dampfmaschine ermöglichte ein neues Antriebskonzept, so dass Mitte des 19. Jahrhunderts der erste Bagger entwickelt wurde (Deutsches Baumaschinen Museum 2010).

Als in den 1980er Jahren Computer zunehmend erschwinglich wurden, zog die Informationstechnik in die Bauindustrie ein. Computer Aided Design (CAD)-Programme ersetzten Reißbretter und initiierten damit eine große Veränderung in breiten Teilen der Industrie. Der Impuls hierzu kam maßgeblich aus der Luftfahrtindustrie, bald wurden aber auch traditionellere Industriezweige wie der Maschinenbau und das Bauwesen erfasst (CAD-IT 2010). Wesentlicher Antrieb und Grund für den Erfolg der Computereinführung ist die Steigerung der Effizienz in den verschiedensten Arbeitsabläufen. Dies beginnt bei vereinfachter Kommunikation via E-Mail, bei der umfangreiche Textdokumente, aber auch Zeichnungen und digitale Modelle in Sekundenbruchteilen an den Adressaten übermittelt werden können, reicht weiter über das präzise Erstellen von Konstruktionszeichnungen mittels CAD-Programmen und geht bis hin zur Simulation komplexer physikalischer Vorgänge, wie der Rauchausbreitung in einem Gebäude im Brandfall oder dem Crash-Verhalten eines Fahrzeugs.

So, wie die Einführung von CAD-Systemen ein Evolutionsschritt für die Planung war, war es die Verfügbarkeit von Mobiltelefon für die Bauausführung in den 1990er Jahren. Die mobile Kommunikation machte viele Wege überflüssig, da

W. A. Günthner (✉)
Lehrstuhl für Fördertechnik Materialfluss Logistik, Technische Universität München,
Boltzmannstr. 15, 85748 Garching, Deutschland
E-Mail: guenthner@fml.mw.tum.de

W. Günthner, A. Borrmann (Hrsg.), *Digitale Baustelle- innovativer Planen, effizienter Ausführen*, DOI 10.1007/978-3-642-16486-6_1, © Springer-Verlag Berlin Heidelberg 2011

Informationen nun direkt und persönlich übermittelt werden konnten, und veränderte die Arbeit auf der Baustelle damit drastisch.

Doch trotz aller Innovationen kämpft die Bauindustrie immer noch mit den gleichen Problemen wie in der Vergangenheit: Verspätungen bei der Fertigstellung, Kostenüberschreitungen, mangelnde Abstimmung zwischen den Partnern und unzureichende Qualität. Hinzu kommt eine Reihe neuer Anforderungen, die auch über die reinen Herstellung hinaus einen Bezug zum Bauwerk bzw. seinem Nutzen haben: Nachhaltigkeit, Energieeffizienz oder Lebenszyklusbetrachtungen.

Um die alten Probleme zu lösen bzw. neue Anforderungen erfüllen zu können, reicht es daher nicht mehr, nur die Bautechniken, die Baumaschinen oder die Baustoffe zu verbessern – der Schlüssel zum Erfolg liegt in der Optimierung der Bauprozesse.

Im interdisziplinären Forschungsverbund ForBAU haben sich Experten aus dem Bau- und Maschinenbauwesen sowie der Betriebswirtschaft zusammengefunden, um gemeinsam der Frage nachzugehen, wie unter den schwierigen Randbedingungen der Bauindustrie digitale Methoden und Werkzeuge so eingesetzt werden können, dass Effizienz- und Qualitätssteigerungen sowohl in der Planung als auch in der Ausführung erreicht werden können. Exemplarisch konzentrierte sich der Forschungsverbund auf die Planung und Ausführung von Infrastrukturprojekten, also Verkehrstrassen und im Trassenverlauf integrierte Brückenbauwerke. Die Forscher folgten dabei der Vision der Digitalen Baustelle, einem virtuellen Abbild der realen Baustelle im Computer, das neben dem zu errichtenden Bauwerk vor allem auch Informationen zu den verschiedensten Prozessen der Bauausführung und der Logistik beinhaltet.

Die nachfolgenden Abschnitte geben einen Einblick in die Problemstellungen heutiger Baumaßnahmen im Bereich des Infrastrukturbaus aus Sicht der Beteiligten d. h. den öffentlichen Auftraggebern, den Planern und Bauunternehmen. Gleichzeitig entwirft es eine Vision, wie Bauen im 21. Jahrhundert weiterentwickelt werden kann, indem Technologien aus verwandten Branchen auf die besonderen Gegebenheiten der Baubranche adaptiert und Optimierungsansätze speziell für das Bauwesen weiterentwickelt werden.

1.1   Die Digitale Baustelle und ihre Herausforderungen

André Bormann, Willibald A. Günthner

Die Digitale Baustelle ist ein virtuelles Abbild der realen Baustelle. Sie beinhaltet hochwertige 3D-Planungsdaten und ermöglicht, den Bauablauf zunächst detailliert zu planen, virtuell zu testen und später das tatsächliche Baugeschehen zu überwachen. Zur Digitalen Baustelle gehören verschiedene Teilaspekte, die im Folgenden näher betrachtet werden. Zu jedem dieser Aspekte wird zum Vergleich ein Blick auf den Status quo in der Maschinenbau-Industrie geworfen, in der das Prinzip der Digitalen Fabrik bereits Einzug in die Produktentwicklung und -fertigung gehalten hat.

Dreidimensionale Modellierung
Über Jahrhunderte hinweg wurden sowohl Bauwerke als auch Maschinen mit Hilfe von zweidimensionalen Plänen entworfen, die am Reißbrett entstanden. Mit der

Verfügbarkeit der ersten CAD-Programme zu Beginn der 1980er Jahre wurden zunehmend Computer eingesetzt, um diese 2D-Pläne digital zu erstellen. Zwar konnte damit Effizienz und Präzision bei der Erstellung von Konstruktionszeichnungen erhöht werden, große Teile des Potentials der Nutzung von Computern für die Planung bleiben jedoch ungenutzt (Weisberg 2008). So können beispielsweise bei einem reinen 2D-Ansatz Unstimmigkeiten zwischen Grundrissen und Schnitten weder erkannt noch verhindert werden, sondern müssen nach wie vor manuell beseitigt werden.

Schnell etablierte sich daher die Vision einer digitalen, dreidimensionalen Modellierung von Produkten und Bauwerken. Immer leistungsfähigere Hardware und Fortschritte bei der Software-Entwicklung führten schließlich zur Einführung von 3D-CAD-Programmen. Im Maschinenwesen setzten sich diese Systeme schnell durch, so dass heute der Großteil der Maschinenbau-Produkte in 3D konstruiert wird. Eine wesentliche Antriebsfeder ist dabei, dass diese Modelle zur Steuerung von Fertigungsmaschinen direkt übergeben werden können (CAD-CAM[1]-Anbindung).

Moderne CAD-Systeme für den Maschinenbau-Sektor sind äußerst leistungsfähige Werkzeuge für den 3D-Entwurf. So unterstützen sie in der Regel das parametrische Modellieren, bei dem der Nutzer in die Lage versetzt wird, Abhängigkeiten zwischen Abmessungen und Geometrien zu definieren und so ein „lebendiges Modell" zu schaffen, das bei notwendigen Änderungen schnell und komfortabel angepasst werden kann. Daneben gehört die Arbeit mit Freiformflächen im Maschinenbau zum Standard und wird von allen gängigen CAD-Systemen unterstützt.

Im Bauwesen wird heute noch hauptsächlich ebenflächig entworfen. Lediglich bei einzelnen Leuchtturmprojekten, wie beispielsweise dem Guggenheim-Museum in Bilbao (Architekt: Frank Gehry) wurden Freiformflächen in größerem Maße eingesetzt. Mittlerweile sind „organische Formen" jedoch ein Trend und aus der modernen Architektur nicht mehr wegzudenken. Während Gehry noch ein Maschinenbau-CAD-System einsetzen musste, um mit Freiformflächen modellieren zu können, sind mittlerweile eine Reihe leistungsfähiger 3D-CAD-Systeme speziell für das Bauwesen verfügbar (Abb. 1.1). Auf Details hierzu wird in Kap. 2 dieses Buchs eingegangen.

Die endgültige Etablierung der 3D-Modellierung im Bauwesen wird u. a. dadurch behindert, dass nach wie vor 2D-Pläne zwischen den verschiedenen an Planung und Ausführung Beteiligten ausgetauscht werden müssen. Dies liegt zum einen an der nötigen Rechtsverbindlichkeit, die mit papiernen Dokumenten deutlich

Abb. 1.1 Digitales
3D-Modell einer Brücke

---

[1] Computer Aided Manufacturing.

einfacher herzustellen ist als mit digitalen Modellen, und zum anderen daran, dass die Arbeitskräfte auf der Baustelle einen robusten und faltbaren Plan für die Ausführung benötigen.

Der Schlüssel zu einer praxistauglichen Lösung liegt daher in der Ableitbarkeit von normgerechten Plänen auf Basis eines vollständigen, integrierten 3D-Modells des gesamten Bauvorhabens. Auf diesen Kern der Digitalen Baustelle wird im Abschnitt 2.3 näher eingegangen.

Zentrale Datenverwaltung

Bereits heute wird die Kommunikation in der Planungsphase zu großen Teilen digital unterstützt. In aller Regel werden beispielsweise Baupläne zwischen den Beteiligten per E-Mail ausgetauscht. Ohne strikte Disziplin aller Projektpartner entsteht dabei jedoch schnell Chaos: Ein typisches Beispiel sind redundante Datensätze mit unterschiedlichen Bearbeitungsständen, die auf verschiedenen Rechnern der Arbeitsgruppe gespeichert sind. Die Weiterarbeit an einem veralteten Stand führt dann zu Fehlern, die häufig spät erkannt und nur unter beträchtlichem Aufwand zu beheben sind. Wesentliche Grundlage für die sinnvolle Nutzung der großen Menge an digitalen Informationen, die eine Digitale Baustelle umfasst, ist daher ein geeignetes Datenmanagement (Abb. 1.2). Im Maschinen- und Anlagenbau werden für diese Aufgabe sogenannte Produktdatenmanagementsysteme, kurz PDM-Systeme, eingesetzt. Diese ermöglichen eine strukturierte Verwaltung aller Informationen über ein Produkt von der frühen Planungsphase bis zum Ende des Lebenszyklus. Kap. 3 stellt hierzu verschiedene Lösungsansätze vor.

Eine große Herausforderung für die tatsächliche Umsetzung einer zentralen Datenhaltung in der Bauindustrie besteht neben dem Bereitstellen der entsprechenden Technologie vor allem auch in der Schaffung sinnvoller organisatorischer

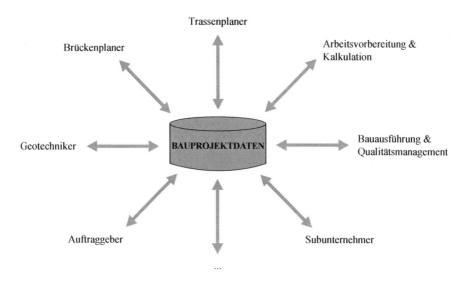

Abb. 1.2 Zentrale Datenverwaltung

Rahmenbedingungen. Eine offene Frage ist beispielsweise, wer als Besitzer bzw. Verwalter eines solchen Datenmanagement-System fungiert: Das Planungsbüro, die ausführende Firma, der Bauherr oder ein dezidierter Datenmanagement-Dienstleister? Alternativ kann auch eine ganze Reihe einzelner Datenmanagement-Systeme betrieben werden, die nur partiell untereinander kommunizieren. Eine Frage, auf die in Zukunft eine Antwort gefunden werden muss. Eng verbunden mit der Frage der Datenhaltung ist der Umstand, dass momentan eine vollständige Transparenz von keinem der an der Planung und Ausführung Beteiligten gewünscht wird. Ein Grund hierfür liegt in der derzeit geübten Praxis des Nachtragsmanagements, das wesentlich auf dem Zurückhalten von Informationen beruht. Eine zentrale Verwaltung der Bauprojektdaten erschwert derartige Praktiken und wird daher nicht bei allen Beteiligten auf Zuspruch stoßen – ganzheitlich betrachtet ebnet dieses Vorgehen jedoch einen Weg zu mehr Fairness und partnerschaftlicher Zusammenarbeit.

Prozesssimulation
Bei der Planung von Produktionsstätten im Maschinenwesen werden heute digitale Werkzeuge zur Prozesssimulation eingesetzt. Damit können unter dem Stichwort der „Virtuellen Inbetriebnahme" Engpässe im Prozessablauf sowie gegebenenfalls bestehende Überkapazitäten bereits vorab erkannt und behoben werden. Durch die detaillierte Modellierung einzelner Prozessschritte und deren logische Verknüpfung untereinander kann zudem eine Optimierung des Gesamtsystems erreicht werden.

Auch zur Betrachtung von Abläufen auf einer Baustelle ist der Einsatz von digitalen Prozesssimulationen wünschenswert. Ein wesentlicher Unterschied ist jedoch, dass die stationäre Industrie mit einem festgelegten Produktionslayout mehrere 1.000 bis 100.000 Exemplare eines Produkts herstellt, während eine Baustelle in der Regel nur zur Produktion genau eines „Stücks" eingerichtet wird (Unikatfertigung). Das bedeutet, dass der Aufwand zur Erstellung einer Simulation viel stärker mit einem möglichen Produktivitätsgewinn abgewogen werden muss. Abhilfe kann hier eine Bausteinbibliothek mit Modulen schaffen, die schnell und flexibel miteinander verknüpft werden können.

Eine weitere Herausforderung besteht darin, dass Bauprozesse hinsichtlich ihrer zeitlichen Reihenfolge viel flexibler gestaltet sein müssen als Prozesse der stationären Industrie. Während beispielsweise in der Fahrzeugindustrie viele Arbeitsschritte am Fließband durchgeführt werden und damit streng getaktet sind, entscheiden Arbeiter am Bau in einem bestimmten Rahmen weitgehend spontan, welche der anstehenden Arbeitsschritte als nächstes ausgeführt werden. Um dies in einem Simulationstool abzubilden, wurde im ForBAU-Projekt ein Constraint-basiertes Verfahren eingesetzt, das die Reihenfolge von Arbeitsschritten nicht streng vorgibt, sondern dynamisch unter Verwendung stochastischer Verfahren auswählt (Abb. 1.3). Auf diesen Bereich der Digitalen Baustelle wird in Kap. 4 eingegangen.

Logistik
Die pünktliche Lieferung von Materialien und Bauteilen sowie deren sinnvolle Lagerung sind wesentliche Voraussetzungen für das reibungslose Funktionieren

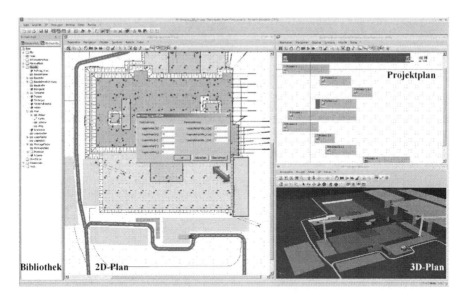

Abb. 1.3 Simulation von Baustellenprozessen

einer Baustelle. Die Einbindung logistischer Prozesse muss daher einen festen Bestandteil der Digitalen Baustelle bilden.

In den vergangenen Jahrzehnten ist der Kostendruck in der Bauindustrie durch die schwierigen konjunkturellen Bedingungen immer weiter gestiegen. Vor diesem Hintergrund ist die Baulogistik zunehmend in das Interessenfeld der Bauwirtschaft gerückt. Es wurde erkannt, dass in der Optimierung der Logistikprozesse gewaltige Einsparpotentiale liegen.

Ein Blick in die stationäre Industrie zeigt, welch wichtigen Stellenwert die Logistik einnimmt. Über die Entwicklung von Konzepten wie Just-in-Time oder Just-In-Sequence Belieferung konnten Lagerbestände drastisch reduziert und damit Kosten eingespart werden. Durch eine langfristige Lieferantenbindung ist es möglich, Logistikkonzepte auch über das eigene Unternehmen hinaus zu optimieren. Der Trend zur Verschlankung der Logistik wird Lean-Logistics genannt. Ziel ist es, jegliche Verschwendung, z. B. überflüssige Transportbewegungen, Nachbearbeitungen, Suchzeiten, Verlust oder Ausschuss zu vermeiden. Zur Umsetzung dieser Konzepte bedarf es genauer Informationen und sicherer Prozesse.

Auf Baustellen sind jedoch sowohl Prozesse als auch das Informationsmanagement wenig standardisiert. Der Unikatscharakter von Bauprojekten und die starke Fragmentierung der Bauindustrie sind sicherlich zwei Gründe dafür, wenngleich kein Hindernis für eine Verbesserung. Durch den Einsatz von Telematiksystemen oder elektronischen Lieferscheinen können beispielsweise Effizienzsteigerungen im Fuhrparkmanagement oder in der Auftragsverwaltung erzielt werden. Diese Beispiele zeigen das Potential, welches in der Nutzung digitaler und elektronischer Hilfsmittel für die Bauausführung steckt (Abb. 1.4).

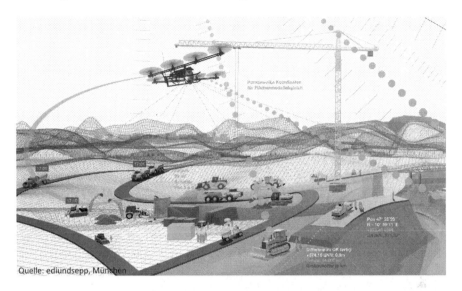

Abb. 1.4 Vision baulogistischer Prozesse auf Grundlage der Digitalen Baustelle

Ziel der Forschungsarbeiten im Bereich der Logistik war es, den Mehrwert, den die Digitale Baustelle birgt, für die reale Baustelle nutzbar zu machen. Hierfür wurden logistische Methoden der stationären Industrie auf die Rahmenbedingungen der Baustelle übertragen und angepasst. Die Ergebnisse werden in Kap. 5 vorgestellt.

Zur Steuerung und Kontrolle einer Baustelle werden Logistikdaten benötigt. Damit diese während der Bauausführung schnell und sicher erfasst werden können, kommen Identifikationstechnologien zum Einsatz – eine wesentliche Komponente der Digitalen Baustelle. Eine Identifikationstechnologie mit großem Potential ist die RFID-Technologie. RFID steht für Radio-Frequency Identification und bezeichnet eine Technologie zum sichtkontaktfreien Lesen und Schreiben von Informationen mit Hilfe elektromagnetischer Wechselfelder. Mögliche Einsatzszenarien für die RFID-Technologie werden im Abschnitt 5.3.3 vorgestellt.

Ausblick
Diese vier Teilbereiche bilden die Basis der Digitalen Baustelle. Um die auf ihrer Grundlage entwickelten Methoden und Verfahren in der Praxis zu etablieren, bedarf es der Zusammenarbeit aller beteiligten Akteure. Diese Kooperation setzt die Erkenntnis voraus, dass Effizienzsteigerungen notwendig sind. Die Beteiligten müssen bereit sein, die technischen Möglichkeiten zu nutzen und damit gewohnte Arbeitsweisen zu verändern sowie den Willen zeigen, partnerschaftlich zu agieren. Der wirtschaftliche Mehrwert, der sich bei der konsequenten Umsetzung der Konzepte der Digitalen Baustelle ergibt, wird von Kennern der Branche wie Johann Bögl, Gesellschafter der Max Bögl Unternehmensgruppe, auf 20 bis 30 % der Auftragssumme beziffert. Diese Zahlen belegen, welches Potential im Konzept der Digitalen Baustelle verborgen liegt.

1.2   Bauen heute – Der Bauprozess aus Sicht
der Beteiligten

Die Umsetzung von Infrastrukturbaumaßnahmen, beginnend mit dem Realisie-
rungsbeschluss über immer detaillierter werdende Planungsphasen, die Bauausführung bis hin zum Betrieb und der Instandhaltung der entstandenen Verkehrswege
wird von den Beteiligten aus unterschiedlichen Perspektiven und oftmals auch mit
gegensätzlichen Interessen verfolgt. In den verschiedenen Projektphasen finden
vielfältige Planungsprozesse mit unterschiedlicher Planungstiefe und fachlicher
Ausrichtung statt. Dabei werden die Verantwortlichkeiten zwischen den Projektbeteiligten und Disziplinen häufig übergeben oder neu verteilt. All dies bedingt eine
Vielzahl von Schnittstellen im Projektverlauf, die mit den gegenwärtigen Planungsmethoden nur schwierig und häufig weder fachlich noch wirtschaftlich befriedi-
gend zu koordinieren sind.
  Die folgenden Abschnitte geben einen Einblick in den aktuellen Stand der Bauplanung und -ausführung und der damit verbundenen Probleme aus Sicht der Bauherrn, der Planer und der ausführenden Unternehmen.

1.2.1   Von der Grundlagenermittlung bis zum
Betrieb – Die Sicht des Bauherrn

Uwe Willberg, Tobias Baumgärtel, Cornelia Klaubert

Bei Infrastrukturbaumaßnahmen ist in der Regel die öffentliche Hand – Bund,
Länder und Gemeinden – Bauherr und damit für die Planung, die Erhaltung und
die Verwaltung von Verkehrswegen verantwortlich. Ziel des Bauherrn ist die wirtschaftliche Erstellung eines anforderungsgerechten Verkehrsweges. Dabei ist zu berücksichtigen, dass die Wirtschaftlichkeit und die erforderliche Gebrauchstauglich-
keit nicht mit der Fertigstellung enden, sondern über den gesamten Lebenszyklus
gewährleistet sein müssen.

Planungsphase
In allen Phasen der Bauabwicklung sind Planungsleistungen erforderlich. In frühen
Projektphasen, von der Grundlagenermittlung bis zur Erstellung des Leistungsverzeichnisses, werden die Planungsleistungen vom Bauherrn selbst übernommen bzw.
direkt beauftragt. Erst nach Vergabe der Bauleistung erfolgen die Planungsleistungen für Ingenieurbauwerke unter der Federführung des Bauunternehmens. Auf diese
Weise können das fachspezifische Know-How und die technischen Fähigkeiten der
ausführenden Firma in die Ausführungs- und Detailplanungen einfließen. Nicht selten kommt es bei diesem Wechsel der Verantwortlichkeiten für Planungsleistungen
und dem dadurch bedingten Wechsel des Planers zu einem Bruch im Informati-
ons- und Ideenaustausch. So werden Pläne meist nicht in einem weiter verwendba-
ren digitalen Format, sondern nur in Papierform übergeben. Dies ist der Erfahrung
geschuldet, dass digital übergebene Pläne häufig von der Baufirma ungeprüft für

die Bauausführung genutzt werden. Auf diese Weise werden Fehler, die eventuell bei der Planung gemacht wurden, nicht entdeckt und für eine daraus resultierende fehlerhafte Bauausführung wird keine Verantwortung übernommen. Werden dennoch Pläne in digitaler Form übergeben, kommt es häufig zu Kompatibilitätsproblemen, da es bislang kein standardisiertes Format für den Datenaustausch zwischen den verschiedenen CAD-Systemen gibt.

Zur Verbesserung der Situation erwägen Bauherrn wie die Autobahndirektion Südbayern, den Planungsprozess bis zur Ausführungsplanung selbst zu übernehmen bzw. direkt zu beauftragen. Dieses Vorgehen ist jedoch nur möglich, wenn keine Sondervorschläge bei der Ausschreibung Berücksichtigung finden. Werden Sondervorschläge der Baufirma akzeptiert, findet die Planung des Bauherrn keine weitere Verwendung. Finden Sondervorschläge hingegen keine Berücksichtigung, wird nach den Plänen des Bauherrn gebaut und nur die Detailplanung für die Baubehelfe erstellt die ausführende Firma. Hierdurch wurde in den letzten Jahren schon ein erster Schritt zur Verbesserung des Informationsflusses zwischen den Projektbeteiligten erreicht und die Ideen und Vorstellungen des Bauherrn wurden in der Ausführungsphase besser verwirklicht.

Insgesamt sind die durchgängige Nutzung von Informationen in der Planungsphase und insbesondere die Weiternutzung während der Bauausführung noch unbefriedigend gelöst. Gerade in der Schaffung von Durchgängigkeit zwischen allen Planungsphasen werden maßgebliche Verbesserungen durch die digitale Planung auf Basis eines digitalen Modells erwartet (vgl. Abb. 1.5). Natürlich wird die dadurch gewährleistete Transparenz auch Widerstände wecken, da Planungsfehler offensichtlich und nachvollziehbar werden. Entsprechenden Bedenken können die

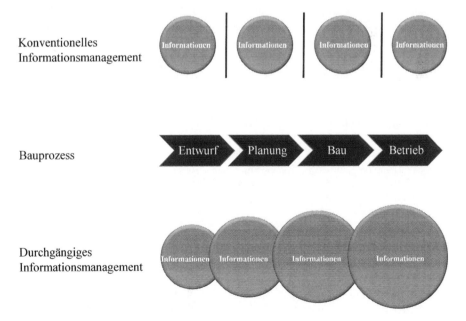

Abb. 1.5 Konventionelles und durchgängiges Informationsmanagement

Baupartner nur gemeinschaftlich durch Anerkennung gegenseitiger Verantwortung entgegentreten. Aber auch der tagtägliche Kosten- und Zeitdruck sowie die Honorarordnung werden der Umsetzbarkeit digitaler Planung entgegenstehen. Viele der Gegenargumente werden jedoch durch die entstehenden Vorteile, wie beispielsweise vereinfachte und präzisere Mengenermittlungen oder Möglichkeiten zur Abbildung und Untersuchung von Zwischenbauzuständen vor Baubeginn, entkräftet werden können.

Ausführungsphase
In der Ausführungsphase herrscht ein enormer Kostendruck. Die Vergabepraxis von Bauleistungen in Deutschland bedingt, dass Bauunternehmer Aufträge meist nur über Nebenangebote oder zunächst nicht auskömmlich kalkulierte Angebote erhalten. Um dennoch einen wirtschaftlichen Erfolg mit der Baumaßnahme zu erzielen, werden viele der beauftragten Leistungen inklusive der notwendigen Planungen an Subunternehmer des Auftragnehmers weitervergeben. Dies führt zu einer breiten Auffächerung von Verantwortlichkeiten und einer Vielzahl zusätzlicher Schnittstellen. Dadurch kommt es nicht nur zu Informationsbrüchen, sondern auch zum Verlust von technischem Know-How bei der Baufirma. Für den Bauherrn zeigt sich dies in der häufig fehlenden technischen Unterstützung des vor Ort tätigen Bauleiters durch die Baufirma selbst. Zudem bemängelt der Bauherr, dass den Firmen häufig ein technischer Koordinator fehlt, der neben dem Bauleiter wirkt, über fachspezifisches Wissen verfügt und entscheidungsbefugt ist.

Aus Sicht des Bauherrn ist es leider üblich geworden, dass Auftragnehmer gezielt nach Schwachstellen, Missverständlichkeiten und Fehlern in den Vertragsunterlagen des Bauherrn suchen bzw. suchen müssen, um über Nachträge eine Kostendeckung des Projektes oder gewinnbringende Zusatzleistungen zu erhalten. Insbesondere dieses Vorgehen mündet häufig eher in einem „Gegeneinander Ankämpfen" als in einem „Miteinander Bauen".

Probleme in der Ausführungsphase sind zum Teil aber auch der zunehmenden Komplexität von Bauvorhaben geschuldet. Der erforderliche Aufwand für die Vorbereitung komplexer Baumaßnahmen steigt, gleichzeitig nimmt die Zeitspanne zwischen Vergabe der Bauleistungen bis zum Baubeginn jedoch ab.

Viele der genannten Probleme haben demnach strukturelle Ursachen und lassen sich durch die Möglichkeiten und Neuerungen der digitalen Planung nicht beheben. Es wird jedoch erwartet, dass die digitale Planung neue Ansätze bietet und die Voraussetzungen zur Lösung der bestehenden Probleme verbessert. Die Schaffung größerer Transparenz zwischen den Baubeteiligten und die bei vielen Bauherren bestehende Bereitschaft, größere Verantwortung zu übernehmen, sind wesentliche Voraussetzungen, um die Digitale Baustelle zum Erfolg zu führen.

Betrieb
Im Vergleich zur Planungs- und Ausführungsdauer ist die Zeitspanne des Betriebs und der Instandhaltung – mehrere Jahrzehnte, teils auch mehr als ein Jahrhundert – überproportional lang. Leider ist das Problembewusstsein für die Wichtigkeit von Lebenszyklusinformationen noch wenig ausgeprägt. Dies zeigt sich schon bei den strukturellen Voraussetzungen zur Datenverwaltung seitens des Bauherrn.

So existiert bei der Straßenbauverwaltung z. B. noch kein einheitliches und lang-lebiges Datenmanagementsystem. Digital vorliegende Daten werden zwar in der Bauwerksdatenbank *SIB-BAUWERKE*[2] verwaltet, daneben wird aber auch eine Bauwerksakte in Papierform geführt. Die Autobahndirektion Südbayern stellt zudem die Langzeitarchivierung der Pläne über Mikrofilme sicher.

Für den Betrieb und die Instandhaltung sind prinzipiell alle Dokumente und In-formationen, beginnend mit der ersten Idee, die mit dem Bauwerk in Bezug stehen, von Bedeutung. Die Bandbreite der erforderlichen und wünschenswerten Infor-mationen ist vielfältig. Neben naheliegenden Dokumenten wie statischen Berech-nungen, Prüfzeugnissen, Baustoffinformationen und Planunterlagen, können auch Angaben zu Bauabläufen und Baubehelfen, die häufig nur der ausführenden Firma bekannt sind (z. B. Traggerüste), für die spätere Bauwerksinstandhaltung von Be-deutung sein. Leider liegen diese Informationen nicht immer oder nur unzureichend aufbereitet vor. Seitens der Baufirmen besteht zur geordneten Übergabe dieser In-formationen an den Bauherrn kaum Interesse. Entsprechende Tätigkeiten werden in der Baupraxis nur als lästige Pflicht angesehen. Auch die Vergütung entsprechender Leistungen steht in keinem vernünftigen Verhältnis zur Bedeutung dieser Informa-tionen für die spätere Bauwerkserhaltung.

Große Fortschritte bei der Verbesserung der Bauwerksdatenverwaltung sind durch die mit der durchgängigen digitalen Planung einhergehende zentrale Daten-verwaltung des Bauvorhabens zu erwarten. So liegen bei entsprechender Umset-zung nicht nur alle bauwerksspezifischen Informationen vor, es sind zudem Ver-besserungen in der Datenqualität zu erwarten.

1.2.2 Herausforderungen und Möglichkeiten der Planung – Die Sicht des Planers

Rudolf Juli, Erhard Lederhofer, Tobias Baumgärtel

Die erfolgreiche Realisierung von Projekten im Infrastrukturbau ist maßgeblich von der fachlichen Kenntnis und den technischen Fähigkeiten des Planers abhängig. In allen Planungsphasen sind technische, wirtschaftliche und umweltbezogene Belan-ge so aufeinander abzustimmen, dass Infrastrukturprojekte sowohl mit politischem als auch gesellschaftlichem Rückhalt realisiert werden können.

Strukturelle Rahmenbedingungen

Infrastrukturbaumaßnahmen werden wegen der Fokussierung auf den Ausbau vor-handener Verkehrswege immer häufiger im Bestand ausgeführt, tangieren somit eine Vielzahl technischer Rahmenbedingungen, Interessen und Schutzrechten Ein-zelner und sind im Umfeld einer zunehmend verschärften Umweltgesetzgebung und (haushalts-)politischen Diskussion zu realisieren. Generell ist die Bevölke-rung gegenüber der Notwendigkeit und den Randbedingungen der bautechnischen Umsetzung von Infrastrukturbauprojekte zunehmend sensibilisiert, wie dies bei

---

[2] Das Programm ist eine Entwicklung der Straßenbauverwaltungen von Bund und Ländern.

Projekten wie dem Transrapid, der zweiten S-Bahn Stammstrecke in München oder dem Projekt Stuttgart 21 zu beobachten ist.

Die planerische Berücksichtigung aller Interessen führt zu komplexen Randbedingungen, bietet aber auch die Chance zur Verwirklichung innovativer Bauverfahren und Lösungen. So kommt vielen Infrastrukturbauprojekten Pilotcharakter zu. Das Wissen zur erfolgreichen und wirtschaftlichen Umsetzung innovativer und komplexer Infrastrukturbauprojekte zeichnet die Qualität eines Planers aus.

Infrastrukturbauprojekte bedingen bei der planerischen Umsetzung teils sehr lange Planungs- und Entwicklungszyklen, die sich auch über mehrere Jahrzehnte erstrecken können. Häufig werden geplante Maßnahmen aufgrund fehlender finanzieller Möglichkeiten der öffentlichen Hand und sich verlagernder Prioritäten nicht umgesetzt oder stufenweise realisiert.

Insbesondere während langer Planungszyklen und bei Verzögerungen des Baubeginns verursachen Veränderungen in der Mitarbeiterstruktur und in den Zuständigkeiten sowohl auf Seiten des Planers als auch beim Bauherrn und sonstigen Projektbeteiligten zusätzliche Probleme. Diese Fluktuation verursacht regelmäßig einen Informations- und Wissensverlust. Auch die zur Planung verwendeten Softwarelösungen entwickeln sich im Laufe der Jahre weiter. So können lange Planungszyklen dazu führen, dass Planungen mehrfach entsprechend geänderter Randbedingungen, Projektanforderungen, Gesetzgebungen und Regelwerke zu erbringen sind, um ein Bauvorhaben letztendlich zu realisieren.

Technische Voraussetzungen
Durch die bei öffentlichen Vergaben regelmäßig vorgesehene stufenweise Beauftragung einzelner Planungsphasen und die dadurch bedingte Bearbeitung durch unterschiedliche Planer ergeben sich zwangsläufig Schnittstellen, an denen Daten übergeben werden müssen. Der damit einhergehende Informationsverlust führt zwar in der Regel nicht zu Qualitätsproblemen, bedingt aber einen erheblichen Mehraufwand in der Aufbereitung von verfügbaren und übergebenen Informationen.

Die Übergabe von Eingangsinformationen, Planungsdaten und Planungsergebnissen ist entsprechend der unterschiedlichen Aufgabenstellung der Leistungsphasen oft rudimentär. So werden vielfach Daten als Text- oder Scan-Dateien, wie z. B. aus Baugrundgutachten, oder einfache Zeichenformate wie DXF-Dateien übergeben. Die Nutzung dieser Informationen für anschließende Planungsprozesse erfordert eine umfassende manuelle Aufbereitung. Selbst wenn kompatible Datenformate zur Verfügung stehen, sind oftmals die Datenmenge und die Datenqualität fraglich und somit umfassend zu prüfen und zu bewerten.

Diese Probleme im Datenaustausch ergeben sich auf Grund fehlender Vereinbarungen und Vorgaben zu einheitlichen und allgemein verbindlichen Datenformaten. Je nach Bundesland oder Auftraggeber ergeben sich häufig spezifische Anforderungen an CAD-System, Datenformate und Datenkonventionen.

Erfahrungen zeigen, dass Bauherrn vielfach die selbst verwendeten Formate vorschreiben, insbesondere wenn sie an der Entwurfsplanung aktiv mitwirken wollen. Hier wird von Planern maximale Flexibilität gefordert.

Neben dieser übergeordneten Schnittstellenproblematik ist aber auch die Durchgängigkeit in den Modellen innerhalb des Planungsprozesses noch nicht gegeben. So sind momentan die Modelle für Tragwerks- und Objektplanung im Regelfall voneinander separiert, ohne dass es eine einheitliche und funktionierende Schnittstelle zum Datenaustausch gibt. Im Hinblick auf die digitale Planung existiert darüber hinaus auch keine Softwarelösung, mit der alle Modelle durchgängig erstellt und verwaltet werden können. Vor allem die Einbindung weiterer Informationen, z. B. aus Geographischen Informationssystemen (GIS) der Umweltbehörden, erfolgt in der Regel manuell. So ist die Zusammenführung der Modelle, die zudem von einer Vielzahl separater Objektplanern erstellt werden, selbst bei Übergabe digitaler Daten noch nicht ohne manuelle Nachbearbeitung möglich. Insbesondere bei Planungsänderungen oder Änderungen der Planungsgrundlagen führt dies zu einem hohen Aufwand.

Modellbasierte Planung: Anforderungen und Strategien zur Weiterentwicklung
Die Schaffung einer durchgängigen digitalen und modellbasierten Planung ist aus Sicht innovativer Planer wie *OBERMEYER Planen + Beraten* die richtungsweisende Entwicklung für die zukünftige Planung und Umsetzung von Infrastrukturbauprojekten. Es wird erwartet, dass damit nicht nur die Planungsprozesse verbessert werden, sondern auch die Organisation und Abwicklung der Planungs- und Ausführungsphase von Infrastrukturprojekten effektiver gestaltet werden können. Die erstellten Modelle bilden darüber hinaus die Grundlage für eine umfassende Bauwerksverwaltung während der Nutzungsdauer.

Damit sich die modellbasierte Planung zukünftig durchsetzen kann, ist es erforderlich, dass sich auf allen Ebenen der Projektabwicklung ein Bewusstsein für die Notwendigkeit der modellbasierten Bauplanung und Bauausführung entwickelt. Erst wenn auf allen Seiten die Vorteile der Verwendung von digitalen Modellen und Methoden erkannt wurden und folglich deren Einsatz auch gewünscht bzw. gefordert wird, werden sich die notwendigen technischen Entwicklungen einstellen und auf dem Markt etablieren.

Aktuell wird die modellbasierte Planung nur von Visionären eingesetzt, die in Erwartung künftiger Wettbewerbsvorteile diese zukunftsweisenden Planungsmethoden in Zusammenarbeit mit ähnlich ambitionierten Baufirmen verfolgen. Für die nur langsame Durchsetzung der modellbasierten Planung gibt es verschiedene Gründe: So müssen vertraute Konzepte aufgegeben und neue Techniken gelernt werden. Hierfür muss seitens der Unternehmen investiert und die Bereitschaft und das Verständnis bei den Mitarbeitern hergestellt werden. Zudem können die entstandenen Modelle oftmals noch nicht durchgängig genutzt werden, da Schnittstelle fehlen, so dass die Informationen wieder auf 2D-Zeichnungen reduziert werden müssen.

Auch die softwaretechnischen Möglichkeiten sind heute noch nicht soweit ausgereift, dass eine durchgängige modellbasierte 3D-Planung möglich ist. So bestehen zwar schon sehr gute Einzellösungen, mit denen auch dreidimensional und objektorientiert geplant werden kann. Eine Software-Lösung, die alle Planungsprozesse abbilden kann, existiert derzeit ebenso wenig wie die Möglichkeit der durchgängigen Weitergabe der Informationen in unterschiedliche CAD-Systeme.

In der Praxis wird es auch in Zukunft nicht möglich sein, sich auf eine einzige Softwareanwendung zu beschränken. Ebenso wenig werden öffentliche Auftraggeber die Verwendung eines proprietären Datenformats fordern können und wollen. Daher ist für die zukünftige modellbasierte Planungen eine standardisierte Schnittstelle zum Datenaustausch zwischen unterschiedlichen Programmen zwingend erforderlich. Es muss jedoch vermieden werden, dass sich mehrere Lösungen parallel entwickeln. Erforderlich ist eine zertifizierte und allgemein gültige Schnittstellendefinition. Erste Schritte hierzu werden bereits unternommen. So wird aktuell von der *buildingSMART Initiative* zusammen mit dem Deutschen Institut für Normung (DIN) und verschiedenen Verbänden an der Standardisierung und Zertifizierung einer Schnittstelle im Bereich des Hochbaus gearbeitet, die auf dem IFC-Datenformat (Industry Foundation Classes) beruht.

Perspektiven der modellbasierten Planung
Die angestrebte modellbasierte Planung wird zu einem durchgängigen Arbeiten in allen Projektphasen an einem Modell führen, das für alle Projektbeteiligten maßgebend wird. Die Projektinformationen werden objektbezogen verwaltet und können jederzeit aktualisiert werden. So kann phasenweise geplant und ausgeführt werden. Erforderliche Änderungen werden jederzeit auf deren Konsistenz geprüft, 3D-Visualisierungen werden möglich und durch die Integration von Zeitinformationen wird ein zusätzlicher Mehrwert erreicht. Zudem können Daten aus der Bauausführung hinterlegt und so ein umfassendes Bestandsmodell für die spätere Nutzung bereitgestellt werden.

Die Verwaltung entsprechender Modelle muss zentral erfolgen. Die Zuständigkeiten sind zu klären und wie im Ausland bereits üblich, werden speziell ausgebildete Modellmanager erforderlich sein, die das gesamte Projekt und das Modell des Bauvorhabens koordinieren.

Noch zu klären ist die Vergütung entsprechender Modelle. In den frühen Phasen der Planung sind höhere Investitionen und Aufwände als in heutigen Planungsprozessen erforderlich. Mit der aktuellen Honorarordnung lassen sich Modelle noch nicht in allen Planungsphasen wirtschaftlich verwirklichen. Hierfür sind neue vertragliche Regelungen und Vereinbarungen zwischen Bauherrn, Planern und ausführenden Firmen erforderlich. Das Bewusstsein für den Mehrwert der modellbasierten Planung muss sich in den nächsten Jahren entwickeln.

1.2.3 Kostendruck versus Innovation – Die Sicht der Bauausführung

Jürgen Mack, Tobias Baumgärtel

Die Bauindustrie hat eine zentrale Stellung in der deutschen Volkswirtschaft und so entscheidenden Anteil an der gesamtwirtschaftlichen Entwicklung. Durch die seit Jahren andauernde strukturelle Krise der Bauwirtschaft hinkt die Entwicklung der Bauindustrie aber zunehmend hinter der gesamtwirtschaftlichen Entwicklung her. Leidtragende sind vor allem die in der Bauausführung tätigen

Baugewerbe
Unternehmen mit 20 und mehr Beschäftigten

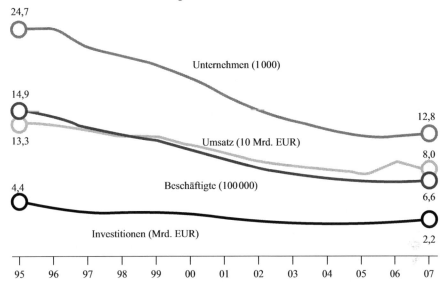

Abb. 1.6 Strukturdaten des Baugewerbes in Deutschland in den Jahren 1995 bis 2007. (Quelle: Statistisches Bundesamt 2010)

Unternehmen. Insbesondere Infrastrukturprojekte sind vom staatlichem Engagement und den finanziellen Möglichkeiten des Staates abhängig. So gestalten sich die strukturellen Voraussetzungen, auf die die im Infrastrukturbau tätigen Bauunternehmen angewiesen sind, doppelt schwierig. Die rückläufige Entwicklung im Baugewerbe der letzten Jahre zeigt sich deutlich in der Erhebung von Strukturdaten für das Baugewerbe des Statistischen Bundesamtes in den Jahren 1995 bis 2007 (s. Abb. 1.6).

Rahmenbedingungen
Bei heutigen Bauprojekten werden die einzelnen Ausführungs- und Planungsprozesse separat und fast immer an den Anbieter mit dem niedrigsten Preis vergeben. Der Bauablauf wird dadurch zerstückelt. Überlegungen und Lösungen, die die Wirtschaftlichkeit des gesamten Projekts im Blick haben stehen nicht immer im Vordergrund. Neben dem Kostendruck steigen aber auch der Zeitdruck und die mit der Bauabwicklung verbundenen Risiken. Diese Umstände führen häufig zu Konflikten zwischen den Projektbeteiligten. Misstrauen und rechtliche Auseinandersetzungen, die teils bis weit nach Fertigstellung eines Bauwerks ausgetragen werden, sind die Folge. Von einer partnerschaftlichen und vertrauensvollen Zusammenarbeit ist man leider bei vielen Projekten weit entfernt.

Eine Verbesserung der Situation unter Beibehaltung der bestehenden Rahmenbedingungen ist nach Ansicht vieler Bauunternehmen kaum zu erreichen. Der Druck des niedrigsten Preises besteht nach wie vor, das Einsparpotential ist jedoch weitgehend ausgeschöpft. Die operativen Arbeitsabläufe und -prozesse wurden in den letzten Jahren weitgehend optimiert, technische Innovationen sind unter wirtschaftlichen Aspekten kaum mehr zu erreichen und weitere mögliche Kostenreduzierungen durch Einsparungen von Qualität kommen nicht in Betracht. So stehen die bauausführenden Unternehmen vor der Frage, wie sie mit der für sie unbefriedigenden Situation zukünftig umgehen sollen.

Entwicklungen

Viele deutsche Baufirmen gehen daher den Weg ihren ehemaligen Kernbereich, die eigene operative Bauausführung vor allem in Inland zu reduzieren, teils sogar ganz aufzugeben. Unternehmen treten dann häufig nur noch als Generalunternehmer oder Generalübernehmer auf. Die Kernkompetenzen beschränken sich auf die Leitung, Planung, Organisation und Überwachung der Arbeits- und Betriebsprozesse, die operativen Arbeits- und Planungsleistungen werden an Nachunternehmer aus dem In- und Ausland vergeben. Diese Vorgehensweise führt allerdings an verschiedenen Stellen zu Kompetenzverlusten. Zum einen verliert der Generalunternehmer an bautechnischem Wissen, da er selbst nicht mehr ausführt, zum anderen fehlt auch dem Nachunternehmer Kompetenz, weil er wegen des enormen Kostendrucks häufig unqualifiziertes Personal mit günstigen Löhnen einsetzt und meist keine Mittel für die Weiterbildung und Qualifikation seiner Mitarbeiter zur Verfügung hat.

Viele Baubeteiligte, wie Planer, Nachunternehmer, Koordinatoren und Überwacher, ergeben auch zahlreiche Schnittstellen zur Informationsübergabe. Die Bau- und Planungsprozesse müssen dahingehend angepasst werden, dass unter anderem die Abstimmung und Verteilung der zur Ausführung erforderlichen Planunterlagen funktioniert und die aktuell gültigen Pläne die richtigen Stellen rechtzeitig erreichen. Steigt die Anzahl der Beteiligten, steigt auch die Komplexität der Vorgänge und Prozesse. Oftmals kommt es dadurch zur Überforderung des Baustellenpersonals. Schlechte Koordination und ungenügende Abstimmungen behindern dann den Bauablauf. Letztendlich sind diese Entwicklungen häufig für mangelnde Qualität und Verzögerungen in der Fertigstellung von Bauvorhaben verantwortlich.

Einige Bauunternehmen, wie die Firmengruppe Max Bögl, haben einen alternativen Weg eingeschlagen. Sie sehen ihre Zukunft mehr denn je im operativen Baugewerbe – auch in Deutschland. Ihr Modell für eine erfolgreiche Zukunft ist die Weiterentwicklung der traditionellen handwerklichen Arbeitstechniken hin zu modernen Herstellungsprozessen bei einer gleichzeitigen Vergrößerung der Fertigungstiefe.

Als große Herausforderung für die Gestaltung einer erfolgreichen Zukunft werden notwendige Veränderungen und Innovationen in der Organisation des Baugeschehens als erforderlich erachtet. Hierzu ist der Gesamtbauprozess von der Planung über die Ausführung bis hin zur Unterhaltung und den Betrieb des erstellten Bauwerks zu betrachten. Schlagworte für entsprechende Projekte sind „Design and Build" und „Design, Build and Maintain[3]". Derartige Projektformen besitzen insbesondere im internationalen Wettbewerb einen höheren Stellenwert als auf dem

---

[3] Neben der Planung und Herstellung eines Bauwerks wird auch dessen Unterhalt für eine vertraglich festgelegte Zeit von der Baufirma übernommen.

innerdeutschen Markt. Als Methode, mit der entsprechende Bauprojekte innovativ umgesetzt werden können, bietet sich eine modellbasierte Projektbearbeitung an, wie sie auch hinter der Vision des ForBAU-Projektes steht.

In der Bauindustrie wird der Trend zur Umsetzung modellbasierter Projektab-wicklung eng mit dem Schlagwort *Building Information Modelling* (BIM) ver-knüpft. BIM umfasst neben der Projektplanung und Umsetzung auch das Lebenszy-klus-Management. Der BIM-Ansatz beschreibt eine Verwaltung von 3D-Modellen des Bauprojektes und hinterlegt Informationen zu Kosten und Ausführungszeiten über den gesamten Lebenszyklus.

Die Verknüpfung von 3D-Modellen mit Parametern zu Kosten und Ausführungs-zeiten wird in der Baupraxis auch als 5D-Modellierung bezeichnet. Hierzu haben sich auf europäischer Ebene die Baukonzerne *Max Bögl* (Deutschland), *Züblin/ Strabag* (Deutschland), *Consolidated Contractors Company* (Griechenland), *Bal-last Nedam* (Holland) und *Royal BAM Group* (Holland) zur *5D-Initiative* zusam-mengeschlossen. Ziel dieses Zusammenschlusses ist die Definition einheitlicher und praxistauglicher Anforderungen an Prozesse zur ganzheitlichen modellbasier-ten Projektabwicklung.

Die Entwicklungen zur modellbasierten Projektabwicklung sind aber perspek-tivisch nicht nur für Unternehmen vorteilhaft, die modellbasiert planen und aus-führen. Verbesserungspotentiale bieten entsprechende Prozesse auch bei der Aus-führung von Bauprojekten, etwa zur Reduktion und Koordination der Schnittstellen bei Subunternehmerbeauftragung oder für das Lebenszyklus-Management des Auf-traggebers.

Voraussetzungen für eine innovative Projektabwicklung
Organisatorische Verbesserungen sind schon bei der Vergabe von Bauleistungen zwingend erforderlich. Bereits in der Phase der Entwurfsplanung werden die Wei-chen für die Herstellung eines Bauprojektes hinsichtlich Termin, Wirtschaftlichkeit und Qualität gestellt. Zur Erarbeitung der optimalen Lösung sind schon in dieser Phase die am Bau Beteiligten besonders gefordert. Gerade bei Infrastrukturpro-jekten gehört neben dem Bauherrn und dem Planer auch das ausführende Bau-unternehmen dazu. Dieses steht jedoch aufgrund von Regelungen zur Vergabe von Bauleistungen zur Zeit der Entwurfsplanung noch nicht zur Verfügung. Dadurch entsteht ein Schnittstellenproblem zwischen Planung und Ausführung. Dieses ist auch noch gegeben, wenn der Bauherr die Bauleistung inklusive Ausführungspla-nung auf Grundlage seiner Entwurfsplanung vergibt.

Deswegen spielt die Zeit zwischen Beauftragung, dem Beginn der Ausführungs-planung und der darauf folgenden Arbeitsvorbereitung eine ganz wesentliche Rolle. In diesem Zusammenhang entscheidend ist, in welcher Tiefe das Projekt in der Kal-kulationsphase bearbeitet werden konnte. Bei gleichzeitiger Zunahme der Komple-xität von Bauvorhaben muss die weitere Planung somit in der Regel unter großem Zeitdruck durchgeführt werden. So entstehen häufig Ausführungs- und Detailpla-nungen, die nicht die wirtschaftlich und technisch optimale Lösung widerspiegeln.

Die Abkehr von traditionellen Arbeitsprozessen zur Verbesserung der Ausfüh-rungsplanung und der Bauausführung beginnt daher schon an der Schnittstelle zwi-schen Entwurfsplanung durch den Bauherrn und Ausführungsplanung im Auftrag der Baufirma. Ein erster Schritt wäre die Übergabe weiter nutzbarer digitaler Daten. Hierzu sind zunächst Vereinbarungen zwischen Bauherrn, Planern und Bauunternehmen zum Prozess des Datenaustauschs, zum verwendeten Datenaustauschformat und zu den auszutauschenden Inhalten zu treffen.

Im Hinblick auf die Ansätze der modellbasierten Projektabwicklung ist die Erstellung digitaler Modelle aber grundsätzlich nötig. Für eine durchgängige Nutzung erfordert dies zunächst die Bereitschaft des Bauherrn, 3D-Modelle, beginnend mit den ersten Phasen der Projektplanung, selbst zu erstellen und diese dann für weitere Planungsphasen zu übergeben. Alternativ hätte er aber auch die Möglichkeit, die Erstellung von entsprechenden Modellen als Bestandteil des Angebotes einzufordern, würde damit allerdings auf die Vorteile der modellbasierten Abwicklung im Vorfeld verzichten.

Mit dem Vorhandensein von Modellen stünde an der Schnittstelle zwischen Vergabe der Bauleistung und Beginn der Bauausführung ein allgemein gültiges, den Wissensstand dokumentierendes Modell des Bauvorhabens zur Verfügung. Es ist zu erwarten, dass eine entsprechend objektive modellbasierte Planungsgrundlage Prozesse nicht nur effizienter macht, sondern auch hilft, Konflikte während der Bauausführung, wie beispielsweise unklare Spartensituationen, Lücken in der Baugrundbeschreibung oder Ungenauigkeiten bei der Massenermittlung, zu reduzieren.

Derzeit sehen einige Auftragnehmer bereits genügend Vorteile in der modellbasierten Projektabwicklung zur Optimierung der unternehmensinternen Prozesse, so dass sie Modelle für den eigenen Gebrauch aufbauen. Dieses Vorgehen soll letztendlich in einen Wettbewerbsvorteil gegenüber Konkurrenten im In- und Ausland münden. So wird beispielsweise von der Firmengruppe Max Bögl erwartet, dass durch eine entsprechende Neuausrichtung der Prozesse und dem durchgängigen Einsatz dieser digitalen Technologie ein Kosteneinsparpotential von 20 bis 30 % zu realisieren ist.

1.3   Bauen morgen – Die Vision der Digitalen Baustelle

Cornelia Klaubert, Willibald A. Günthner

Der durchgängige Einsatz von digitalen Technologien kann Prozessabläufe transparenter gestalten, indem Schnittstellen reduziert und die Zusammenarbeit zwischen den verschiedenen Projektbeteiligten optimiert wird. In einer Vielzahl von Industrien wie beispielsweise dem Fahrzeug-, Schiffs- oder Anlagenbau werden diese Möglichkeiten genutzt. In der Baubranche finden diese Konzepte bisher nur wenig Anwendung.

Entsprechender Handlungsbedarf wurde erkannt. Im Januar 2008 startete deshalb der Forschungsverbund „Virtuelle Baustelle – Digitale Werkzeuge für die Bauplanung und -abwicklung" (ForBAU) mit dem Ziel, ein komplexes Bauvorhaben ganzheitlich in einem digitalen Baustellenmodell abzubilden. Diese Digitale Baustelle wird in allen Projektphasen als zentrales Planungsinstrument verwendet. An der Umsetzung der Vision arbeiteten insgesamt sieben Lehrstühle der Technischen Universität München, der Universität Erlangen-Nürnberg, der Hochschule Regensburg und des Deutschen Luft- und Raumfahrtzentrums (DLR) zusammen mit mehr als 30 Praxispartnern, darunter Baufirmen, Planungs- und Ingenieurbüros, Baumaschinenhersteller und IT-Partner für digitale Werkzeuge. Gefördert wurde der Verbund für insgesamt drei Jahre von der Bayerischen Forschungsstiftung.

ForBAU – Werkzeuge und Methoden für die Digitale Baustelle
Ziel des Forschungsverbundes ForBAU war es, Methoden und Werkzeuge für die Umsetzung der Digitalen Baustelle zu schaffen. Im Fokus stand dabei nicht die Neuentwicklung von Technologien, sondern die Weiterentwicklung und Anpassung vorhandener Methoden und Systeme an die speziellen Bedingungen der Bauindustrie. Die Entwicklung wurde dabei in enger Zusammenarbeit mit den Industriepartnern durchgeführt.

Um ein Bauvorhaben ganzheitlich in einem digitalen Baustellenmodell abbilden zu können, ist eine Integration der Daten aus den verschiedenen Bereichen wie der Planung, Vermessung, Arbeitsvorbereitung, Buchhaltung und der Baustelle selbst durch eine zentrale Datenplattform mit standardisierten Schnittstellen zu der bestehenden, meist sehr heterogenen EDV-Systemlandschaft notwendig. Durch eine Kopplung zwischen Baugrund-, Baustelleneinrichtungs-, Bauwerks- und Simulationsmodell in einem Baustelleninformationsmodell können weitreichende Optimierungspotenziale im gesamten Ablauf nutzbar gemacht werden. Das Modell wird über das Bauvorhaben hinweg dynamisch aktualisiert und liefert den verschiedenen Nutzern die relevanten technischen Informationen. Kritische Prozesse oder Abläufe werden vorab im Modell der Digitalen Baustelle getestet, um später auf der realen Baustelle ohne Verzögerungen und unnötige Stillstandzeiten durchgeführt werden zu können.

Zur Umsetzung dieser Vision wurden vier Schwerpunkte gebildet, die jeweils in einem Teilprojekt bearbeitet wurden (Abb. 1.7). Um anwendungsnahe Ergebnisse

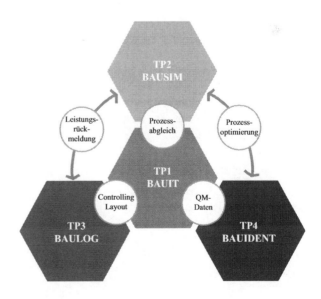

Abb. 1.7 Struktur des Forschungsverbundes ForBAU

zu erzielen, war die Unterstützung der Industrie besonders wichtig. Sie formulierte Anforderungen und ermöglichte es, die Ergebnisse an Pilotbaustellen zu validieren und zu testen.

Teilprojekt BAUIT: Modellierung

Einen wesentlichen Schwerpunkt des ForBAU-Projekts bildete das Teilprojekt BAUIT, in dem insbesondere Methoden zur modellgestützten Planung untersucht wurden. Durch die dreidimensionale Modellierung werden Fehler, wie z. B. Abweichungen zwischen Trassenverlauf und Brückengeometrie oder Kollisionen verschiedener Gewerke schon am Arbeitsplatz des Planers identifiziert. Kosten- und zeitintensive Korrekturen auf der Baustelle werden dadurch erheblich reduziert. Moderne CAD-Programme ermöglichen neben der dreidimensionalen auch die vollparametrische Modellierung. Dadurch können Änderungen, wie beispielsweise die Modifikation von Stützenabständen bei Brückenbauwerken, sehr schnell durch Änderung von Parametern umgesetzt werden. Ziel von ForBAU war es aber nicht nur, Methoden zur modellbasierten Planung von Bauwerken zu entwickeln, sondern auch die dreidimensionale Modellierung des Geländes, des Baugrunds und der Baustelleneinrichtung zu ermöglichen. Ein wesentlicher Fokus der Forschungsarbeiten lag dabei auf der Integration der Teilmodelle in einem gesamtheitlichen Baustelleninformationsmodell – der Digitalen Baustelle.

Die hohe Arbeitsteiligkeit machte zudem eine einheitliche Informationsplattform erforderlich, die alle Baubeteiligten stets mit aktuellen und gültigen Daten versorgt. Dafür wurde im Rahmen des ForBAU-Projekts ein Produktdatenmanagement (PDM)-System eingesetzt. Von der Planungs- über die Ausführungs- bis zur Nutzungsphase konnten so alle relevanten Projektdaten strukturiert verwaltet und über ein entsprechendes Rechtekonzept allen Beteiligten zur Verfügung gestellt werden.

Teilprojekt BAUSIM: Virtuelle Planung/Baufortschrittskontrolle/Controlling

Das Teilprojekt BAUSIM beschäftigte sich mit der Simulation von Baustellenabläufen. Diese ermöglichte es, kritische Prozesse frühzeitig im virtuellen Modell zu testen. Dadurch lassen sich bei der späteren Durchführung Verzögerungen oder unnötige Stillstandzeiten vermeiden. Treten in der Abwicklungsphase dennoch Verzögerungen z. B. durch ungünstige Witterungsbedingungen auf, kann auf diese flexibel reagiert werden, indem beispielsweise der mengenmäßige Ressourceneinsatz mit Hilfe der Simulation an die veränderte Situation angepasst wird.

Zur Überwachung der Bauqualität und des Baufortschritts kamen innovative Vermessungsmethoden wie das 3D-Laserscanning zum Einsatz. Für die schnelle geometrische Kontrolle der Maßhaltigkeit von Bauwerken wurde die Technologie der Augmented Reality (AR)[4] verwendet.

Teilprojekt BAULOG: Baulogistik

Das Teilprojekt BAULOG befasste sich mit der prozessübergreifenden Vernetzung der an der Baumaßnahme beteiligten Akteure auf den Ebenen des Material- und Güterflusses. Dabei wurden in anderen Industrien entwickelte Best-Practices aus

---

[4] AR bezeichnet dabei die Einblendung virtueller Modelle in die reale Welt.

dem Bereich Supply Chain Management auf die Bauindustrie übertragen. Zentral dabei war die Anpassung dieser Methoden auf branchenspezifische Besonderheiten der Bauwirtschaft. Dieser Ansatz half, die Transparenz und Flexibilität der bauindustriellen Wertschöpfungsketten zu erhöhen. Im Rahmen der Baustelleneinrichtungsplanung und des Stoffstrommanagements wurden Liefer- und Logistikstrategien für die Materialfluss- und Layoutgestaltung entwickelt.

Teilprojekt BAUIDENT: Identifikation/Lokalisierung/Steuerung
Im Teilprojekt BAUIDENT wurden Methoden entwickelt, um die realen Leistungen auf der Baustelle durch moderne Ident- und Kommunikationstechniken zeitnah zu dokumentieren. Damit kann eine effektive Steuerung der Bauprozesse und der zugehörigen Material- und Informationsflüsse erfolgen. Mit Hilfe von automatischen Identifikations-Technologien wurde die informationstechnische Lücke zwischen der physischen Welt und der digitalen Planung geschlossen. Daten, die zum Management von logistischen Prozessen notwendig sind, können durch die erarbeiteten Lösungen schneller und präziser erhoben werden und sind durch die automatisierte Erhebung weniger fehlerbehaftet. Die Herausforderung hierbei war, diese Aufgaben kontinuierlich, zuverlässig und auch unter widrigen Umgebungsbedingungen zu lösen.

Zum Inhalt des Buches
Das vorliegende Buch gibt einen Überblick über die Methoden und technischen Lösungen für die Umsetzung der Digitalen Baustelle und zeigt auf, welche Veränderungen organisatorischer und struktureller Art notwendig sind, um das Konzept der Digitalen Baustelle erfolgreich in der Bauindustrie zu etablieren. Die vorgestellten Ergebnisse sind das Resultat der dreijährigen Laufzeit des Forschungsverbundes ForBAU, in der Wissenschaft und Industrie Hand in Hand gearbeitet haben, um die Vision der Digitalen Baustelle Realität werden zu lassen.

Literatur

CAD-IT (2010) CAD Geschichte. http://www.cad.affari.to/i/170/CAD-Geschichte. Zugegriffen: 16. Aug. 2010

Deutsches Baumaschinen Museum (2010) Die Geschichte der Baumaschinen. http://www.erstes-deutsches-baumaschinenmuseum.de/html/geschichte.html. Zugegriffen: 28. Juli 2010

Partsch S (1999) Wie die Häuser in den Himmel wuchsen. Die Geschichte des Bauens. Hanser, München

Statistisches Bundesamt (2010) Strukturdaten Baugewerbe in Deutschland. 2000 und 2007 im Vergleich, Wiesbaden. http://www.destatis.de/jetspeed/portal/cms/Sites/destatis/Internet/DE/Navigation/Statistiken/Baugewerbe/Strukturdaten/Strukturdaten.psml. Zugegriffen: 18. Aug. 2010

Weisberg, DE (2008) The Engineering Design Revolution. The People, Companies and Computer Systems that changed forever the Practice of Engineering. Englewood, CO. http://www.cadhistory.net/. Zugegriffen: 20. Aug. 2010

Kapitel 2
Integrierte Planung auf Basis von 3D-Modellen

Tobias Baumgärtel, André Borrmann, Thomas Euringer, Matthias Frei,
Gerd Hirzinger, Tim Horenburg, Yang Ji, Rudolf Juli, Thomas Liebich,
Frank Neuberg, Mathias Obergrießer, Markus Pfitzner, Claus Plank,
Karin H. Popp, Hanno Posch, Rupert Reif, Markus Schorr, Sabine Steinert,
Bernhard Strackenbrock, Wolfgang Stockbauer, Dieter Stumpf,
Alaeddin Suleiman, Norbert Vogt, und Johannes Wimmer

In weiten Bereichen des Bauwesens wird nach wie vor geplant, wie es seit Jahrhunderten üblich ist, nämlich mit Hilfe von 2D-Zeichnungen, die Ansichten, Grundrisse und Schnitte des geplanten Bauwerks beinhalten. Dies resultiert zum einen aus der rechtlichen Verbindlichkeit entsprechender Pläne bei der Entwurfs- und Ausführungsplanung und zum anderen aus der Tatsache, dass auf der Baustelle bislang keine 3D-Visualisierung möglich ist, sondern stattdessen gedruckte Pläne als Grundlage für die Bauausführung dienen müssen.

Gegenüber der 2D-gestützten Planung hat die 3D-Modellierung jedoch eine Reihe von Vorteilen. Dazu gehört die automatisch gesicherte Konsistenz der später abgeleiteten Schnitte und Ansichten, das leichtere Erkennen von geometrischen Konflikten und die Möglichkeit, eine ganze Reihe von Analysen und Simulationen durchzuführen, ohne geometrische Informationen erneut eingeben zu müssen.

Im Maschinen- und Fahrzeugbau hat sich aus diesen Gründen die 3D-Modellierung bereits weitestgehend durchgesetzt. So plant heute der überwiegende Teil dieser Industrie vollständig in 3D. In den 1990er Jahren stand der Maschinenbau an der Schwelle, welche die Bauindustrie noch zu überwinden hat, um eine ganzheitliche Einführung von 3D-CAD-Systemen zu verwirklichen. Nachdem Mitte der 1950er Jahre die erste kommerzielle CAD-Software für den Automobil- und Luftfahrtsektor verfügbar war, wurde bereits zehn Jahre später an CAD-Systemen geforscht, die auch die dritte Dimension berücksichtigen. Es lag wiederum an der Automobil- und Luftfahrtindustrie, den Weg für den Einzug von 3D-CAD in die kommerzielle Produktentwicklung zu bereiten. In den 70er Jahren gelang es, erste proprietäre Systeme unter viel Eigenentwicklung in der Industrie zu verankern und die Wandlung von Draht- und Flächenmodellen hin zu Volumenmodellen zu vollziehen.

Weitere Innovationen folgten. So wurden Schnittstellen geschaffen, um Werkzeugmaschinen aus der CAD-Umgebung zu steuern und konstruierte Modelle automatisch fertigen zu können. Ein technischer Sprung in der Hardwareentwicklung verhalf den 3D-CAD-Systemen in den 1980er Jahren zu größerer Verbreitung am

A. Borrmann (✉)
Lehrstuhl für Computation in Engineering, Technische Universität München,
Arcisstraße 21, 80333 München, Deutschland
E-Mail: andre.borrmann@tum.de

W. Günthner, A. Borrmann (Hrsg.), *Digitale Baustelle- innovativer Planen, effizienter Ausführen*, DOI 10.1007/978-3-642-16486-6_2, © Springer-Verlag Berlin Heidelberg 2011

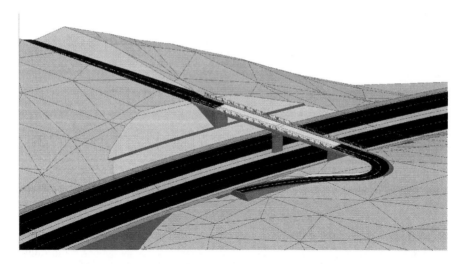

Abb. 2.1 3D-Modellierung von Infrastrukturbaumaßnahmen als Grundlage einer integrierten digitalen Planung und Ausführung

Markt. Nun war ein anwenderfreundliches Feature-basiertes Konstruieren möglich, parametrische Volumenmodelle konnten auf Basis von geometrischen Bedingungen entwickelt werden. Da CAD-Systeme fortan von konventionell ausgebildeten Ingenieuren bedient werden konnten, kam es in der 90er Jahren zu einer entsprechend großflächigen Einführung im Maschinenbau. Die Hardware-Anforderungen waren zu diesem Zeitpunkt weitestgehend erfüllt, so dass nun auch das Datenhandling in den Vordergrund gerückt wurde. Der Weg führte von der reinen Bauteilkonstruktion zu einem durchgängigen Lebenszyklusmanagement. Seit Beginn des neuen Jahrtausends steht das verteilte Konstruieren im Fokus. Aufgrund der Globalisierung sollen zunehmend Möglichkeiten geschaffen werden, von mehreren Standorten aus an einem gemeinsamen Produktmodell zu arbeiten und fachübergreifende Prozesse in CAD-Systeme zu integrieren (Weisberg 2008).

Analog bildet eine umfassende 3D-Modellierung des gesamten Bauvorhabens (Abb. 2.1) die Grundlage aller Planungsvorgänge der Digitalen Baustelle. Dieses Kapitel gibt einen Überblick über die damit verbundenen Vorteile, stellt aber auch Herausforderungen dar, denen bei der umfassenden Einführung der 3D-Modellierung begegnet werden muss. Zunächst soll jedoch ein Blick auf die aktuelle Planungspraxis geworfen werden.

2.1 Status Quo – Grenzen 2D-gestützter Planung im Infrastrukturbau

Das ForBAU-Projekt hatte es sich zur Aufgabe gemacht, Methoden und Werkzeuge zu entwickeln, um Planungs- und Ausführungsprozesse von Bauprojekten durchgängig digital abzuwickeln. Im Mittelpunkt der Untersuchungen stand der Infrastrukturbau, insbesondere die Realisierung von Trassenbauprojekten mitsamt den darin befindlichen Brückenbauwerken. Der folgende Abschnitt gibt einen Überblick über die heute übliche Praxis bei der Planung von Trassenbauwerken und erläutert die damit verbundenen Probleme und Einschränkungen.

Heute werden Trassen und Brücken fast ausschließlich zweidimensional geplant. Dieser Ausgangspunkt war zugleich die Motivation für das ForBAU-Projekt, neue Ansätze eines computergestützten, dreidimensionalen Prozesses zur Planung und Ausführung infrastruktureller Baumaßnahmen zu entwickeln.

2.1.1 Trassenentwurf heute

Mathias Obergrießer, Matthias Frei, Markus Pfitzner

Die Neuplanung einer Trasse stellt für die beteiligten Ingenieure eine große Herausforderung dar und erfordert ein hohes Maß an Fachkompetenz und Erfahrung. Von der ersten Entwurfsgestaltung und Linienführung bis hin zur letzten detaillierten Ausführungsplanung können mehrere Monate, oftmals Jahre, vergehen. Dieser sehr lange und komplexe Planungszyklus unterliegt schwierigen Randbedingungen. Zum einem spielen politische Hintergründe wie z. B. die Haushaltslage, öffentliche Meinungsbildungsprozesse, Regierungswechsel oder umweltpolitische Belange eine große Rolle. Zum anderen haben rechtliche Fragestellungen wie z. B. Grunderwerb, Grundausgleich aber auch die Ansiedlung von Industrie und Wirtschaft maßgeblichen Einfluss auf die Wahl der Trassenführung.

Im Zuge eines Planfeststellungsverfahrens erfolgt der Entwurf des Trassenverlaufs, der im Lauf der weiteren Planungen detailliert ausgearbeitet wird. Als Basis für den Entwurf dient eine Aufnahme des ursprünglichen Geländes, auch Urgelände genannt. Hierfür werden Vermessungspunkte des Geländes mit einem elektronischen Tachymeter oder GPS[1]-Empfänger mit hoher Genauigkeit erfasst oder aus vorhandenen Bestandsdaten übernommen. Die Punkte werden dabei durch sogenannte Weltkoordinaten mit Georeferenz (z. B. Gauß-Krüger-Koordinaten) abgebildet und anschließend in die Trassierungssoftware importiert. Aus den Punkten lassen sich Höhenliniendarstellungen oder digitale Geländemodelle (DGM) generieren.

Ein DGM besteht aus Punkten im Raum, die netzartig zu Dreiecksflächen verbunden werden und somit die geometrische Geländeoberfläche lückenlos beschreiben. Zusätzlich können Bruchkanten und Begrenzungslinien definiert werden, um den tatsächlichen Verlauf des Geländes möglichst realistisch nachzubilden. Für die Generierung der Dreiecksnetze (Triangulation) wird in der Regel der Delaunay-Algorithmus verwendet (Fortune 1992). Ein qualitativ hochwertiges DGM zeichnet sich durch eine geeignete Auswahl der Stützpunkte und eine plausible Dreiecksbildung mit entsprechenden Bruchkanten aus.

Für den geometrischen Entwurfsprozess von Trassen wird die Dreitafelprojektion verwendet. Das bedeutet, dass die eigentliche Planung der Trasse nacheinander jeweils in den drei verschiedenen zweidimensionalen Ebenen Grundriss (Lageplan),

---

[1] Global Positioning System.

Längsschnitt (Höhenplan) und Querschnitt (Querprofil) erfolgt. Erst die Überlagerung dieser drei Einzelebenen stellt die eigentliche Trasse im Raum dar.

Zunächst wird der Verlauf der zu entwerfenden Trasse im Grundriss des Be-
standsgeländes mit Hilfe geometrischer Trassierungselemente wie z. B. Geraden,
Klothoiden und Kreisbögen beschrieben. Anschließend wird auf Basis des Lageplans und des Geländemodells der Längsschnitt im Aufriss erzeugt. Dieser Höhenplan stellt eine Schnittabwicklung des Geländes entlang der Trassenachse dar und
dient als Basis für den Entwurf des Höhenverlaufs der Achse (Gradiente). Die Gra-
dientenkonstruktion setzt sich aus Geraden zusammen, die im Bereich von Tief-
punkten (Wannen) oder Hochpunkten (Kuppen) mithilfe parabolischer oder kubischer Elemente ausgerundet werden. Durch das Eintragen der Gradiente in den
Höhenplan erhält die Trassenachse implizit eine dritte Dimension.

Im letzten Entwurfsschritt wird der im Raum orientierten Trassenachse ein
Trassenprofil bzw. Querprofil zugeordnet (Abb. 2.2). Dieser Planungsschritt erfolgt ebenfalls in einer eigenen 2D-Ebene, dem Querschnitt und ermöglicht eine
Abbildung der geplanten Fahrsteifen, Fahrbahnbreiten, Entwässerungsanlagen und
Böschungsneigungen entlang der Trassenachse. Die Querprofile werden in regelmäßigen Abständen entlang der Achse berechnet, wobei die Intervallgröße die Genauigkeit der Trassenabbildung stark beeinflusst. Bei der Festlegung des Höhenverlaufs und Querprofils werden zugleich die relevanten ein- bzw. auszubauenden Erdmassen bestimmt, die als Auftrags- oder Abtragsbereiche gekennzeichnet werden.

Während des gesamten Konstruktionsprozesses sind eine Reihe von Normen
und Richtlinien für den Straßen- bzw. Bahnbau einzuhalten. Richtlinien für die Anlage von Straßen (RAS 1996) sind z. B. die RAS-Q, RAS-L oder RAS-Ew (RAS).
Sie regeln die prinzipiellen Entwurfsgrundlagen für die Planung eines Trassenquer-
schnitts, maximale Längs- und Querneigung der Trasse, ihre Entwässerung sowie
die minimalen Entwurfsradien bei vorgeschriebenen Fahrgeschwindigkeiten. Aufgrund der hohen geometrischen und regelwerkstechnischen Anforderungen handelt
es sich bei der Trassenplanung um einen sehr komplexen Prozess. Die Planung in
den drei Entwurfsebenen (Lageplan, Höhenplan, Querschnitt) wirkt komplexitäts-
reduzierend, da sich der Entwerfende auf die in der jeweiligen Projektionsebene
relevanten Entwurfsparameter konzentrieren kann, ohne sämtliche Abhängigkeiten
des Trassenentwurfs zeitgleich berücksichtigen zu müssen. Dieses Prinzip erlaubt
es dem Ingenieur, eine dreidimensionale Raumplanung der Trasse zu erzeugen,
ohne tatsächlich mit einem 3D-Modell zu arbeiten.

Eine Reihe von trassierungsspezifischen CAD-Systemen für den Tief- und Straßenbau wie z. B. *ProVI* von der Firma *Obermeyer*, *Autodesk AutoCAD Civil 3D*
oder *STRATIS* von der Firma *RIB* unterstützen den Planer beim Trassierungsentwurf. Alle genannten Systeme basieren auf dem oben beschriebenen 2D-Entwurfs-
ansatz. Einige Programme aktualisieren nach konstruktiven Änderungen in einer
Projektion automatisch die anderen Perspektiven. Dadurch kann ansatzweise die
Planung auf geometrische Plausibilität geprüft werden. Auf eine virtuelle, proto-
typische 3D-Konstruktion mit umfassenden Möglichkeiten zur Prüfung der geometrischen Plausibilität bzw. Detektion von Kollisionen, zur Bauablaufsimulation und
zur Ausführungsoptimierung, muss jedoch verzichtet werden.

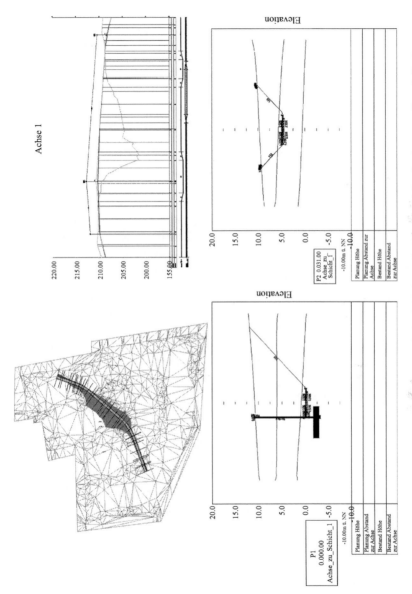

Abb. 2.2 Heute übliche Trassenplanung in 2D. Ergebnis sind Pläne, die die Draufsicht, das Längsprofil und die Querprofile beinhalten

Für den weiteren Planungsprozess können aus den Lageplan-, Höhenprofil- und Querprofildarstellungen (Abb. 2.2) im Anschluss normgerechte Pläne abgeleitet sowie verschiedene Auswertungen wie Mengenermittlungen, Massenausgleichs- profile oder die Berechnung von Absteckpunkten durchgeführt werden. Da kein vollständig definiertes 3D-Modell der Trasse entsteht, wird z. B. die Berechnung der Erdmassen in den meisten Systemen mit Hilfe von analytischen Verfahren vor- genommen, indem die Massen entweder durch einen Vergleich des Oberflächen- DGMs mit dem aus den Trassierungsdaten erzeugten Profil-DGM oder durch Inter- polation zwischen zwei Querprofilen ermittelt werden. Dieses Vorgehen basiert auf mathematischen Grundlagen, die in bestimmten Bereichen stark vereinfacht wur- den, so dass sich Ungenauigkeiten in der Mengenermittlung ergeben. Eine exakte Mengenermittlung, getrennt nach den jeweiligen Materialien für die Auf- bzw. Ab- tragsbereiche, ist mit einer reinen 2D-Planung bislang nicht möglich. Die Mengen- ermittlung kann durch den Einsatz eines vollständig definierten 3D-Modells verbes- sert werden, da sich aus 3D-Körpern problemlos exakte Volumina berechnen lassen.

In der Praxis zeigen sich weitere Einschränkungen der 2D-Methode, z. B. wenn Randbedingungen wie vorhandene Bebauung, innerstädtische Lage, Querung an- derer Trassen und Leitungsnetze zu berücksichtigen sind. Da in den 2D-Konst- ruktionsebenen nicht jeder beliebige Punkt der Trasse explizit beschrieben werden kann, werden unterschiedliche Regelquerschnitte entsprechend den wechselnden Kausalitäten angelegt. Die Darstellung der Querprofile im Streckenverlauf erfolgt mit zahlreichen Querprofilreihen in regelmäßigen Abständen entlang der Achse, um die Planung an möglichst vielen Stellen zu verdeutlichen. Kritische Stations- bereiche müssen in der Regel selbst identifiziert werden und bei Bedarf zusätzli- che Querprofile an diesen Stellen berechnet werden. Dennoch lassen sich nicht alle Eventualitäten zwischen den berechneten Querprofilpunkten abbilden, da hierfür die Intervallgröße aus Gründen der Rechenzeit und Datenmengen ausreichend groß gewählt werden muss (realistisch sind Intervallgrößen von 10 bis 50 m, je nach Pro- jektgröße und -anforderungen). Neben der Haupttrasse werden zusätzliche Längs- schnitte z. B. entlang von Entwässerungsrinnen, Gräben oder Kanälen angelegt, die jedoch in der Regel in Lage- und Höhenverlauf von den Hauptachsen abhängen. In Kreuzungs- und Einmündungsbereichen werden weitere Achsen für die Randfüh- rung benötigt. Für derartige Detailbereiche werden oftmals Spezialpläne entworfen.

Aufgrund der geometrischen Unschärfe der 2D-Planungsmethodik ergeben sich auch Einschränkungen für die Dokumentation des Baufortschritts und des fertigen Bauwerkes in seiner endgültigen tatsächlichen Geometrie und Lage.

Die Abhängigkeiten zwischen allen Objekten und die Auswirkungen von Ände- rungen sind insbesondere bei komplexen Projekten in der Dreitafelprojektion nicht transparent. Planungsänderungen in einer Projektionsebene (z. B. im Grundriss) können zu Konflikten in anderen Ebenen (z. B. im Höhenplan) führen. Diese sind jedoch für den Planer nicht unmittelbar ersichtlich.

Für die Bauausführung sind in der Regel umfangreichere und stärker detaillierte Informationen des Bauwerks „Trasse" erforderlich. Es genügt nicht, die Trasse als ein Gesamtbauwerk zu betrachten und lediglich an diskreten Punkten, nämlich den Querprofilen, zu beschreiben. Für die Ausführenden sind darüber hinaus vor allem die räumliche Verteilung der Baumengen und die Baustellenlogistik relevant.

Während der Bauausführung werden vor Ort auf der Baustelle Punkte mit Querprofilbezug abgesteckt, um den geplanten Verlauf der Trasse zu veranschaulichen. Absteckungen im Gelände stellen nur einen sehr kleinen Bruchteil der geometrischen Informationen über das Bauwerk dar. Der exakte geometrische Verlauf zwischen den einzelnen Querprofil- und Absteckpunkten bleibt verborgen. Er kann jedoch nicht als einfache Gerade oder leicht erkennbare Kurve angenommen werden. Die exakte Ausführung bleibt ganz wesentlich dem ausführenden Baustellenpersonal und der Erfahrung der Maschinenführer überlassen.

Im Planungsprozess werden sukzessive die Detail und Ausführungspläne erstellt. Als problematisch gestalten sich die Pflege und Fortschreibung der 2D-Ausführungsdokumente, da es sowohl im Planungsverlauf als auch während der Ausführung häufig zu Änderungen kommt. Eine elektronische Erfassung geänderter Randbedingungen, die während des Bauprozesses entstehen, wird häufig nicht vorgenommen, da der Aufwand für die Erstellung der drei zugehörigen Projektionsebenen relativ hoch ist. Eine solche mangelnde Dokumentation kann zu einem späteren Zeitpunkt jedoch eine fehlerhafte Anschlussplanung verursachen.

Ein weiteres Problem liegt in der Weitergabe der Trassendaten an nachfolgende Gewerke wie z. B. Brückenplaner, Rohrleitungsplaner oder auch Baufirmen, die an der Umsetzung der Trasse beteiligt sind. Die meisten Planungsprozesse sind autarke Vorgänge und sehen keinen Austausch bzw. Verwendung von bestehenden Daten vor. Dies verursacht häufig eine redundante Planung.

Wünschenswert wäre ein standardisierter Transferprozess, der sämtliche Projektbeteiligte mit den erforderlichen Teilinformationen versorgt und die Planung der Trasse in einem zentralen 3D-Datenmodell ermöglicht. Teile von Trassenbauwerken lassen sich schon heute in Form digitaler Datenformate austauschen, z. B. im OKSTRA[2]-, GAEB[3]- oder LandXML-Format. Diese Formate sind jedoch auf den konventionellen Konstruktionsprozess in 2D-Projektionsebenen ausgerichtet und unterstützen bspw. nicht den Austausch von 3D-Volumenkörpern.

Im ForBAU-Projekt wurde am bewährten zweidimensionalen Entwurfsprozess festgehalten, da wie beschrieben eine Trassenplanung unmittelbar im 3D-Raum zu komplex wäre. Auf Basis des Trassenentwurfs erfolgen die Überlagerung der Entwurfsebenen und die Weiterentwicklung zu einem 3D-Modell durch Auswertung und logische Verknüpfung der 2D-Informationen (s. Abschn. 2.3.3). Das 3D-Modell wird dann um zusätzliche Informationen und Details erweitert, wobei der Bezug zum ursprünglichen Trassenentwurf erhalten bleibt.

2.1.2 Brückenentwurf heute

Mathias Obergrießer, Hanno Posch, Dieter Stumpf

Nachdem der Prozess der Trassenfeststellung und -genehmigung erfolgreich abgeschlossen wurde, erhält das beauftragte Planungsbüro bzw. die öffentliche In-

---

[2] Objektkatalog für das Straßen- und Verkehrswesen.
[3] Gemeinsamer Ausschuss Elektronik im Bauwesen.

stitution die notwendigen trassenspezifischen Informationen zur Planung eines
Brückenentwurfes. Der Austausch der Planungsgrundlagen erfolgt derzeit in Form
von zweidimensionalen elektronischen oder ausgeplotteten Plansätzen, welche den
Verlauf der Trassierungsachse in ihrer Lage und Höhe sowie die Geländeoberfläche
der Trassenumgebung als Oberflächen-DGM beschreiben. Informationen zur georeferenzierten Positionierung des Brückenbauwerks können ebenso aus den Unterlagen entnommen werden.

Für den Entwurf eines Brückenbauwerkes stellt der Verlauf der Trasse die wichtigste Grundlage dar. Die geometrische Form der Achse erhält man aus dem Lage-
und Höhenplan der Trassenplanung. Wie bereits in Abschn. 2.1.1 beschrieben, wird
der Verlauf der Achse im Lageplan mit Hilfe von Geraden, Kreisabschnitten und
Übergangsbögen modelliert und die geometrische Orientierung der Trasse im Höhenplan mit Hilfe von Geraden und parabolischen Ausrundungselementen festgehalten.

Nach Analyse der Unterlagen und der Kurvenparameter beginnt der Ingenieur
mit der Rekonstruktion der Trassenachse im 2D-CAD-System. Hierzu werden im
ersten Entwurfsschritt die Achse aus dem Lageplan in den Grundriss bzw. Aufriss
und die Gradiente aus dem Höhenplan in den Längsschnitt übertragen. Dieser manuelle und zeitaufwendige Rekonstruktionsprozess kann durch den Einsatz eines
elektronischen Plandatensatzes der Trassenachse beschleunigt werden. Hierbei
muss aber beachtet werden, dass Klothoiden in vielen CAD-Systemen durch B-
Splines[4] oder NURBS[5] angenähert werden und sich somit Ungenauigkeiten in der
geometrischen Form des Brückenbauwerkes ergeben können. Nach Abschluss des
Rekonstruktionsprozesses der Brückenachse, welche die Brücke im dreidimensionalen Raum eindeutig definiert, erfolgen weitere Konstruktionsschritte, wie z. B.
die Konstruktion des Überbauquerschnitts und der Widerlagerflügel, sowie die geometrische Festlegung des statischen Systems. Die Entwurfsplanung schließt mit
dem Bauwerksentwurfsplan der Brücke ab (vgl. auch Abschn. 6.1.2).

Nachdem die Submissionsphase abgeschlossen wurde, erfolgt eine detaillierte
Ausführungsplanung auf Basis der Entwurfsplanung. Die erneut durchzuführenden
Planungsprozesse sind mit denen aus der Entwurfsphase vergleichbar und unterscheiden sich darin, dass die einzelnen Bauteile wie z. B. Fundamente, Widerlager,
Pfeiler, Überbau, Kappen, Lager usw. bis ins kleinste Detail berechnet, geplant und
in den verschiedenen Schal- und Bewehrungsplänen dargestellt werden. Diese mi-
nuziöse Planung gewährleistet eine präzise Umsetzung des komplexen Brückenbauwerkes und unterstützt die ausführenden Baufirmen bei ihrer Arbeitsvorbereitung.

Die heute übliche 2D-gestützte Planung von Brückenbauwerken birgt eine Reihe
von Problemen. Dadurch, dass sich Brücken bezüglich des Trassenverlaufs häufig
in einer Kurve und gleichzeitig in einer Senke bzw. Kuppe befinden, ergibt sich für
den Überbau eine kompliziert gekrümmte dreidimensionale Geometrie. Diese muss
in der Regel händisch berechnet und in die entsprechenden Schnitte der 2D-Planung
übertragen werden (Abb. 2.3) – ein äußerst zeitaufwändiger und fehleranfälliger
Prozess. Dies wirkt sich besonders gravierend aus, wenn kurzfristig Änderungen,

---

[4] Ein B-Spline ist eine ausgleichende Kurve zwischen gegebenen Stützpunkten.

[5] Non-uniform rational B-splines.

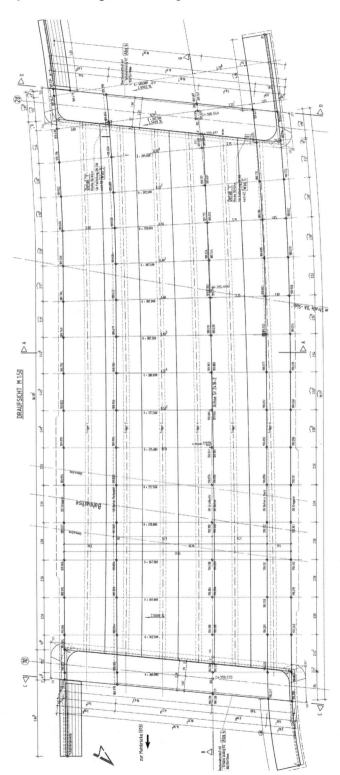

Abb. 2.3 Brückenplanung heute. Aufwändige Erstellung von 2D-Zeichnungen zur Darstellung komplexer 3D-Geometrien. (Quelle: SSF Ingenieure)

bspw. am Trassenverlauf, notwendig werden. In diesem Fall müssen große Teile der Konstruktionsarbeit erneut durchgeführt werden. Der hohe Aufwand bei der Zeichnungserstellung führt darüber hinaus dazu, dass nur in sehr begrenztem Umfang Varianten- und Optimierungsuntersuchungen durchgeführt werden.

Durch die Darstellung des Brückenbauwerks in Schnitten und Grundrissen ist zudem eine vollständige, für alle beteiligten Gewerke verständliche Sicht auf das Bauwerk, insbesondere bezüglich der örtlichen Situation und der Konstruktionsidee, häufig nicht möglich. Dies kann im Extremfall zu Fehlinterpretationen der Pläne, verbunden mit entsprechenden Folgekosten zur Mangelbehebung, führen.

Bei besonders komplizierten Geometrien wird häufig zugunsten der Verständlichkeit der Pläne auf eine absolut korrekte Darstellung verzichtet. In der Folge kann es bspw. auftreten, dass die Abmessungen schiefwinkliger Bauteile nicht direkt abgelesen werden können. Zudem müssen die Ansichten für Schalpläne, Bewehrung und Arbeitsvorbereitung oft mehrmals konstruiert werden, da jeweils unterschiedliche Inhalte von Wichtigkeit sind.

Eine weitere wesentliche Einschränkung der 2D-gestützten Planung von Brückenbauwerken liegt darin, dass eine Prüfung auf Kollisionsfreiheit zwischen einzelnen Bauteilen nicht möglich ist. Ähnliches gilt für die Ermittlung von Massen, die auf Basis von 2D-Plänen immer nur annäherungsweise realisiert werden kann. Ebenso gestaltet sich die Darstellung des Bauablaufs, wie sie bspw. beim Taktschiebeverfahren notwendig ist, als äußerst aufwändig, da jeder Zwischenzustand des Bauwerks wiederholt konstruiert werden muss.

2.1.3 Fazit

André Borrmann, Mathias Obergrießer, Hanno Posch, Markus Pfitzner

Trassen und Brücken werden heute noch immer fast ausschließlich mit herkömmlichen 2D-Planungsmethoden entworfen und geplant. Während im Bereich des Trassenentwurfs in den frühen Phasen der Trassenfindung ein 2D-gestütztes Herangehen als sinnvoll und adäquat eingestuft werden kann, lassen sich für spätere Detailplanungen und vor allem für den Entwurf von Ingenieurbauwerken, die eine äußerst komplexe Geometrie aufweisen können, deutliche Vorteile beim Einsatz von 3D-Entwurfswerkzeugen erhoffen (Kaminski 2009). Zurzeit besteht keinerlei datentechnische Verknüpfung zwischen der Trassierungsplanung und dem Entwurf der Brücken, die sich innerhalb der Trasse befinden. Damit führen Änderungen am Trassenverlauf zu aufwändigen manuellen Nacharbeiten an den Entwurfszeichnungen der Brücke, bei denen sich schnell Inkonsistenzen ergeben können. Für die Bauausführung sind in der Regel umfangreichere und stärker detaillierte Informationen erforderlich. Hier offenbaren sich die Grenzen der 2D-Planung sehr deutlich, sowohl im Trassen- als auch im Brückenbau.

Das ForBAU-Projekt hatte es sich daher zur Aufgabe gemacht, Methoden und Verfahren für eine integrierte, 3D-gestützte Planung von Infrastrukturmaßnahmen zu entwickeln. Über die erzielten Ergebnisse wird der Abschn. 2.3 dieses Kapitels im Detail berichten. Zuvor soll jedoch noch ein vergleichender Blick auf den Hochbau geworfen werden, bei dem sich die Idee des *Building Information Modeling* – einer ganzheitlichen Planung auf Basis intelligenter 3D-Modelle – durchzusetzen beginnt.

2.2 Building Information Modeling – neue Möglichkeiten für die Planung im Hochbau

Von der Forschung bereits seit Anfang der 1990er Jahre propagiert, beginnt in jüngster Zeit die Methodik des Building Information Modeling in die Planungspraxis des Hochbaus Einzug zu halten. Unter einem Bauwerksinformationsmodell (engl. Building Information Model, BIM) versteht man das digitale Abbild eines existierenden oder sich in Planung befindlichen Bauwerks. Dementsprechend beschreibt Building Information Modeling im engeren Sinne den Vorgang zur Erschaffung eines solchen digitalen Bauwerkmodells mit Hilfe entsprechender Softwarewerkzeuge. Im weiteren Sinne wird der Begriff Building Information Modeling jedoch auch verwendet, um einen Prozess zu charakterisieren, der die Verwendung eines digitalen Modells über den gesamten Lebenszyklus eines Bauwerks – also von der Planung, über die Ausführung bis zur Bewirtschaftung und schließlich zum Rückbau – vorsieht (Eastman et al. 2008).

2.2.1 Building Information Modeling – eine Begriffsklärung

André Borrmann, Thomas Liebich, Rudolf Juli

Konventionell wird die Planung von Bauwerken mit 2D-Plänen realisiert, die das Bauwerk vollständig beschreiben und die rechtsverbindliche Grundlage für die Ausführung bilden. Diese Herangehensweise bei der Modellierung von Bauwerken rührt von der traditionellen Entwurfsarbeit her, die durch Verwendung eines Zeichenbretts geprägt war.

Allerdings wird von 2D-CAD-Programmen das Potential computergestützter Bauwerksmodellierung nur ansatzweise genutzt. So können beispielsweise Inkonsistenzen zwischen Grundriss und Schnitten vom Computer nicht erkannt und keine 3D-Visualisierungen erzeugt werden. Zudem müssen die geometrischen Informationen für die meisten Analysen und Simulationen, wie beispielsweise die baustatische Berechnung, erneut eingegeben werden.

An dieser Stelle setzt eine seit Ende der 1990er Jahre entwickelte und zunehmend an Bedeutung gewinnende, neue Generation von Planungswerkzeugen an, die auf einem Bauwerksinformationsmodell basieren. Augenfälligstes Merkmal ist die dreidimensionale Modellierung des Bauwerks, die das Ableiten von konsistenten 2D-Plänen für Grundrisse und Schnitte ermöglicht. Wesentlich dabei ist aber, dass BIM-Entwurfswerkzeuge im Unterschied zu reinen 3D-Modellierern einen Katalog mit bauspezifischen Objekten anbieten, der vordefinierte Bauteile wie Wände, Stützen, Fenster, Türen etc. beinhaltet. Diese Bauteilobjekte kombinieren die meist

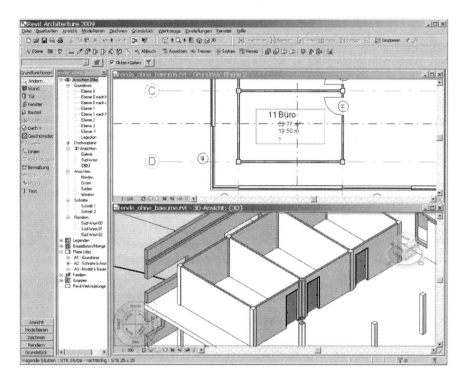

Abb. 2.4 3D-Modell und 2D-Plandarstellung im BIM-Tool *Autodesk Revit*

parametrisierte 3D-Geometriedarstellung mit weiteren beschreibenden Merkmalen und besitzen häufig Beziehungen zu anderen Bauteilen.

Die Arbeit mit diesen Bauteilen ist notwendig, damit die aus dem BIM abgeleiteten Pläne tatsächlich auch den geltenden, in DIN 1356-1 (1995) beschriebenen Anforderungen entsprechen. Zur Veranschaulichung soll das 3D-Modell einer Tür und die zugehörige symbolische Darstellung in einem Bauplan betrachtet werden (Abb. 2.4).

Ein einfacher Schnitt durch den 3D-Körper der Tür würde nicht zur gewünschten Plandarstellung führen, bei der ein Viertelkreis die Aufschwingrichtung markiert. Um eine solche Darstellung zu erzielen, ist es notwendig, dass die Entwurfssoftware „weiß", dass es sich bei diesem Objekt um eine Tür handelt, um entsprechende Regeln für ihre Darstellung anwenden zu können. Dieser Ansatz der objektorientierten, bauteilbezogenen Modellierung, der in allen BIM-Tools realisiert wird, gewinnt noch weiter an Bedeutung, wenn man die unterschiedlichen Plandarstellungen im Abhängigkeit vom gewählten Maßstab in Betracht zieht.

Neben der Generierung von DIN-gerechten Plänen erlaubt die Modellierung eines Bauwerks aus Bauteilobjekten vor allem auch die Anwendung unterschiedlichster Analyse- und Simulationswerkzeuge. Eine Evakuierungssimulation benötigt beispielsweise genaue Informationen darüber, bei welchen Elementen es sich um (zu öffnende) Türen handelt und wo sich Treppen befinden, um eine entsprechende Ableitung von Fluchtwegen vornehmen zu können. Ein reines 3D-Modell wäre hierfür nicht brauchbar. Ähnliches gilt für statische Berechnungen, die dank der im BIM hinterlegten Informationen zur Funktion von Bauteilen (tragende/nicht-tragende Wand) und den verwendeten Materialen (E-Modul, Festigkeit etc.) einen deutlich verringerten Aufwand zur Aufbereitung des Eingangsmodells benötigen.

Da BIM-Tools im Unterschied zu reinen 3D-Modellierern also die Bedeutung von Bauteilen kennen, spricht man in diesem Zusammenhang auch von seman-tischer Modellierung. Bei der semantischen Modellierung nach dem objektorien-tierten Paradigma (Rumbaugh et al. 1991) werden zunächst alle denkbaren Bau teiltypen als sogenannte Klassen erfasst. Diese Klassen besitzen Attribute, die ihre Eigenschaften beschreiben, und Beziehungen zu anderen Klassen. Ein konkretes Beispiel ist die Klasse *Wand* mit den Attributen *Länge, Breite, Höhe* und *Position* sowie einer Beziehung zur Klasse *Öffnung*. Die Klasse *Öffnung* wiederum besitzt ebenfalls die Attribute *Länge* und *Breite* und *Position* sowie zwei sogenannte Sub-klassen *Türöffnung* und *Fensteröffnung*, die wiederum Beziehungen zu den Klassen *Tür* bzw. *Fenster* besitzen.

Wichtig ist, die abstrakte Beschreibung auf Klassenebene konzeptionell von der konkreten Ausprägung, also dem Modell eines bestimmten Bauwerks, zu trennen. Während die Bauteilklassen zusammen das Datenmodell formen, repräsentieren die einzelnen Objekte eines Bauwerkmodells konkrete Ausprägungen dieser Klassen. Dabei werden den Attributen konkrete Werte zugewiesen und die Beziehungen mit Referenzen auf andere Objekte besetzt.

Zur Beschreibung dieser Konzepte hat man in der Bauinformatik-Forschung lange Zeit die Begriffe Produktmodell und Produktdatenmodell verwendet (Björk 1989; Rüppel und Meißner 1996; Eastman 1999). Ein Produktdatenmodell bildet dabei das Schema, durch das festgelegt wird, wie die Daten des zu beschreiben-den Produkts aufgebaut sein müssen und welche Beziehung sie zueinander haben sollen. Wird dieses Produktdatenmodell mit den Daten eines konkreten Produkts gefüllt, so entsteht das Produktmodell. An dieser Stelle herrscht Uneinigkeit in der Fachliteratur darüber, ob der Begriff Building Information Model ein Datenmodell oder ein konkretes Bauwerksmodell beschreibt.

2.2.2 BIM im kooperativen Bauwerksentwurf

André Borrmann, Thomas Liebich, Rudolf Juli

Charakteristisch für die Planung von Bauwerken ist

- die große Zahl beteiligter Fachplaner aus unterschiedlichen Fachdisziplinen,
- die Verteilung der Planungsaufgaben über verschiedene Unternehmen (Planungs-büros) hinweg,
- die Heterogenität der eingesetzten Software-Lösungen,
- die starken Abhängigkeiten von Planungsentscheidungen untereinander und
- das häufige Auftreten von Änderungen auch in späten Planungsphasen.

Aus diesen Randbedingungen resultiert der Zwang zu intensivem Informationsaustausch zwischen den Beteiligten. Herkömmlich wird dieser Informationsaustausch durch das Verschicken von Plänen realisiert, auf denen ggf. Änderungen entsprechend markiert sind. Diese Vorgehensweise führt jedoch zu enormen Aufwand beim Empfänger, der diese Änderungen in sein eigenes Software-System einpflegen muss. Daher setzte sich bald die Erkenntnis durch, dass der Austausch digitaler Daten zu einem deutlichen Produktivitätsgewinn führen kann.

Vor allem aber die Heterogenität der eingesetzten Software-Lösungen verhindert bislang einen durchgehend digitalen Datenfluss und führte dazu, dass sich sogenannte Automatisierungsinseln („Islands of Automation", M. Hannus[6]) bildeten, die zur Realisierung einer Teilaufgabe im Planungsprozess zwar ausgezeichnet geeignet waren, jedoch nur wenig bis gar keine Unterstützung für den Austausch mit anderen Programmen boten.

Teilweise entschärft wurde dieses Problem im Laufe der 1990er Jahre dadurch, dass einzelne Hersteller bilaterale Schnittstellen aufbauten, die es ermöglichten, Daten zwischen den Programmen zweier Hersteller auszutauschen. Problematisch blieb jedoch, dass

*   der Aufwand einzelner Hersteller zur Pflege der Schnittstellen proportional zur Anzahl der Marktteilnehmer stieg,
*   sich sogenannte Pseudo-Standards wie das von der Firma *Autodesk* entwickelte Format DWG etablierten, was den „Besitzern" dieser Standards weitreichende Einflussmöglichkeiten auf den Markt bescherte, und
*   sich in der Regel auf den Austausch von reinen Geometrieinformationen beschränkt wurde, wodurch die im vorangegangen Abschnitt angesprochene Semantik von Bauteilen, die für eine sinnvolle Weiterverwendung notwendig ist, verloren ging.

Das Problem der mangelnden Interoperabilität existiert daher nach wie vor und verursacht enorme Kosten: 2004 führte das US-amerikanische Institut für Standards und Technologie (NIST) eine Studie durch, die die im Jahre 2002 bei Planung, Ausführung und Betrieb anfallenden Mehrkosten infolge mangelnder Interoperabilität zwischen den eingesetzten Softwaresystemen mit 15,8 Mrd. US-$ abschätzte (Gallaher et al. 2004).

2.2.3 Die Industry Foundation Classes – ein offener BIM-Standard

André Borrmann, Thomas Liebich, Rudolf Juli

Um den oben genannten Problemen zu begegnen, gründete sich Anfang der 1990er Jahre die *Internationale Allianz für Interoperabilität* (IAI), ein zunächst loser Zusammenschluss führender Organisationen aus dem Bauwesen in den USA und seit 1995 eine internationale Non-Profit-Organisation, deren Ziel es ist, einen gemeinsamen Standard zur Beschreibung von Bauwerksmodellen und damit ein her-

---

[6] http://cic.vtt.fi/hannus/islands/index.html

stellerunabhängiges Datenformat zu schaffen. Dieser Industriestandard wurde *Industry Foundation Classes* (IFC) getauft und liegt zum Zeitpunkt der Drucklegung in der Version 2×4 vor. Er beinhaltet eine umfangreiche Sammlung von Definitionen aus nahezu allen erdenklichen Bereichen des Hochbaus. Zukünftig sollen auch Modelle für andere Bauwerkstypen wie Brücken, Staudämme etc. hinzukommen.

Die IAI-Organisation, die sich vor kurzem in *buildingSmart* umbenannt hat, machte sich zur Aufgabe, ein (plattformunabhängiges) Basismodell zur gemeinsamen Datennutzung im Bauwesen zu erstellen, welches den Datenaustausch und die gemeinsame Datennutzung in der Bauindustrie (engl. *AEC*, Architecture, Engineering and Construction) und dem Facility Management (FM) unterstützt. Dabei entspricht die Art der Beschreibung des Datenmodells der IFC (mit der Beschreibungssprache EXPRESS) weitgehend dem STEP-Standard und profitiert dadurch von den Erfahrungen der Automobilindustrie im Umgang mit Produktdatenmodellen (ISO 10303 1994).

Seit Oktober 2007 wird in Finnland für alle von der öffentlichen Hand in Auftrag gegebenen Gebäude die Verwendung eines IFC-Gebäudemodells vorgeschrieben. In Dänemark, Norwegen und den Niederlanden wird die Einführung vergleichbarer Vorschriften ebenfalls vorbereitet. Das einflussreichste Vorhaben in diesem Bereich ist jedoch die Schaffung eines *National BIM Standard* (NBIMS[7]) in den USA, welches ebenfalls die verbindliche Abgabe von IFC-Gebäudemodellen bei öffentlichen Aufträgen zum Ziel hat.

2.2.4 *BIM-gestützte Analysen, Berechnungen und Simulationen*

André Borrmann, Thomas Liebich, Rudolf Juli

Als eines der wesentlichen Potentiale des Einsatzes von BIM ist die vereinfachte (weitgehend automatisierte) Verwendbarkeit des Bauwerkmodells für verschiedenste Simulations- und Analyseverfahren zu sehen. Die bislang übliche Darstellung eines Gebäudes mit Hilfe von 2D-Plänen macht eine sehr aufwändige Aufbereitung der Eingangsdaten notwendig, die bis zu einer erneuten Modellierung der Bauteilgeometrie reicht.

Im Folgenden sollen einige typische BIM-basierte Anwendungen vorgestellt werden. Diese werden wegen ihrer nachgeordneten Rolle im Entwurfsprozess auch als Downstream-Applikationen bezeichnet.

Modellprüfung
Ein sogenannter Model Checker prüft, ob das übergebene Modell bestimmten Regeln entspricht. Die Regeln können dabei von einfachen Konsistenzregeln (keine doppelten Wände) über eine Kollisionsprüfung bis hin zur Überprüfung der Einhaltung bestimmter Normen, beispielsweise zum Brandschutz, reichen.

Mengenermittlung
Da ein BIM neben der 3D-Geometrie auch detaillierte Informationen zum Typ und der Konstruktionsweise einzelner Bauteile enthält, bildet es eine exzellente

---

[7] http://www.wbdg.org/bim/nbims.php

Grundlage für eine automatisierte Mengenermittlung. Dabei werden in der Regel Berechnungsvorschriften angewandt, die auf flexible Mechanismen zur Auswertung geometrischer Quantitäten, wie Volumen und Flächeninhalte, zurückgreifen.

Baustatische Berechnung

Diese für Bauingenieure relevanteste Applikation profitiert stark von der Übergabe eines BIM als Eingangsdatensatz. Einem BIM können neben der Bauteilgeometrie vor allem auch Materialparameter und Informationen zu den Anschlüssen entnommen werden.

Bauablaufvisualisierung

Bei der Bauablaufvisualisierung wird das dreidimensionale Gebäudemodell mit einem Bauzeitenplan gekoppelt. Ergebnis ist ein 4D-Modell, anhand dessen sich durch entsprechende Animation das Entstehen des Bauwerks darstellen lässt. Der Bauzeitenplan wird dadurch leichter erfassbar und mögliche Probleme können bereits frühzeitig erkannt werden.

Wärmebedarfsberechnung

Da im BIM neben Informationen zur Lage und zur Geometrie des Gebäudes, einschließlich der Größe der Fenster und ihrer Ausrichtung, auch wärmetechnische Materialparameter wie Wärmedurchgangskoeffizienten hinterlegt sind, lassen sich weitgehend automatisch die für eine Wärmebedarfsberechnung notwendigen Daten ableiten.

> Darüber hinaus existiert eine Vielzahl weiterer Applikationen, die BIM-Daten direkt verwenden und auf ihrer Basis die verschiedensten Analysen und Simulationen durchführen.

Nachdem nunmehr weitgehend ausgereifte BIM-Produkte auf dem Markt verfügbar sind, ist der Weg für einen Einsatz in der Praxis geebnet. Allerdings muss darauf hingewiesen werden, dass BIM in seiner erweiterten Bedeutung von Building Information Modeling den durchgängigen Planungs- und Ausführungsprozess anhand dieser Bauwerksmodelle beschreibt. Dies umfasst also nicht nur die Anwendung von BIM-Software, sondern auch die Organisation der Prozesse, der Zusammenarbeit und des Austauschs mit den Fachplanern, die Abgabe und Kontrolle durch die Baubehörde und die Übernahme der digitalen Modelle in die Bewirtschaftung. Der hierbei notwendige Änderungsprozess wird im Wesentlichen über den Erfolg der BIM-Methode entscheiden.

Tatsächlich gibt es bereits eine ganze Reihe von Pilotprojekten, in denen die Idee einer Modell-gestützten Planung erfolgreich umgesetzt wurde. Eines dieser Pilotprojekte wird im folgenden Abschn. 2.2.5 vorgestellt.

2.2.5 Das Al Ain Hospital – ein Beispiel für die durchgängige Nutzung von BIM in der Planung

Sabine Steinert

Die Oasenstadt Al Ain in den Vereinigten Arabischen Emiraten (VAE) ist charakterisiert durch kleinteilige Gebäudestrukturen mit großzügigen Grünflächen. Das

Abb. 2.5 Krankenhausbau „Healing Oasis" in Al Ain, Vereinigte Arabische Emirate. (Quelle: *Obermeyer Planen + Beraten*)

neue Klinikum – die „Healing Oasis" – greift das Thema der omnipräsenten Oasen auf. Auf einem zweigeschossigen Sockel, der die Untersuchungs- und Behandlungsbereiche aufnimmt, stehen die Pflegebereiche als kleine Einzelhäuser im Grünen. Diese „Healing Oasis" zieht sich in Stufen auch in den Außenraum, wo sie im weitläufigen Patientengarten ausläuft (Abb. 2.5).

In dem sich zurzeit im Bau befindlichen Klinikum sollen bei Fertigstellung 687 Betten zur Verfügung stehen – davon 149 Reha-Betten, 39 Intensivbetten und 24 sogenannte VIP-Betten in einer Privatstation. Neben einer interdisziplinären Notaufnahme, Bereichen für Aufnahme und Diagnostik und einem Trauma-Zentrum mit zehn Operationssälen wird es ein ambulantes Zentrum sowie ein Mutter-und-Kind-Zentrum geben. Die Nutzfläche des Hospitals beträgt 140.500 m² bei einer Bruttogrundrissfläche von 258.500 m². Die Gesamtbruttogrundfläche, inklusive Moschee, Servicegebäuden sowie Park- und interner Gartenflächen beläuft sich auf 327.500 m².

Das Bauen in der islamischen Welt erfordert vor allem ein Gespür für die kulturellen Besonderheiten. Daneben wurde darauf geachtet, dass das Krankenhaus Hotelcharakter erhielt und mit Aufenthaltsqualitäten ausgestattet wurde, um als „Gemeindezentrum" zu fungieren. Dazu gehörte u. a. die Integration einer Shopping-Mall.

Als weitere Besonderheit sollen die bautechnisch schwierigen klimatischen Verhältnisse nicht unerwähnt bleiben – im Sommer herrschen in Al Ain über 50 °C im Schatten. Dies war vor allem für die Gestaltung der großflächig verglasten Eingangshalle eine Herausforderung. Um die „Healing Oasis" ganzjährig zu angenehmen Temperaturen erlebbar zu machen, kommt ein innovatives Low-Air-Velocity-System zum Einsatz, das nur Bereiche, in denen sich Personen aufhalten, mit gekühlter Luft versorgt. Die hierzu notwendige Energie wird CO_2-neutral durch die

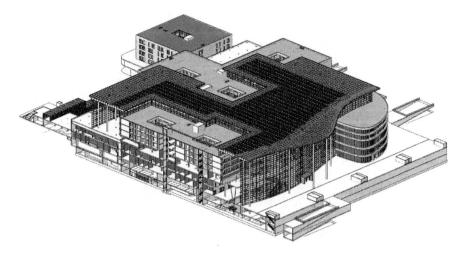

Abb. 2.6 Das Building Information Model des Al-Ain-Krankenhauses. (Quelle: *Obermeyer Planen+Beraten*)

auf dem Dach installierten Photovoltaik-Systeme erzeugt. Damit wird die Planung dem in den VAE sehr starken Interesse an nachhaltigem Design gerecht.

Bauprojekte in den VAE unterscheiden sich von denen in Deutschland dadurch, dass hier viel knappere Bearbeitungszeiträume auftreten und die Bauherren häufig auch in späten Planungsphasen noch umfassende Änderungswünsche einbringen. Den hohen Anforderungen einer schnellen und zuverlässigen Planung, verbunden mit dem Wunsch, flexibel auf Änderungswünsche der Kunden reagieren zu können, konnte die Unternehmensgruppe *Obermeyer Planen+Beraten* durch eine integrative Planung auf Basis eines Building Information Models begegnen (Abb. 2.6).

Das gesamte Projekt wurde von den Architekten mit dem BIM-Programm *Revit Architecture* der Firma *Autodesk* geplant. Die Tragwerksplanung verwendete das gleiche Programm, da der Auftrag nur die Erstellung von Positionsplänen umfasste. Schal- und Bewehrungspläne werden durch den Generalunternehmer später erstellt. Das Revit-Modell wurde darüber hinaus für ergänzende Studien wie Luftstrom- und Belichtungsuntersuchungen sowie klimatische Simulationen genutzt und u. a. zur Verifizierung der Fassaden- und der Beleuchtungsplanung eingesetzt. Die Planung der Technischen Gebäudeausrüstung (TGA) erfolgte wegen den noch vorhandenen technischen Problemen im Bereich der 3D-TGA-Software nicht direkt im gemeinsamen BIM, sondern auf Grundlage turnusmäßig erstellter Austauschdateien.

Wie bereits erwähnt, wurde das integrierte Modell neben der parallelen Bearbeitung der verschiedenen Gewerke auch zur Simulation von Klima, Beleuchtung und Luftströmen eingesetzt. Dies führte zu gesicherten Ergebnissen und verhalf zu einer vertieften Planung wichtiger Disziplinen. Die Visualisierung, eigentlich ein „Nebenprodukt" der Projektbearbeitung, war bei der Kommunikation mit dem Bauherrn von großem Nutzen, da so ein besseres Verständnis der Gebäudearchitektur vermittelt werden konnte.

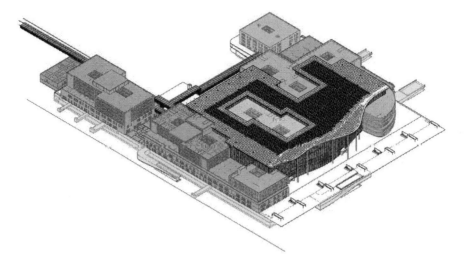

Abb. 2.7 Geometrische Teilung des Gesamtmodells zur besseren Handhabung der parallelen Planungsprozesse. (Quelle: *Obermeyer Planen+Beraten*)

Die gewaltige Datenmenge, die bei der Bearbeitung des Gebäudekomplexes anfiel, war eine große Herausforderung. Das Datenmodell wurde deshalb in Einzelprojekte aufgeteilt – zunächst geometrisch nach Gebäudeteilen (Abb. 2.7) und dann zusätzlich fachbereichsbezogen in Teilmodelle für Statik, Architektur, Innenarchitektur, Medizintechnik, Fassadenplanung sowie Flächen- und Kostenmanagement. Dadurch konnte sichergestellt werden, dass nie mehr als fünf Bearbeiter gleichzeitig mit einem Teilmodell arbeiteten. Die Verlinkung aller Einzelmodelle sicherte die Konsistenz des Gesamtmodells, das jedoch nicht zur direkten Bearbeitung, sondern ausschließlich zur Erstellung der Baupläne genutzt wurde.

Parallel zur Bearbeitung wurden Standards und vor allem auch Standardprozeduren zur Koordination der Arbeit am gemeinsamen Modell entwickelt. Die Qualität eines BIMs hängt stark davon ab, dass Elemente, Parameter etc. einheitlich verwendet werden, um später beispielsweise das Auslesen in sich konsistenter Listen (z. B. Türliste, Raumliste, Fensterliste etc.) zu ermöglichen. Die Gewährleistung und Kontrolle dieser „Datenhygiene" übernahm ein hierfür eingestellter BIM-Manager, der zuvor bereits umfangreiche Erfahrungen bei der Umsetzung von BIM-Projekten dieser Größenordnung in den USA sammeln konnte.

Die Zusammenarbeit zwischen Architektur und anderen Disziplinen wie Innenarchitektur, Medizintechnik und Statik, die ebenfalls am gemeinsamen Modell arbeiteten, erforderte deutlich mehr Koordination und Kommunikation untereinander als gewohnt, lieferte jedoch im Gegenzug ein der Architektur kongruentes Ergebnis. Durch die noch nicht auf gleichem Niveau arbeitende Software für die TGA-Planung musste der Datenaustausch hier konventionell erfolgen, was einen deutlich erhöhten Aufwand nach sich zog, da die Koordinierung der Planungsstände untereinander erschwert wurde. Die Vorteile des 3D-Modells konnten in diesem Bereich nicht genutzt werden.

Eine große Herausforderung lag in der gleichzeitigen Bearbeitung des Modells an mehreren Standorten (Wiesbaden, München, Abu Dhabi) und der großen Anzahl der Bearbeiter. Durch die Teilung des Gesamtmodells und eine permanente Austauschroutine konnten anfängliche Probleme jedoch gemeistert werden. Für den Erfolg des Projektes war zusätzlich eine durchgehend einheitliche Strukturierung der zu verarbeitenden Daten und somit des Modells notwendig. Dabei ist wichtig, dass Building Information Modeling nicht als eine andere Art der Zeichnungserstellung aufgefasst wird, sondern als eine neue Philosophie in der Planung. Das muss von allen Projektbeteiligten verinnerlicht werden, da jede Änderung eines Bearbeiters am Modell zeitgleich die Arbeit verschiedener Kollegen beeinflusst. In der dadurch geforderten Genauigkeit und Detailschärfe lag die zweite große Herausforderung.

Als Fazit lässt sich sagen, dass die Planung eines Projekts dieser Komplexität und Größe in der zur Verfügung stehenden Planungszeit von etwa 1,5 Jahren ohne den Einsatz von BIM-Technologien nicht möglich gewesen wäre. Klare Vorteile der Verwendung eines integrierten Modells gegenüber der Erstellung von 2D-Zeichnungen ist die Verfügbarkeit aktueller Planungsdaten für alle Gewerke, die Möglichkeit der parallelen Erstellung von Positionsplänen für die baustatischen Nachweise sowie die direkte Verwendbarkeit des Modells für Simulationen und Visualisierung. Große Vorteile liegen für die Planer auch in der vereinfachten Kollisionsprüfung der Haustechnik-Gewerke sowohl untereinander wie auch mit dem architektonischen Entwurf.

Die 3D-Modellierung wird im Wesentlichen analog des eigentlichen Bauprozesses durchgeführt. Durch das automatisierte Erstellen von Schnitten und Ansichten in Echtzeit können vertikale Bauelemente (Schächte, Treppen etc.) besser koordiniert werden. Das Erkennen von Problempunkten im Gebäude (Anschlüsse, Details, Unterzüge usw.) wird vereinfacht und dient damit einer verbesserten Schnittstellen-Koordination, was die Planung insgesamt deutlich beschleunigt und dabei half, Fehler zu vermeiden.

Die Möglichkeit der direkten Massenermittlung und das automatisierte Erzeugen von Ausstattungslisten sowie die permanente Kontrolle von Flächen und Kosten, die immer auf Grundlage aktueller Daten ermittelt werden, sind für das Planungsteam, den Auftraggeber und für die Ausführungsseite von großem Nutzen. Für die Zukunft wird eine durchgängige Kostenplanung auf Basis von Kostenelementen und Kostenstammdaten angestrebt.

2.3 Integrierte 3D-Modellierung für die Planung von Infrastrukturmaßnahmen

Als wesentliche Grundlage für die Schaffung einer Digitalen Baustelle für den Infrastrukturbereich dient eine weitgehend vollständige dreidimensionale Beschreibung des Bauvorhabens. In diesem Zusammenhang wurden folgende Teilmodelle identifiziert:

• 3D-Geländemodell
• 3D-Trassenmodell

- 3D-Brückenmodell
- 3D-Baugrundmodell
- 3D-Modell der Baustelleneinrichtung

Charakteristisch für die Datenverarbeitung im Bauwesen ist dabei die Tatsache, dass im Regelfall jedes dieser Teilmodelle in verschiedenen, hochspezialisierten Softwareapplikationen erzeugt wird, die zumeist nur sehr eingeschränkte Möglichkeiten zum Datenaustausch mit den jeweiligen anderen Applikationen bieten. Eine Zusammenführung der verschiedenen Teilmodelle war daher eine der entscheidenden Herausforderungen, denen sich das ForBAU-Projekt gestellt hat. Als Ergebnis wurde der ForBAU-Integrator entwickelt, eine Softwareapplikationen, auf die in Abschn. 2.3.6 noch näher eingegangen werden soll. Zuvor werden jedoch die einzelnen Teilmodelle näher beleuchtet.

2.3.1 Digitales Geländemodell – moderne Methoden der Erfassung und Verarbeitung

Claus Plank, Wolfgang Stockbauer, Gerd Hirzinger, Bernhard Strackenbrock

Im Bereich des Infrastrukturbaus ist die Schaffung eines digitalen Modells des Urgeländes, das als Grundlage für alle Planungsaufgaben dient, von besonderer Bedeutung. In diesem Abschnitt sollen das terrestrische und das luftgestützte Laserscanning als moderne Möglichkeit zur weitgehend automatisierten Erstellung eines Digitalen Geländemodells (DGM) vorgestellt werden.

2.3.1.1 Terrestrisches Laserscanning (TLS)

Laserscanning (oder Laserabtastung) bezeichnet das zeilen- oder rasterartige Überstreichen von Oberflächen beziehungsweise Körpern durch einen Laserstrahl mit dem Ziel, eine 3D-Punktwolke zu erzeugen. Wie der reflektorlos messende Tachymeter, so kommt auch der Laserscanner ohne ein Prisma oder ein anderes Hilfsmittel am zu messenden Objekt aus. Dadurch, dass die Ausrichtung nicht über ein Okular, sondern über automatisiert rotierende Spiegel erfolgt, ist eine sehr schnelle Positionierung und damit eine sehr hohe Messrate erreichbar. Somit können auch großflächige Objekte mit adäquatem zeitlichem Aufwand aufgenommen werden.

Je nach verwendeter Technologie wird bei den 3D-Laserscannern zwischen Phasenvergleichs- und Impuls-Scannern unterschieden. Impuls-Scanner, die auch als Time-of-Flight-Scanner bezeichnet werden, senden einzelne, kurze Laserpulse aus und registrieren die vom Objekt reflektierte Strahlung mit einem Sensor. Dabei wird die Lichtlaufzeit gemessen und von ihr auf die Entfernung geschlossen. Von Phasenvergleichs-Scannern wird hingegen eine Pulsfolge mit fester Frequenz ausgesandt und ihre Reflexion am zu vermessenden Objekt detektiert. Aus der Phasendifferenz zwischen ausgesandter und empfangener Pulsfolge wird die Entfernung ermittelt. In Abb. 2.8 ist eine mögliche Umsetzung der Mechanik im Laserscanner schematisch dargestellt. Hierbei wird der von der Laserdiode ausgesandte Strahl für

Abb. 2.8 Messprinzip des
3D-Laserscanners. Der Laserstrahl trifft auf einen Spiegel,
der zur Umsetzung der
vertikalen Abtastung rotiert
wird. Zusätzlich dreht der
Scanner um die Stehachse,
um die horizontale Abtastung
zu gewährleisten

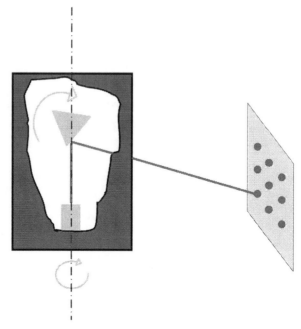

die spaltenweise Abtastung durch einen rotierenden (oder oszillierenden) Spiegel
abgelenkt, während die Ansteuerung der nächsten Spalte über ein Drehen des Scanners um die Stehachse erfolgt.

Während Impuls-Scanner eine relativ hohe Entfernung von über 1000 m erzielen können, ist diese bei Phasenvergleichs-Scannern auf ca. 50 bis 100 m beschränkt. Umgekehrt liegt die Messrate von Phasenvergleichs-Scannern um den
Faktor 10 bis 100 höher als die von Impuls-Scannern. Aufgrund der Tatsache, dass
Phasenvergleichs-Scanner einerseits nur über eine begrenzte Reichweite verfügen
andererseits aber in der Lage sind, sehr viele Punkte in kürzester Zeit zu erfassen (bis ca. 500.000 Punkte pro Sekunde), wird zur Aufnahme von langgestreck-
ten Terrains (Infrastruktur- und Tunnelbau) häufig eine kinematische Variante des
Phasenvergleichs-Scanners eingesetzt. Dabei wird der Laserscanner während der
Aufnahme entlang einer definierten Trajektorie bewegt. Dadurch können Objekte
mit größerer räumlicher Ausdehnung aufgenommen werden (vgl. Tunnelmessung
in Abschn. 2.4.4).

Beim Laserscanning werden keine dedizierten Punkte aufgenommen, sondern ein
vorgegebenes Raster abgetastet, das durch eine Strecke am Objekt in einem gewissen Abstand definiert wird. Indirekt ergibt sich damit der Verdrehungswinkel des
Scanners. Im Falle von Phasenvergleichs-Scannern kann dieser Winkel durch die
Wahl einer Auflösungsstufe direkt vorgegeben werden. Wichtig ist, dass der Verdrehungswinkel während des Scans konstant bleibt, sich also in Abhängigkeit von
der Entfernung zum Ziel unterschiedlich Rasterbreiten ergeben können (Abb. 2.9).
Gerade dieser Umstand kann bei tiefem Standpunkt und ausgedehnten horizontalen
Flächen oder Flächen, die sich vom Standpunkt weg neigen, Probleme verursachen.

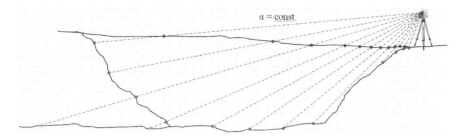

Abb. 2.9 Abhängigkeit des resultierenden Punktabstandes von Entfernung und Geländeneigung

Zum Zeitpunkt der Drucklegung befinden sich erste Geräte am Markt, die sich auch im Sinne eines klassischen Tachymeters verwenden lassen (Abb. 2.10). Dabei werden die Einschränkung durch das erwähnte Fehlen eines Okulars zur Anzielung z. B. durch Integration einer Live-Kamera weitgehend aufgehoben. Zudem bieten diese Geräte erweiterte Funktionen zur Stationierung des Instruments (GPS, freie Stationierung, etc.) und zum Durchführen von Absteckaufgaben. Dadurch wird das Scan-Gerät vielseitiger einsetzbar, was zur schnelleren Amortisierung der Investitionskosten führt.

Leider ist das System Laserscanner durch die hohe Messrate weniger tolerant gegenüber Störungen durch Regen oder Schneefall als herkömmliche Vermessungsgeräte. Problematisch sind auch Bereiche mit hoher Staubentwicklung. In allen drei Fällen werden zum einen die Partikel in der Luft durch die Laser erfasst und sorgen so für Fehlmessungen, zum anderen bedecken sie die optischen Teile des Scanners und wirken so diffus verfälschend auf den Messvorgang. Dies ist besonders kritisch, da so unbemerkt falsche Messwerte geliefert werden.

Während einer Messung sollte der Baustellenverkehr so gering wie möglich gehalten werden. Obwohl die Messungen selbst ohne Probleme durchgeführt werden

Abb. 2.10 „Tachymeterscanner" – *Leica C10*. (Quelle: Leica)

können und bewegte Objekte nur als Profillinien dargestellt werden, so zeigt sich doch, dass der Aufwand zur Bereinigung der Aufnahmedaten bei der Auswertung nicht zu vernachlässigen ist. Sollte zudem ein Einfärben der Punktwolke anhand zusätzlich aufgenommener Digitalphotographien gewünscht sein, sollten diese auf der gleichen Objektgrundlage beruhen, damit die Farbinformationen korrekt zugewiesen werden können.

Eine weitere Einschränkung der Aufnahme mittels Laserscanner gegenüber der konventionellen Vermessung ist, dass der Bewuchs der Oberfläche mit aufgenommen wird. Tritt dieser für einen Tachymeter erst ab Staudengröße in Erscheinung, so wird die Messung mit Laserscanner bereits durch Gras und Getreide behindert, was das Ergebnis entsprechend schnell verfälschen kann. Dies führt dazu, dass terrestrisches Laserscanning im Vorfeld einer Baumaßnahme nur sehr eingeschränkt einsetzbar ist.

Speziell für die baubegleitende Vermessung ist es von Vorteil, wenn die unterschiedlichen Aufnahmen jeweils von identischen Standpunkten (Messpfeiler etc.) durchgeführt werden. Durch den geringeren Aufwand bei der Bestimmung des eigenen Standpunkts kann die Zeit vor Ort erheblich verringert werden.

Zur Verbesserung der perspektivischen Lage des Laserscanners gegenüber dem Messobjekt ist es notwendig, dass der Aufstellort und das Gelände einen gewissen Überblick zulassen (Abb. 2.11). Kann dies nicht umgesetzt werden, ist das Scannen von vielen verschiedenen Standorten aus nötig.

Abb. 2.11 Terrestrischer Laserscanner (*Leica Scanstation 2*) im Einsatz. Die Scannersteuerung und Datenablage erfolgt über den angeschlossenen Laptop

Gegebenenfalls sind hierzu erhöhte Laserstandpunkte künstlich zu schaffen, was z. B. durch Aufstellen des Lasers auf Hebebühnen, Befestigung an Kränen oder durch einen Ballonflug erreicht werden kann. Der Übergang zum luftgestützten Laserscanning ist demnach als fließend zu betrachten. Grundsätzlich gilt, dass der Laserstrahl möglichst senkrecht auf das aufzunehmende Objekt treffen sollte.

Die auftretenden Messfehler beim terrestrischen Laserscanning liegen im Millimeter-Bereich und sind damit vergleichsweise gering. Die Ursprünge des Laserscannings liegen in der Industrievermessung, bei der deutlich höhere Genauigkeitsanforderungen vorherrschen. Die üblichen Genauigkeitsanforderungen im Baubereich werden damit in jedem Fall erfüllt. Das Messraster kann bei der Gewinnung von Geländeaufnahmen vergleichsweise grob gewählt werden, allerdings unter Beachtung der Anforderungen, die sich aus den Algorithmen der Auswertung ergeben.

Da zur vollständigen Erfassung einer Situation meist von mehreren Standpunkten aus gescannt werden muss, ist es nötig, die aufgenommenen Punktwolken über Passpunkte miteinander zu verknüpfen. Eine etablierte Möglichkeit hierzu ist, diese Passpunkte in Form von sog. Targets (Zielmarken, vgl. Abb 6.28 in Abschn. 6.1.4) im Gelände zu markieren und durch den Haupt-Scan sowie zusätzliche Fine-Scans zu erfassen. Diese Targets können wiederum zur Georeferenzierung der gesamten Punktwolke mittels Tachymeter eingemessen werden.

Die Nachbearbeitung der im Feld gewonnenen Daten besteht zum einen in der Registrierung der einzeln erfassten Punktwolken zueinander und zum anderen in der Georeferenzierung. Des Weiteren ist eine Bereinigung der Punktwolke von ungewünschten Objekten nötig (vgl. Abb. 2.12), was je nach Aufnahmesituation einen erhöhten Aufwand bedeuten kann. Zur besseren Handhabung der Punkte und spätestens vor der Vermaschung zur Erstellung eines DGMs in konventioneller Infrastrukturplanungssoftware (vgl. Abschn. 2.1.1) sind diese zudem auszudünnen

Abb. 2.12 Aufnahme eines Einschnittbereichs mittels 3D-Scanner von vier Standpunkten aus. In der linken Bildhälfte ist schemenhaft das Führerhaus eines mitgescannten Dumpers zu sehen

Abb. 2.13 Vermaschung eines Einschnittsbereichs nach Aufnahme mittels TLS und Ausdünnung auf 40 cm Mindestpunktabstand (Ergebnis: ca. 150.000 Dreiecke). Die Vermaschung erfolgte nach Übernahme der Punktdaten in der Infrastrukturplanngssoftware *RIB STRATIS*

(Abb. 2.13). Der Grad der Ausdünnung richtet sich nach den Genauigkeitserfordernissen, die sich vornehmlich aus der gewünschten Detailtreue ergeben.

Für die Zukunft ist eine automatisierte Ausdünnung, welche die Bedeutung des Einzelpunktes berücksichtigt und nur „unwichtige" Punkte verwirft, anzustreben. Die Schwierigkeit liegt dabei darin, die Relevanz eines Punktes zu bestimmen. Als Kriterium kann beispielsweise die räumliche Dichte der Punkte herangezogen werden.

Eine weitere Möglichkeit der Datenreduktion im Zuge der Vermaschung ist eine von der Flächenkrümmung abhängende Ausdünnung. Diese drückt sich in der Winkeldifferenz benachbarter Teilflächen aus. Auf diese Weise werden Dreiecke, die in einer Ebene liegen, auf wenige Repräsentanten reduziert, während Dreiecke im bewegten Gelände erhalten bleiben. Eine Ausdünnung bis zum Faktor 1.000–10.000 ist hierbei nicht ungewöhnlich.

Zur Speicherung von Punktwolken werden auf Herstellerseite meist binäre und damit sehr kompakte Speicherformate eingesetzt. Sollen diese jedoch mit Hilfe von standardisierten Formaten zwischen verschiedenen Softwareprodukten ausgetauscht werden, so ist häufig auf Textdateien im ASCII-Format zurückzugreifen, für die eine Größe von 40 bis 50 GB nicht außergewöhnlich ist.

Bei der Einführung von Laserscanning im Unternehmen sind zunächst hohe Investitionskosten einzuplanen. Hier ist zum einen die Anschaffung des Messsystems selbst ein wesentlicher Faktor, zum anderen ist auch für die zugehörige Software und die Ausbildung des Messteams ein entsprechendes Budget vorzusehen.

Während der täglichen Arbeit entstehen weitere Kosten für fachkundiges Personal in den Bereichen Aufnahme der Baumaßnahme und Auswertung im Büro. Häufig ist hier zwar eine Spezialisierung nötig, es sollte jedoch trotzdem auf eine Überlappung der Arbeitsbereiche geachtet werden, um das Gesamtprojekt im Auge behalten zu können und den nötigen Informationsfluss nicht zu unterbrechen.

Die benötigte Zeit im Außendienst ist meist relativ kurz, bedarf aber für eine ergebnisorientierte und schnelle Abwicklung einen hohen logistischen Aufwand und ist nicht mit der reinen Zeit für die Aufnahme gleichzusetzen. Durch den hohen Aufwand zur Nachbearbeitung im Büro ist ein Verhältnis von Außendienst zu Innendienstzeiten von 1:10 durchaus üblich.

Ein noch höherer zeitlicher Aufwand zur weiteren Bearbeitung entsteht durch die Modellierung im engeren Sinne (Flächenrückführung, Verschneidungen, Einpassen von geometrischen Primitiven), welche im Bereich des Erdbaus allerdings entfällt. Für diesen Fall wäre sonst mit einem Verhältnis von 1:30 und ungünstiger zu rechnen.

Generell ist zu sagen, dass die Laserscan-Technik und vor allem ihr Softwareumfeld derzeit noch starken Veränderungen unterworfen sind und sich in den nächsten Jahren noch beträchtlich weiterentwickeln werden. Dadurch ist leider auch von „kurzen Halbwertszeiten" für Geräte und Software auszugehen, d. h. die Investition muss sich bereits im Laufe weniger Jahre bzw. Projekte amortisieren. Damit bleibt der Einsatz zunächst Fachfirmen vorbehalten, die Geräte und Know-How bisher auf einem anderen Kerngeschäftsfeld (Architektur, Denkmalpflege, Anlagenbau, etc.) nutzen. Die Leistung als solche wird deshalb auf absehbare Zeit für Baufirmen und Planungsbüros eine „eingekaufte" Fremdleistung für den Bedarfsfall bleiben.

Der wesentliche Vorteil des Einsatzes von Laserscanning gegenüber der herkömmlichen Vermessung liegt im vergleichsweise kurzen Messeinsatz vor Ort. Außerdem sind Scan-Systeme vor allem dann erste Wahl, wenn eine örtlich begrenzte Momentaufnahme mit erhöhtem Detailgehalt nötig ist. Auch die berührungslose Messung aus der Distanz kann in einigen Anwendungsfällen große Vorteile bieten. Beispielsweise können Verkehrsstrassen aufgenommen werden, ohne dass eine Sperrung notwendig wird.

Trotz dieser Vorteile werden heute und in naher Zukunft die meisten Maßnahmen noch mit konventioneller Vermessung abgewickelt. Im Allgemeinen ist der Einsatz von terrestrischem Laserscanning im Tiefbau bislang nicht etabliert und derzeit eher im Bereich der Forschung und im Rahmen von Machbarkeitsstudien zu finden. In speziellen Bereichen hingegen, wie z. B. der Überprüfung von Spundwänden in Baugruben, der Bestandsaufnahme von Autobahnkreuzen oder der Tunnelvermessung, wird terrestrisches Laserscanning bereits heute vermehrt angewendet. Für die Zukunft ist zu erwarten, dass durch die Entwicklung von Systemen des kinematischen Laserscannings und des Mobile Mappings[8] die Scantechnologie mehr und mehr Eingang in den Infrastrukturbaubereich finden wird.

---

[8] Mobile-Mapping-Systeme oder CDS-Systeme (Car Driven Survey Systems) sind Vermessungssysteme, bei denen eine Vermessung von straßennahen Bereichen z. B. zur Aktualisierung von Kartenmaterial über Scanner und Videosysteme vom fahrenden Fahrzeug aus erfolgt.

Gerade für bewaldete und ungerodete Gebiete wird jedoch die konventionelle Vermessung nicht zu ersetzen sein. Hier bleiben Tachymeter- und GNSS[9]-Messungen besser geeignet. Dies ist vor allem dem Umstand geschuldet, dass man durchaus auch mit diesen kostengünstigen Mitteln und der nötigen Erfahrung zu guten und aussagekräftigen Ergebnissen gelangen kann. Schließlich darf nicht vernachlässigt werden, dass beim Laserscanning eine enorme Datenmenge anfällt, die anschließend aufbereitet werden muss.

2.3.1.2   Luftgestützte Photogrammetrie und Laservermessung

Luftgestützte Photogrammetrie wird seit den 1940er Jahren intensiv betrieben und ist hinsichtlich der Geschwindigkeit der Datenakquise allen terrestrischen Verfahren überlegen. Mit modernen, digitalen Luftbildkameras können hunderte Quadratkilometer pro Tag aufgenommen werden. In Verbindung mit einem Flugzeug-Laserscanner können dabei auch die Bereiche unterhalb der Vegetationsoberkante erfasst werden, so dass auch in Waldgebieten die wahre Geländeoberfläche detektiert wird.

Der Ablauf einer Luftbildvermessung ist heute in allen Schritten bis zur Erzeugung eines 3D-Oberflächenmodells oder einer Punktwolke weitgehend automatisiert. Demgegenüber steht ein erheblicher Aufwand an Hardware (Flugzeug, Kamera und Rechencluster) und Software sowie die Einschränkung, dass mit den momentan am Markt befindlichen Kameras lediglich Auflösungen von ca. 10 cm aus dem Flugzeug und ca. 5 cm aus dem Helikopter im Dauerbetrieb erreicht werden können. Die erzeugten Daten sind zudem meist nur in Geoinformationssystemen nutzbar, die in der Infrastrukturplanung eine untergeordnete Rolle spielen.

Im Zuge des ForBAU-Projekts wurde daher die neueste Kameralinie MultiCam (Abb. 2.14, 2.15) vom *DLR-Institut für Robotik und Mechatronik* für Aufgaben des

Abb. 2.14 MultiCam-
Systemaufbau. (Quelle: DLR)

---

[9] GNSS: Global Navigation Satellite System, Vermessung mittels Satelliten, vgl. GPS (Global Positioning System) als derzeit bekanntestes System.

Abb. 2.15 MultiCam-
Flugzeugeinbau. (Quelle: DLR)

Abb. 2.16 MultiCam-
Aufnahmetriple an einer
Autobahnbaustelle.
(Quelle: DLR)

Bauwesens optimiert. Mit diesem Kamerasystem können Auflösungen von um die
5 cm aus dem Flugzeug und 1 cm aus dem Helikopter erreicht werden (Abb. 2.16).
Ferner wurden verschiedene unbemannte Flugsysteme für die Trassenvermessung
näher betrachtet und eine Experimentalsoftware geschaffen, mit der die gewonnenen Daten in Form von 3D-Maschenmodellen oder Punktewolken an Standard-
CAD-Systeme übergeben werden können.

Kalibrierung
Die radiometrische Kalibrierung der MultiCam beinhaltet die Korrektur der elektronischen Abweichung, die Korrektur der Ungleichmäßigkeit des Dunkelsignals
(„Dark Signal Non Uniformity" – DSNU) und die Homogenisierung der verschiedenen Empfindlichkeiten für jedes einzelne Pixel eines CCD[10]-Sensors. Letzteres
wird durch die „Photo Response Non Uniformity" (PRNU) Funktion korrigiert. Die
PRNU beinhaltet auch die Helligkeitseinstellung eines optischen Systems; deshalb
wird die PRNU mit einem diffusen homogenen Strahler (z. B. einer Ulbricht Kugel)
gemessen. Die geometrische Kalibrierung unterscheidet sich von den üblichen
photogrammetrischen Standardmethoden und setzt maßgeschneiderte, diffraktive

---

[10] Charged-coupled Device.

optische Elemente (DOE) als Strahlteiler mit exakt bekannten Beugungswinkeln ein (Grießbach et al. 2008). Der kompakte Kalibrierungsaufbau erlaubt im Prinzip auch Feldkalibrierungen. Unter Verwendung von mehr als einer Referenzwellenlänge ermöglicht diese Methode auch die Bestimmung und die Korrektur von chromatischen Abweichungen. Die gefundenen Kalibrierwerte der Kamera können während des Bildfluges kontrolliert und gegebenenfalls verbessert werden (On-the-Job-Kalibrierung).

Photogrammetrische 3D-Datenverarbeitung
Die Basis jeder 3D-Datenverarbeitung aus photogrammetrischen Bildern ist die exakte Orientierung aller Bilder und die genaue Georeferenzierung des Bildverbandes mittels auf der Baustelle ausgelegten Passpunkten. Die Orientierung der Bilder erfolgt über eine Aerotriangulation (AT) mit automatischer Verknüpfungspunktbestimmung. Zur Beschleunigung und Stabilisierung des Verfahrens können dabei die Werte eines integrierten GPS/INS[11]-Systems (z. B. das *IGI AEROControl*) mit verwendet werden, das bereits im Flug alle Bewegungen des Luftfahrzeuges aufzeichnen kann, so dass die Bahnkurve der Kamera bereits vor der endgültigen Berechnung auf wenige Pixel genau vorliegt.

Die eigentliche Berechnung von 3D-Pixeln erfolgt nach der AT in mehreren Stufen. Zunächst werden jedem Bild alle sinnvollen Stereopartner zugeordnet, wobei für die Erzielung einer homogenen Genauigkeit in x-, y- und z-Richtung mindestens 10 Stereopartner (bei Trassen über 90 % Längsüberdeckung) vorhanden sein müssen. Dann wird für jedes Pixel eines Bildes mit Hilfe der Stereopartner durch „Semi-Global-Matching", (Hirschmüller 2005, 2008) einer Methode, die in der Arbeitsgruppe Robot-Vision des Institutes für Robotik und Mechatronik entwickelt wurde, ein korrespondierendes Tiefenpixel bestimmt. Zu jedem Farbbild eines Bildfluges entsteht so ein komplettes Tiefenbild. Im letzten Schritt der photogrammetrischen Bearbeitung wird aus allen Bildern eines Befliegungsgebietes ein synthetisches orthogonales Bild (True Orthobild) berechnet (Abb. 2.17, 2.18).

Flugroboter (Drohnen)
Im Rahmen des ForBAU-Projekts wurde am DLR-Institut für Robotik und Mechatronik in Zusammenarbeit mit dem Industriepartner *Ascending Tecnologies* ein

Abb. 2.17 True-Ortho-RGM-Bild. (Quelle: DLR)

[11] Inertial Navigation System.

Abb. 2.18 True-Ortho-
Tiefenbild. (Quelle: DLR)

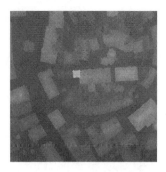

Abb. 2.19 *Astec* Octocopter.
(Quelle: DLR)

Abb. 2.20 *Aee* Luftschiff.
(Quelle: DLR)

Photogrammetrie-Octocopter (Abb. 2.19) und mit dem Industriepartner *Aee* ein Luftschiff (Abb. 2.20) entwickelt. In die Betrachtung, ob solche Systeme als Vermessungsplattform geeignet sind, wird zudem eine Helikopterdrohne (Abb. 2.21) aus einem weiteren Projekt des Institutes mit herangezogen.

Die angesprochenen Systeme werden von Elektromotoren angetrieben. Das Luftschiff nutzt diese lediglich zur Steuerung, der erforderliche Auftrieb ist durch die Heliumhülle gegeben. Drehflügler benötigen hingegen Elektromotoren sowohl für Steuerung als auch zum Auftrieb. Drohnen mit Elektromotoren können wesentlich einfacher gesteuert werden als Systeme mit Verbrennungsmotoren. Die gegenüber normalem Flugbenzin geringere Energiedichte in den erforderlichen Akkus verkürzt bei gleichem Gewicht jedoch die Einsatzzeit. Grundsätzlich können die Systeme autonom eine vorgegebene Flugbahn abfliegen (Abb. 2.22). Aufgrund der rechtlichen Lage und von Sicherheitsaspekten ist für den praktischen Einsatz auf einer Baustelle aber immer ein „Pilot" erforderlich, der den Flug überwacht und mittels einer Fernsteuerung eingreifen kann.

Abb. 2.21 *DLR* Helikopter.
(Quelle: DLR)

Abb. 2.22 Octocopter-
Testbefliegung eines
3D-Kalibrierobjektes.
(Quelle: DLR)

Abb. 2.23 3D-Modell aus
Octocopter-Bildern. (Quelle:
DLR)

Die Drohnen können zwischen 500 und 5.000 g Nutzlast aufnehmen. Für die oben vorgestellte MultiCam reicht das in keinem Fall aus, so dass man diese Luftfahrzeuge mit einfachen Kameras aus dem Consumer-Bereich ausrüsten muss.

Aufgrund des geringen Nutzlastgewichtes sind Kompromisse bei der Auflösung und der Bildqualität nicht zu vermeiden (Abb. 2.23). Das Vorgehen für den Bildflug und für die 3D-Datenverarbeitung ist aber grundsätzlich gleich zur MultiCam (Oczipka et al. 2009).

Luftgestütztes Laserscanning
Beim Flugzeug-getragenen Laserscanning (Abb. 2.24, 2.25, 2.26) handelt es sich um ein hochgenaues, schnelles und effektives System zur Erfassung von 3D-Informationen der Umwelt. Grundsätzlich werden – speziell zur Trassenbefliegung – Laserscanner auch von Helikoptern aus betrieben.

Flugzeug-Laserscanning wird im Englischen als Airborne LASER Scanning, in den USA oft auch als LIDAR bezeichnet. LIDAR ist die Abkürzung für Light Detection and Ranging. Dieser Begriff wurde in Anlehnung an die Abkürzung RADAR, Radio Detection and Ranging, geschaffen, da beide Aufnahmesysteme auf einem

Abb. 2.24 Flugzeugeinbau
eines Laserscanners. (Quelle:
DLR)

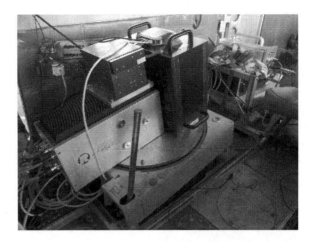

Abb. 2.25 Trassenabschnitt
aus luftgestützem Laserscanning. (Quelle: DLR)

Abb. 2.26 Detail aus der
Laserbefliegung mit Baumaschinen. (Quelle: DLR)

aktiven Messprinzip beruhen. So verwenden RADAR-Sensoren eine Wellenlänge von typischerweise 2 bis 80 cm, wohingegen LIDAR-Sensoren üblicherweise Wellenlängen im Nanometerbereich nutzen. Daher können LIDAR-Sensoren eine Wolkendecke nicht durchdringen und sind im Gegensatz zu RADAR-Systemen wetterabhängig.

Der ausgesandte Laserstrahl wird mittels eines oszillierenden oder rotierenden Spiegels seitlich abgelenkt oder mittels Fiberglasoptik aufgeteilt und zur Erdoberfläche gesandt, dort reflektiert und wieder im Sensor empfangen. Zwei Methoden kommen bei der Bestimmung der Schrägentfernung vom Flugzeug zur Anwendung: Laufzeitmessung oder Phasenvergleichsverfahren (s. vorangegangener Abschnitt).

Mittels der Daten der integrierten GPS/INS-Aufzeichnung werden die Position des Flugzeuges und die Orientierungsparameter der Plattform bestimmt. Die Koordinaten der Bodenpunkte ergeben sich direkt durch polares Anhängen an Flugzeugposition und -orientierung.

Da der LIDAR bis zu einem gewissen Punkt Vegetation durchdringen kann, werden mindestens zwei Messungen vorgenommen, die erste Reflexion wird als „first pulse" und die letzte Reflexion als „last pulse" bezeichnet. Einige Sensoren erlauben das Messen von bis zu acht Reflexionen oder die kontinuierliche Aufzeichnung von Profilen, z. B. Riegl LMS-Q560 oder Optech ALTM 3100. Dieses Verfahren wird als „LIDAR full waveform digitization" bezeichnet. Zusätzlich zu diesen Daten wird noch die Intensität des empfangenen Signals aufgezeichnet. Die Intensitätsinformationen geben aufgrund der Wellenlänge ein Grauwertbild im infraroten Bereich wieder.

LIDAR-Sensoren werden häufig mit optischen Systemen kombiniert, um auswertbare und darstellbare RGB-Bilder und 3D-Modelle erzeugen zu können (Abb. 2.27). Mittels aufwendiger Filteralgorithmen können im post processing die unterschiedlichen Signale getrennt und klassifiziert werden. Das standardisierte binäre Ausgabeformat *LAS* wurde von der *American Society of Photogrammetry and Remote Sensing* (*ASPRS*) definiert und dient dem systemübergreifenden und speicherschonenden Austausch von LIDAR-Daten. Als Ergebnis werden so ein digitales Geländemodell und ein digitales Oberflächenmodell erzeugt. Die Differenz aus beiden ergibt dann die absolute Höhe aller Objekte, also Vegetation und Bebauung wieder. Die geometrische Auflösung der Daten liegt heute bei ca. zwölf

Abb. 2.27 Ähnlicher Ausschnitt wie in Abb. 2.26, hier Ergebnis der MultiCam-Befliegung. (Quelle: DLR)

Tab. 2.1 Kosten für terrestrisches Laserscanning

Anschaffung des Messsystems	ca. 100.000 bis 200.000 €
Software und Softwareschulung	ca. 10.000–30.000 €, je nach Größe des Teams und Umfang der Softwareausstattung

Punkten pro Quadratmeter in x-, y- und z-Richtung. Die Lagegenauigkeit erreicht dabei typischerweise 10 bis 15 cm.

Kosten einer luftgestützten Vermessung

Die Kosten der Vermessung aus der Luft setzen sich aus den beiden Kostenblöcken Hardware und Datenprozessierung zusammen. Die Kosten der gewählten Aufnahmesysteme beeinflussen dabei die Prozessierungskosten ganz wesentlich. Beim Einsatz von Kameras zur 3D-Modellerstellung kann man grob davon ausgehen, dass die Prozessierungskosten quadratisch steigen, wenn man die Auflösung des Sensors linear vergrößert.

Hardware-Kosten

Die Hardware-Kosten eines Bildfluges setzen sich aus den Kosten für das Luftfahrzeug und den Tageskosten für die eingesetzten Vermessungsgeräte zusammen. Die Kosten für die Luftfahrzeuge in der Tab. 2.2 stellen den Durchschnitt aus verschiedenen Angeboten dar und können im Einzelfall um 30 % nach oben oder unten abweichen. In ein großes Bildflugzeug und in einen Helikopter kann in der Regel ein luftgestützter Laserscanner und eine MultiCam gleichzeitig eingebaut werden, was immer dann von Vorteil ist, wenn ein Geländemodell der Trasse unter der Vegetation erforderlich ist.

Die Tageskosten für die eingesetzten Vermessungsgeräte können mit 1/100 der Beschaffungskosten angesetzt werden. Für die MultiCam und den Airborne-Laser incl. GPS/INS System sind dies jeweils ca. 5.000 € pro Tag. Bei den Drohnen sind die Kamerakosten hingegen so gering, dass man sie hier nicht berücksichtigen muss (Tab. 2.2).

Bei der Auswahl des Luftfahrzeugs ist zudem darauf zu achten, ob es für die konkrete Aufgabe geeignet ist. Flugzeuge müssen in der Regel mit einer Mindestflughöhe von 400 m über Grund operieren und können engen Kurven, wie sie im Straßenbau üblich sind, nicht folgen. Der Einsatz eines Helikopters ist hier meist geeigneter.

Tab. 2.2 Kosten für luftgestützte Aufnahmen

Kosten der Luftfahrzeuge bei 5 cm Auflösung und 120 m Trassenbreite		
Flugzeug groß	ca. 1.000 €/h	ca. 30 €/km
Flugzeug klein	ca. 450 €/h	ca. 12,5 €/km
Bemannter Helikopter	ca. 1.150 €/h	ca. 20 €/km
Drohne	ca. 420 €/h	ca. 105 €/km
Kosten der Luftfahrzeuge bei 2 bis 3 cm Auflösung und 120 m Trassenbreite		
Bemannter Helikopter	ca. 1.000 €/h	ca. 40 €/km
Drohne	ca. 420 €/h	ca. 210 €/km

Abb. 2.28 ScanBox: Inter-
aktive Auswertung von
MultiCam-Daten. (Quelle:
DLR)

Abb. 2.29 ScanBox: ausge-
dünntes Mesh aus MultiCam-
Daten. (Quelle: DLR)

Prozessierungskosten
Unter den Prozessierungskosten werden hier alle Kosten von der Übernahme der
Bilder bis zum Erzeugen einer 3D-Punktwolke zusammengefasst. Leider liegen
hier noch nicht ausreichend belastbare Zahlen aus nachkalkulierten Projekten vor.
Für einen Trassenabschnitt von 1.000 m bei 120 m Breite und 3 cm Auflösung
entstehen 85 Multicam-Bildtripel, für deren Bearbeitung bis zur 3D-Punktewolke
zwei Ingenieurtage anzusetzen sind. Wird derselbe Abschnitt mit einem Octocopter
beflogen, sind auf Grund der ca. viermal höheren Bildmenge acht Ingenieurtage für
die Datenverarbeitung anzusetzen.

Software und Datenübergabe an Standardsoftware
Bei einer Bildauflösung von 3 cm enthält ein Trassenabschnitt von 100 m × 1.000 m
bereits 10,8 Mio. 3D-Punkte. Kommen auf dem Abschnitt Brückenbauwerke dazu,
kann die Datenmenge um ein Vielfaches steigen. Entsprechend leistungsfähige
Softwarebausteine und Vorgehenskonzepte sind daher unbedingt erforderlich. Am
DLR-Institut für Robotik und Mechatronik wurde daher im Zuge des ForBAU-
Projektes die Experimental-Software „ScanBox" entwickelt (Abb. 2.28, 2.29). Die
ScanBox verbindet den Semi-Global-Matcher und einen speziellen 3D-Mesher aus
der Robovision Arbeitsgruppe (Bodenmüller 2009) mit kommerziellen Ausglei-
chungsprogrammen und CAD-Paketen. In der ScanBox ist der gesamte Workflow
zur Erstellung von 3D-Modellen als Punktewolken oder Dreiecksmaschen abgebildet, wobei unterschiedliche Sensoren und Auflösungsstufen kombiniert werden können (Abb. 2.30). Intern werden die Daten in eigenen Formaten abgelegt,
nach außen steht eine direkte Anbindung der ScanBox an die Programme *Autodesk AutoCAD 2010* und *2011* zu Verfügung, über die gezielte Einzelpunktmes-
sungen und Meshes übergeben werden können. Ferner können die Mesh-Modelle

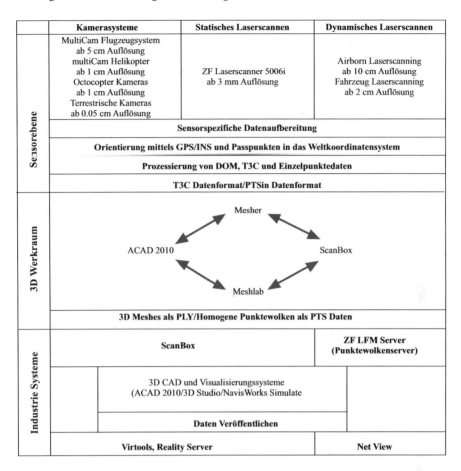

	Kamerasysteme	Statisches Laserscannen	Dynamisches Laserscannen
Sensorebene	MultiCam Flugzeugsystem ab 5 cm Auflösung multiCam Helikopter ab 1 cm Auflösung Octocopter Kameras ab 1 cm Auflösung Terrestrische Kameras ab 0.05 cm Auflösung	ZF Laserscanner 5006i ab 3 mm Auflösung	Airborn Laserscanning ab 10 cm Auflösung Fahrzeug Laserscanning ab 2 cm Auflösung
	Sensorspezifische Datenaufbereitung		
	Orientierung mittels GPS/INS und Passpunkten in das Weltkoordinatensystem		
	Prozessierung von DOM, T3C und Einzelpunktedaten		
	T3C Datenformat/PTSin Datenformat		

3D Werkraum

ACAD 2010 ↔ Mesher ↔ ScanBox ↔ Meshlab ↔ ACAD 2010

3D Meshes als PLY/Homogene Punktewolken als PTS Daten

Industrie Systeme	**ScanBox**	**ZF LFM Server (Punktewolkenserver)**
	3D CAD und Visualisierungssysteme (ACAD 2010/3D Studio/NavisWorks Simulate	
	Daten Veröffentlichen	
	Virtools, Reality Server	**Net View**

Abb. 2.30 Workflow zum Erzeugen von 3D-Mesh-Modellen und Punktewolken. (Quelle: DLR)

Abb. 2.31 ScanBox: farbige Punktewolke aus MultiCam-Daten. (Quelle: DLR)

mit und ohne Textur in das Programm *Autodesk 3ds Max* eingelesen werden. Farbige 3D-Punktewolken (Abb. 2.31, 2.32) können an die Software *LFM Server* der
Firma *Zoller+Fröhlich* übertragen werden und von dort zahlreichen CAD-Paketen
zugänglich gemacht werden.

Abb. 2.32 ScanBox: textu-
riertes 3D-Modell aus Multi-
Cam-Daten. (Quelle: DLR)

2.3.2 3D-Baugrundmodellierung

Tobias Baumgärtel, Norbert Vogt, Alaeddin Suleiman

2.3.2.1 Ausgangssituation

Die im Vorfeld von Baumaßnahmen durchzuführende Baugrunderkundung muss alle
Daten und Erkenntnisse beschaffen, die zur Festlegung charakteristischer Baugrundeigenschaften zur Bauwerks- und Bauprozessplanung erforderlich sind. Die Baugrunderkundung erfolgt immer punktuell und ist damit niemals vollständig. Ebenso
sind die aus Feld- und Laborversuchen abgeleiteten Baugrundeigenschaften nur für
einen räumlich begrenzten Raum zutreffend. Aus der Interpretation der Ergebnisse der Baugrunderkundung, aus dem Verstehen räumlicher Zusammenhänge durch
Wissen und Erfahrung definiert sich die Aufgabe des Geotechnikers, ein hinreichend
zutreffendes und für das Bauvorhaben geeignetes Baugrundmodell zu entwickeln.

Dieses zu entwickelnde Baugrundmodell muss alle für das Bauvorhaben relevanten Bodenschichten enthalten und die den Bodenschichten zugehörigen bau-
und geotechnischen Eigenschaften beschreiben. Es ist Stand der Technik, hierzu
unterstützend die Baugrundsituation in Form von 2D-Schichtlagerungskarten und
Baugrundschnitten zu visualisieren. Die Aufgabe des Planers ist es, diese 2D-Infor-
mationen gedanklich in einen räumlichen Zusammenhang zu bringen und bei der
Planung des Bauvorhabens zu berücksichtigen.

Bereits bei der Beschreibung der Baugrundsituation in 2D wird durch problem-
bezogene Vereinfachungen und Abstraktionen diese nie exakt abgebildet. Den Planungsbeteiligten muss daher bewusst sein, dass eine Baugrundbeschreibung durch
Vereinfachungen, Interpolationen und Abschätzungen erzeugt wird. Gerne werden
auch eingrenzende Bandbreiten zur Beschreibung verwendet, vor allem bei entscheidenden Kenngrößen. Abweichungen zwischen den Beschreibungen und der
realen Baugrundsituation treten häufig auf und können entscheidenden Einfluss
auf Planung und Ausführung nehmen – selbst bei gründlicher und den Regeln der
Technik folgender Erkundung. Derartige Abweichungen begründen das Baugrund-
risiko, das nach deutschem Rechtssystem beim Bauherrn liegt. Die Schaffung von
möglichst zutreffenden Baugrundmodellen liegt daher insbesondere im Interesse des Bauherrn. Die Herausforderung für den Geotechniker besteht darin, unter
wirtschaftlichen Gesichtspunkten ein Optimum zwischen Erkundungsaufwand und

Begrenzung des Baugrundrisikos zu erreichen sowie die normativen Standards zur erforderlichen Erkundungsdichte für jede Baumaßnahme einzuhalten.

2.3.2.2   Fachspezifische Anforderungen an digitale 3D-Baugrundmodelle

Randbedingungen
Die integrierte Planung auf Basis von 3D-Modellen erfordert die Abbildung der Ergebnisse der Baugrunderkundung nicht wie weitgehend üblich in 2D, sondern in einem 3D-Baugrundmodell mit allen bautechnisch relevanten Bodenschichten und deren geotechnischen Eigenschaften. Für die auf den 3D-Modellen aufbauenden Planungsprozesse ist eine reine 3D-Modellierung und -Visualisierung der Baugrundsituation jedoch nicht ausreichend. Das 3D-Baugrundmodell muss vielmehr zusätzlich umfangreiche Informationen und daraus resultierende bautechnische Folgerungen, wie sie üblicherweise in Baugrund- und Gründungsgutachten enthalten sind, abbilden. Dies ist durch ein duales Modellierungskonzept, bestehend aus

• Datenbank-basierter Verwaltung von Baugrundinformationen und
• 3D-Modellierung von Baugrundschichten

möglich. Um eine möglichst große Verbreitung von 3D-Baugrundmodellen zu erzielen, ist es erforderlich, die Verwaltung von Baugrundinformationen sowie die 3D-Modellierung auf bereits bestehenden Konzepten und Konventionen aufzubauen.

Umsetzung
Zur 3D-Modellierung von Baugrundschichten wird in der Regel auf kommerzielle Softwareanwendungen zurückgegriffen, die für geologische Modellierungen zur Erschließung von Bodenschätzen sowie zur Abbildung großräumiger geologischer Zusammenhänge entwickelt wurden. Speziell für geotechnische Fragestellungen konzipierte Softwareanwendungen sind bisher nicht verfügbar.

Bei der Auswahl und dem Einsatz entsprechender Softwareanwendungen zur geotechnischen Modellierung von Baugrundschichten sind je nach Baumaßnahme verschiedene fachspezifische Anforderungen, die jedoch nicht von allen verfügbaren Softwareprodukten erfüllt werden, zu Grunde zu legen. Um einen größtmöglichen Vorteil aus der 3D-Baugrundmodellierung zu erlangen, sollte das erstellte digitale Baugrundmodell zumindest folgende Möglichkeiten bieten:

• Ableitung von Baugrundschnitten an jeder Stelle des Baufeldes
• Abfrage der Baugrundschichtung an beliebiger Stelle im Baufeld in Form sogenannter „virtueller Bohrungen"
• Weitergabe von Volumen- und Flächenmodellen an CAD-Programme und Planungssoftware
• Überarbeitung und Aktualisierung des Modells im Projektverlauf mit wachsendem Kenntnisstand

Daneben können weitere projektspezifische Anforderungen eine Rolle spielen. So muss beispielsweise die bei Infrastrukturprojekten erforderliche linienförmige

Ausdehnung des Bauvorhabens im Baugrundmodell abgebildet werden können. Auch die Anbindung von externen Datenbanken kann bedeutend sein.

Neben den sich aus der Umsetzung der beschriebenen Mindestanforderungen ergebenden Chancen und Möglichkeiten der 3D-Baugrundmodellierung müssen auch entstehende Risiken bedacht und bewertet werden. Natürlich entsteht durch die Modellierung zunächst eine anschauliche räumliche Darstellung geologischer und geotechnischer Sachverhalte, die nicht nur von Geotechnikern und Spezialisten, sondern auch von Nicht-Experten interpretiert werden kann (Neumann 2002; BIS-3D 2004). Aber es muss der Eindruck vermieden werden, dass ein 3D-Baugrundmodell die Realität widerspiegelt. Ein vor Bauausführung im Planungsstadium aus Daten der Baugrunderkundung erstelltes 3D-Baugrundmodell ist ein Prognosemodell, das eventuell mit großen Unsicherheiten behaftet ist. Insbesondere kann nicht davon ausgegangen werden, dass die Genauigkeit im Vergleich zu herkömmlichen 2D-Abbildungen zwangsläufig besser ist. Gerade aus der Tatsache heraus, dass der gesamte Raum abgebildet wird, können die Unsicherheiten, sofern sie nicht quantifizierbar sind, sogar größer sein, da nun auch für Bereiche Informationen vorliegen, zu denen bei 2D-Abbildungen evtl. keine Aussagen getroffen würden. Dies kann vertragsrechtliche Bedeutung haben.

Aber auch für diese Problematik bietet die Methodik der 3D-Baugrundmodellierung Lösungsansätze. Zur Modellierung räumlicher Zusammenhänge können neben deterministischen auch stochastische Methoden verwendet werden. Aus den Berechnungsansätzen zur stochastischen Baugrundinterpolation können Aussagen zur Wahrscheinlichkeit, mit der eine Bodenschicht angetroffen wird, abgeleitet werden, was ein Schritt zur Quantifizierung des Baugrundrisikos ist. Insbesondere diese Möglichkeit ist ein wesentliches Merkmal für die zukünftige baupraktische Anwendung von digitalen 3D-Baugrundmodellen.

2.3.2.3 Baugrundmodellierung

Prinzipien
Vor der 3D-Baugrundmodellierung erfolgt eine Vereinfachung, Vereinheitlichung und Interpretation der in der Baugrunderkundung ermittelten Baugrundeigenschaften. Die Schaffung eines 3D-Modells, das alle Details von in Baugrundaufschlüssen angetroffenen heterogenen Bodeneigenschaften ohne Verlust der gebotenen Übersichtlichkeit widerspiegelt, ist in aller Regel nicht möglich und insbesondere für die digitale Weiternutzung des Modells in folgenden Planungsschritten nicht praktikabel.

Ziel der Vereinfachung und Vereinheitlichung der Baugrundeigenschaften ist die Bildung von Homogenbereichen mit ähnlichen geotechnischen Eigenschaften. Schon mit der Erstellung derartiger Homogenbereiche wird das Ergebnis der Baugrundmodellierung grundlegend beeinflusst. Für weitere Modellierungsschritte ist zu unterscheiden, ob die den Homogenbereichen zu Grunde gelegten geotechnischen Eigenschaften als feste Kenngrößen, also deterministisch, angenommen werden oder ob hierfür „unsichere" Kenngrößen verwendet werden, die ausgewiesenermaßen mit Streuungen behaftet sind und selbst einer statistischen Verteilung unterliegen.

Für die Schaffung eines für alle weiteren Planungsphasen maßgeblichen 3D-Baugrundmodelles wird die Bildung von Homogenbereichen unter Berücksichtigung „unsicherer" Kenngrößen als problematisch angesehen. Je nach betrachteter Kenngröße und zugehöriger statistischer Verteilung innerhalb eines Homogenbereichs ergeben sich beim Ansatz streuender Kenngrößen unterschiedliche Baugrundmodelle.

Zur Erstellung eines einheitlichen und für alle Planungsbeteiligten verbindlichen digitalen 3D-Baugrundmodells wird als entscheidende Kenngröße zur Schaffung von Homogenbereichen die Festlegung von Schichtübergängen und die Annahme deterministischer Kenngrößen innerhalb des Homogenbereichs angesehen. Dieses Vorgehen wird stark von den subjektiven Erfahrungen und Vorstellungen des verantwortlichen Geotechnikers bestimmt. Für weitergehende Detailplanungen kann es in späteren Planungsphasen natürlich erforderlich werden, Baugrundmodellierungen auf Basis streuender Kenngrößen durchzuführen. Um dies zu ermöglichen, ist es erforderlich, alle Parameter und Einzelergebnisse der Baugrunderkundung und von Laborergebnissen im 3D-Baugrundmodell zu verwalten. Hierzu kann auf die datenbankbasierte Verwaltung von Baugrundinformationen zurückgegriffen werden. Ebenso sind die der Homogenbereichsbildung zu Grunde liegenden subjektiven Annahmen des verantwortlichen Geotechnikers zu dokumentieren, um die Grenzen der Anwendbarkeit und Gültigkeit des darauf aufbauenden 3D-Baugrundmodells aufzeigen zu können, wozu wiederum die datenbankbasierte Verwaltung von Baugrundinformationen herangezogen wird.

Die auf der homogenisierten Baugrundschichtung aufbauende 3D-Baugrundmodellierung kann grundsätzlich mit deterministischen und stochastischen Interpolationsmethoden erfolgen. Welches Verfahren für eine Fragestellung geeignete Prognosen zur Baugrundschichtung liefert, hängt stark von den an das Baugrundmodell gestellten Anforderungen und von der Anzahl und der räumlichen Verteilung von Baugrunddaten ab. Auch die Kenntnis und Vorstellung, wie diese Daten zusammenhängen, beeinflusst die Wahl des Interpolationsverfahrens sowie die Durchführung der Baugrundmodellierung.

Deterministische Interpolationen
Deterministische Interpolationen bedienen sich festgelegter mathematischer Funktionen. Bei Vorgabe der Homogenbereiche sind die Lösungen eindeutig. Die Berechnungen sind einfach, lassen aber keine Aussagen zur Qualität der Interpolationen sowie zur Aussagegenauigkeit der damit erstellten Baugrundmodelle zu. Zu den deterministischen Verfahren zählen z. B. Triangulationen, Splines oder Inverse-Distanz-Verfahren (Rosner 2008), die Flächen mittels mathematischer Funktionen an eine Anzahl an Stützstellen anpassen.

Sind folgende Randbedingungen eingehalten:

• Die Angaben zum Baugrund liegen in großer Anzahl vor.
• Die Angaben zum Baugrund liegen in regelmäßiger Verteilung vor.

- Aufgrund ausreichender Erfahrung können lokale Inhomogenitäten mit hoher Wahrscheinlichkeit ausgeschlossen werden können.
- Die Bildung repräsentativer und einheitlicher Homogenbereiche ist möglich.

Dann lassen sich durch deterministische Verfahren 3D-Baugrundmodelle mit vergleichsweise guter Genauigkeit ableiten. Aufgrund der Vielzahl der erforderlichen Annahmen spiegelt ein deterministisches Baugrundmodell die subjektive Einschätzung des Bearbeiters wider und liefert im Ergebnis zunächst vor allem eine 3D-Visualisierung der Baugrundschichtung.

Stochastische Interpolationen
Stochastische Interpolationsverfahren betrachten die Interpolation als Möglichkeit zur Realisierung einer Verteilungsfunktion (Akin und Siemens 1988) und liefern auch bei unregelmäßig verteilten und bei in geringer Dichte vorliegenden Messwerten quantifizierbare Ergebnisse. Korrelationen setzen Baugrundeigenschaften und deren räumliche Lage miteinander in Beziehung.

Bei den stochastischen Interpolationsverfahren zur Baugrundmodellierung ist der geostatistische Ansatz wesentlich. Dieser beruht auf der Theorie der regionalisierbaren Variablen. Hierbei wird davon ausgegangen, dass sich Baugrundeigenschaften in einem bestimmten Gebiet ähnlich sind, mit zunehmender Distanz diese Ähnlichkeit aber abnimmt. Die mathematische Beschreibung dieser Ähnlichkeit wird durch Variogramme realisiert. Grundlage ist ein experimentelles Variogramm, das den in eine Richtung verlaufenden sowie für eine bestimme Abstandsklasse gültigen räumlichen Zusammenhang der betrachteten und aus der Baugrunderkundung abgeleiteten Kenngrößen beschreibt. Der experimentelle Zusammenhang wird durch eine Funktion angenähert, man erhält ein theoretisches Variogramm (Journel und Deutsch 1992; Cressie 1993). Je nach Zusammenhang der Messwerte eignen sich sphärische, exponentielle oder Gauß'sche Variogramme (s. Abb. 2.33). Bei der Erstellung von Variogrammen ist jedoch auf eine ausreichende Anzahl an empirischen Kenngrößen zu achten. Angaben zu mindestens erforderlichen experimentellen Kenngrößen basieren auf empirischen Annahmen (Schönhardt 2005). Als Mindestanzahl in jede analysierte Raumrichtung und jede Abstandsklasse sollten demnach 30 Wertepaare vorliegen. Da dies in der Praxis häufig nicht erreicht wird, sind gewisse Toleranzannahmen nötig, was dann jedoch Auswirkungen auf die geostatistische Modellierung hat. Insbesondere zu große Toleranzen führen zu einer Glättung der erstellten Baugrundmodelle und bergen die Gefahr, dass Anisotropien nicht erkannt werden.

Theoretische Variogramme und die daraus abgeleiteten Kenngrößen Nuggetwert, Schwellenwert und Reichweite sind die entscheidenden Eingangsgrößen für geostatistische Interpolationen. Hierfür haben sich in den Geowissenschaften Kriging-Verfahren etabliert. Bei diesen Verfahren wird die Interpolation optimiert, indem Messwerte so gewichtet werden, dass deren Schätzvarianz zu einem Minimum wird. Die Schätzvarianz gibt somit Informationen über die Zuverlässigkeit einer Schätzung, denn je kleiner die Schätzvarianz desto besser ist das Ergebnis der späteren Interpolation. Die Abfolge der Schritte einer geostatistischen Interpolation ist in Abb. 2.34 dargestellt.

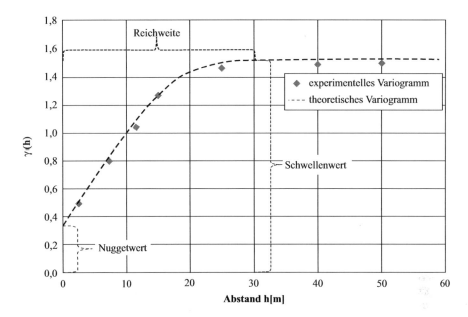

Abb. 2.33 Beispiel für ein experimentelles und theoretisches Variogramm

Abb. 2.34 Abfolge der geostatischen Interpolation. (Quelle: Schönhardt 2005)

Die im Kriging-Verfahren ermittelte Schätzvarianz (auch Kriging-Varianz genannt) kann zur Quantifizierung des Baugrundrisikos genutzt werden. Bei vorhandenem Variogramm ist die Schätzvarianz vom Abstand der Stützstellen abhängig. Die graphische Darstellung der Kriging-Varianz kann als Unsicherheitsplot genutzt werden. Dies kann auch zur Planung von Detail- und Nacherkundungen genutzt werden, da schon vorab zusätzliche Aufschlusspunkte unter Beachtung projektspezifischer Randbedingungen so platziert werden können, dass die Kriging-Varianzen bestmöglich reduziert werden (Schönhardt 2005). Die prinzipiellen Zusammenhänge eines entsprechenden objektiven Vorgehens, das nur in geringem Umfang von subjektiven Annahmen des Bearbeiters geprägt ist, sind in Abb. 2.35 dargestellt.

2.3.2.4 Baugrundinformationen

Die 3D-Baugrundmodellierung ist durch eine Verknüpfung des 3D-Baugrundmodells mit geotechnischen Grundlagen für die Bauplanung und Bauausführung zu

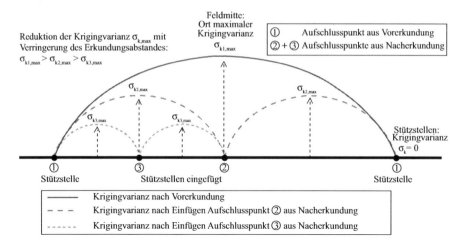

Abb. 2.35 Prinzipielle Abhängigkeit der Kriging-Varianz vom Abstand der Stützstellen. (Quelle: Schönhardt et al. 2006)

ergänzen. Konzeptionell ist hierfür eine datenbankbasierte Verwaltung mit folgenden Anforderungen vorzusehen:

- Zusammenführung und Vereinheitlichung von Daten
- Integration bauprozessrelevanter Baugrundparameter
- Fachspezifische Abfrage von Baugrundeigenschaften
- Verknüpfung mit dem 3D-Baugrundmodell
- Datenpflege durch den verantwortlichen Geotechniker
- Einsichtnahme von allen Beteiligten der Bauplanung und Bauausführung

Zur Vermeidung von Datenbrüchen zwischen Baugrunderkundung, geotechnischer Beurteilung und Nutzung der Baugrundinformationen im Projektverlauf sind in einer Baugrunddatenbank alle Detailinformationen beginnend mit der Baugrunderkundung, ergänzt durch die Ergebnisse von Laborversuchen sowie mit Angabe der daraus abgeleiteten bautechnischen Folgerungen, geschlossen zu verwalten.

Als Basis für eine Baugrunddatenbank bietet sich das relationale Datenbankformat SEP3 (SEP=Schicht-Erfassungs-Programm) an. Dieses Format wurde vom Niedersächsischen Landesamt für Bodenforschung (NLfB) entwickelt (NLfB 2002), ist frei verfügbar und kann in Programme implementiert werden. Viele der in Deutschland zur normgerechten Auswertung und Visualisierung von Bohrungs- und Schichtdaten eingesetzten EDV-Programme können Daten aus entsprechenden Datenbanken einlesen bzw. erzeugen.

Konzeptionell sind mit dieser Grundstruktur Detailergebnisse aus Laborversuchen zu verknüpfen. Wie im vorangegangenen Abschnitt erläutert, ist die umfassende Mitführung von Laborversuchsergebnissen Voraussetzung für Baugrundmodellierungen mit unsicheren Kenngrößen. Da mit der Speicherung von Versuchsergebnissen häufig die Randbedingungen der Versuchsdurchführung verloren gehen, die Kenntnis der Zuverlässigkeit eines Laborergebnisses aber für den Geotechniker von

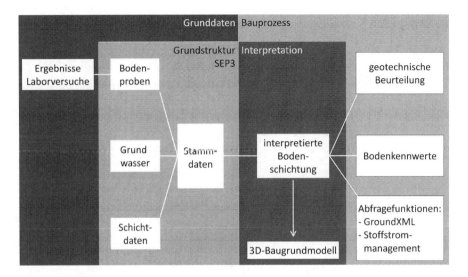

Abb. 2.36 Konzept der ForBAU-Baugrunddatenbank

entscheidender Bedeutung ist, ist neben dem Ergebnis auch dessen Aussagekraft zu verwalten. Ansätze hierzu liefert die *Initiativgruppe Boden- und Felsmechanische Datenbank*, die Ergebnisse von Laborversuchen anhand vorliegender Informationen zu Versuchsrandbedingungen in Zuverlässigkeitsklassen einteilt (Schuppner et al. 2008).

Die auf dem SEP3-Format basierende Grundstruktur sowie die Ergebnisse von Laborversuchen bilden die Basisdaten der Baugrunddatenbank. Diese sind um bauprozessrelevante Angaben und Interpretationen der Baugrundeigenschaften, die wiederum Grundlage für die 3D-Visualisierung der Baugrundschichten sind, und webbasierte Abfragen funktional zu erweitern.

Der konzeptionelle Aufbau der Baugrunddatenbank ist in Abb. 2.36 dargestellt. Die Funktionalität des Konzeptes einschließlich der Verknüpfung zum 3D-Baugrundmodell wurde getestet und in einem Prototyp umgesetzt. Um die Kompatibilität der ForBAU-Baugrunddatenbank zu den Teilkonzepten der digitalen Planung zu ermöglichen, basiert der Prototyp auf der Open-Source-Datenbank *MySQL*.

2.3.2.5 Zusammenfassung und Ausblick

Die digitale 3D-Baugrundmodellierung ist wesentlicher Bestandteil einer integrierten 3D-Modellierung von Infrastrukturmaßnahmen. Durch Umsetzung eines dualen geotechnischen Modellierungskonzeptes bestehend aus datenbankbasierter Verwaltung von Baugrundinformationen und 3D-Modellierung von Baugrundschichten eröffnen sich innovative Möglichkeiten und Chancen für die durchgängige digitale Planung. Entsprechende Konzepte und Methoden wurden bereits umgesetzt.

Allerdings erfordern diese auch neue Herangehensweisen und Abstimmungen zwischen den Projektbeteiligten. Grundlegend ist die Anerkennung der Gültigkeit eines 3D-Baugrundmodells auf Basis des bekannten Kenntnisstandes und der nach Möglichkeit getroffenen Quantifizierung von Unsicherheiten in der Baugrundbeschreibung. Dies schließt die Erkenntnis ein, dass ein vor Baubeginn erstelltes digitales Prognosemodell nicht starr sein darf. Insbesondere die Nutzung von Informationen aus der Bauausführung, z. B. aus den Daten von Baumaschinen, bietet zukünftig die Möglichkeit, tiefergehende Erkenntnisse zu erlangen und dadurch das Baugrundmodell im Bauprozess fortlaufend zu aktualisieren.

2.3.3   Trassenmodellierung: von 2D zu 3D

Mathias Obergrießer, Yang Ji, André Borrmann

Wie in Abschn. 2.1.1 erläutert, wird der Trassenentwurf traditionell auf Basis verschiedener 2D-Ansichten bzw. -Schnitte realisiert. Dazu gehören der Lageplan, der Längschnitt (auch als Höhenplan oder Gradiente bezeichnet), sowie verschiedene Querprofile. Diese Herangehensweise erlaubt es, dass sich der Trassenplaner auf die in den jeweiligen Schnitten relevanten Aspekte konzentrieren kann. Dazu gehören beispielsweise die zulässigen Kurvenradien in der Draufsicht oder der zulässige Steigungsgrad im Höhenplan. Damit wird die Komplexität der Entwurfsaufgabe leichter handhabbar. Beim 2D-gestützten Entwurf von Trassen handelt es sich daher um eine etablierte Methodik, die sich in allen gängigen Programmen sowie in den verschiedenen Datenaustauschstandards wiederfindet.

Durch die logische Verknüpfung der verschiedenen 2D-Pläne wird implizit ein 3D-Modell der Trasse beschrieben, weswegen man in diesem Zusammenhang häufig auch von 2.5D-Planung spricht. Wenn diese Verknüpfungen ausgewertet werden, kann ein explizites 3D-Modell erzeugt werden. Dies öffnet den Weg für eine Anbindung an das zu schaffende Gesamtmodell.

Nahezu alle gängigen Trassierungsprogramme verfügen über die Möglichkeit, die Informationen zur geplanten Trasse im herstellerneutralen Format LandXML abzulegen. Dieser offene Standard wird seit 2000 von einem Industriekonsortium entwickelt und liegt derzeit in der Version 1.2 vor.

In einer LandXML-Instanzdatei werden folgende Informationen gespeichert:

- das Geländemodell in Form von Dreiecksmaschen,
- der Lageplan (2D-Koordinaten),
- das Längsprofil (2D-Koordinaten) und
- die verschiedenen Querprofile.

Im Rahmen des ForBAU-Projekts wurde ein Software-Tool entwickelt, das 2D-Trassierungsdaten aus einer LandXML-Datei ausliest und daraus ein 3D-Trassenmodell generiert (Abschn. 2.3.6). Das zunächst intern erzeugte 3D-Trassenmodell kann im nächsten Schritt in das CAD-System *Siemens NX* importiert werden. Damit steht ein echtes 3D-Modell der Trasse zur Verfügung, das für weitere Konstruktions-

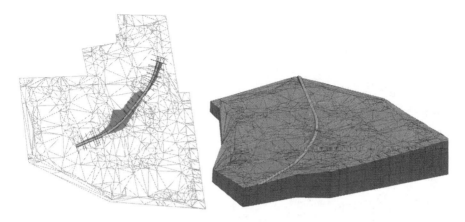

Abb. 2.37 Vom 2.5D- zum 3D-Trassenmodell. *Links*: 2.5D-Planung in der Trassierungssoftware *Autodesk Civil3D*. *Rechts*: Daraus generiertes 3D-Volumenmodell der gleichen Trasse im CAD-System *Siemens NX*

schritte verwendet werden kann (Abb. 2.37). Dies ist insbesondere bei der konstruktiven Ausgestaltung geometrisch anspruchsvoller Stellen in der Trassierung, die nur in 3D vollständig erfasst werden können, von großem Vorteil.

Darüber hinaus kann der Trassenverlauf als Referenz verwendet werden, um daran Trassenbauwerke, wie Brücken, Stützwände etc. auszurichten (Abschn. 2.3.4). Hierbei wird der Nutzer ebenfalls durch die Funktionalitäten des parametrischen CAD-Systems *Siemens NX* unterstützt.

2.3.4 Parametrische 3D-Brückenmodellierung

Mathias Obergrießer, Hanno Posch, André Borrmann, Dieter Stumpf, Thomas Euringer

2.3.4.1 Überblick

Während die dreidimensionale Modellierung im Hochbau schon seit einigen Jahren vermehrt eingesetzt wird, werden Ingenieurbauwerke immer noch traditionell in zweidimensionalen Schnitten geplant. Gerade im Bereich des Brückenbaus besteht aber ein hohes Potential zur Effizienzsteigerung durch dreidimensionale Modellierung. Durch die Abhängigkeit des Brückenüberbaus von der Achse entlang der überführten Trasse treten sehr komplexe Geometrien im Bauwerk auf. Diese sind zweidimensional nur schwer abzubilden, der Planer benötigt viel Erfahrung und ein gutes räumliches Vorstellungsvermögen.

Die Komplexität der Geometrie resultiert aus der Krümmung der Straßenachse in zwei Raumrichtungen. Im Lageplan, also in der x–y-Ebene, wird die Achse durch Kreisbögen beschrieben, die durch Übergangsbögen, im Straßenbau sind dies Klothoiden, miteinander verbunden sind. Im Höhenplan, also dem Längsschnitt

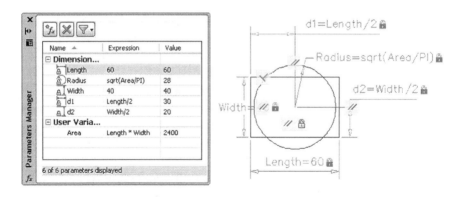

Abb. 2.38 Parametrischer Entwurf in 2D. Die *links* dargestellten Variablen werden zur Bemaßung der Zeichnung auf der *rechten* Seite verwendet. Durch Angabe von Formeln können Abhängigkeiten zwischen den Parametern definiert werden. Im gezeigten Fall wird sichergestellt, dass der Flächeninhalt des Kreises gleich dem des Rechtecks ist. Bei Änderung des Werts einer Variablen wird die Zeichnung automatisch aktualisiert. (Quelle: Autodesk Inc.)

entlang der Straßenachse, ist die Achse aus Geradenstücken zusammengesetzt, deren Schnittpunkte durch Kreisbögen ausgerundet werden. Zudem ist die Fahrbahn in der Regel in Querrichtung geneigt, was die Komplexität zusätzlich erhöht.

Da die Geometrie der Brücke stark abhängig vom Verlauf der Straßenachse ist, ist es wünschenswert, diese Abhängigkeit auch in der Modellierung abzubilden. Dies kann durch Einsatz parametrischer Modellierungstechniken erreicht werden. Parametrische Modellierung bedeutet, dass Objekte nicht mit einer fest zugewiesenen Geometrie erzeugt werden, sondern dass Abmessungen über freie Parameter beschrieben werden. Darüber hinaus kann die Wertbelegung einzelner Parameter über die Angabe von Formeln aneinander gekoppelt werden. Dies ermöglicht, dass Objekte bei Änderungen einzelner Parameter entsprechend der hinterlegten Abhängigkeiten aktualisiert werden (Abb. 2.38, 2.39).

Man kann zwei Arten der parametrischen Modellierung (Eastman et al. 2008) unterscheiden. Bei der ersten werden nur Abhängigkeiten innerhalb eines Objekts beschrieben. Die Objekte sind dabei Instanzen vordefinierter Elementklassen. Die zweite Art der parametrischen Modellierung ist für die Brückenmodellierung von größerer Bedeutung. Hier werden die Lage und Form einzelner geometrischer Objekte in Abhängigkeit zueinander beschrieben. Die so definierten Regeln führen dazu, dass entweder eine Warnung ausgegeben wird, wenn sie verletzt werden oder dass das Modell automatisch verändert wird, um nach einer Änderung den Regeln wieder zu genügen.

Dies ermöglicht es, das Brückenmodell an den Verlauf der Trassenachse zu binden. Ergeben sich nach Entwurf des Brückenbauwerks noch Veränderungen am Trassenverlauf, kann die Brückengeometrie weitgehend automatisch angepasst werden. Natürlich ist immer eine Überprüfung der Plausibilität des veränderten Modells durch den verantwortlichen Ingenieur notwendig.

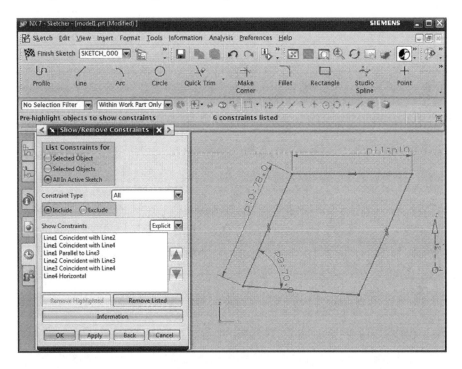

Abb. 2.39 Nutzung von Zwangsbedingungen (Constraints) zur Erstellung parametrisierter Skizzen

2.3.4.2   Modellierung trassengebundener Brückenmodelle

Der folgende Abschnitt gibt einen kurzen Überblick über das prinzipielle Vorgehen für die Modellierung eines trassengebundenen 3D-Brückenmodells.

Als Basis für die parametrische Brückenmodellierung dienen 3D-Referenzlinien, welche den Verlauf der Trasse in Längs- und Querneigung sowie in ihrem Höhenverlauf eindeutig definieren. Die Übergabe dieser Trassierungsdaten wurde bereits detailliert im Abschn. 2.1 beschrieben. Zur Gewährleistung einer assoziativen Koppelung des Brückenmodells an das Trassenmodell werden mindestens drei Referenzlinien benötigt, die den rechten, linken und mittigen Verlauf der Trasse beschreiben.

Im Rahmen des ForBAU-Projekts erfolgte die Modellierung des 3D-Brückenmodells in einem maschinenbauspezifischen CAD-System, das in der Lage ist, vollparametrische Freiformflächen- bzw. Volumenmodelle zu erstellen. Hierzu wurde exemplarisch das System *Siemens NX* ausgewählt. Zur Integration der erforderlichen Referenzlinien in die CAD-Umgebung wurde im Forschungsprojekt die Schnittstelle „Integrator2NX" entwickelt (Abschn. 2.3.6). Dieses Tool liest die trassenspezifischen Daten in Form des LandXML-Formats ein, analysiert die Daten aus dem Lage- und Höhenplan und errechnet daraus die 3D-Koordinaten

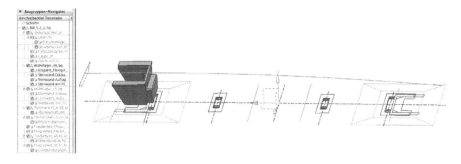

Abb. 2.40 Bauteilorientierte Organisationsstruktur mit eingeblendeter Masterskizze und Volumenmodell eines Widerlagers

der Referenzlinien. Anschließend werden diese 3D-Punkte als Achskleinpunkte im CAD-System erzeugt und als Stützpunkte für die Modellierung der Raumkurve als 3D-Spline verwendet. Die Referenzlinien und weitere wichtige geometrische Objekte werden in einer sogenannten Master-Skizze bzw. in einem Master-Part abgelegt, der die Grundlage für alle weiteren Modellierungsschritte bildet. Diese Systematik erlaubt dem Anwender eine schnelle Reaktion auf Trassen- bzw. Planungsänderungen, da die geometrischen Referenzobjekte lediglich in der Master-Skizze ausgetauscht bzw. aktualisiert werden müssen.

Die geometrische Definition der Widerlagerposition erfolgt ebenfalls in der Master-Skizze, so dass eine Kopplung der Widerlagerachsen an die Referenzlinien sichergestellt werden kann. Dadurch wird eine beliebige Modifikation der Widerlager-Achsen entlang der Trasse ermöglicht und zudem eine flexible Gestaltung der Lagepositionierung und Spannweitendefinition der Brücke gewährleistet. Nachdem die Master-Skizze mit den wichtigsten geometrischen Objekten versehen wurde, kann mit der Modellierung der verschiedenen Bauteile wie z. B. Fundamente, Widerlager, Pfeiler, Überbau, Kappe, Lager usw. begonnen werden (Abb. 2.40).

Die Verwaltung der Bauteile erfolgt in einer speziell vordefinierten hierarchischen Bauwerksstruktur (Abb. 2.41). Durch den Einsatz einer derartigen bauteilorientierten Organisationsstruktur wird der Verwaltungsaufwand für die komplexe Bauwerksstruktur und der dazugehörigen bauteilorientierten Modellierungsprozesse deutlich reduziert.

Eine assoziative Kopplung der Bauteile an die geometrischen Elemente aus der Master-Skizze bzw. dem Master-Bauteil wird durch entsprechende Verknüpfungen hergestellt (Abb. 2.42). Hierbei wird eine geometrische Kopie des Referenzobjektes in die gewünschte Teile-Datei projiziert und anschließend durch den Einsatz verschiedenster Modellierungstechniken das Teilmodell wie z. B. die Platte des Überbaues erzeugt. Zu den gängigen Modellierungstechniken zählen u. a. sich assoziativ verhaltende Bezugsebenen und -modelle, Extrusionsoperationen, das Anwenden sogenannter Features, wie z. B. Bohrungen, Aussparungen, Fasen etc., und das Ausführen von booleschen Operationen wie Vereinigung, Schnitt und Differenz, mit deren Hilfe aus vorhandenen geometrischen Elementen neue erzeugt werden können.

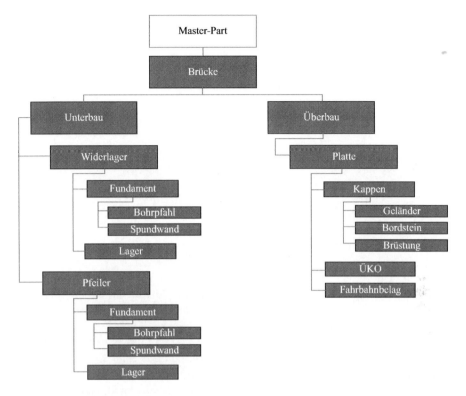

Abb. 2.41 Hierarchische Struktur des Brückenmodells

Beispielhaft soll die geometrische Formermittlung der Widerlageroberkante bzw. -oberfläche beschrieben werden. Hierbei wird der Überbaukörper assoziativ in das Widerlager-Bauteil verlinkt und anschließend mit dem in der Höhe frei definierten Widerlagerkörper verschnitten bzw. von diesem subtrahiert. Als Ergebnis erhält man die exakte Form des Widerlagers in Abhängigkeit von der Überbaugeometrie. Diese bauteilabhängige Verknüpfung ermöglicht eine automatisierte Modifikation der Widerlagerform infolge einer Modelländerung im Überbaubereich.

Die Länge des Widerlagers wird durch den Einsatz von zwei assoziativen Bezugsebenen, die eine Verknüpfung zur Widerlagerachse aus der Master-Skizze und einen bestimmten Abstand zueinander besitzen, definiert. Durch Ändern des Abstandes der beiden Ebenen, das mittels einer numerischen Eingabe erfolgt, kann die Länge des Widerlagers beliebig variiert werden. Sollte sich die Position der

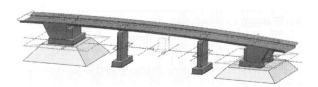

Abb. 2.42 Assoziative Kopplung der Unterbaukörper durch Einsatz einer verlinkten Fläche des Überbaus

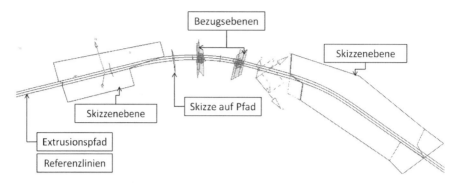

Abb. 2.43 Überblick der eingesetzten Parametrisierungstechniken zur Erstellung eines trassen-gebundenen 3D-Brückenmodells

Widerlagerachsen selbst verändern, so bleibt die Länge des Widerlagers aufgrund der Verknüpfung zu den Bezugsebenen bestehen. Die Kontur des Widerlagers passt sich stets dem Verlauf der Referenzlinien an.

Der Einsatz einer skizzenorientierten Modellierung stellt eine weitere wichtige Modellierungstechnik dar. Hierbei wird das 3D-Modell mit Hilfe von zwei Unter-modellen erzeugt. Zum einen erfolgt die geometrische Definition des Querschnittes in einer Skizzenebene und zum anderen wird der Verlauf des Extrusionspfad ent-weder entlang eines Pfades (Referenzlinien) oder anhand einer Ebene festgelegt (Abb. 2.43). Dieser Ansatz erlaubt dem Konstruktionsingenieur trotz komplexer 3D-Objekte, die Planungs- und Modellierungsprozesse mit traditionellen Arbeits-weisen abzuwickeln. Angewandt auf die Modellierung eines Brückenüberbaus bedeutet dies, dass in einer Skizze, die entlang der Straßenachse definiert ist, der Querschnitt des Überbaues z. B. als Hohlkastenprofil konstruiert und anschließend entlang des Pfades als „Variable Extrusion" modelliert wird. Das Konstruieren von mehreren geschlossenen Polygonzügen innerhalb einer Skizzenebene stellt kein Problem dar, so dass selbst komplizierte variable Querschnitte abgebildet werden können. Eine geometrische Überschneidung der Skizzenelemente innerhalb einer Skizzenebene sollte allerdings vermieden werden.

Ein weiterer Vorteil der Skizzentechnik liegt darin, dass sämtliche geometri-sche Elemente parametrisiert erstellt werden können. Dieser Parametrisierungspro-zess erfolgt entweder durch den Einsatz von Vermaßungsketten (Abb. 2.44), die in Form von numerischen Werten oder Formeln abgebildet werden oder durch so-genannte Constraints (Zwangsbedingungen), welche eine geometrische Beziehung wie z. B. Parallelität, Kolinearität etc. zwischen einzelnen Elementen herstellen. Zudem können mit Hilfe der Parameter Abhängigkeiten zwischen den einzelnen Skizzen untereinander erzeugt und somit eine durchgängige Planung gewährleis-tet werden (Abb. 2.45). Eine Modifikation der definierten Parameter erfolgt ent-weder im CAD-System selbst oder anhand einer exportierten Parameterliste, die beispielsweise aus einem Tabellenkalkulationsprogramm (z. B. *Microsoft Excel*) stammen kann. Durch die bidirektionale Bindung der Parametertabelle an das 3D-Modell wird eine vom CAD-Programm unabhängige Steuerung des parametrisier-ten Modells möglich. Zur Gewährleistung der Flexibilität bzw. Modifizierbarkeit

Abb. 2.44 Parametrisierte
und maßkettenverknüpfte
Skizze des Pfeilerschafts

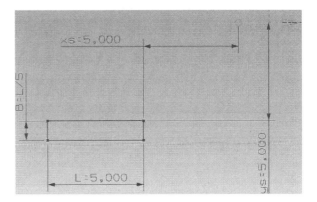

des 3D-Modells wird jedoch eine gut durchdachte Modellparametrisierung bzw.
-verknüpfung benötigt, die eine zu starke Reduzierung der Freiheitsgrade verhindert. Aus diesem Grund ist die Umsetzbarkeit und die Qualität bzw. die Genauigkeit
eines trassengebundenen Brückenmodells nach wie vor stark vom Fachwissen des
ausführenden Ingenieurs bzw. Konstrukteurs abhängig.

Ein wesentlicher Vorteil der parametrisierten Modellierung von Brückenbauwerken liegt darin, dass der entwerfende Ingenieur auch in späten Phasen des Ent-
wurfs noch Variantenstudien durchführen kann, um auf diese Weise die Konstruktion des Bauwerks auch hinsichtlich der Bauprozesse zu optimieren. Damit ist eine
deutliche Steigerung der Qualität einer Planung und der zugehörigen Arbeitsvorbereitung möglich.

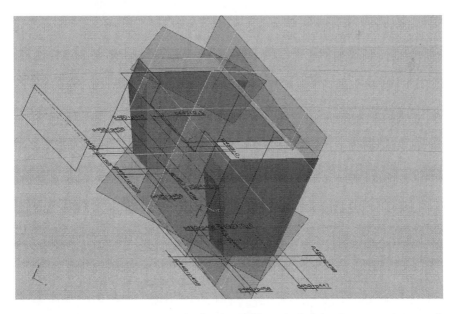

Abb. 2.45 3D-Volumenmodell des Widerlagers mit allen erforderlichen Bezugs- und parametrisierten Skizzenebenen

Abb. 2.46 Vollstän-
diges, parametrisiertes
3D-Brückenmodell

Schließlich kann ein 3D-Modell als ideale Plattform für die Kommunikation und Koordination der einzelnen Gewerke dienen. Die Planung wird exakter und eindeutiger, gerade auch hinsichtlich der Bestimmung von Mengen, da ein 3D-Modell im Unterschied zu 2D-Plandarstellungen objektiv ausgewertet werden kann und keiner subjektiven Interpretation unterliegt (Abb. 2.46).

2.3.5 3D-Modellierung der Baustelleneinrichtung

Tim Horenburg

Die Baustelleneinrichtung hat den reibungslosen Ablauf der Bausausführung zu gewährleisten und trägt zur sicheren Versorgung der Baustelle unter Berücksichtigung der Umgebungsbedingungen bei. Sie ist das Bindeglied zwischen Planungs- und Ausführungsphase und ist Voraussetzung für eine kosten- und termingerechte Abwicklung der Baumaßnahme (Bauer 2007).

Bislang findet die Einrichtung der Baustelle planbasiert statt. Dazu werden aus dem Leistungsverzeichnis bzw. dem darauf aufbauenden Ablaufplan die einzelnen Arbeitsschritte mit den entsprechenden Mengen ermittelt. Zudem lassen sich die erforderlichen Geräte- und Materialbedarfe bestimmen sowie deren Anforderungen hinsichtlich Platzbedarf, Lagerbedingungen und Vorhaltezeiten identifizieren. Dementsprechend ergeben sich Material- und Gerätelisten, deren räumliche und zeitliche Abhängigkeit zueinander und zum Bauwerk festzulegen sind (Bauer 2007).

Dabei ist zu beachten, dass die Einrichtungselemente möglichst gleichmäßig über die Einsatzzeit genutzt werden und die Transportwege möglichst gering sind, um Transport- und Umschlagskosten zu minimieren. Betrachtungen zu Auslastung und Materialfluss von Baustelleneinrichtungselementen werden in Abschn. 5.2.3 behandelt.

Die einzelnen Elemente sind räumlich auf dem Bauplan anzuordnen. Dabei sind neben den natürlichen Rahmenbedingungen auch normative Einschränkungen wie Sicherheits- oder Lärmbestimmungen zu beachten. Für die Erstellung des Baustelleneinrichtungsplans gibt es vielfältige Herangehensweisen (Schach und Otto 2008; Bisani 2005; Bauer 2007). Im Allgemeinen gilt es verschiedene Punkte zu berücksichtigen:

- Erstellung eines Lageplans mit allen relevanten Elementen, u. a. Baugrube, Bauwerk, Böschungen, angrenzende Bebauung, Sicherheitsabstände, etc.
- Definition der Kranstandorte unter Berücksichtigung der zu überstreifenden Lagerflächen
- Ermittlung von Maschinenstandorten (stationär)
- Definition der Produktions- und Lagerflächen
- Bestimmung der Verkehrswege und Zufahrten

- Positionierung von Versorgungs- und Sozialeinrichtungen
- Sicherung der Baustelle

Abbildung 2.47 zeigt ein einfaches Beispiel der Baustelleneinrichtung für ein Brückenbauwerk. Es wurden die Zufahrten, die Lagerflächen sowie Standort eines Krans betrachtet.

Bereits an diesem unkomplizierten Beispiel werden die Vorteile der 3D-Modellierung gegenüber der planbasierten Einrichtung deutlich. Aufgrund der nicht vorhandenen Höhe der einzelnen Elemente können Hinterschneidungen und Kollisionen auftreten, die aus dem Plan nicht unmittelbar hervorgehen. Zudem erschweren fehlende Höhen- bzw. Tiefeninformationen die Validierung von Einhubvorgängen. Die Komplexität solcher Pläne beeinträchtigt das Verständnis für die Baustelle.

Im Gegensatz dazu verbessert ein anschauliches 3D-Modell die Kommunikation zwischen den teilnehmenden Vertretern einzelner Gewerke. Eine solche virtuelle Einsatzplanung ermöglicht einen einfachen, praxisnahen Vergleich von Varianten und Szenarien, die an einem gemeinsamen, anschaulichen Modell diskutiert werden können. Geometrische Kollisionen lassen sich aufdecken, indem dreidimensionale Volumenkörper der Elemente, sogenannte Hüllkurven, erzeugt werden. Diese geben den maximalen Arbeitsbereich von Maschinen und Geräten, wie beispielsweise Kranen, wieder (s. Abschn. 4.4). Abbildung 2.48 zeigt den Einbau eines Trägers für die oben abgebildete Baustelle in 3D.

Basis für das 3D-Modell bilden das Umgebungs- und Bauwerksmodell aus den vorhergehenden Abschnitten. Daraufhin werden parametrische 3D-Objekte der Baustelleneinrichtung sowie eines mobilen Krans in das Modell geladen und entsprechend der oben erläuterten Rahmenbedingungen platziert. Quellen für derartige

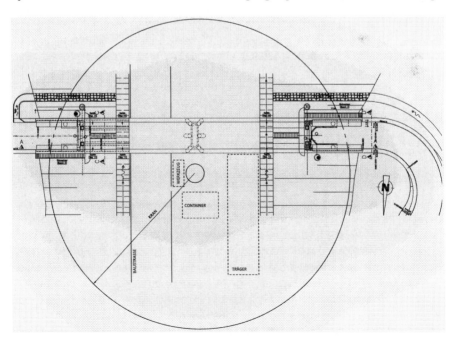

Abb. 2.47 Baustelleneinrichtungsplan eines Brückenbauwerks

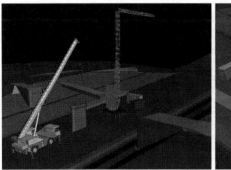

Abb. 2.48 Verschiedene Ansichten eines 3D-Modell der Baustelleneinrichtungsplanung

Modelle sowie deren Parameter bieten Maschinendatenbanken wie beispielsweise das Equipment Information System (Günthner et al. 2008). Betriebsmittelspezifische Parameter können neben den Abmaßen auch Gewicht oder Leistungskennwerte sein.

Innerhalb des Baustelleneinrichtungsmodells kann nun die Kinematik verschiedener Einhubszenarien nachgestellt und auf Plausibilität geprüft werden. Für weitergehende Untersuchungen kann dem Kran eine Traglastkurve hinterlegt werden. Gemeinsam mit dem aus Volumen und Material der Einzelbauteile ermittelten Gewicht wird so die maximale Ausladung des Krans für das zu hebende Bauteil ermittelt. Wird diese überschritten, muss ein Kran mit größeren Traglasten eingeplant werden.

Mit Hilfe dieser Planungsmethode und der implementierten 3D-Bibliothek an Einrichtungselementen können verschiedene Szenarien der Baustelleneinrichtung geplant und flexibel auf auftretende Änderungen reagiert werden. Für die Einrichtung vor Ort wird aus dem fertiggestellten 3D-Modell ein Plan abgeleitet und gemeinsam mit der Baustelleneinrichtung an das Gesamtmodell übergeben.

2.3.6 Integration der Teilmodelle zur Schaffung eines Gesamtmodells

Yang Ji, André Borrmann

Um die Planung an einem Gesamtmodell zu ermöglichen, müssen die in den vorangegangenen Abschnitten dargestellten Teilmodelle zusammengeführt werden. Die Herausforderung besteht dabei darin, dass die einzelnen Modelle, wie häufig im Bauwesen, mit unterschiedlichen, hochspezialisierten Anwendungen erzeugt werden. Aus diesem Grund wurde im Rahmen des ForBAU-Projekts eine *Integrator* genannte Software entwickelt (Abb. 2.49).

Eine wesentliche Aufgabe des Integrators ist die Kopplung des Trassenentwurfs, der mit Hilfe etablierter 2D-Entwurfswerkzeuge realisiert wird (Abschn. 2.1), mit Brückenmodellen, die mittels parametrischer Volumenmodellierer generiert werden (Abb. 2.50). Eine solche Kopplung ermöglicht es, dass Änderungen am Verlauf der

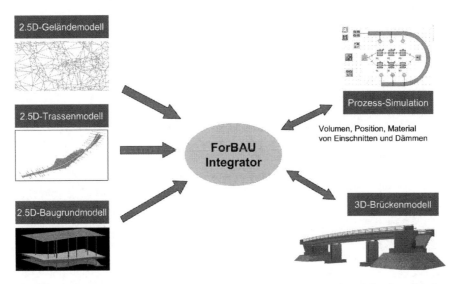

Abb. 2.49 Der ForBAU-Integrator als Bindeglied verschiedener Teilmodelle der digitalen Baustelle

Trasse, die häufig auch in späten Planungsphasen noch auftreten, in die Brückenmodelle propagiert werden und dort zu einem weitgehend automatischen Update der Brückengeometrie, d. h. zur Anpassung an den neuen Trassenverlauf, führen.

Die Umsetzung dieser Kopplung erfolgt durch Einlesen der Haupttrassenparameter (Achsenverlauf, Gradiente, Querprofile) mit Hilfe des standardisierten Formats LandXML. Aus diesen, entsprechend dem gültigen Entwurfsparadigma in 2D bzw. 2.5D abgelegten Informationen wird vom ForBAU-Integrator ein 3D-Modell

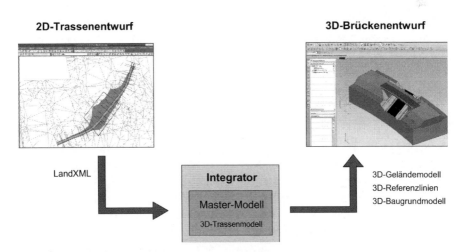

Abb. 2.50 Der ForBAU-Integrator realisiert die Kopplung zwischen 2D-basiertem Trassenentwurf und parametrisiertem 3D-Brückenmodell

Abb. 2.51 Referenzlinien des Trassenverlaufs und die daran gebundene Brückengeometrie

des Trassenverlaufs erzeugt. Ebenfalls aus dem LandXML-Format entnommen wird das Digitale Geländemodell (DGM), also die 2.5D-Beschreibung der Geländeoberfläche. Zudem ist der Integrator in der Lage, 2.5D-Baugrund-Modelle zu importieren, die mit Hilfe der Spezialsoftware *Surpac* erzeugt wurden (Abschn. 2.3.2).

Diese Gesamtinformationen zum Trassenverlauf und seiner Umgebung können anschließend an das CAD-System *Siemens NX* übergeben werden, das im ForBAU-Projekt exemplarisch als Werkzeug zur parametrischen Modellierung von Brückenbauwerken ausgewählt wurde. Hierbei werden zunächst drei 3D-Referenzlinien erzeugt, die den Verlauf der geplanten Trasse beschreiben. Sie dienen als geometrische Bezugselemente, an die die Geometrie der Elemente des Brückenmodells mittels parametrischer Abhängigkeiten gebunden wird (Abb. 2.51).

Wird zu einem späteren Zeitpunkt der Verlauf der Trasse im Trassenentwurfs-Tool geändert, ist der *Integrator* in der Lage, die entsprechenden Modifikationen zu erkennen und ein Update der Referenzlinie durchzuführen. Wesentliche Herausforderung bei der Entwicklung dieser Funktionalität war die Wahl der Stützpunkte für die als Spline modellierten Referenzlinien. Hier galt es, die Abweichung von den im Trassenentwurfssystem als Klothoiden modellierten Kurven so gering wie möglich zu halten.

Der *Integrator* übernimmt neben dem Generieren der Referenzlinien auch die Übertragung der Geländeoberfläche und des Baugrundes in das Zielsystem *Siemens NX*. Das Geländemodell und das Baugrundmodell werden zunächst in Form von Dreiecksnetzen importiert. Im nächsten Schritt generiert der *Integrator* anhand der triangulierten Oberfläche des Geländes und der Schichtgrenzen des Baugrundes einen 3D-Volumenkörper (Abb. 2.52). Dieser steht nun für weitere Konstruktionsschritte, wie beispielsweise Verschneidungen, zur Verfügung und bietet damit eine exzellente Grundlage für die Konstruktion von Brücken und anderen Trassenbauwerken.

Eine weitere wesentliche Aufgabe des ForBAU-Integrators ist das Generieren von Eingangsdaten für die Ablaufsimulation des Erdbaus (s. Kap. 4). Dazu gehören die Volumina der ein- bzw. auszubauenden Erdbaustoffe, die Position einzelner Bodenschichten sowie deren Beschaffenheit (Materialparameter). Zum Erzeugen dieser Informationen führt der Integrator eine Verschneidung des 3D-Trassenmodells mit dem 3D-Baugrund- und dem 3D-Geländemodell durch.

Die Verschneidung wird auf Basis eines Voxelisierungsalgorithmus realisiert (Ji et al. 2009). Im Ergebnis werden die Eingangsdaten für die Simulation generiert und in Form einer XML-Datei an die Bauablaufsimulation übergeben. In Abb. 2.53

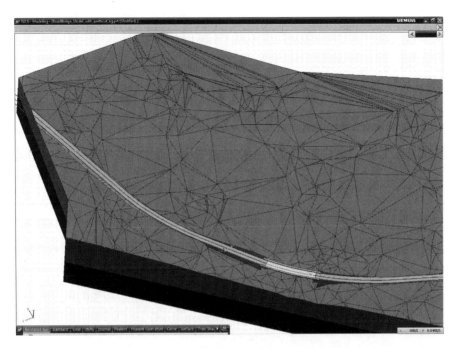

Abb. 2.52 Ergebnis der Zusammenführung: 3D-Trassenmodell, 3D-Geländemodell und 3D-Baugrundmodell in einem gemeinsamen parametrischen Volumenmodell

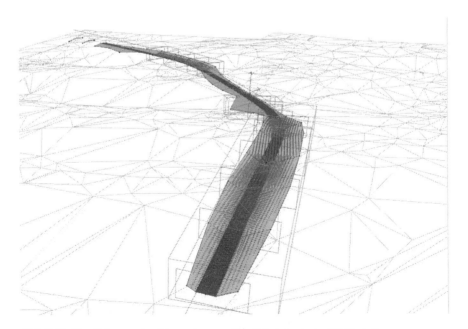

Abb. 2.53 Voxelisierungsalgorithmus angewandt auf ein integriertes 3D-Modell

ist ein Beispiel dargestellt, in dem die relevanten Dreiecke des Geländemodells, das 3D-Trassenmodell, die ermittelten Voxelelemente und eine Schicht des 3D-Baugrundmodells dargestellt sind.

Die Genauigkeit des Voxelisierungsalgorithmus hängt vom gewählten Diskretisierungsgrad ab. Je feiner diskretisiert wird, desto kleiner sind die resultierenden Voxelelemente und desto höher die Approximation an das tatsächliche Volumen. Gleichzeitig wächst die Zahl der generierten Voxel mit kubischer Komplexität. Wählt man beispielsweise eine Gitterweite von 0,5 m werden für das in Abb. 2.53 gezeigte Beispielmodell bereits über 10.000 Voxel generiert. Diese große Zahl an Voxel muss zunächst zu größeren Einheiten zusammengefasst werden, bevor sie an die Bauablaufsimulation übergeben werden kann.

2.4   Weiterer Nutzen von 3D-Modellen in der Wertschöpfungskette

Nicht nur in der Planungsphase, sondern auch entlang der weiteren Prozesskette kann eine dreidimensionale Modellierung des Bauvorhabens gewinnbringend eingesetzt werden. In diesem Abschnitt soll exemplarisch ein Blick auf die immersive Visualisierung, die automatisierte Mengenermittlung und die computergestützte Fertigung (engl. Computer Aided Manufacturing, CAM) geworfen werden. Darüber hinaus wird dargelegt, wie 3D-Modelle als Grundlage für einen Soll-Ist-Vergleich verwendet werden können.

2.4.1   Visualisierung mittels Virtual und Augmented Reality

Johannes Wimmer, Rupert Reif

In der Regel werden Bauvorhaben heute mit Hilfe von 2D-Plänen und Bauablaufdiagrammen dargestellt. Zur verbesserten Kommunikation mit dem Bauherrn und zur Bewerbung während der Auftragsvergabe kommen vor allem im Hochbau schon häufig 3D-Visualisierungen zum Einsatz, die zum Teil photorealistisch, d. h. unter Einbeziehung von Lichtquellen, Schatten- und Spiegelungseffekten etc., visualisiert werden.

Wird ein 3D-Bauwerksmodell mit den Informationen aus dem Bauablauf kombiniert, also mit den erwarteten Zeitpunkten des Beginns bzw. Endes der Ausführung einzelner Bauteile, spricht man von einem 4D-Modell (Fischer und Aalami 1996). Auf Basis eines solchen 4D-Modells kann durch entsprechendes Einblenden bzw. Einfärben einzelner Bauteile der Fortschritt der Baustelle filmartig dargestellt werden. Auf diese Weise können beispielsweise räumliche Kollisionen zu bestimmten Zeitpunkten erkannt werden (Akinci et al. 2002).

Neben der 3D-Geometrie und dem Bauzustand können noch weitere Informationen mit Hilfe einer 3D-Visualisierung dargestellt werden, um große Datenmengen übersichtlich und verständlich aufzubereiten. Eine mögliche Anreicherung des 3D-Modells ist beispielsweise die Anzeige von Sensordaten in Abhängigkeit der räumlichen Lage des Sensors (Hsieh und Lu 2010). Damit können kritische Werte aus der Bauüberwachung schnell lokalisiert und in den Kontext der umliegenden Sensordaten gebracht werden. Eine weitere Möglichkeit besteht in der räumlichen Anzeige von Simulationsergebnissen. Ergebnisse aus einer FEM[12]-Berechnung, wie Spannungen oder Verschiebungen von Teilen eines Brückenbauwerks, werden beispielsweise durch eine farbliche Markierung der Bauteiloberflächen dargestellt. Ein anderes Beispiel ist die Darstellung des Grads der Luftverschmutzung vor und nach dem Bau einer Infrastrukturmaßnahme (Zahran et al. 2010). Ziel dieser Visualisierungsansätze ist es, ein besseres Verständnis von ursprünglich alphanumerischen Informationen zu erreichen.

Bei der Betrachtung verschiedener Visualisierungsoptionen lässt sich nicht nur nach den Inhalten, sondern auch nach der eingesetzten Technologie unterscheiden. Die üblicherweise erzeugten 2D-Pläne werden in der Regel auf herkömmlichen Bildschirmen dargestellt oder ausgedruckt. Wird das geplante Bauwerk dreidimensional modelliert, werden die resultierenden Modelle heute in erster Linie auf 2D-Bildschirmen dargestellt. Dabei wird die perspektivische Verzerrung eingesetzt, um einen räumlichen Eindruck zu erzeugen.

Weitergehende Technologien nutzen das Prinzip des stereoskopischen Sehens aus, um dem Betrachter eines Modells einen dreidimensionalen Eindruck zu vermitteln und ihm damit einen intuitiveren Zugang zu 3D-Informationen zu ermöglichen. In diesem Zusammenhang wird häufig der Begriff der Virtuellen Realität (engl. Virtual Reality) verwendet.

Virtual Reality (VR) bezeichnet eine den menschlichen Sinnen vorgetäuschte, künstlich erzeugte Umgebung, die es ermöglicht, dreidimensionale rechnerbasierte Modelle realitätsnah zu erleben. VR kann mit den drei Dimensionen des Raums und der Dimension der Zeit als eine 4D-Simulation der „realen Welt" beschrieben werden (Ong und Nee 2004). Maßgebliche technische Komponenten eines VR-Systems sind die Visualisierungseinheit, das Positionserfassungs- oder Trackingsystem und die Interaktionsgeräte.

Neben den meist unhandlichen Datenbrillen (Abb. 2.54) kommen häufig stereoskopische Projektionssysteme (Abb. 2.55) als Visualisierungseinheit zum Einsatz.

Abb. 2.54 Beispiel Datenbrille, auch Head Mounted Display (HMD) genannt. (Quelle: Wikipedia)

---

[12] Finite-Element-Methode.

Abb. 2.55 VR-Visualisierung mit Powerwall

In diesen werden auf einer Leinwand je ein Bild für das linke und das rechte Auge
erzeugt. Damit jedes Auge nur das für es erzeugte Bild sieht, werden sog. Shut-
ter-Brillen oder Polarisationsbrillen eingesetzt. Das Trackingsystem dient zur Anpassung der dargestellten Perspektive an den Betrachterstandpunkt. Die am häufigsten eingesetzten Verfahren sind das elektromagnetische, das Ultraschall- und
das optische Tracking, das die beste Qualität aufweist (Burdea und Coiffet 1994).
Die Steuerung von virtuellen Objekten erfolgt über 3D-Interaktionsgeräte, wie
z. B. Datenhandschuhe oder Fly-Sticks (s. Abb. 2.55, zweite Person von rechts).
Die Software fügt alle Komponenten zu einem Gesamtsystem zusammen, stellt an-
wendungsspezifische Funktionalitäten zur Verfügung und ermöglicht echtzeitnahes
Arbeiten (Bormann 1994).

Die VR-Technologie bietet die Möglichkeit, Bauvorhaben sehr anschaulich im
Voraus zu betrachten. Bei einem sogenannten „Virtual Walk Through" können sich
alle Projektbeteiligten in der Digitalen Baustelle bewegen. Dabei können Probleme gemeinsam erkannt und schon vor Baubeginn geklärt werden. Durch die anschauliche Darstellung kann das spätere Bauwerk direkt mit dem Auftraggeber
durchgesprochen werden, so dass Änderungswünsche während der Ausführung des
Bauvorhabens weniger häufig auftreten. Erste Abnahmen bezüglich der architektonischen Gestaltung und Detaillösungen könnten für das spätere Bauwerk virtuell
erfolgen und somit während der Bauausführung Planungssicherheit für alle Betei-

ligten geschaffen werden. Zudem können Projektbeteiligte standortübergreifend in der VR zusammenarbeiten, so dass der Koordinationsaufwand sinkt.

Im Gegensatz zu VR wird bei Augmented Reality (AR) nicht die gesamte Umwelt des Benutzers virtuell gestaltet, sondern die reale Umwelt um virtuelle Informationen ergänzt. Dabei ist AR dadurch gekennzeichnet, dass der Benutzer in Echtzeit mit dem System interagieren kann und die virtuellen Objekte zur richtigen Zeit am richtigen Ort in der realen Umgebung angezeigt werden (Azuma 1997). AR-Systeme sind technologisch auf verschiedene Weisen umsetzbar, aber sie enthalten immer folgende Grundkomponenten. Wie bei VR werden ein Trackingsystem, eine Visualisierungseinheit und ein Interaktionssystem benötigt. Das Trackingsystem dient zur Erfassung der Positionen von Benutzer und Objekten sowie der Blickrichtung des Benutzers. In einem Datenhaltungssystem sind die virtuellen Informationen hinterlegt und ein Szenengenerator platziert mit Hilfe der Positionsdaten die virtuellen Objekte lagerichtig in der Umgebung. Das Visualisierungsmedium, ein einfacher Monitor oder eine Datenbrille, zeigt das Bild aus realer und virtueller Welt an.

Anwendungsmöglichkeiten für diese Art der Visualisierung sind die Darstellung eines Bauwerkes in ihrer ursprünglichen Umgebung. Dadurch kann vor Ort beispielsweise die architektonische Wirkung eines Brückenbauwerks in seiner realen Umgebung betrachtet werden. Zudem kann AR für einen einfachen Soll-Ist-Abgleich während der Bauausführung verwendet werden, wie in Abschn. 2.4.4 näher ausgeführt wird.

Eine weitere Einsatzmöglichkeit von AR im Bauwesen liegt in der Maschinenführung. Analog zu den HeadUp-Displays in Kampfflugzeugen oder in Automobilen können den Baumaschinenführern wichtige Informationen, wie beispielsweise unterirdische Leitungen oder die zu erreichende Soll-Geometrien direkt ins Blickfeld projiziert werden (Schall et al. 2008).

2.4.2 Automatisierte Mengenermittlung

Karin H. Popp

2.4.2.1 Modellbasierte Mengenermittlung

Mit Hilfe der digitalen Integration von Engineering und Produktion konnte die Automobilindustrie massive Kosteneinsparungen erzielen. Gelingt es, diesen Ansatz auf die Bauwirtschaft zu übertragen, kann auch hier mit einer erheblichen Effizienzsteigerung gerechnet werden.

Ein Schlüssel ist die 5D-Planung, die neben der dreidimensionalen Gebäudegeometrie auch die für das Bauprojekt erforderlichen Ressourcen, wie etwa Baustoffe, Maschinen oder Personal sowie Zeit- und Vorgangskomponenten betrachtet. Seit 2009 bietet der Softwarehersteller *RIB* mit dem Programm *iTWO* eine Software an, die die 5D-Betrachtungsweise durchgängig umsetzt und damit die Prozesse der Bauplanung und der Bauausführung integriert.

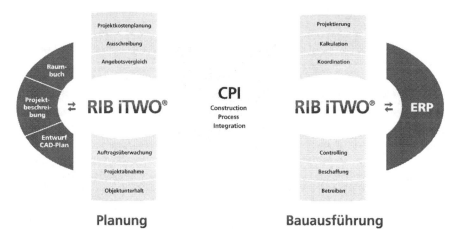

Abb. 2.56 *RIB iTWO* als Basis zur Umsetzung von integrierter Bauplanung und -ausführung. (Quelle: RIB Deutschland GmbH)

Das Konzept der Construction Process Integration (CPI) beschreibt dabei die Realisierung eines durchgängigen Datenflusses zwischen der Planung und Bauausführung (Abb. 2.56). Vollkommen unabhängig vom Gewerk und vom eingesetzten CAD-System können 3D-Bauwerksmodelle eingelesen und zu einem konsolidierten Modell zusammengeführt werden. Anschließend kann dieses Bauwerksmodell hinsichtlich der anfallenden Mengen analysiert und um Daten für die Bauausführung erweitert werden.

Auf diese Weise ist es bereits in sehr frühen Projektphasen möglich, Planungskonflikte zu eliminieren, die, wenn sie unerkannt bleiben, regelmäßig zu erheblichen Mehrkosten und Terminverzögerungen führen.

Die Ermittlung der Mengen ist bislang in der Regel zeitaufwändig und wird von vielen Architekten, Ingenieuren und Planungsgesellschaften größtenteils noch manuell durchgeführt. Gleichzeitig zählen ungenau ermittelte Mengen zu den größten Projektrisiken. In *RIB iTWO* können aus dem konsolidierten Bauwerksmodell alle relevanten Planungs- und Ausführungsmengen automatisiert abgeleitet werden. Dabei werden Mengen und Kosten exakt nach vorgegebenen nationalen und internationalen Standards, wie die deutsche Vergabe- und Vertragsordnung für Bauleistungen (VOB) oder der britische Standard Method of Measurement for Building Works (SMM7) berechnet.

Im Weiteren lassen sich Detailmengen, beispielsweise für Schalung oder die Ausbaugewerke ausführungsgerecht errechnen. Aufgrund des permanenten Bezugs zum 3D-Modell bleiben die verschiedenen Rechenansätze für den Planer stets nachvollziehbar. Zusätzlich wird hier die Möglichkeit geboten, die Mengenberechnung regelbasiert mit Leistungsverzeichnissen und Kalkulationen zu verzahnen und schlägt damit bereits eine Brücke zur späteren Bauausführung.

Die bauausführende Seite profitiert in der Phase der Arbeitsvorbereitung und Beschaffung insbesondere von der direkten Verbindung des 3D-Modells mit Zeit- und

Vorgangskomponenten sowie Ressourcen im Sinne des oben genannten 5D-Bauwerksmodells. Auf dieser Grundlage können während der operativen Projektarbeit auf Basis des Bauwerksmodells Prognosen für Kosten und Leistungen, Liquiditätsübersichten und Ressourcenplanungen abgeleitet sowie Bauabläufe direkt simuliert und optimiert werden. So kann das Unternehmen benötigte Materialien, auf der Baustelle tätiges Personal und die eingesetzten Baumaschinen und -geräte jederzeit überblicken. Durch die Mengensicherheit am Modell entfällt auch die heute übliche Aufmaßpraxis für die Rechnungsstellung.

Nicht zuletzt ermöglicht die Verknüpfung von Geometrie, Zeit und Ressourcen detaillierte Soll-Ist-Vergleiche in jeder Projektphase und eröffnet so neue Maßstäbe beim Projektcontrolling und somit mehr Transparenz für alle Projektbeteiligten.

2.4.2.2 Mittlerer Ring Südwest in München

In München wird zum Zeitpunkt der Drucklegung der kreuzungsfreie Ausbau des südwestlichen Teils des Mittleren Rings vorangetrieben (Abb. 2.57). Im Juni 2009 erteilte der Stadtrat die Ausführungsgenehmigung für das 398,5 Mio. € teure Tunnelprojekt. Zugleich stimmte der Stadtrat der Beauftragung der Bauarbeiten für die Tunnel-, Straßen- und Kanalbauarbeiten zu. Eine Arbeitsgemeinschaft von drei Firmen (*Wayss & Freytag Ingenieurbau AG, BERGER Bau GmbH* und *Bauer Spezialtiefbau GmbH*) begann Mitte August 2009 mit der Bauausführung. Bis 2013

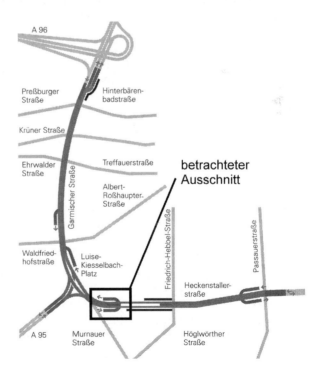

Abb. 2.57 Untersuchter Teilabschnitt des Mittleren Rings im Südwesten Münchens. (Quelle: Baureferat München)

werden die Bohrpfahlwände und die Decken hergestellt. Hierfür sind umfangreiche Verkehrsumlegungen erforderlich. Ab 2012 soll mit den Aushubarbeiten im Tunnel begonnen werden.

2.4.2.3 Zielsetzung

Ein Teilstück des Tunnels an der Heckenstallerstraße diente im Rahmen des For-BAU-Projektes als Pilotbaustelle. Dabei stand die Herstellung von Bohrpfahlwänden und Berliner Verbau im Mittelpunkt der Betrachtungen (Abb. 2.58). Mittels einer 3D-Mengenermittlung an einem graphischen Modell sollten zunächst die voraussichtlichen Abrechnungsmengen in den einzelnen Abrechnungszeiträumen nach Baufortschritt festgestellt werden. Da es sich bei dieser Baustelle um einen „klassischen" Auftrag mit Auftragsleistungsverzeichnis handelt und kein 3D-Modell im Vorfeld existierte, musste jenes in einem ersten Schritt erstellt werden. Ferner war das Ziel, Kosten und Ressourcen am 3D-Modell inklusive dazugehöriger Kosten- und Erlöswerte über eine 5D-Simulation entlang der Zeitachse darzustellen.

2.4.2.4 Methode

Über eine modellbasierte Arbeitsweise im Sinne des BIM-Ansatzes (Abschn. 2.2.1) ist es möglich, Bauplanung und Bauausführung durchgängig zu realisieren. In der Bauausführung können an einem 5D-Modell Geometrie-, Ressourcen- und Ablaufplanungsdaten zu jedem Zeitpunkt des Bauprozesses überwacht werden.

Grundlage hierfür bildet ein intelligentes 3D-Modell des geplanten Bauwerks. Dabei beinhalten die einzelnen Bauteile sowohl mengenbezogene Werte wie Stückzahl, Volumen und Flächen als auch andere Informationen wie beispielsweise Materialangaben. Mithilfe der CPI-Technologie können Modelle und Informationen aus unterschiedlichen CAD-Applikationen zusammengeführt und im 3D-Viewer von *RIB iTWO* visualisiert werden.

Über intelligente Abfragemechanismen können Mengen direkt aus dem 3D-Planungsmodell ermittelt werden, indem Ausstattungselemente, die den Leistungspositionen entsprechen, automatisch oder manuell zugeordnet werden. So kann beispielsweise der Stahlanteil einer Position „Betonstahl in Tonnen" des Leistungsverzeichnisses über eine Multiplikation des Volumens eines Bauteils mit dem gewünschten Bewehrungsgrad ermittelt werden. Mit den Positionen des Leistungsverzeichnisses sind die dazugehörigen Kalkulationsansätze bezüglich Material-, Stunden- und Geräteeinsatz verknüpft.

Ergeben sich nun Änderungen am CAD-Modell, das für die Modellierung „führend" ist, werden über die Schnittstelle zum 3D-Viewer lediglich die Geometrien aktualisiert, neue Bauteile hinzugefügt oder nicht mehr aktuelle entfernt. Die Verbindungen zwischen Bauteilen und hinterlegten Regeln der Mengenermittlung bleiben bestehen, d. h. die berechneten Mengen und sich ergebenden Kosten werden direkt nachgeführt. Damit wird die Konsistenz zwischen CAD-Modell, berechneten Mengen und Kosten nachhaltig gesichert.

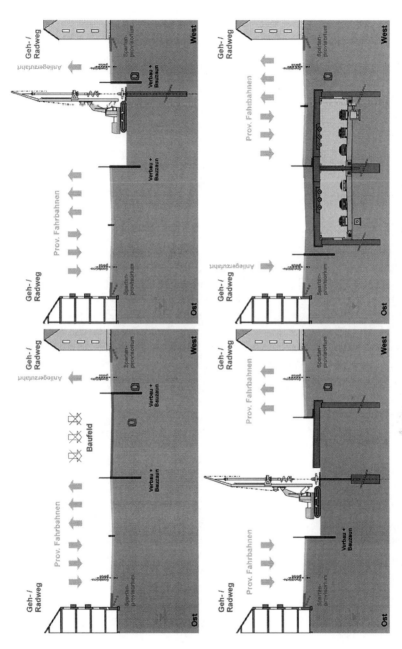

Abb. 2.58 Bauablauf: Nach Herstellung der Bohrpfahlwände kann mit der Herstellung des Tunnels begonnen werden. (Quelle: Baureferat München)

Weiterhin ermöglicht *iTWO* die Verknüpfung des Modells mit den Prozessen (Vorgängen) des Bauablaufs. Der entsprechende Projektplan kann entweder direkt angelegt oder von einem externen Terminplansystem importiert werden. In letzterem Fall bleiben die beiden Systeme fest miteinander verknüpft, spätere Änderungen werden automatisch übertragen.

Einzelne Leistungspositionen, genauer Bauteile und die daraus resultierenden Teilmengen der Leistungsposition, werden einzelnen Vorgängen manuell oder automatisiert zugeordnet. Diese Vorgänge können einerseits ein fixes Start- und Enddatum besitzen. Andererseits kann sich die Dauer eines Vorgangs aus den vorhandenen Ressourcen, wie Kolonnenstärke oder eingesetzte Maschinen, ergeben.

Durch die Zuordnung einzelner Bauteile des 3D-Modells zu Teilleistungen mit Kalkulationsansätzen bzw. Ressourcen und einzelnen Vorgängen, werden Betrachtungen mittels einer 5D-Animation möglich. Dabei wird eine 4D-Visualisierung mit einer kosten- und ressourcentechnischen Sicht verbunden.

2.4.2.5 Umsetzung

Für den betrachteten Teilabschnitt des Tunnels am Mittleren Ring in München wurde zunächst ein 3D-Modell erstellt, das sowohl Geometriedaten bzw. Qualitäten als auch Informationen zum bauteilbezogenen Bauablauf beinhalten sollte, um eine spätere 5D-Animation zu ermöglichen. Die Wände des Berliner Verbaus beispielsweise konnten also nicht als einzelne von unten bis oben durchgängige Bauteile modelliert werden, sondern mussten in unterschiedliche Teile zerlegt werden, um den einzelnen Vorgängen des Bauablaufs gerecht zu werden. Das 3D-Modell mit Bauteilinformationen wurde im Anschluss über eine Schnittstelle in *RIB iTWO* eingelesen (Abb. 2.59).

Die Geometrie des Modells wurde dort mit alphanumerischen Qualitäten verknüpft, d. h. mit Ausstattungselementen, die den Positionen des Auftragsleistungsverzeichnisses entsprechen. Dieser Prozess konnte durch Auswahl und Parametrisierung sowohl im 3D-Viewer als auch an den Ausstattungselementen, die eine intelligente Mengenabfrage beinhalten, automatisiert werden (Abb. 2.60).

Die Mengen der Leistungspositionen wurden genau berechnet und konnten sowohl am Modell als auch in der Alphanumerik nachvollzogen werden. Auf diese Weise wurden auch Mengen unabhängig von den Leistungspositionen errechnet, wie beispielsweise das Gesamtvolumen und die Stückzahl der Bohrpfahltypen. Das sind Daten, die in einem Bauunternehmen für die Kalkulation eines Bauprojekts äußerst wichtig sind. In diesem Fall war es beispielsweise notwendig zu ermitteln, wie viel Beton in diesem Teilprojekt benötigt wird, da die Position des Leistungsverzeichnisses „Bohrpfahlwand in m²" keine Rückschlüsse hierauf zuließ.

Die Positionen des Leistungsverzeichnisses wurden mit Kalkulationsansätzen versehen: Stunden-, Material-, Geräteansätze etc. erlaubten nun verschiedene Budget-, Erlös- und Herstellkostenbetrachtungen über das gesamte Projekt hinweg.

Bauteile, die Teilmengen der Positionen entsprechen, wurden einzelnen Vorgängen des Bauablaufs zugeordnet. Kosten, Stunden und Ressourcen waren bereits mit den Positionen und so auch mit den Bauteilen verbunden und wurden ebenfalls auf der Zeitachse dargestellt.

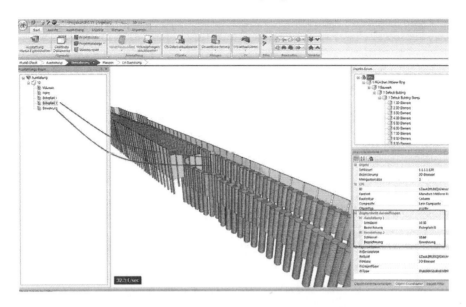

Abb. 2.59 Zuordnung von Bauteilen und Ausstattungselementen in *iTWO*. (Quelle: RIB Deutschland GmbH)

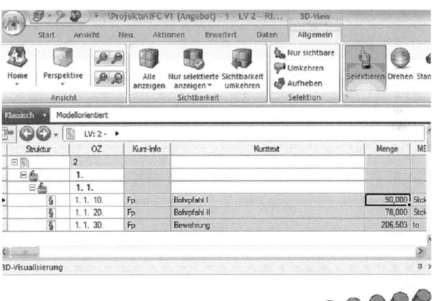

Abb. 2.60 Leistungsposition mit zugeordneten Bauteilen in *iTWO*. (Quelle: RIB Deutschland GmbH)

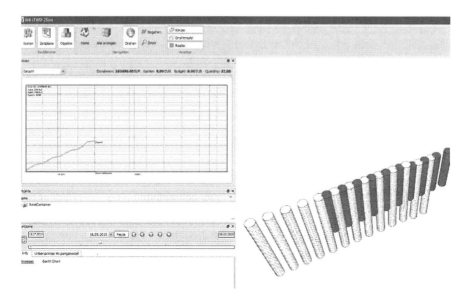

Abb. 2.61 Graphische und alphanumerische Darstellung des Bauablaufs. (Quelle: RIB Deutschland GmbH)

Abschließend konnte der Bauablauf des Teilprojekts am Mittleren Ring in München am 3D-Modell mit einer zeitlichen Darstellung der anfallenden Kosten und eingesetzten Ressourcen visualisiert werden (Abb. 2.61). Daraus lässt sich beispielsweise ablesen, wie weit der Bau an einem bestimmten Tag fortgeschritten sein soll und welche Werte bzgl. Kosten, Budget etc. zu diesem Zeitpunkt prognostiziert werden. Dies kann für eine Vorausschau zu einem bestimmten Zeitpunkt als auch für einen Abgleich des Soll-Zustandes mit dem aktuellen Ist-Zustand auf der Baustelle dienen.

2.4.2.6 Fazit

Die graphisch-interaktive modellbasierte Mengenermittlung und Ressourcenplanung ermöglicht die datentechnische Integration von Bauplanung und Bauausführung. Dabei werden Leistungsverzeichnis, Kalkulation, Erlös, Budget, Kosten, Personalstunden und Bauablauf in ein gemeinsames Modell zusammengeführt.

Eine besondere Herausforderung bei der Umsetzung dieser Integration für den betrachteten Teilabschnitt des Mittleren Ring Südwest lag in der Aufbereitung des 3D-Modells selbst. Dies resultierte aus dem komplexen Bauablauf, bei dem ein Verbauelement in verschiedenen Bauphasen eingebracht wird und Bohrpfähle in verschiedenen Arbeitsschritten erstellt werden. Eine zweite Herausforderung lag in der Zuordnung der Bauteile zu den Positionen des Auftragsleistungsverzeichnisses, das wie häufig von der Logik des Bauablaufs und des 3D-Modells völlig losgelöst war. Mit Hilfe der intelligenten parametrisierten Mengenabfragen, die *iTWO* bereitstellt, konnte diesem komplizierten Sachverhalt jedoch begegnet werden.

2.4.3   Computer Aided Manufacturing

Frank Neuberg

2.4.3.1   Einleitung

Die durchgängige Verwendung von dreidimensionalen Computermodellen für eine automatisierte Vorfertigung von Bauwerken sowie temporären Hilfskonstruktionen birgt ein riesiges Potenzial zur Optimierung und Verschlankung der Herstellungsprozesse im Bauwesen. Bereits heute gehört es in vielen produzierenden Unternehmen zum Standard, dass computergesteuerte Maschinen die Fertigungsprozesse unterstützen oder zum Teil auch vollständig übernehmen. Diese Anlagen werden in der Regel von speziellen maschinennahen Softwareprogrammen und Leitrechnern angesteuert, die über individuelle Schnittstellen oder manuelle Dateneingabe die Fertigungsinformationen erhalten. Dazu gehören zum Beispiel Abbund-Maschinen für Holzkonstruktionen, Säge- und Fräszentren für den Schalungsbau (Abb. 2.62), Schweißanlagen für individuelle Betonstahlmatten, Biegeautomaten für Bewehrung (Abb. 2.63), Umlauf-Fertigungsstraßen für z. B. wandartige Betonfertigteile (Abb. 2.64) oder Fräsportale für die Bearbeitung von großformatigen

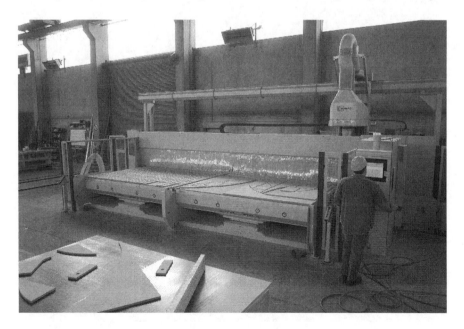

Abb. 2.62 Achse-Fräse in der Schalungshalle. (Quelle: *Max Bögl*)

Abb. 2.63 Biegeautomat für Stabstahlbewehrung. (Quelle: *Max Bögl*)

Abb. 2.64 Umlauffertigungsanlage für wandartige Betonfertigteile. (Quelle: *Max Bögl*)

Abb. 2.65 5-Achs-Fräsebearbeitung von großformatigen Betonfertigteilen für Fahrwegsysteme.
(Quelle: *Max Bögl*)

Betonfertigteilen von Fahrwegsystemen (Abb. 2.65). In der Praxis beobachtet man sehr oft, dass das produzierende Unternehmen aus 2D-Planunterlagen die notwendigen 3D-Fertigungsinformationen aufwändig neu generieren muss. Eine durchgängige Nutzung von 3D-Bauwerksmodellen von der Planung bis hin zur Fertigungssteuerung ist im Bauwesen bislang die Ausnahme.

2.4.3.2 Voraussetzungen für eine CAD/CAM-Prozessintegration

Die Möglichkeiten einer automatisierten Vorfertigung von Bauteilen durch Roboter können nur dann ausgeschöpft werden, wenn die notwendigen Anforderungen bereits in frühen Planungsphasen berücksichtigt werden. Deshalb ist das produzierende Unternehmen frühzeitig mit einzubinden, damit für komplexe Bauwerksformen wirtschaftliche Lösungen entwickelt werden können. Durch industrielle Vorfertigung lassen sich Bauteile mit höchster Qualität und Präzision sowie mit hoher Termin- und Kostensicherheit fertigen.

Alle 3D-CAD- oder BIM-Software-Systeme, die sich zurzeit im Bauwesen etabliert haben, verwenden in der Regel eigene Geometriemodellierer, die keine höherwertige analytische und damit exakte Definition von Flächen und Volumenkörpern abbilden. Komplexe Flächen und Körperformen werden vereinfachend durch viele ebene Teilflächen (Facetten) angenähert. Diese Vereinfachung führt dazu, dass die digitalen 3D-Bauwerksinformationen nicht zur Steuerung von leistungsfähigen Bearbeitungsmaschinen wie z. B. 5-Achs-Portalfräsen verwendet werden können. Will man dennoch Fertigungsprozesse im Bauwesen mit Portalfräsen oder

Bearbeitungszentren automatisieren, ist es notwendig, die exakte analytische Geometrie (z. B. Freiformflächen) mit leistungsfähigen CAD/CAM-Systemen aus dem Maschinenbau oder der Automobilindustrie zu erstellen (vgl. Abschn. 2.3.4).

Werden jedoch Fertigungsprozesse wie z. B. die Fertigung von Doppelwand-Fertigteilen mit weniger strengen Anforderungen an eine höherwertige analytische Definition der Geometrie von Bauteilen ausgewählt, können diese Informationen von bauspezifischen CAD-Systemen, d. h. von facettierten Geometriemodellen, an Leitrechner übergeben und für die automatisierte Fertigung genutzt werden.

2.4.3.3 Prozesskette einer CAD/CAM Integration im Stahlbrückenbau

Das Projektbeispiel ‚IJsselbrücke'

Zur Erläuterung einer vorhandenen Prozessintegration im Stahl- und Anlagenbau der Firmengruppe Max Bögl wurde exemplarisch das Projekt ‚IJsselbrücke' bei Zwolle in den Niederlanden ausgewählt. Die knapp 1.000 m lange zweigleisige Eisenbahnbrücke über den Fluss IJssel und die vorgelagerten Vorlandbereiche wurden als „Design and Build"-Projekt ausgeführt. Die Firmengruppe Max Bögl wurde mit der Fertigung und Montage des Stahlüberbaus beauftragt. Das als Trog-Deckbrücke konzipierte Bauwerk verwandelt sich im Bereich des Hauptfeldes mit einer Einzelstützweite von 150 m zu einem sehr komplexen Bogenfachwerk mit beeindruckenden Ausmaßen. Der Bogen weitet sich im Grundriss auf und die Ebenen der Fachwerkdiagonalen sind leicht nach innen geneigt. Alle einzelnen Schüsse der Träger der Vorlandbereiche sowie die Segmente von Bogen, Bogenkämpfer und Versteifungsträger wurden im Stahl- und Anlagenbau der Firmengruppe in Neumarkt gefertigt. Der Transport nach Holland erfolgte teils auf dem Wasserweg und teils mit Schwerlasttransporten auf der Straße und wurde auf einem separaten Montageplatz in Ufernähe vormontiert. Nach Fertigstellung der gesamten Fachwerkkonstruktion wurde die Strombrücke mithilfe zweier Schwerlasttransporter auf Pontons gefahren. Unter 48-stündiger Sperrung der Schifffahrt wurde dann ein Brückenende von Zwoller Seite auf den Fluss heraufgeschoben, danach das andere Ende auf Pontons aufgefahren.

Rund vier Stunden verharrte das Brückenbauwerk auf dem Wasser, bevor Schub- und Schleppschiffe es in Position manövrierten. Als die Brücke ihre exakte Position in Flussmitte erreicht hatte, wurde sie über 248 Zugkabel an den Hubvorrichtungen befestigt. Zentimeter um Zentimeter wurde der tonnenschwere Koloss in eine Höhe von neun Metern gehoben (Abb. 2.66). Bei einer Geschwindigkeit von rund drei Metern pro Stunde erreichte die Strombrücke präzise ihre endgültige Position auf den Pfeilern. Anschließend begannen die Arbeiten zum Festschweißen an den Rampenteilen. Nach derzeitigem Planungsstand wird im April 2011 der erste Zug über die neue IJsselbrücke rollen.

Das 3D-Entwurfsmodell (Oberflächenmodell)

Im Zuge der Tragwerksplanung und der statischen Berechnung für das Brückenbauwerk wurde bereits frühzeitig und vor der Beauftragung der ausführenden Baufirma vom planenden Ingenieurbüro SSF ein 3D-Entwurfsmodell erstellt (Abb. 2.67). Die

Abb. 2.66 Endmontage des Fachwerkbogens der IJsselbrücke im Mai 2010 durch Max Bögl. (Quelle: ProRAIL)

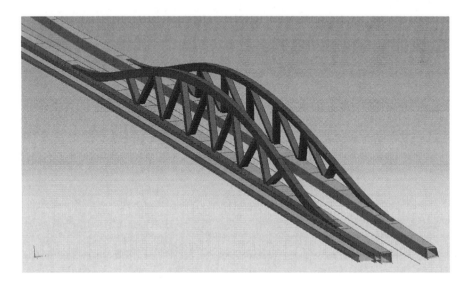

Abb. 2.67 Entwurfsmodell der IJsselbrücke als Oberflächenmodell mit Hauptachsen. (Quelle: *Max Bögl*)

sehr komplexe Geometrie mit vielen unterschiedlichen Bauzuständen erforderte
eine dreidimensionale Planung. Das Entwurfsmodell wurde als 3D-Oberflächen-
modell im Maschinenbau-CAD-System *Siemens NX* erstellt (vgl. Abschn. 2.3.4).
Mithilfe von analytischen Freiformflächen wurden die äußeren Begrenzungsflä-
chen des Brückenbauwerks modelliert und mit den Haupt- und Nebenachsen aus
dem Trassierungsentwurf der Brücke parametrisch verbunden, sodass bei Änderungen an den Raumkurven der Achsen das Entwurfsmodells aktualisiert werden
konnte. Das Ingenieurbüro SSF verwendete das Entwurfsmodell, um alle relevanten geometrischen Informationen für das statische Tragsystem, die Detaillierung
und Bemessung der Stahlkonstruktion sowie die zahlreichen Bau- und Zwischenzu-
ständen abzuleiten. Das Modell diente darüber hinaus der Firmengruppe Max Bögl
als Grundlage für die Ausführungsplanung.

Das 3D-Fertigungsmodell (Volumenmodell)
Im technischen Büro der Firmengruppe Max Bögl wurde das Entwurfsmodell zu
einem Fertigungsmodell weiter ausgearbeitet. Dazu waren verschiedene Teilschritte
notwendig, die alle innerhalb der CAD-Umgebung *Siemens NX* und somit an einem
gemeinsamen 3D-Modell ausgeführt wurden.

Zuerst wurde mit dynamischen Schnittebenen das Entwurfsmodell in einzelne
Schüsse (=Baugruppen) für die Fertigung sowie unter Berücksichtigung der maximalen Transportabmessungen aufgeteilt. Das Oberflächenmodell der jeweiligen
Abschnitte wurde dann zu einem sehr detaillierten 3D-Volumenmodell mit allen
fertigungsrelevanten Informationen ausgearbeitet (Abb. 2.68). Dazu gehörten zum
Beispiel Schweißnähte, Pulverlinien, Schrumpfzugaben oder Überhöhungen für die
spannungslose Werkstattform und die Bauzustände. Das Fertigungsmodell besaß
weiterhin eine Verknüpfung zum 3D-Entwurfsmodell von SSF, sodass Änderungen

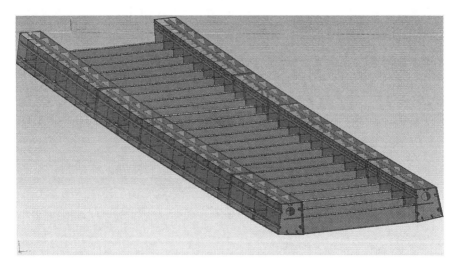

Abb. 2.68 Fertigungsmodell von zwei Hauptbaugruppen der IJsselbrücke als Volumenmodell.
(Quelle: *Max Bögl*)

am Oberflächenmodell und den Hauptachsen der Trassierung sofort bis in das Fertigungsmodell hinein sichtbar gemacht und halbautomatisch übernommen werden konnten. Damit konnte die Zusammenbaukontrolle für einzelne Schüsse durchgeführt und die Geometrie von einzelnen Bauteilen und deren Passgenauigkeit im 3D-Modell überprüft werden. Ein besonderer Nutzen lag in der Ableitung von Daten für die Ansteuerung der CNC[13]-Bearbeitungsmaschine und eines Schweißroboters. Dazu wurden alle gekrümmten Bleche mithilfe eines speziellen Programmoduls in NX abgewickelt, sodass die Konturen dieser nun ebenen Bleche über die standardisierte DSTV[14]-Schnittstelle an Brenn- oder Plasmaschneideanlagen übergeben werden konnte.

Als notwendige Prozessdokumentation und zur Kontrolle der CNC-Daten wurden alle Planunterlagen, die sogenannten Werkstattzeichnungen, aus dem 3D-Fertigungsmodell abgeleitet.

Fazit und Nutzen im Beispielprojekt ‚IJsselbrücke'
Am Beispiel der ‚IJsselbrücke' wird exemplarisch eine durchgängige Nutzung von 3D-Modellen von der Planung bis zur Fertigungssteuerung aufgezeigt. Hierbei können zwei wichtige Aspekte einer CAD/CAM-Integration aufgezeigt werden:

1. Es ist eine modellbasierte Zusammenarbeit zwischen dem planendem Ingenieurbüro und der ausführenden Baufirma an einem gemeinsamen 3D-Modell erforderlich. Hierbei müssen als Minimalanforderung zukünftige Standard-Schnittstellen alle wesentlichen 3D-Modellinformationen übertragen können.
2. Es sind mehrere aufwändige Schritte notwendig, um aus dem Entwurfsmodell (Oberflächenmodell) ein Fertigungsmodell (Volumenmodell) mit allen fertigungsrelevanten Informationen und Details zu erstellen. Insbesondere bei sehr komplexen Brückenkonstruktionen kann eine konsistente und nachvollziehbare Fertigungsplanung nur mithilfe eines 3D-Modells erfolgen. Der größte Nutzen in der Prozesskette liegt sicherlich in der Ableitung von Daten für die Ansteuerung von CNC-Maschinen und Schweißrobotern aus einem gemeinsamen 3D-Modell.

2.4.3.4 Prozesskette einer CAD/CAM-Integration für die Feste Fahrbahn Bögl

Systembeschreibung
Die komplette Neugestaltung des Planungs-, Produktions- und Bauprozesses für eine innovative Fahrwegtechnologie von Hochgeschwindigkeitszügen ist sehr eng mit der Entwicklung eines maschinellen Bearbeitungsprozesses für Betonfertigteilplatten verknüpft. Mit dem System *Feste Fahrbahn Bögl* (FF Bögl) können wartungsfreie und langlebige Fahrwege ohne klassisches Schotterbett realisiert werden. Das System FF Bögl besteht aus vorgefertigten Gleistragplatten, die in Längsrichtung gekoppelt sind und auf Erdbauwerken, Rahmenbauwerken, in Tunneln und auf Brücken

---

[13] Computerized Numerical Control.
[14] Deutscher Stahlbauverband.

eingesetzt werden. Die Gleistragplatten liegen auf einer hydraulisch gebundenen Tragschicht (HGT) oder alternativ auf einer bewehrten Betontragschicht (BTS).

Die Fertigteilplatten werden mit einem nominalen Fugenabstand von 5 cm verlegt. Die Feinausrichtung erfolgt mit spindelbaren Vorrichtungen und einem computergestützten Messsystem. Der verbleibende Spalt zwischen Platte und Tragschicht wird abgedichtet und anschließend mit einem eigens entwickelten Unterguss vollflächig verfüllt. Es folgt der Koppelvorgang der Platten. Damit wird ein monolithisches, durchlaufendes Band mit hohem Längs- und Querschiebewiderstand hergestellt.

Die Fertigteilplatten bestehen aus Normalbeton oder Spannbeton, alternativ auch aus Stahlfaserbeton. Bei der industriellen Vorfertigung werden identische Fertigteile in Serie gegossen. Diese Rohlinge werden in einer computergesteuerten Schleifmaschine individuell bearbeitet, sodass für jede Gleistragplatte aufgrund ihrer Einbaulage entlang der Trasse ein Unikat entsteht. Dadurch wird eine extrem hohe Genauigkeit der Gleislage erzielt. Der Herstellungsprozess wird mit der Montage der Schienenbefestigungen im Werk abgeschlossen. Aufwendige Vermessungsarbeiten sowie ein Korrigieren der Gleislage nach Einbau der Schienen erübrigen sich. Das Einrichten der Platten erfolgt ohne Montageschiene ausschließlich an definierten Messpunkten der Schienenstützpunkte.

Serienproduktion der Gleistragplatten
Mit der Beauftragung des Loses Nord der ICE-Neubaustrecke zwischen Nürnberg und Ingolstadt wurde am Hauptsitz der Firmengruppe Max Bögl in Sengenthal bei Neumarkt eine eigene Produktionshalle errichtet. Täglich wurden dort 28 Platten in einer hierfür speziell umgebauten Halle bewehrt und betoniert. In einem Spannbett befinden sich die an den Längsseiten aneinander liegenden und in ihren Abmessungen gleichen Schalungen (Abb. 2.69). Sie sind mit je 20 Einsätzen (Stahlschalungen)

Abb. 2.69 Spannbett mit 20 Stahlschalungen für Gleistragplatten. (Quelle: *Max Bögl*)

bestückt, die den Höckern zur späteren Aufnahme der Schienenbefestigungen die Form geben. Diese Einsätze sind so konstruiert, dass jeder Betonhöcker nach dem Ausschalen mit einem definierten Übermaß versehen ist. Eingelegte Spanndrähte werden vor dem Betonieren über die gesamte Länge des Spannbetts angespannt. Über eine längs und quer verfahrbare Verteileranlage wird dann der Beton in die Schalungen eingebracht. Eine nachlaufende Rüttelbohle sowie Außenrüttler an der Bodenschalung verdichten ihn. Nach Erhärten des Betons werden die Drähte in den Stoßfugen der Schalungen getrennt und dadurch eine Quervorspannung in jede einzelne Platte eingebracht. Eine Vakuumtraverse hebt die Platten aus ihren Spezialschalungen, per Ausfahrhubwagen werden sie anschließend zum Lagerplatz transportiert. Während der dortigen Zwischenlagerung klingen die Verformungen aus Kriechen und Schwinden nahezu ab.

Individuelle Plattengeometrie durch maschinellen Bearbeitungsprozess
Die Fertigteilplatten werden zur weiteren Bearbeitung in die Ausrüstungshalle befördert. Hier kommt ein spezielles, in Zusammenarbeit mit einem Vermessungsbüro entwickeltes Computerprogramm zum Einsatz, das aus dem gleisgeometrischen Trassenverlauf einen Plattenverlegeplan mit den Koordinaten für jeden Einzelstützpunkt und dessen Plattenzugehörigkeit ermittelt. Grundlage hierfür ist ein 3D-CAD-Modell der Gleistragplatten und die Raumkurve der Trassierung (Abb. 2.70). Diese Koordinaten werden automatisch vom Steuerprogramm der Schleifmaschine übernommen, die in mehreren Arbeitsgängen die individuelle Geometrie eines jeden Schienenstützpunktes in die Betonhöcker einfräst (Abb. 2.71). Damit ist der Einbauort jeder einzelnen Platte genauestens festgelegt, was mithilfe einer eingefrästen Nummer auch dokumentiert wird. Diese moderne Schleifmaschine ermöglicht

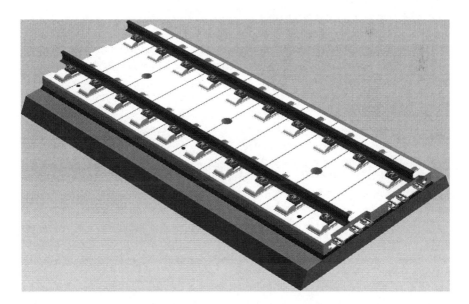

Abb. 2.70 *Feste Fahrbahn Bögl* als 3D-CAD-Modell. (Quelle: *Max Bögl*)

Abb. 2.71 Fräsbearbeitung einer Fahrbahnplatte vom System FF Bögl. (Quelle: *Max Bögl*)

Genauigkeiten von 0,1 mm und wurde nach exakten Vorstellungen und unter Mitarbeit der Firmengruppe Max Bögl konstruiert und hergestellt. Noch vor der Auslieferung wird jede Platte mit den Schienenbefestigungen bestückt. Dabei können Schienenbefestigungen jeder Art verwendet werden.

Ein zukunftsweisendes System mit innovativem Herstellungsprozess
Die zukunftsweisende Neugestaltung der Prozessabfolge mithilfe einer industriellen und maschinellen Vorfertigung hat dem Produkt *FF Bögl* weltweit eine sehr gute Marktposition verschafft. Zudem sind die weitere Optimierung und Verbesserung hin zu einer noch wirtschaftlicheren Serienfertigung in der Entwicklung. Mit der *FF Bögl* gibt es ein System für Hochgeschwindigkeitszüge, das qualitativ hochwertig, wartungsfrei, äußerst präzise sowie nachjustierbar und austauschbar und darüber hinaus wirtschaftlich, zu einem sehr hohen Maße verfügbar und vorbildlich in puncto Fahrkomfort für Reisende ist. Das System *FF Bögl* ist in mehreren Varianten vom Eisenbahnbundesamt (EBA) zugelassen. Es ist eine zukunftsweisende Entwicklung auf dem Gebiet der Festen Fahrbahn, das alle Forderungen der Bahngesellschaften erfüllt und einer weltweiten Vermarktung erfolgreich entgegensieht.

2.4.4 Soll-Ist-Vergleich für die Qualitätskontrolle

Claus Plank, Wolfgang Stockbauer, Markus Schorr

Bei einem Soll-Ist-Vergleich wird das tatsächlich ausgeführte Bauwerk mit dem zuvor geplanten Zustand verglichen. Dabei ist zwischen verschiedenen Formen zu unterscheiden. Zum einen gibt es den rein geometrischen Soll-Ist-Abgleich, der in der Regel der Qualitätskontrolle dient. Zum anderen werden zur Baufortschrittskontrolle regelmäßige Soll-Ist-Abgleiche durchgeführt, bei denen der laut Zeitplan erwartete Zustand mit dem tatsächlich erreichten Baufortschritt verglichen wird.

Im Rahmen des geometrischen Soll-Ist-Abgleichs ist des Weiteren zu unterscheiden, welche Objekte miteinander verglichen werden bzw. mit welcher Fragestellung ein solcher Vergleich stattfindet. Je nach Aufgabenstellung bieten sich zur Aufnahme des Ist-Zustands verschiedene Messmethoden an.

Ist es Ziel, die korrekte Lage eines Bauwerks zu überprüfen, so reicht hierfür die Einmessung weniger markanter Punkte und Achsen aus. Von einer vollständigen Modellierung der Ist-Geometrie kann meist abgesehen werden. In ähnlicher Weise wird bei einer Qualitätskontrolle z. B. zur Bestimmung der Ebenflächigkeit von Sichtbetonwänden verfahren. Hier reicht die Betrachtung des „Ist-Modells" – letztlich ja nur ein 2D-Modell – aus, um Aussagen zur erreichten Qualität treffen zu können.

Ungleich komplexer stellt sich die Aufgabe dar, sobald das Bauwerk in seiner Gesamtheit dem geplanten Zustand gegenübergestellt wird. Hierfür ist es notwendig, zwei vollständig ausgeformte 3D-Modelle miteinander zu vergleichen. Darüber hinaus muss entschieden werden, welche Stellen als Zwangspunkte und damit ruhende Pole erhalten bleiben sollen. Alternativ können die generierten Modelle mit Hilfe der Best-Fit-Methode (Schuhmann 2002) zueinander eingepasst werden. Dies ist jedoch bei den meisten in der Praxis vorkommenden Ausprägungen der zu vergleichenden Modelle äußerst schwierig. Zudem werden viele Abweichungen erkannt, die für die Bewertung selbst nicht maßgeblich sind. Letztlich muss also das Gesamtmodell in Teilmodelle aufgelöst werden, die wiederum in ihrem Teilbereich betrachtet und miteinander verglichen werden können.

Unabhängig von oben diskutierter Fragestellung bieten sich zur Erzeugung des jeweils erforderlichen Ist-Modells verschiedene Messmethoden an. Diese sind nach den Aspekten der Wirtschaftlichkeit und der erforderlichen Genauigkeit zu wählen.

2.4.4.1 Soll-Ist-Vergleich mittels Laserscanning

In diesem Abschnitt soll schwerpunktmäßig das 3D-Laserscanning als Messmethode behandelt werden, da sie im Rahmen des Forschungsverbundes ForBAU wegen ihres weitreichenden Automatisierungsgrads und der vereinfachten Einbindung in den digitalen Datenfluss bevorzugt eingesetzt wurde. Daneben sind jedoch auch konventionelle Messmethoden für die Qualitätskontrolle geeignet.

In einem ersten Beispiel soll ein überhöht gefertigter Träger betrachtet werden. Untersucht wird hier die Fragestellung, ob sich am Träger nach Einbau und unter Belastung die prognostizierten Verformungen einstellen.

Im vorliegenden Falle wurden drei Stahlträger einer Stahlverbundbrücke (Abb. 2.72) mittels eines Impuls-Scanners von einer Widerlagerseite aus gescannt. Da die Brücke über einen Schifffahrtskanal führt, war eine direkte Messung in der Mitte der Brücke nicht möglich.

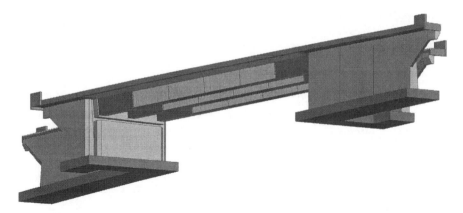

Abb. 2.72 3D-Modell einer einfeldrigen Stahlverbundbrücke, ausgeführt mit drei Stahlträgern als Rechteckhohlquerschnitt

Die Darstellung in Abb. 2.73 wurde auf den Bereich der Lage der Stahlträger reduziert. Die Punktwolke im Bereich der Unterseite des Trägers wurde entsprechend der jeweiligen Höhenlage relativ zu einer Referenzebene farbig kodiert. Die Nulllage der Ebene durchläuft die Auflagerbank. In der Auswertung ist anhand des Verlaufs der farbigen Kodierung deutlich zu sehen, dass die Träger auch nach dem Einbau und unter Last noch eine verbleibende bogenförmige Überhöhung aufweisen.

Wie dieses Beispiel zeigt, ist für die Auswertung nicht immer zwingend ein speziell angefertigtes Soll-Modell erforderlich. Häufig reicht es aus, allein mit einem Ist-Modell und einer Referenzebene zu arbeiten. Selbst wenn bei komplexeren Verformungen ein Soll-Modell erforderlich wird – insbesondere dann, wenn mehrachsige Verformungen erwartet werden – so kann dieses im Allgemeinen auf die für

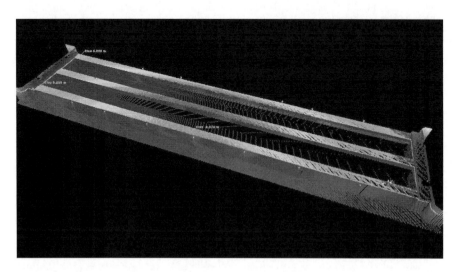

Abb. 2.73 Farbig codierte untere Flansch-Ebene dreier Stahlträger. (Ansicht gestürzt)

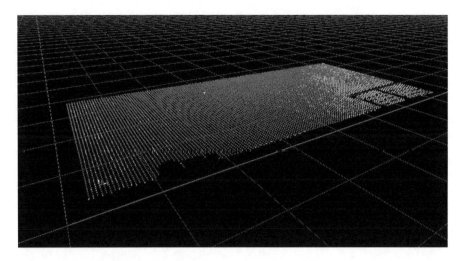

Abb. 2.74 Farbig codierte Stirnwand eines Brückenwiderlagers

den Auftraggeber relevanten Bereiche und Aspekte beschränkt werden. Dies sollte in Betracht gezogen werden, bevor ein übermäßig hoher Aufwand für die Aufbereitung eines Soll-Modells investiert wird.

Zudem kann es hinsichtlich der Messungen völlig ausreichend sein, nur wenige dezidierte Maße aufzunehmen – im vorliegenden Fall also den Stich des Bogens in der Mitte mit Tachymeter oder Nivelliergerät zu ermitteln. Es muss also immer sorgfältig geprüft werden, ob die gewählte Messtechnologie auch zur Aufgabenstellung passt.

Im nächsten Beispiel wurde die Ebenflächigkeit einer Wand untersucht (Abb. 2.74), in diesem Fall der Stirnwand eines Brückenwiderlagers. Auch hier lassen sich die Abweichungen von einer Soll-Ebene farbig kodiert sichtbar machen. Wie sich in diesem Beispiel zeigt, sind diese äußerst gering. Nur im rechten unteren Bereich sind leichte Abweichungen im Bereich von 5 bis 10 mm von der Sollebene erkennbar.

Besonders wichtig bei der Arbeit mit eigenen Referenzflächen ist, dass diese sorgfältig gewählt und positioniert werden. Durch eine geschickte Wahl geeigneter Teilbereiche kann man die bereits erwähnten Schwierigkeiten, die bei der Betrachtung des Gesamtmodells zu Tage treten, vermeiden. Die Auswertungen sind somit zielführender und vermeintlich auftretende Abweichung können vermieden werden.

Wird der Soll-Ist-Vergleich über einen bestimmten Zeitraum bzw. in gewissen Abständen durchgeführt, so spricht man von der Überwachungsmessung bzw. vom Monitoring, das in folgendem Beispiel näher betrachtet werden soll. Hier gehörte es zur Aufgabenstellung, die Verformung einer Kassettendecke zu überprüfen (Abb. 2.75). Die Kontrolle erfolgte zum einen mit konventionellen Mitteln (Digitales Nivellier) und zum anderen mit Hilfe moderner Technologien wie dem 3D-Laserscanning.

Zunächst wurden die Knotenpunkte der Kassetten-Rippen als Referenzmessung mit dem Digital-Nivellier gemessen und die Messung dem Knotenpunkt im Plan

Abb. 2.75 Nivellitische Höhenbestimmung der Tragwerksknotenpunkte als Referenzmessung für den anschließenden Laserscan

zugeordnet. Zusätzlich wurden die Messwerte der Höhe auch im Speicher des Digital-Nivelliers abgelegt. In der vorliegenden Situation waren die Messpunkte durch die hohe Aufstellung des Instruments und unter Zuhilfenahme einer Trittleiter mit einer 5 m-Nivellierlatte gerade noch erfassbar (Abb. 2.75).

Im Anschluss wurde die gleiche Kassettendecke mit Hilfe eines Phasenvergleichs-Scanners aufgenommen. Zwar hätte hier grundsätzlich ein Standpunkt ausgereicht, um die Unterseite der Rippen zu erfassen. Wegen der Tiefe der Kassetten wurden jedoch vier Standpunkte gewählt, um die Messdaten vielseitig nutzen und damit auch einige Kassetten in voller Tiefe modellieren zu können. Gerade die weiterreichende Nutzung eines 3D-Scans kann in der Praxis häufig den Ausschlag zur Entscheidung für eine Scanneraufnahme geben.

Vergleicht man die beiden Messmethoden miteinander, so zeigen sich hier einige Vorteile bei der Aufnahme mit dem Laserscanner gegenüber der Messung mit dem digitalen Nivelliergerät. Während für die Vermessung mit dem Digital-Nivellier der Zeitbedarf bei mehr als einer Stunde lag, konnte mit dem Laserscanner in der gewählten Auflösung ein Standpunkt in weniger als zehn Minuten aufgenommen werden. Darüber hinaus kann durch die Erfassung der gesamten Konstruktion in 3D eine eindeutige Zuordnung der Messwerte gewährleistet und Verwechslungen ausgeschlossen werden.

Wie oben bereits erwähnt, waren die Messpunkte mit der Messlatte gerade noch erreichbar. Bei leicht veränderten Rahmenbedingungen kann dies sehr schnell nicht mehr gegeben sein. In diesem Fall kann konventionell nur eine trigonometrische Höhenbestimmung unter Nutzung des Tachymeters durchgeführt werden. Der Laserscanner hingegen kann in der Regel problemlos bis zu einer Höhe von 40 m aufnehmen.

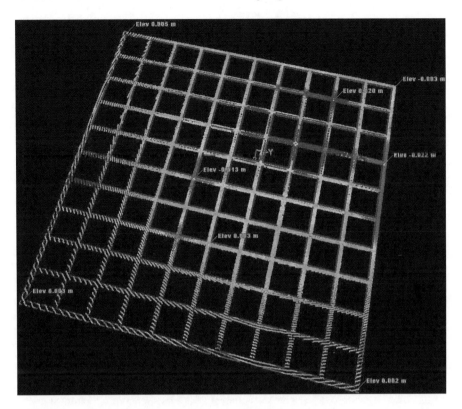

Abb. 2.76 Schnitt durch die Punktwolke im Bereich der Knotenpunktebene mit farbig kodierter Abweichung, Auswertung der Punktwolke aus Laserscanning

Hinsichtlich der Genauigkeit sind im vorliegenden Fall die Ergebnisse aus beiden Verfahren direkt miteinander vergleichbar und führen zu keinem Widerspruch. Hierzu muss man noch ergänzen, dass unter den gegebenen Umständen (u. a. Firstmessung mit 5 m-Teleskop-Latte) auch von der nivellierten Höhe der Einzelpunkte keine Millimeter-Genauigkeit erwartet werden kann und daher das Vergleichsintervall der Toleranzen im Bereich von 2–3 mm angesetzt wurde.

In Abb. 2.76 gut zu erkennen sind die negativen und positiven Abweichungen von der Sollebene. Gerade durch die farbige Veranschaulichung wird nochmals deutlich, dass beim Laserscanning immer mehrere Punkte gemeinsam betrachtet werden müssen. Dies rührt daher, dass die Genauigkeit der Einzelmessung[15] eingeschränkt ist, während über eine statistische Mittelung einer größeren Menge benachbarter Messungen – hier liegen z. B. pro Rippenkreuzung mehr als 100 Punkte vor – eine erhöhte Genauigkeit erzielt werden kann.

---

[15] Bei den Genauigkeitsangaben der Scanner-Hersteller in den Datenblättern ihrer Produkte wird in der Regel unterschieden zwischen der Genauigkeit der Einzelmessung und der Genauigkeit der verwertbaren Messung im Zuge der Auswertung.

Abb. 2.77 Kinematisches Laserscanning: Messprinzip des Systems Tiger. (Quelle: *Angermeier Ingenieure*)

Eine gerade für lineare Bauwerke sehr effiziente Methode zur systematischen Erfassung von Bauwerken ist das kinematische terrestrische Laserscanning (k-TLS). Diese Technologie ist eine Erweiterung der Laserscanning-Technologie um das Konzept, den Laserscanner während seines Scanvorgangs zusätzlich entlang einer Ortsraumkurve (Trajektorie) zu bewegen (vgl. Abschn. 2.3.1).

Beim *System Tiger*[16] (Abb. 2.77), das ursprünglich zur Erfassung von Tunnel-baustellen entwickelt wurde, wird der 3D-Scanner im 2D-Modus betrieben und dabei quer zur Rotationsebene bewegt. Hierdurch entsteht eine 3D-Helix, die als Ausbreitungsrichtung durch den Tunnel verläuft und bei entsprechend gewählter Ganghöhe ein vollständiges Bild der Tunnelwandung liefert.

Die kontinuierliche Positionsbestimmung des Fahrzeugs und damit gleichsam die Georeferenzierung und Bestimmung des Verlaufs der Trajektorie erfolgt dabei mit einem Tachymeter, der das ferngesteuerte Gefährt permanent anmisst (Tracking-Modus).

Der Abstand der Punkte, d. h. das Punktraster innerhalb der so erzeugten Punkt-wolke liegt im Zentimeter-Bereich bei einer Oberflächengenauigkeit der Punkte im Millimeter-Bereich. Damit wird eine hohe Datenqualität, aber auch -quantität erreicht.

Der Vorteil dieses Verfahrens liegt in der sehr systematischen Vorgehenswei-se, die trotz der relativ langsamen Fortbewegung des Systems von nur 300 m/h eine kontinuierliche Aufnahme erlaubt. Im Vergleich dazu kann zwar eine Reihe

---

[16] Eigenentwicklung der Angermeier Ingenieure GmbH

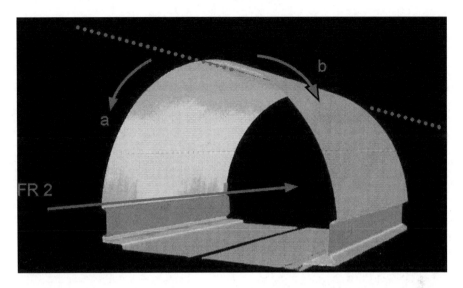

Abb. 2.78 Teilstück einer vermessenen Tunnelröhre mit farbig codierten Abweichungen zum Soll-Profil

punktueller 3D-Scans das Bauwerk im Einzelfall schneller erfassen. Im Regelfall ist für Lininenbauwerke mit dem kinematischen Verfahren jedoch eine höhere Geschwindigkeit zu erzielen. Zudem erfolgen sowohl Datenfluss als auch Registrierung wohldefiniert und systematisch. Damit kann eine hohe Zuverlässigkeit bei der Datenerhebung gewährleistet werden.

Im Nachgang der Aufnahme können die Scannerdaten verschiedenen Auswertungen unterzogen werden. Dazu kann u. a. ein Vergleich der gewonnenen Scandaten mit einem Sollprofil des Tunnelquerschnitts zählen. Auf diese Weise können Abweichungen im Tunnelquerschnitt, sogenannte Unter- und Überprofile, ermittelt werden. In Abb. 2.78 ist beispielsweise ein nachträglich eingebauter Kabelkanal deutlich als Abweichung vom Soll-Profil zu erkennen.

Über den reinen Soll-Ist-Abgleich hinaus kann während der Bauausführung mit den so erzeugten Daten auch eine Mengenermittlung durch Aufnahmen des Tunnels zu verschiedenen Zeitpunkten erfolgen. Dieses Verfahren hat sich u. a. zur Ermittlung der Spritzbetondeckung bereits erfolgreich etabliert.

2.4.4.2 Soll-Ist-Vergleich mittels Augmented Reality

Mittels Laserscanning durchgeführte Soll-Ist-Vergleiche erlauben sehr präzise Aussagen zur Qualität einer ausgeführten Baumaßnahme. Häufig ist jedoch auch ein grober Abgleich der Bauleistung ausreichend; z. B. um festzustellen, ob zu bestimmten Meilensteinen alle Objekte wie vereinbart fertig gestellt wurden. Entscheidend ist hierbei, rasch einen Überblick zu erhalten, ob Gewerke vergessen bzw. grobe Fehler in der Bauausführung begangen wurden. Diese grobe geometrische Analyse des Baufortschritts erfolgt derzeit mit Hilfe von klassischen Messmethoden. Typischerweise werden die Maße mit einem Rollbandmaß oder Laser-Distanzmesser aufgenommen, dokumentiert und mit dem Ausführungsplan verglichen. Dieses Vorgehen ist zeitaufwändig und es ist mühsam, den Überblick zu behalten. Das manuelle Übertragen der Maße in den Plan erweist sich zudem als fehleranfällig. Darüber hinaus werden nicht oder an falscher Stelle gebaute Objekte nur schwer identifiziert.

Wünschenswert wäre demnach ein schnelles, kostengünstiges und intuitives Verfahren zur groben geometrischen Analyse der Bauleistung. Auf Basis der in Abschn. 2.3 vorgestellten virtuellen 3D-Modelle könnte durch eine Überlagerung mit dem existenten Bauwerk überprüft werden, inwiefern das real Gebaute mit der Planung übereinstimmt. Der Baufortschritt kann so schnell und einfach kontrolliert und in visuell ansprechender Form dokumentiert werden.

Realisierbar ist diese Forderung durch die Technologie der Augmented Reality (s. auch Abschn. 2.4.1). Es handelt sich hierbei um eine neuartige Technologie, bei der das Blickfeld des Anwenders durch digitale Informationen erweitert wird (Klinker et al. 2000). Eingesetzt wird die Technologie heute schon im Bereich der Militärtechnik und im Automobil. Auch in der Medizintechnik, der Fabrikplanung und in den Bereichen Service und Wartung finden sich mehr und mehr Anwendungen (Schorr 2007). Mit Hilfe von AR kann z. B. an einem Brückenbauwerk untersucht werden, ob die tatsächliche Ausführung der Brücke mit der Planung übereinstimmt. Hierfür wird die an der Brücke zu untersuchende Stelle zunächst digital fotografiert und danach mit dem 3D-Modell des Bauwerks überlagert (Abb. 2.80). Zur Referenzierung von 3D-Modell und Foto muss eine Markierung (Marker) am realen sowie am virtuellen Modell angebracht werden, die den Ursprung beider Koordinatensysteme bildet. Am Rechner können dann mit Hilfe einer speziellen Software Modell und Bild zusammengeführt, analysiert und ausgewertet werden.

Vorab ist es erforderlich, die verwendete Digitalkamera und die Überlagerungssoftware aufeinander abzustimmen. Daten wie die Brennweite der Kamera, Informationen zum Chip und eine spezielle Kalibrierung der Software in Bezug auf die verwendete Kamera sind notwendig, um die Überlagerung hinreichend genau erfolgen zu lassen. Der Kalibrierungsvorgang berücksichtigt dabei Verzerrungen durch das Linsensystem sowie fertigungsbedingte Toleranzen des Gesamtsystems Kamera-Objektiv und muss lediglich einmalig erfolgen (Egger 2009).

Beim Fotografieren ist darauf zu achten, dass der Marker nicht verdeckt wird. Zudem sollte er gut ausgeleuchtet und nicht an einer Licht-Schattengrenze liegen. Da die Überlagerung nur bei einer im Rahmen der Kalibrierung definierten Festbrennweite überzeugende Ergebnisse liefert, muss der richtige Abstand zum Bauwerk gewählt werden, um ein scharfes Bild zu erhalten. Darüber hinaus sollte das Foto unter einem Winkel von ±25–65° zur Markernormalen (ideal wären 45°) erstellt werden, da die Verzerrung des Markers auf dem Foto die Basis für das Mapping von 3D-Objekt und Foto sind (Abb. 2.79). Ferner sollte der Marker bei der Bilderstellung möglichst in der Mitte liegen (Egger 2009). Der Mittelpunkt der Stelle am Bauwerk, an der der Marker angebracht wurde, wird bei einer Überlagerung von Bild und 3D-Modell als Ursprung bzw. Koordinatennullpunkt des Bildes betrach-

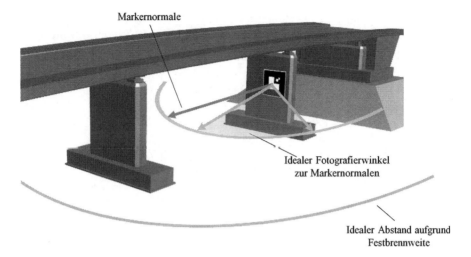

Abb. 2.79 Ideale Position des Markers für eine AR-Überlagerung

tet. Dementsprechend muss nun auch das Koordinatensystem des 3D-Modells an die reale Markerposition verschoben werden. Danach kann das Modell in ein neutrales 3D-Format wie VRML oder JT überführt und in die Überlagerungssoftware eingelesen werden. Zusätzlich müssen noch die Parameter der korrespondierenden Kamerakalibrierung, des Markers sowie das erstellte Foto importiert werden. In einer Überlagerungssoftware wie *metaio UNIFEYE* wird es nun möglich, umfangreiche Analysen durchzuführen. So können Ebenen erstellt und damit lediglich ausgesuchte Bereiche des 3D-Modells eingeblendet werden. Auf diese Weise können Kanten von 3D-Modell und Bild auf Deckungsgleichheit und Maßhaltigkeit überprüft werden (Abb. 2.80). Neben der rein visuellen Kontrolle sind auch Messungen zwischen Punkten möglich, deren Genauigkeit stark abhängig von der Exaktheit der Überlagerung ist.

Nach umfangreichen Tests und Parametervariationen, z. B. von Fotografierabstand, Winkel zum Marker und der Fotografie bei widrigen Umständen wie Däm-

Abb. 2.80 Überlagerung von virtuellem 3D-Modell und realer Brücke mit Hilfe der Überlagerungssoftware *metaio UNIFEYE*

merung, direkter Sonneneinstrahlung, Regen oder Staub lassen sich die wesentlichen Ergebnisse zum AR-basierten geometrischen Soll-Ist-Abgleich von Brückenbauwerken wie folgt zusammenfassen:

- Das Verfahren ist relativ schnell durchführbar (ca. 3 h inklusive erster Auswertung ohne An- und Abfahrtszeit zur Baustelle).
- Werden bei der Markerauswahl und -positionierung, Fotoerstellung und CAD-Aufbereitung alle relevanten Punkte beachtet, so ergeben sich erstaunlich gute Ergebnisse hinsichtlich der Überlagerung. Selbst bei großen Bauwerken konnten Überlagerungen mit einer Genauigkeit von ±3 cm erzielt werden, der Winkelfehler ist also trotz des weiten Fotografierabstandes vom Marker geringer als erwartet. Mit qualitativ hochwertigeren Kameras und einer exakteren Methode beim Einmessen der Marker sollte es möglich sein, die Genauigkeit noch weiter zu steigern.
- Eine Praxistauglichkeit ist auch bei schlechter Witterung und in staubiger Umgebung gewährleistet.

Folglich kann mit Hilfe von AR eine relativ genaue, schnelle und einfache geometrische Kontrolle des Baufortschritts erfolgen. Es wird sofort visuell ersichtlich, ob bestimmte Elemente vorhanden oder grobe Fehler hinsichtlich der Maßhaltigkeit begangen wurden.

2.5   Fazit

Die Planung im Trassenbau wird heute nach wie vor maßgeblich auf der Basis von 2D-Zeichnungen realisiert. Selbst wenn diese mittlerweile mit Hilfe von CAD-Programmen erstellt werden, bleiben durch die mangelnde Informationstiefe große Potentiale der computergestützten Planung unerschlossen, darunter die automatisierte Konsistenzerhaltung verschiedener Ansichten und Schnitte, eine präzise Mengenermittlung und die einfache Anbindung verschiedener Analyse- und Simulationstools.

In diesem Kapitel wurde dargestellt, welche Potentiale eine konsequent 3D-gestützte Planung eröffnet und wie diese technisch realisiert werden kann. Dabei wurde ausführlich auf moderne Methoden zur Erfassung des Geländes, zur Modellierung des Baugrundes und zur Planung von Trassen eingegangen.

Besonders anspruchsvoll gestaltet sich der Entwurf von Brückenbauwerken, da hier häufig eine komplizierte dreidimensionale Krümmung des Überbaus auftritt, die mit einer 2D-gestützten Planung nur schwer beherrschbar ist. Zudem ist die Geometrie des Überbaus direkt abhängig vom Verlauf der Trasse. Änderungen im Trassenverlauf in einem späten Planungsstadium führen so zwangsläufig zu einer aufwändigen Nachbearbeitung der Brücken-Entwurfszeichnungen, was nicht selten zu Fehlern und Inkonsistenzen führt.

Im Rahmen des ForBAU-Projekts wurden erfolgreich moderne 3D-Modellierungssysteme des Maschinenwesens für den Entwurf von Brückenbauwerken eingesetzt. Sie ermöglichen eine präzise Handhabung der komplexen dreidimensionalen Geometrie und das Ableiten von konsistenten 2D-Ansichten und -Schnitten. Die erzeugten 3D-Brückenmodelle können dank der verwendeten Parametrisierungstechnik an den Trassenverlauf gebunden und bei Änderungen weitgehend automatisiert angepasst werden. Dabei können Trassendaten, die in konventioneller Trassierungssoftware erstellt wurden, in das 3D-CAD-System übernommen werden.

Eine besondere Herausforderung war die Zusammenführung der verschiedenen Teilmodelle – Geländemodell, Baugrundmodell, Trassenmodell, Brückenmodell und Baustelleneinrichtungsmodell – in einem Gesamtmodell. Diese konnte mithilfe der im Rahmen des ForBAU-Projekts entwickelten Software *Integrator* realisiert werden.

Auch nach Abschluss der Planungsphase zeigt das Vorhandensein von 3D-Modellen eine Reihe von Vorteilen. So kann die Ermittlung von Mengen weitgehend automatisiert durchgeführt werden, Maschinen zur Herstellung von Bauteilen direkt angesteuert und Vergleiche mit dem tatsächlich Gebauten durchgeführt werden.

Mit der zunehmenden Verfügbarkeit von leistungsfähiger 3D-Modellierungssoftware, die speziell auf die Bedürfnisse des Bauwesens abgestimmt ist, steht dank der beschriebenen Vorteile zu erwarten, dass sich in naher Zukunft die 3D-Modellierung von Bauvorhaben gegenüber dem zeichnungsbasierten Arbeiten durchsetzen wird. Eine Hürde besteht jedoch darin, dass mit dem Erzeugen von hochwertigen 3D-Modellen ein zusätzlicher Aufwand verbunden ist, der momentan nicht vergütet wird. Hier müssen Bauindustrie und Bauherren gemeinsam nach Lösungen suchen, die ermöglichen, dass alle Beteiligten an den Vorteilen der Verfügbarkeit von 3D-Modellen partizipieren.

Literatur

Akin H, Siemens H (1988) Praktische Geostatistik – Eine Einführung für den Bergbau und die Geowissenschaften. Springer, Berlin

Akinci B, Fischer M, Levitt R, Carlson B (2002) Formalization and automation of time-space conflict analysis. J Comput Civil Eng 6(2):124–135

Azuma R (1997) A survey of augmented reality. Presence: Teleop Virt Environ 6(4):355–385

Bauer H (2007) Baubetrieb, Aufl. 3. Springer, Berlin

Bisani K (2005) Baustelleneinrichtungsplanung -Skript zur Vorlesung, München

BIS-3D – Personenkreis 3D der BIS-Steuerungsgruppe (2004) Wege zur 3D-Geologie. Krefeld

Björk BC (1989) Basic structure of a proposed building product model. Comput Aided Des 21:71–78

Bodenmüller T (2009) Streaming surface reconstruction from real time 3D measurements. Dissertation, Technische Universität München. http://nbn-resolving.de/urn/resolver.pl?urn:nbn:de:bvb:91-diss-20091019-795498-1-5. Zugegriffen: 5 Juli 2010

Bormann S (1994) Virtuelle Realität. Genese und Evaluation. Addison-Wesley, Bonn

Burdea G, Coiffet P (1994) Virtual reality technology. Wiley, New York

Cressie NAC (1993) Statistics for spatial data. Wiley, New York

DIN 1356-1 (1995): Bauzeichnungen – Teil 1: Arten, Inhalte und Grundregeln der Darstellung, Deutsches Institut für Normung e. V. Beuth Verlag GmbH, Berlin

Eastman C (1999) Building product models: computer environments supporting design and construction. CRC Press, Boca Raton

Eastman C, Teicholz P, Sacks R, Liston K (2008) BIM handbook: A guide to building information modeling for owners, managers, designers, engineers, and contractors. Wiley, New York

Egger M (2009) Expertengespräch mit Michael Egger zur Überlagerung von Bildern und virtuellen 3D-Modellen innerhalb der metaio UNIFEYE-Umgebung, München

Fischer M, Aalami F (1996) Scheduling with computer-interpretable construction method models. J Constr Eng Manag 122(4):337–347

Fortune S (1992) Voronoi diagrams and delaunay triangulation. In: Du DZ, Hwang F (eds) Computing in euclidean geometry (Lecture Notes Series on Computing 1). World Scientific, Singapore, S 163–172

Gallaher MP, O'Connor AC, Dettbarn Jr JL, Gilday LT (2004) Cost analysis of inadequate interoperability in the U.S. capital facilities industry. NIST GCR 04-867. US National Institute of Standards and Technology, Gaithersburg

Günthner W, Kessler S, Frenz T, Peters B, Walther K (2008) Einsatz einer Bau-maschinendatenbank (EIS) bei der Bayerischen BauAkademie. Tiefbau 52/12: 736–738

Grießbach D, Bauer M, Hermerschmidt A, Krüger S, Scheele M, Schischmanow A (2008) Geometrical camera calibration with diffractive optical elements. Opt Express 16(25):20241–20248. doi:10.1364/OE.16.020241

Hirschmüller H (2005) Accurate and efficient stereo processing by semi-global matching and mutual information. In: IEEE Computer Society Conference on Computer Vision and Pattern Recognition 2005, Bd 2, S 807–814

Hirschmüller H (2008) Stereo processing by semi-global matching and mutual information. IEEE T Pattern Anal 30(2):328–341

Hsieh YM, Lu YS (2010) An interactive 3D visualization system for displaying field-monitoring data. In: Tizani W (ed) Proceedings of the international conference on computing in civil and building engineering. Nottingham University Press, Nottingham, S 27

ISO – International Organization for Standardization (1994) ISO 10303 (STEP) – Part 1. Industrial automation systems and integration – Product data representation and exchange – Part 1: Overview and fundamental principles.

Ji Y, Borrmann A, Rank E, Wimmer J, Günthner W (2009) An Integrated 3D Simulation Framework for Earthwork Processes. In: Proc. of the 26th CIB-W78 Conference on Managing IT in Construction. Istanbul, Turkey

Journel AG, Deutsch CV (1992) GSLIB-GeoStatistical-l software library and user's guide. Oxford University, New York

Kaminski I (2009) Potenziale des Building Information Modeling im Infrastrukturprojekt – Neue Methoden für einen modellbasierten Arbeitsprozess im Schwerpunkt der Planung. Dissertation, Universität Leipzig

Klinker G, Reicher T, Bruegge B (2000) Distributed User Tracking Concepts for Augmented Reality Applications, In: Proc. of the International Symposium on Augmented Reality (ISAR 2000), München

Neumann D (2002) Methodik zur Erstellung eines ingenieurgeologischen 3D-Modells. Workshop „Anwendung von Geodaten-Bedarf, Auswahl und Bereitstellung" in Halle

NLfB – Niedersächsisches Landesamt für Bodenforschung (2002) Bohrdatenbank Niedersachsen, Anleitung zur Schichtbeschreibung. Hannover

Oczipka M, Bemman J, Piezonka H, Munkabayar J, Ahrens B, Achtelik M, Lehmann F (2009) Small drones for geo-archeology in the steppes: locating and documenting the archeological heritage of the Orkhon Valley in Mongolia. In: Remote Sensing for Environmental Monitoring, GIS Applications, and Geololgy IX. doi:10.1117/12.830404

Ong S, Nee A (2004) Virtual and augmented reality applications in manufacturing. Springer, New York.

RAS (1996). Richtlinien für die Anlage von Straßen. Forschungsgesellschaft für Straßen- und Verkehrswesen, Köln

Rosner H (2008) Seminar: Verarbeitung geographischer Daten, Interpolation und Kriging. Geographie, Uni-Tübingen, SS 2008

Rumbaugh J, Blaha M, Premerlani W, Eddy F, Lorensen W (1991) Object oriented modeling and design. Prentice Hall, New York

Rüppel U, Meißner UF (1996) Integrierte Planung, Fertigung und Nutzung von Bauwerken auf der Basis von Produktmodellen. Fachzeitschrift „Bauingenieur", Heft 2/96, S. 47–55, Springer-Verlag, Heidelberg

Schach R, Otto J (2008) Baustelleneinrichtung. Grundlagen – Planung – Praxis-hinweise - Vorschriften und Regeln, B.G Teubner Verlag/GWV Fachverlage GmbH Wiesbaden, Wiesbaden

Schall G, Mendez E, Schmalstieg D (2008) Virtual Redlining for Civil Engineering in Real Environments. In: IEEE International Symposium on Mixed and Augmented Reality, Cambridge, UK

Schorr M (2007) AR-Einsatz in der Bauindustrie. Diplomarbeit, Lehrstuhl für Fördertechnik Materialfluss Logistik, Technische Universität München

Schönhardt M (2005) Geostatistische Bearbeitung unsicherer Baugrunddaten zur Berücksichtigung in Standsicherheitsnachweisen des Erd- und Grundbaus. Schriftenreihe Geotechnik, Bauhaus-Universität Weimar, Hrsg. Schanz T, Witt K J, Heft 15, Weimar

Schönhardt M, Witt KJ, Wudtke R-B (2006) Strategien zur optimalen Baugrunderkundung auf der Grundlage unsicherer geologischer Baugrundmodelle. 57. Berg- und Hüttenmännischer Tag – Freiberger Forschungsforum

Schuhmann N (2002) Best Fit Matching von Punktwolken. Tagungsband des 7. Anwenderforum Rapid Product Development, Stuttgart

Schuppner B, Hettler A, Engel J, Kügler M, Kunz E (2008) Konzept einer Datenbank für Ergebnisse boden- und felsmechanischer Laborversuche. Vorträge der Baugrundtagung 2008 in Dortmund, DGGT, Essen

Weisberg D (2008) The Engineering Design Revolution. The People, Companies and Computer Systems that changed forever the Practice of Engineering, Englewood, CO. http://www.cadhistory.net/. Zugegriffen: 19 Juli 2010

Zahran ES, BennettT L, Smith M (2010) An approach to represent air quality in 3D digital city models for air quality-related transport planning in urban areas. In: Tizani W (ed) Proceedings of the International Conference on Computing in Civil and Building Engineering, Nottingham University Press

Kapitel 3
Projektdaten zentral verwalten

André Borrmann, Andreas Filitz, Willibald A. Günthner,
Alexander Kisselbach, Cornelia Klaubert, Markus Schorr,
und Stefan Sanladerer

Umfangreiche und anspruchsvolle Baumaßnahmen werden leider viel zu häufig von Mängeln in der Bauausführung begleitet. Kostspielige Nacharbeiten und Verzögerungen im weiteren Bauablauf sind die Folge. Nicht selten hätten diese Fehler in der Bauausführung durch eine bessere Kommunikation und Abstimmung bereits in der Planungsphase erkannt und vermieden werden können. Dies wird jedoch zu einer immer größeren Herausforderung, da Bauprojekte nicht nur komplexer, sondern zunehmend auch international über verteilte Standorte hinweg abgewickelt werden (Rüppel 2007). Zudem existiert in der Bauplanung eine hohe Arbeitsteiligkeit (vgl. Abschn. 1.2) was eine reibungslose Zusammenarbeit zusätzlich erschwert. Folglich müssen Methoden, Werkzeuge aber auch eine Kultur geschaffen werden, die einen strukturierten Informationsaustausch zwischen allen Projektbeteiligten sicherstellen. Dadurch können Fehler frühzeitig erkannt und beseitigt werden. So wird ein wesentlicher Beitrag für eine kostengünstige und effiziente Bauausführung geleistet.

Umgesetzt werden kann ein derartiges Informationsmanagement, wenn alle relevanten Projektdaten zentral vorgehalten werden. Denn nur so kann die Existenz von redundanten Daten bzw. inkonsistenten Bearbeitungsständen an verschiedenen Standorten vermieden werden. Ziel muss es deshalb sein, eine ganzheitliche Abbildung der Bauwerksentstehung über den gesamten Lebenszyklus auf einer verbindlichen Kommunikations- und Informationsplattform, auf die alle Projektbeteiligte Zugriff haben, bereitzustellen. Nur Informationen, die Bestandteil dieser Plattform sind, sind gültig und verbindlich. Die folgenden Abschnitte zeigen den Nutzen einer derartigen Datenverwaltung auf und stellen gleichzeitig Lösungen für die Praxis vor.

M. Schorr (✉)
Lehrstuhl für Fördertechnik Materialfluss Logistik, Technische Universität München,
Boltzmannstr. 15, 85748 Garching, Deutschland
E-Mail: schorr@fml.mw.tum.de

W. Günthner, A. Borrmann (Hrsg.), *Digitale Baustelle- innovativer Planen, effizienter*   117
Ausführen, DOI 10.1007/978-3-642-16486-6_3, © Springer-Verlag Berlin Heidelberg 2011

3.1   Vorteile einer zentralen Datenverwaltung

Markus Schorr, Willibald A. Günthner

Mit der Verbreitung des Internets ergab sich Mitte der 90er Jahre für das Bauwesen die Möglichkeit, Informationen wie CAD-Daten oder Baupläne schnell und einfach auszutauschen. Traditionelle Versandwege sind entweder zeitlich (Post) oder qualitativ (Fax) klar im Nachteil. Zudem besteht beim Versand per E-Mail die Möglichkeit, Informationen ohne großen Aufwand an mehrere Personen gleichzeitig zu versenden. Problematisch ist jedoch die Tatsache, dass die Informationsweitergabe unstrukturiert erfolgt und Daten beliebig weiter verteilt werden können. Es ist schwierig sicherzustellen, ob alle relevanten Akteure gleichermaßen umfassend informiert wurden. Zudem liegt beim Nutzer der Information typischerweise keine verbindliche Version eines Datensatzes, sondern mehrere, redundante Datensätze mit unterschiedlichen Bearbeitungsständen vor. Ob eine Datei und deren Inhalt aktuell ist, kann daher oftmals nicht sicher gesagt werden. Die Folge: Auf der Baustelle kommen häufig veraltete Planstände an, dadurch wird „falsch" gebaut und später mit viel Aufwand nachgebessert. Für die stationäre Industrie existieren mehrere Studien über die Kostenverursachung von Änderungen bezogen auf den Zeitpunkt ihrer Durchführung. Die sogenannte „Rule of Ten" sagt dabei aus, dass die Kosten für die Fehlerbehebung von der Produktidee bis zur Marktreife exponentiell ansteigen (Ehrenspiel et al. 2005). Je später also eine Änderung durchgeführt wird, desto „viel mehr" kostet sie (Abb. 3.1).

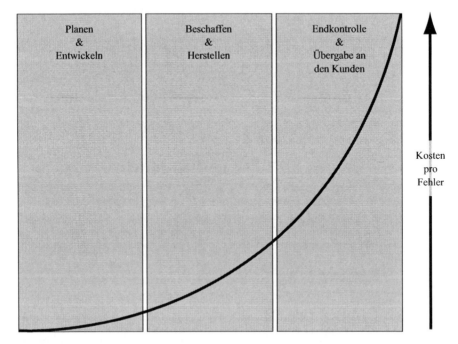

Abb. 3.1 Rule of Ten – Kosten von Änderungen bezogen auf den Zeitpunkt ihrer Durchführung. (Nach Wittig 1994)

Da Bauwerke überwiegend Unikate sind, werden die Änderungskosten im Verlauf der Bauwerksentstehung vermutlich weniger stark ansteigen als in der stationären Industrie. „Dennoch wirken sich späte ad hoc Aktionen negativ auf die Gesamtkosten aus", weiß Jürgen Mack, Zentralbereichsleiter bei der Firmengruppe *Max Bögl*.

Um Mängel in der Bauausführung, die aus Planungsfehlern resultieren, zu reduzieren, muss an Stelle der unstrukturierten Informationsweitergabe ein strukturiertes Datenmanagement erfolgen. Wie im vorhergehenden Abschnitt bereits dargestellt, ist es daher unabdingbar, alle relevanten und verbindlichen Projektinformationen für jeden Beteiligten auf einer zentralen Plattform online vorzuhalten. So entsteht eine einheitliche, transparente Dokumentation aller notwendigen Informationen zu einer Baumaßnahme. Die Vorteile dieser Vorgehensweise liegen dabei auf der Hand. Zum einen entsteht eine gemeinsame, verbindliche Informationsplattform, die alle Projektbeteiligten stets mit aktuellen Daten versorgt. Einen Internetanschluss vorausgesetzt, wird ein verteiltes Arbeiten von überall auf der Welt aus möglich. Wird ein datenbankgestütztes System verwendet, so können Verschlagwortungen[1] angelegt werden, um die Daten schnell wiederzufinden – und das sogar mehrsprachig. Folglich können auch Dokumente internationaler Baumaßnahmen intelligent und benutzerfreundlich verwaltet werden. Darüber hinaus ermöglicht die Nutzung einer derartigen Informationsplattform das gleichzeitige Arbeiten an einem gemeinsamen Datenbestand (*Concurrent Engineering*). Durch das Plus an Information können die Akteure schneller mit ihrer Arbeit beginnen und somit die Gesamtbauzeit verkürzen. Bestimmte Abläufe, wie beispielsweise die Freigabe von Plänen durch verschiedene Prüfer (*Planumlauf*), können auf Basis der digitalen Plattform parallelisiert erfolgen und werden somit beschleunigt. Zudem werden sämtliche Änderungen an einer zentralen Stelle dokumentiert und versioniert und sind damit sofort für alle Beteiligten verfügbar und nachvollziehbar. Über die Versionierung von Arbeitsständen und eine Statusverwaltung wird zudem der Reifegrad von Dokumenten direkt ersichtlich. So ist jeder Projektbeteiligte stets darüber informiert, ob ein Objekt gerade geplant wird oder bereits fertig gebaut wurde, und vor allem, welcher Stand eines Dokuments verwendet werden darf und welcher nicht. Über eine Rechteverwaltung kann zudem sichergestellt werden, dass jeder Akteur eine individuelle Sicht auf die für ihn relevanten Aspekte erhält. Denn während den Bauherrn vor allem der Fertigstellungsgrad seiner Baumaßnahme interessiert, ist für den Brückenplaner z. B. der Freigabestatus der Straßenachse von Bedeutung. Darüber hinaus hat eine lückenlose Dokumentation der Bauwerksentstehung den Vorteil, dass in der Nutzungsphase alle nötigen Unterlagen für Wartung und Betrieb schnell verfügbar sind. Im Sinne eines Building Lifecycle Management Ansatzes können darüber hinaus auch Dokumente aus der Bewirtschaftungsphase (vgl. Facility Management im Hochbau) mit verwaltet werden. Nicht zuletzt dient eine derartige Dokumentation als Wissensbasis für zukünftige Bauvorhaben, um aus den abgelaufenen Projekten lernen zu können. Neben der reinen Dokumentation sind auch Auswertungen zum Projektverlauf,

---

[1] Vergabe von repräsentativen Schlagwörtern zur Beschreibung des Inhalts von Dokumenten.

wie beispielsweise die Fragestellung, wie viele Änderungen während der Brückenplanung nötig waren, möglich.

Es bleibt also festzuhalten, dass der Einsatz einer zentralen Datenplattform in
Bauprojekten ein ausgezeichnetes Mittel darstellt, die Kommunikation und Zusammenarbeit aller beteiligten Akteure zu unterstützen.

3.2 Herausforderungen des unternehmensübergreifenden Datenmanagements

Markus Schorr, Stefan Sanladerer

In Abschn. 3.1 wurde dargelegt, welche Vorteile ein zentrales Datenmanagement
für die unternehmensübergreifende Zusammenarbeit in Baumaßnahmen mit sich
bringt. Dennoch werden derartige Systeme bei weitem nicht in allen Projekten eingesetzt. Die Ursachen dafür liegen sowohl in psychologischen und organisatorischen Hürden als auch in speziellen technischen Anforderungen, welche von markt-
üblichen Systemen nicht in vollem Umfang erfüllt werden.

Psychologische und organisatorische Hürden
Ein psychologisch bedeutungsvoller Aspekt ist die Geheimhaltung. Im Bereich der
Konstruktion repräsentieren gerade native 3D-CAD-Daten nicht mehr nur reine
Geometrie, sondern auch Know-how in Sachen Konstruktionsmethodik und Modell-
aufbau. Umfangreiche Attributlisten können zudem wichtige Informationen für die
Bauausführung beinhalten. Dies betrifft z. B. die Baureihenfolge oder spezielle,
bei der Montage zu beachtende, sicherheitsrelevante Aspekte – mitunter also echte
Kernkompetenzen eines Unternehmens. Werden diese Informationen nun ohne entsprechende Schutzmechanismen zentral für alle Projektbeteiligten zur Verfügung
gestellt, so hätten Wettbewerber, die möglicherweise im Projekt als Partnerfirmen
(ARGE) oder Subunternehmer fungieren, die Möglichkeit, Wissen abzuschöp-
fen. Gleichzeitig muss im Sinne eines integrierten, modellbasierten Ansatzes aber
sichergestellt sein, dass z. B. der Brückenplaner basierend auf dem nativen Trassenmodell weiterarbeiten kann. Mit anderen Worten: Es muss sichergestellt sein,
dass bestimmte Dokumente nicht für alle Projektbeteiligten frei zugänglich sind.
Realisierbar ist das über ein feingliedrig anpassbares Rechtemanagement-System,
über das die Projektplattform verfügen muss. Alle Benutzer des Datenmanagement-
Systems werden hierfür bestimmten Gruppen zugewiesen. Innerhalb dieser Gruppe
erhalten Sie dann wiederum spezielle Rollen. So könnte z. B. in der Gruppe „Generalunternehmer Firma Maier" ein Herr Huber die Rolle „Bauleiter" haben. Über
diese Systematik können die Zugriffsrechte gruppen- und rollenabhängig quasi
nach Belieben angepasst werden. Zusätzlich muss es möglich sein, auch abhängig vom Status der Dokumente bestimmte Rechte für Rollen in Gruppen in Kraft
treten zu lassen. So könnten beispielsweise CAD-Daten sowohl vom Trassen- als
auch vom Brückenplaner problemlos gelesen werden, sobald das Trassenmodell
den Status „Planung abgeschlossen" besitzt. Die Firma Weber als Subunternehmer

hat jedoch keinerlei Zugriff, weder auf das Trassen- noch auf das Brückenmodell. Wichtig ist in diesem Zusammenhang zweifellos, dass die Passwörter der Benutzer ausreichend sicher gewählt werden (Poguntke 2006).

Darüber hinaus muss der Betreiber bzw. Administrator des Datenmanagement-Systems verlässlich und vertrauensvoll mit den Daten umgehen. Hier schließt sich die logische Frage an, wer ein derartiges System überhaupt besitzt und betreibt. Aus dem Konglomerat an Projektbeteiligten bietet sich sicher je nach Baumaßnahme der Bauherr, falls vorhanden der Projektsteuerer, das Planungsbüro oder der General-unternehmer an. Theoretisch denkbar wäre auch, dass sich die unternehmensinter-nen Datenmanagement-Systeme der beteiligten Unternehmen über eine standardi-sierte Schnittstelle synchronisieren. Um von Anfang an Vertrauen zu schaffen und Missbrauch vorzubeugen, könnte auch ein unabhängiger Dienstleister diese Aufga-be übernehmen. Zum einen wird eine neutrale Stelle in Form eines BIM-Managers (vgl. Abschn. 2.2.5) von allen Beteiligten leichter akzeptiert, zum anderen gehört das unternehmensübergreifende Datenmanagement sicher nicht zur Kernkompe-tenz eines Projektsteuerers oder Generalunternehmers.

Bei großen Bauherren mit zahlreichen Projekten wie z. B. einer Autobahndirek-tion kann eine eigene Datenmanagement-Installation dagegen sehr wohl sinnvoll sein, um als Betreiber alle projektrelevanten Daten selbst in der Hand zu behalten.

Damit wären wir jedoch bereits bei der nächsten Herausforderung: Wer finan-ziert ein derartiges System? Am einfachsten lösbar wäre die Finanzierung auf Basis des Dienstleister-Modells. Anstatt für einen bestimmten Zeitraum ein lizenzkos-tenintensives System zu betreiben und Anteile der Lizenzen dann wieder bis zum nächsten, größeren Projekt „einzufrieren", könnte ein externer Dienstleister bereits die nächste Baumaßnahme bedienen und so seine Lizenzen stets „auslasten", wenn das Datenmanagement-System nicht ohnehin schon sein eigenes Produkt ist. Die Lizenzkosten können dann je nach Nutzungsintensität auf die Projektbeteiligten umgelegt werden. Denkbar wäre auch, einen gemeinsamen Fonds anzulegen, in den jeder Projektbeteiligte je nach Umfang der Ausschreibungssumme einen gewissen Prozentsatz einzahlen muss.

Um eine einheitliche, zentrale Datenmanagement-Plattform schlussendlich durchzusetzen, muss der Bauherr diese bereits in der Ausschreibung verbindlich fordern. Weiterhin muss ein geeignetes Abrechnungsmodell, z. B. über den ange-sprochenen Fonds gefunden werden. Der Bauherr sollte am ehesten ein Interesse daran und auch das Recht haben, dass seine Projekte ordnungsgemäß, ohne Fehler und damit möglichst ohne Bauverzug abgewickelt werden. Demnach sollte er den Projektbeteiligten auch eine systematische Dokumentation vorschreiben können. Viele Bauherren teilen diese Auffassung. „Nur Dokumente, die ordnungsgemäß auf die Projektplattform hochgeladen werden, sind verbindlich und damit abrechnungs-relevant" erklärte Bernd Pfau, Projektleiter internationale Bauprojekte bei der *Por-sche AG* auf dem *baulogis Fachforum 2009*.

Technische Anforderungen
Darüber hinaus muss sichergestellt sein, dass die Geschwindigkeit der Datenverbin-dung ausreichend ist, um ein flüssiges Arbeiten mit der zentralen Datenbank für alle

Beteiligten zu ermöglichen. In technisch hochentwickelten Ländern wie Deutschland stellt das ein geringeres Problem dar als in Schwellenländern, deren Infrastruktur weniger stark ausgeprägt ist. Gerade diese Länder zeichnen sich jedoch durch enormes Wachstum und damit auch hohe Bautätigkeit aus. Die Klärung dieser Voraussetzung sollte also frühzeitig erfolgen, um mögliche unterstützende Maßnahmen wie Replikationsserver[2] rechtzeitig implementieren zu können.

Neben den psychologischen und organisatorischen Herausforderungen existieren weitere Gründe, weshalb ein zentrales Projektdatenmanagement heute nur sporadisch eingesetzt wird. Wie bereits zu Beginn dieses Abschnitts erwähnt, sind bestimmte Anforderungen oft nicht oder nur teilweise erfüllt. So bemühen sich die Anbieter von Datenmanagement-Systemen um eine benutzerfreundliche und intuitive Oberfläche, nicht bei allen Systemen ist die Ergonomie jedoch als ausreichend gut einzustufen. Die Ansprüche hinsichtlich einfacher Bedienung sind aber wesentlich, da sich allenfalls bei unternehmensintern eingesetzten Software-Werkzeugen zeit- und kostenaufwändige Schulungen hinreichend schnell amortisieren. Für die temporäre Projektarbeit, wie sie im Bauwesen überwiegt, muss eine Datenmanagement-Plattform dagegen weitgehend selbsterklärend bedienbar sein und dem Anwender lediglich die Funktionen zur Verfügung stellen, die er wirklich benötigt. Nur so ist im Übrigen auch der abwehrenden Haltung der Mitarbeiter gegenüber der Einführung neuer Arbeitsprozesse zu begegnen. Zudem muss angemerkt werden, dass für den Einzelnen durch den Import von Arbeitsergebnissen auf die Datenplattform zunächst ein Mehraufwand entsteht. Einige Datenmanagement-Systeme bieten daher sogenannte Direktintegrationen an. Das bedeutet, dass der Anwender Daten aus z. B. CAD-, Office- oder Mail-Applikationen direkt aus dem Erzeugersystem an die zentrale Datenbank übermitteln kann. Über einen Wizard[3] werden die Dokumente verschlagwortet und dann übertragen, so dass der Import weitgehend automatisiert und geführt verläuft. Einige Attribute wie beispielsweise der Absender einer E-Mail werden dabei sogar vollautomatisch übernommen. Weiterhin muss bei cincm unternehmensübergreifenden Einsatz sichergestellt sein, dass auch bei unterschiedlichen Betriebssystemen der Zugriff auf die Datenbank sicher erfolgen kann. So arbeiten einige Firmen bereits mit *Microsoft Windows 7* oder *Windows Vista*, andere Unternehmen dagegen noch unter *Windows XP*. Besonders bei Architekten ist zudem das Betriebssystem *Mac OS X* von *Apple* sehr verbreitet. Ferner sollte das Datenmanagement-System über einen integrierten Viewer[4] verfügen, da der Großteil der Projektbeteiligten für bestimmte Expertensysteme (z. B. CAD) keine lokale Installation zur Verfügung hat. Trotzdem müssen aber alle Akteure in der Lage sein, die für sie relevanten Datensätze zumindest anzusehen oder Anmerkungen hinzuzufügen. Besonders bei umfangreichen, komplexen Baumaßnahmen muss außerdem

---

[2] Unter Replikation versteht man die mehrfache Speicherung derselben Daten an unterschiedlichen Standorten sowie deren Synchronisation.

[3] Ein Wizard ist eine Oberfläche am Computer, die den Anwender bei der Dateneingabe mit Hilfe von verschiedenen Dialogen führt.

[4] Ein Viewer ermöglicht die Darstellung von Inhalten digitaler Dateien mit unterschiedlichen Formaten.

Abb. 3.2 Beispiel einer
einfachen Projekt- und
Produktstruktur

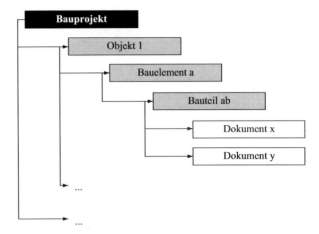

sichergestellt sein, dass die Vielzahl der Daten in übersichtlicher Form strukturiert sind. Hier sollte zumindest gewährleistet sein, dass Dokumente der Übersichtlichkeit halber untereinander verknüpft werden können. Zudem wäre es wünschenswert, die Dokumente in Produktstrukturen anzuordnen und so eine bauteilorientierte Verwaltung zu ermöglichen, die in einer hierarchischen Projektstruktur eingegliedert ist. Das bedeutet, dass für jedes Bauteil oder jeden Bauabschnitt eine Art Datencontainer gebildet werden kann, der die zugehörigen Dokumente beinhaltet. So entsteht eine nachvollziehbare und verständliche Dokumentation der erzeugten Daten (Abb. 3.2).

Von Bedeutung ist darüber hinaus eine leistungsfähige Status- und Workflow-Verwaltung innerhalb der Datenmanagement-Umgebung, um die Zugriffsverwaltung über den Lebenszyklus der Daten steuern zu können. Diese in Abschn. 3.1 anhand von Planumläufen erläuterten Module müssen möglichst frei konfigurierbar sein, da die Abläufe für jede Baumaßnahme ein Stück weit unterschiedlich sind und daher bestehende Freigabeprozesse im System angepasst werden müssen. Einige am Markt verfügbare Systeme zur zentralen Datenverwaltung sind jedoch lediglich im Stande, eine bestimmte Anzahl vorgegebener Zustände (*Status*) abzubilden. Für Bauprojekte erscheint das unzureichend. Auch die Workflow-Engine[5] sollte möglichst viele Freiräume in der Abbildung von standardisierten Prozessen im Baulebenszyklus bieten. So ist es beispielsweise zweckmäßig, den Statusübergang von „wird gebaut" zu „fertig gebaut" nicht nur auf Dokumentebene zu vollziehen. Vielmehr muss es möglich sein, den Statusübergang auf einen ganzen Datencontainer, der alle zu einem Bauteil gehörenden Dokumente enthält, anzuwenden.

Aber nicht nur bei der Status- und Workflow-Verwaltung sind Funktionsumfang und eine einfache Anpassung entscheidend. Da Bauprojekte Unikatcharakter besitzen, muss beim Anlegen neuer Benutzer und deren Rechtezuweisung sowie der Modifikation des Systems für die Anforderungen eines einzelnen Bauprojektes eine

---

[5] Eine Workflow-Engine ist eine Software zur Ausführung von Geschäftsprozessen, wie z. B. Freigaben von Dokumenten.

hohe Flexibilität und einfache Konfiguration gewährleistet sein. Möglichst zu vermeiden sind Systeme mit hohem Customizing[6]-Aufwand, der im Allgemeinen mit umfangreichen Programmierarbeiten verbunden ist. Idealerweise existieren für verschiedene Bauprojekte bereits Vorlagen, die schnell an die jeweiligen Gegebenheiten angepasst werden können.

Da umfangreiche Baumaßnahmen oft international abgewickelt werden, ist es zudem bedeutend, eine mehrsprachige Oberfläche bereitzustellen. Dies gilt nicht nur für Menüs und Reiter, sondern vor allem auch für Metadaten wie Status oder Dokumenttyp. Um wichtige Informationen schnell im Zugriff zu haben, sollte zudem die Möglichkeit bestehen, für jeden Nutzer sogenannte Favoriten zu definieren, also vordefinierte Suchanfragen oder Verknüpfungen zu bestimmten Datensätzen. Diese müssen vom Nutzer möglichst einfach angelegt oder erweitert werden können. So kann die Datenbank mit Hilfe von vorkonfigurierten Systemsuchen schnell und unkompliziert nach aktuellen Inhalten durchsucht werden. Beispielsweise könnte die Rolle „Bauüberwacher" über einen Favoriten verfügen, der die Datenbank nach Bauteilen beauskunftet, die in den letzten fünf Tagen fertiggestellt wurden.

Diese Fülle von psychologischen Aspekten sowie organisatorischen Herausforderungen und Anforderungen verdeutlichen, dass die Auswahl und Implementierung eines Datenmanagement-Systems zweifellos mit Aufwand verbunden ist. Zu Beginn des Projektes werden Ressourcen in Form von Zeit und Geld zur Installation und projektspezifischen Anpassung der Plattform benötigt. Wird jedoch das richtige System ausgewählt und werden zudem klare Vereinbarungen in der Projektabwicklung getroffen, übertrifft der in Abschn. 3.1 dargestellte Nutzen den Aufwand ab einem Projektvolumen von etwa 10 Mio. € bei weitem (Sturm 2007).

3.3 Datenmanagement im Maschinen- und Anlagenbau – Ein Rückblick

Alexander Kisselbach, Markus Schorr

Mit Beginn der 80er Jahre fielen in Fertigungsunternehmen neben Papierdokumenten zunehmend digitale Daten an. Zusätzlich zu Listen und Textdateien entstanden aufgrund des verstärkten Einsatzes von digitalen Zeichenbrettern zudem CAD-Dateien. Wie im Zeichnungsarchiv der Konstruktionsabteilung mussten auch diese digitalen Daten zuverlässig verwaltet werden. Folglich wurden sogenannte Beauskunftungsplätze eingerichtet. Das sind Rechnerarbeitsplätze mit Zugang zu einer Festplatte, auf der Engineering-relevante Dateien abgelegt wurden. Gleichzeitig hatten viele Unternehmen jedoch das Problem, dass Dokumente an verschiedenen Standorten verfügbar sein mussten. Benötigt wurde also ein Dateiablagesystem, auf das alle Mitarbeiter auch von verteilten Standorten aus Zugriff hatten. Das Internet war zu diesem Zeitpunkt noch nicht verfügbar, weshalb Festplatten großen Ausmaßes nach

---

[6] Die kundenspezifische Anpassung eines Serienproduktes wird als Customizing (englisch: to customize = anpassen) bezeichnet.

Dienstschluss oft in einen Wagen gepackt und die Daten an anderen Standorten kopiert und abgeglichen wurden. Mit dem fortschreitenden Ausbau des Telekommunikationsnetzes wurden die verschiedenen Standorte untereinander vernetzt. Der Datenabgleich konnte nun häufiger und bequemer, z. B. per Standleitung erfolgen.

Damit waren die digitalen Daten zentral gespeichert, von einer Verwaltung oder einem Management der Daten konnte jedoch noch keine Rede sein. Da ein Fileablagesystem nur über eine sehr rudimentäre Zugriffsrechteverwaltung verfügt, konnten leicht andere Mitarbeiter unbeabsichtigt Daten überschreiben oder Änderungen vornehmen. Demzufolge ging die Entwicklung vom reinen Speichern hin zu einem gelenkten Umgang mit Engineering-Daten. Hier kristallisierten sich im Wesentlichen zwei Entwicklungsstränge heraus – die „evolutionäre Keimzelle" sowie der strukturierte, hierarchische Ansatz.

Bei der „evolutionären Keimzelle" entwickelten IT-interessierte Mitarbeiter, die zumeist in den Konstruktionsabteilungen arbeiteten, Regellogiken für den Datenzugriff. Typischerweise wurde diese Logik ausschließlich innerhalb einer Abteilung eingesetzt und erfüllte dort ihren Zweck. Ein Beispiel wäre eine einfache Textdatei, in der neben Teilenummer, Bauteilname und Ablagepfad der CAD-Datei auch Änderungen an Inhalten manuell mit Datum dokumentiert werden können. Im Laufe der Jahre wurden diese Regellogiken weiterentwickelt und der Zugriff auf angeschlossene Abteilungen, wie z. B. die Produktion ausgeweitet. Sonderwünschen anderer Abteilungen wurde entsprochen, das System weiter ausgebaut und eventuell sogar mit anderen Insellösungen per Schnittstelle verbunden. So entwickelte sich im Lauf der Zeit ein hochindividuelles zentrales Datenmanagement-System, das auch heute noch vor allem für kleine, wachsende Unternehmen charakteristisch ist.

Der strukturierte, hierarchische Ansatz ließ sich hingegen typischerweise in großen, produzierenden Unternehmen aus dem Flugzeug-, Automobil- und Schiffsbau beobachten. Hier wurden zunächst die eigenen Geschäftsprozesse analysiert. Klare Vorgaben, wann welche Abteilung welche Daten in welcher Form abzulegen hatte, wurden getroffen. Auf dieser Basis wurde dann mit der Programmierung von ersten durchgängigen, zentralen Datenmanagement-Systemen begonnen. In der Regel entwickelte jedes Unternehmen eine individuelle Lösung in Eigenregie. Die Architektur der Systeme hat sich dabei im Übrigen bis heute nicht verändert. Schon damals wurde eine Datenbank mit einen Dateiablagesystem kombiniert. Die Basis für heutige Datenmanagement-Systeme mit benutzerabhängigen Zugriffsrechten war geboren.

Mit der Homogenisierung der Betriebssysteme, also der Verdrängung von SunOS, Unix und OS/2 sowie der Konzentration auf Microsoft Windows entwickelte sich die Herstellung von Datenmanagement-Systemen zu einem wirtschaftlich tragfähigen Geschäftsmodell.

Es entwickelten sich im Wesentlichen drei verschiedene Systemkategorien: Enterprise Ressource Planning (ERP)-Systeme boten ein zentrales Datenmanagement für kaufmännische Funktionen wie Rechnungsstellung oder Bestellungen. Engineering-lastige Datenmanagement-Systeme eigneten sich hingegen vor allem für Konstruktionsdaten und waren zumeist an ein oder mehrere CAD-Systeme gebunden. Quellunabhängige Datenmanagement-Systeme verwalteten indessen Dokumente unterschiedlichster Erzeugersysteme, wie z. B. *Microsoft Office* Dokumente. Neben der zentralen Verwaltung aller Dokumente und den Zugriffsregelungen wurden zunehmend auch Unternehmensprozesse unterstützt. Freigabeprozeduren oder Änderungen werden heute automatisiert über Workflows gesteuert und zuverlässig dokumentiert.

Die Einführung von Datenmanagement-Systemen half Fertigungsunternehmen dabei, Suchzeiten für Dokumente drastisch zu reduzieren und die Verfügbarkeit von Daten zu erhöhen. Gleichzeitig wurde die Fehlerrate durch eine bessere Abstimmung verringert. Die Datenbasis diente zudem als Wissensdokumentation für Folgeprojekte. Alles in allem wurde die Produktivität gesteigert und die Unternehmen konnten ihre Produkte schneller am Markt platzieren. Heute verfügt fast jedes größere Unternehmen der Fertigungsindustrie über eine ausgereifte Datenmanagement-Lösung. Die Fülle der vorhandenen digitalen Informationen wäre anders nicht mehr handhabbar.

3.4 Instrumente für die zentrale Projektdatenverwaltung

Für das Bauwesen existieren mehrere Möglichkeiten, die in einem Projekt anfallenden Daten zentral zu verwalten. Neben *Dokumentenmanagement-Systemen (DMS)* eignen sich prinzipiell auch *Produktdatenmanagement (PDM)-Systeme*, die ursprünglich für den Maschinenbau konzipiert wurden. Sie sind in der Lage, zusätzlich zu Dokumenten auch Produktstrukturen und CAD-Modelle intelligent zu verwalten. Ein weiteres Mittel stellen *Produktmodell-Server* dar, die ein zentrales datenbankbasiertes Management von semantischen Produktmodellen ermöglichen.

Die genannten Systeme ermöglichen dabei nicht nur eine reine Datenablage. Vielmehr gestatten sie ein strukturiertes Datenmanagement, d. h. neben den reinen Dateien können auch beschreibende Merkmale und Verknüpfungen untereinander abgebildet werden. Aufgrund dieser Vorzüge beschränken sich die Ausführungen in diesem Kapitel auf DMS- und PDM-Systeme sowie Modell-Server. In den folgenden Abschnitten wird ihre Eignung zur unternehmensübergreifenden Projektdatenverwaltung näher betrachtet.

3.4.1 Dokumentenmanagement-Systeme

Markus Schorr

Im Allgemeinen sind DMS in zwei unterschiedlichen Varianten verfügbar. Während sogenannte *Enterprise Content Management (ECM)-Systeme* alle digitalen Dokumente innerhalb eines Unternehmens verwalten, werden *virtuelle Projekträume* zum unternehmensübergreifenden Austausch von Dokumenten eingesetzt.

Enterprise Content Management Systeme
In den Jahren 2000 bis 2002 wurde weltweit etwa die gleiche Anzahl an Daten produziert wie in den 40.000 Jahren zuvor. Bis zum Jahr 2005 wurde diese Datenmenge

sogar noch einmal vervierfacht. Dr. Detlev Hoge, Leiter Produktdatenmanagement im *Volkswagen*-Konzern stellte aufgrund dieser Entwicklung die These auf, dass nur derjenige Vorreiter sein kann, der es versteht, diese Daten in Informationen und vor allem Wissen zu transformieren und damit nutzbar zu machen (Sendler und Wawer 2008). Wesentlich hierfür ist neben der Identifikation die Verfügbarkeit von und der einfache Zugang zu wirklich wichtigen Inhalten.

ECM-Systeme bilden als zentrales Informationslager hierfür die Grundlage. Sie fungieren in einem Unternehmen als intelligentes Dokumentenarchiv und Wissensbasis. Entscheidend für die Organisation von Dokumenten ist dabei, dass sie neben einer zentralen Dateiablage zusätzlich über eine Datenbank verfügen. Dadurch können Dokumente zusätzlich mit beschreibenden Informationen verschlagwortet, untereinander verknüpft oder Zugriffsrechte benutzerspezifisch angepasst werden (Abb. 3.3).

Sämtliche beschreibende Daten zu Dokumenten, wie beispielsweise Status, Ersteller oder Dateityp werden in Form von Tabellen in der Datenbank abgelegt. Diese Merkmale werden auch als Meta-Daten bezeichnet. Zusätzlich wird das tatsächliche Dokument in einem speziellen Verzeichnis (*Vault*) gespeichert. In einer Tabellenspalte der Datenbank existiert zusätzlich zu den beschreibenden Daten auch der Pfad zum physikalischen Dokument. So werden Meta-Daten und die eigentliche Datei miteinander verknüpft. Gleichzeitig erfolgt über die Datenbank auch eine Zugriffsregelung. Wählt sich ein Benutzer mit seinem Benutzernamen und Passwort ein, so werden seine Berechtigungen und Rollen in verschiedenen Gruppen geprüft. Folglich kann dieser Benutzer nur bestimmte Daten sehen oder ändern – eine wichtige Anforderung an eine zentrale Projektdatenverwaltung.

Für den Nutzer werden sowohl beschreibende Daten als auch physikalische Datei in einer gemeinsamen Oberfläche angezeigt. Es stehen hier zumeist ein Rich- sowie

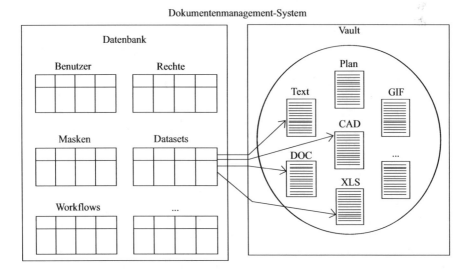

Abb. 3.3 Funktionsweise von Dokumentenmanagement-Systemen. (Nach Borrmann et al. 2009)

ein Thin-Client zur Verfügung. Während der Rich-Client auf jedem Rechner installiert werden muss und den vollen Funktionsumfang bietet, ist der Thin-Client auf
wesentliche Funktionen beschränkt. Dafür ist er ohne Installation über einen Internet-Browser zu erreichen. Das Ablegen von Dokumenten erfolgt bei den meisten
ECM-Systemen per Drag & Drop. Daraufhin öffnet sich eine Maske, die alle relevanten Meta-Daten abfragt. Schließlich werden Datei und beschreibende Merkmale
abgespeichert und somit für alle Mitarbeiter des Unternehmens verfügbar gemacht.
Der große Vorteil dieser strukturierten Ablage offenbart sich bei der Suche nach
Dokumenten. Es besteht die Möglichkeit, diese über deren korrespondierende Meta-
Daten zu suchen. In die Suchmaske können demnach Kriterien wie beispielsweise

- erstellt zwischen dem 01.06.2010 bis heute
- von der Gruppe „Brückenplanung"
- für das Projekt „Neubau Bundesstraße B26"
- aber nicht mit dem Status „Planfreigabe"

eingetragen werden. Alle Dokumente, auf die diese Suche zutrifft, werden in Form
einer Liste anzeigt. Sie können je nach Rechtevergabe entweder betrachtet oder sogar bearbeitet werden. Vor der Bearbeitung erfolgt ein sogenannter *Check-out*. Das
zu ändernde Dokument wird damit für andere Nutzer gesperrt. So wird verhindert,
dass an einem Dokument gleichzeitig Änderungen von mehreren Personen vorgenommen werden. Wird das geänderte Dokument erneut gespeichert (*Check-in*), so
erzeugt das ECM-System eine neue Version und entsperrt das Dokument wieder.
Der Nutzer, der die Modifikation vorgenommen hat, sowie der Änderungszeitpunkt
werden dabei automatisch vom System protokolliert.

Weitere Anforderungen wie die Anbindung an Erzeugersysteme (E-Mail-,
Office-Programme) werden von heutigen ECM-Systemen zufriedenstellend abge-
deckt. Eine Kopplung mit CAD-Systemen ist hingegen nur selten möglich (Cadac
Organice 2010). Darüber hinaus verfügen ECM-Systeme neben leistungsstarken
Viewern über eine ausgereifte Status- und Workflow-Verwaltung.

Als negativ stellt sich indessen der hohe Customizing-Aufwand dar. Aufgrund
der Tatsache, dass ECM-Systeme dazu dienen, dauerhafte, unternehmensinterne
Prozesse abzubilden, können sie in der Regel nicht schnell und dynamisch angepasst werden. Zudem stehen bei ECM-Systemen nicht Bauteile oder Objekte im
Mittelpunkt, sondern das Management von Dokumenten. Diese können zwar häufig
untereinander verknüpft werden, die Verwaltung von Produktstrukturen ist jedoch
nicht möglich. Obwohl eine zentrale Anforderung an eine strukturierte Projektdatenverwaltung damit nicht erfüllt ist, werden derartige Systeme heute bei Bauplanern oder bauausführenden Firmen zur unternehmensinternen Dokumentenver-
waltung eingesetzt.

Virtuelle Projekträume
Im Gegensatz zu ECM-Systemen werden virtuelle Projekträume für die projektbezogene Zusammenarbeit über Firmengrenzen hinweg eingesetzt (Sturm 2007). Diese
virtuellen Projekträume, auch Projekt-Kommunikations-Management-Systeme
(PKMS) genannt, sind internetbasierte Projektplattformen, die in ihrem Aufbau

Abb. 3.4 Nutzer und Aufgaben eines virtuellen Projekt-
raums. (Nach Sturm 2007)

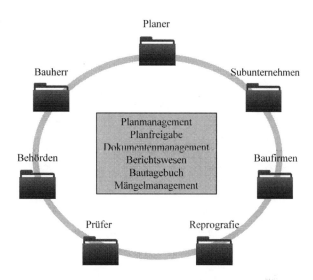

ECM-Systemen sehr ähnlich sind (Abb. 3.4). Auch sie basieren auf einer Kombination aus Dateiablage und Datenbank. Da sie für temporäre Projektteams konzipiert
sind, ist die projektspezifische Anpassung jedoch zumeist weniger aufwändig.

Zugriff auf alle projektrelevanten Dokumente erhalten die Beteiligten über den
Internet-Browser, ähnlich dem Thin-Client bei ECM-Systemen. Im Gegensatz zu
ECM-Lösungen ist das Betreibermodell von virtuellen Projekträumen jedoch ver-
schieden: Während ECM-Systeme von einem Unternehmen selbst finanziert und
betrieben werden, werden Projekträume nach dem Application Service Providing
(ASP)-Prinzip unterhalten. Das bedeutet, dass der ASP als Betreiber die Programm-
funktionalität über einen bestimmten Zeitraum an unterschiedliche Nutzer vermie-
tet. Der Nutzer ist dabei nicht der Besitzer der Software-Lizenz, sondern zahlt eine
Nutzungsgebühr, z. B. pro Monat, Nutzer oder Transaktion (Fülbier und Pirk 2005).
Nicht alle Funktionen, die ECM-Systeme zur Verfügung stellen, können auch mit
Projekträumen abgebildet werden. So sind Direktintegrationen aus Erzeugersyste-
men nur in wenigen Ausnahmefällen verfügbar. Am Markt existieren einige Anbieter, die sich vornehmlich auf die Anforderungen im Bauwesen spezialisiert haben. Lösungen von *baulogis* oder *conject* bieten neben Rechte-, Dokumenten- und
Workflow-Management besondere Module in den Bereichen

- Aufgaben- und Kalendermanagement
- SMS-, E-Mail- und Fax-Integration
- Repro-Service (Planbestellung via Internet)
- Mängelmanagement
- Digitales Bautagebuch
- Ausschreibung und Vergabe.

Für die unternehmensübergreifende Projektdatenverwaltung sind virtuelle Projekträume demnach ein empfehlenswertes Mittel. Dennoch handelt es sich bei ihnen

wie bei ECM-Systemen um Dokumentenmanagement-Systeme. Folglich ist es auch mit virtuellen Projekträumen nicht möglich, das Datenmanagement objekt- und bauteilorientiert in Form von Produktstrukturen zu organisieren.

3.4.2 Produktdatenmanagement-Systeme

Markus Schorr, Andreas Filitz

Moderne Produktdatenmanagement (PDM)-Systeme können als eine Erweiterung von ECM-Systemen gesehen werden, die spezielle Fähigkeiten im Umgang mit Engineering-Daten besitzen. Sie werden heute vor allem in der stationären, produzierenden Industrie eingesetzt. So basiert im Flugzeug-, Automobil-, Schiffs- und Anlagenbau das unternehmensinterne Datenmanagement zumeist auf leistungsstarken PDM-Systemen.

Im Gegensatz zu ECM-Systemen steht in der PDM-Umgebung nicht das Dokument, sondern stets das Bauteil im Zentrum. Ein Bauteil repräsentiert dabei einen Datencontainer mit einer eindeutigen Nummer, der alle für das Teil relevanten Dokumente und deren beschreibende Daten wie Artikel- oder Materialnummer, Werkstoff und weitere produktspezifische Merkmale beinhaltet. So repräsentiert beispielsweise die Felge eines Fahrzeugs ein Bauteil, darunter verknüpft liegen die zugehörigen Dokumente wie z. B. spezielle Anforderungen hinsichtlich der Steifigkeit, erste Skizzen zum Design oder Prüfberichte aus dem Qualitätsmanagement. Um nicht nur mit beschreibenden Dokumenten, sondern auch mit CAD-Daten bauteilorientiert zu arbeiten, muss das Gesamtmodell bei der Erstellung in einzelne Bauteile untergliedert werden. Sonst wäre es im Beispiel der Felge nur möglich, das gesamte Automobil als 3D-Modell oder Zeichnung dem Datencontainer Felge zuzuordnen. Dies wiederum wäre weder bauteilorientiert noch besonders sinnvoll. Technisch gelöst wird diese Herausforderung wie folgt: Während eine Bauteildatei die Geometrie einer Komponente repräsentiert, wird die Information über den Zusammenbau der Bauteile in einer Baugruppendatei gespeichert (Abb. 3.5). Um bei unserem Beispiel zu bleiben: Die beiden Bauteile Felge und Reifen bilden zusammen die Baugruppe Rad. Sowohl Felge als auch Reifen repräsentieren dabei Geometriedaten, die jeweils in einer Bauteildatei gespeichert werden. Die Information über die Art der Verknüpfung zwischen Felge und Reifen wird dagegen in der Baugruppe Rad festgehalten. In unserem Fall sind Reifen und Felge konzentrisch angeordnet, d. h. sie besitzen denselben Mittelpunkt. Zusätzlich berühren sich bestimmte Flächen von Reifenmantel und Felgeninnenseite.

Bei modernen 3D-CAD-Systemen für den Maschinenbau (MCAD-Systeme) ist das die gängige Vorgehensweise beim Modellieren. Prinzipiell ist diese Konstruktionsmethodik jedoch auch bei CAD-Systemen für das Bauwesen (AEC-CAD-Systeme) wie *Autodesk Revit* oder *Autodesk AutoCAD* über externe Verweise, sogenannte XRefs, möglich (s. auch Abschn. 2.2.5).

PDM-Systeme bieten demnach eine hierarchische Organisationsstruktur, die in Projekte, Baugruppen, Bauteile und Dokumente gegliedert ist (Abb. 3.6), die

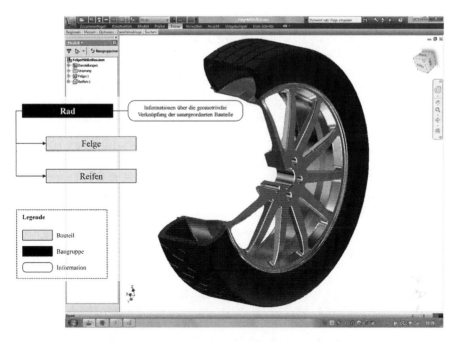

Abb. 3.5 CAD-Baugruppe Rad, bestehend aus den Einzelbauteilen Felge und Reifen

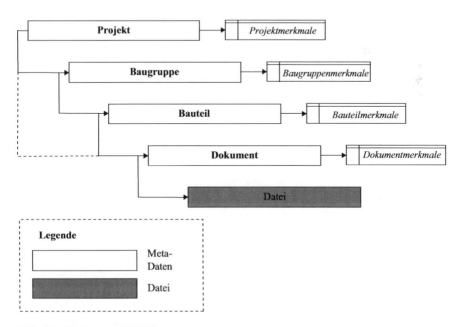

Abb. 3.6 Struktur von PDM-Systemen

wiederum alle Merkmale in Form von Meta-Daten analog zu ECM-Systemen besitzen. Im Normalfall sind Dokumente bestimmten Bauteilen zugeordnet. Einige Inhalte, die für das Gesamtprojekt relevant sind, können aber auch direkt mit dem Projekt gekoppelt sein (z. B. eine Telefonliste).

Die Arbeit mit PDM-Systemen stellt sich bei produzierenden Unternehmen in vielerlei Hinsicht als sinnvoll heraus. Durch die bauteilorientierte Arbeitsweise sind alle für eine Komponente relevanten Dokumente stets übersichtlich gegliedert und sofort verfügbar. Produktstrukturansicht und Verwendungsnachweise geben Auskunft darüber, wie oft ein Bauteil wo im Gesamtkontext verbaut wurde. Wird z. B. nach einem Dokumenttyp „Schaden" gesucht, so werden sofort alle betroffenen Bauteile aufgelistet. Das Stücklistenmanagement ermöglicht darüber hinaus die automatisierte Ausgabe detaillierter Material- und Bauteillisten. Ein großes Plus gegenüber ECM-Systemen ist zudem die direkte Integration von CAD-Systemen. Das heißt, dass der Konstrukteur direkt aus seiner gewohnten CAD-Umgebung Daten in die PDM-Umgebung einspeisen kann. Datencontainer bzw. Bauteile werden automatisch erzeugt und die CAD-Dokumente damit verknüpft. Die gesamte Produktstruktur inklusive des hierarchischen Aufbaus wird direkt aus der CAD-Umgebung übernommen.

Wird die Baugruppe Rad aus der PDM-Umgebung geöffnet, werden automatisch die Bauteile Reifen und Felge sowie deren geometrische Verknüpfungen geladen. Typischerweise wird der Nutzer vom System gefragt, welche Bauteile er verändern und damit für andere Nutzer sperren möchte, sofern er dazu berechtigt ist. In DMS ist diese Form des gemeinsamen Arbeitens an einem Modell nicht möglich, da dem System die geometrischen Abhängigkeiten und die Produktstruktur nicht bekannt sind. „In konventionellen Dokumentenmanagement-Systemen werden AutoCAD-Daten, die aus mehreren Dateien mit externen Referenzen bestehen, oft als zip-Container importiert. Dies ist allerdings nur eine Behelfslösung. Die gemeinsame Arbeit an einem Modell ist in diesem Fall nicht möglich", erklärt Horst Müller, Projektleiter und Berater beim PLM-Systemanbieter *Procad*. „PDM-Systeme arbeiten über referenzierte Teilbilder und kennen somit bei jedem Bearbeitungsschritt alle Abhängigkeiten im CAD-Modell. Man kann damit also jederzeit auch auf Teilmodelle zugreifen und diese bearbeiten".

Darüber hinaus bieten PDM-Systeme die Möglichkeit, die Teile- bzw. Artikelstruktur direkt aus dem CAD-System zu übernehmen. Über Schnittstellen können diese Informationen den angeschlossenen ERP-Systemen zur Verfügung gestellt und müssen somit nur einmal gepflegt werden. Abbildung 3.7 stellt die unterschiedliche Integrationstiefe von DMS und PDM-Systemen mit ERP-Umgebungen dar. Während bei DMS lediglich Meta-Daten und Dokumente übertragen werden, sind PDM-Systeme in der Lage, die gesamte Produktstruktur zu übergeben.

Zur Klassifizierung einzelner Bauteile kommen in PDM-Systemen sogenannte Sachmerkmalleisten zum Einsatz. Über Vererbungen erlauben sie eine komfortable Verschlagwortung und die Suche vom Groben ins Feine. Soll beispielsweise der Schalthebel eines PKW klassifiziert werden, so kann der Konstrukteur vom Gesamtfahrzeug über den Fahrzeuginnenraum bis zur Mittelkonsole navigieren, um sein Teil einzuordnen. Gemeinsame Merkmale von hierarchisch über dem Schalthebel stehenden Elementen wie der Mittelkonsole werden vererbt, was die Suche

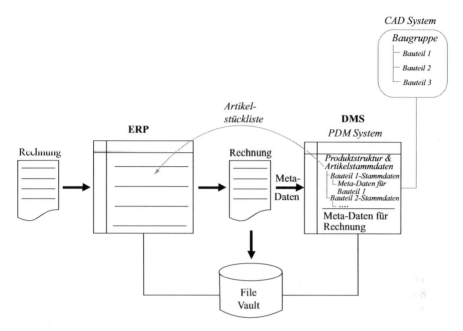

Abb. 3.7 Integrationstiefe von DMS und PDM-Systemen mit ERP-Umgebungen

nach Komponenten bzw. ähnlichen Teilen erheblich vereinfacht. Per Konfiguration ist es zusätzlich möglich, Meta-Daten wie etwa das Material direkt aus der CAD-Umgebung in das PDM-System zu übertragen. So werden CAD-Daten über die Sachmerkmale hinaus einfach klassifiziert. Sie können rasch gefunden und auch für andere Produkte wiederverwendet werden.

Neben der obligatorischen Status- und Versionsverwaltung besitzen viele PDM-Systeme zudem ein Konfigurationsmanagement-Modul. Damit besteht die Möglichkeit, zur gleichen Zeit unterschiedliche Varianten von Produkten vorzuhalten. Im Automobilbau wird das z. B. für die Verwaltung von Fahrzeugen benötigt, deren einziger Unterschied in der Schalt- bzw. Automatikgetriebeausstattung besteht. Zusätzliche Features wie z. B. das sogenannte Schriftkopf-Mapping runden die Funktionalität von PDM-Systemen ab. Meta-Daten wie Ersteller, Teilenummer oder Projektname werden mit Hilfe dieser Funktion automatisch auf die digitale Zeichnung gedruckt.

Einige PDM-Systeme stellen darüber hinaus sogar umfangreiche Projektmanagement-Module zur Verfügung. Bauteile und Dokumente können als verbindliche Arbeitsergebnisse (*deliverables*) von bestimmten Prozessen definiert werden. Eine bidirektionale Schnittstelle zu *Microsoft Project* stellt dabei sicher, dass die gewohnte Software-Umgebung des Projektplaners weiterhin genutzt werden kann (Valnion 2010; Siemens PLM Software 2010). Auch im Bereich *Compliance Management* bieten einige PDM-Systeme Unterstützung. Compliance steht in diesem Zusammenhang für die Zusicherung, dass die Aktivitäten in der Produktentwicklung, die produktdefinierenden Daten und schließlich das Produkt selbst regelkonform sind. Hierfür gibt es heute eine Fülle an Empfehlungen, Richtlinien, Vorschriften und Gesetzen. Deren Einhaltung gilt es im Rahmen des Entwicklungsprozesses zu kontrollieren (Drewinski 2010).

Trotz der vielen auch für das Bauwesen nützlichen Funktionen existieren gute Gründe, weshalb PDM-Systeme in der Bauindustrie derzeit noch keine Rolle spielen. Der Zielmarkt von PDM-Systemherstellern liegt in erster Linie im unternehmensinternen Einsatz in der stationären Fertigungsindustrie. Das hat zur Folge, dass der Konfigurations- und Customizing-Aufwand vor der Inbetriebnahme sehr hoch ist, da sich die unternehmensinternen Prozesse nur selten ändern. Für die temporäre, unternehmensübergreifende Projektarbeit im Bauwesen stellt das jedoch ein Problem dar. Hier sind flexible, einfach zu administrierende Systeme gefragt. Um in dieser Hinsicht den Aufwand zu reduzieren, stellen manche PDM-Hersteller „Startdatenbanken" mit Attributvorlagen für Status, Dokumenttypen oder Sachmerkmale zur Verfügung. Diese beinhalten jedoch lediglich maschinenbauspezifische Vorlagen, z. B. für Schrauben, Dichtringe oder Bolzen – für einen Einsatz im Bauwesen sind dagegen keinerlei solcher Vorlagen (*Templates*) verfügbar. Zudem existiert für die wenigsten AEC-CAD-Systeme eine PDM-Integrationsschnittstelle. Mit Ausnahme von *Autodesk AutoCAD* und *Bentley Microstation* können lediglich führende M- und ECAD[7]-Systeme mit der PDM-Umgebung gekoppelt werden. Das macht die Handhabung bei AEC-CAD-Systemen deutlich weniger komfortabel, da sämtliche Bauteile manuell erzeugt und danach mit manuell eingecheckten CAD-Dokumenten jedes Mal von neuem verknüpft werden müssen. Ein weiterer Schwachpunkt von PDM-Systemen ist, dass bei der CAD-Ablage die kleinste verwaltbare Informationseinheit von der Granularität der importierten Datei abhängt. Das sorgt zwar dafür, dass die Datenbank überschaubar und performant bleibt – der Konstrukteur ist aber dafür verantwortlich, das Modell so aufzuteilen, dass eine bauteilorientierte Arbeitsweise ermöglicht wird. In unserem Beispiel müsste er sicherstellen, das Rad nicht als ein Element, sondern sinnvoll untergliedert aus den Komponenten Reifen und Felge zu erstellen. In diesem Zusammenhang sind also Disziplin und Sachverstand gefragt.

Dass PDM-Systeme aber trotz dieser Schwächen eine denkbare Lösung für das Management von Bauprojektdaten darstellen, zeigt sich an ersten Einsätzen. So wird das Hafenmanagement inklusive der Instandhaltung von Bauwerken wie Schleusen bei *bremenports* heute bereits in einer PDM-Umgebung realisiert (Sendler und Wawer 2008). Für die Steuerung und Überwachung der Baumaßnahme „Gotthard-Basistunnel" kommt für das Projekt-Controlling ebenfalls ein PDM-System zum Einsatz (Contact Software GmbH 2009). Darüber hinaus werden derartige Systeme zunehmend auch im Nahverkehr als technisches Informationssystem erfolgreich eingesetzt (Schulze und Murgai 2009).

Es bleibt also festzuhalten, dass PDM-Systeme prinzipiell auch für das Bauwesen interessant und geeignet sind, dafür aber noch weitreichende Anpassungen erforderlich sind.

---

[7] ECAD- oder Electronic CAD-Systeme bieten ein rechnergestütztes Hilfsmittel für den Entwurf von elektronischen Systemen, wie z. B. Schaltungen.

3.4.3 Produktmodell-Server

André Borrmann

Eine Alternative zur Verwendung von Dokumentenmanagement- oder PDM-Systemen als Lösung für das zentrale Datenmanagement ist der Einsatz von Produktmodell-Servern. Diese weisen signifikante technische Unterschiede zu vorgenannten Systemen auf. Während dort alle digitalen 3D-Modelle in Form von Dateien verwaltet werden, ähnelt ein Produktmodell-Server eher einer Datenbank, in der einzelne Informationen wohl strukturiert abgelegt und mit Hilfe spezieller Zugriffsmechanismen wieder abgefragt werden können. Die wichtigste Auswirkung ist, dass bei DMS oder PDM-Systemen die kleinste verwaltbare Einheit eine Datei ist und damit die Informationsgranularität des Systems über den Inhalt dieser Datei festgelegt wird. Produktmodell-Server erlauben hingegen den direkten Zugriff auf feinstgranulare Daten, wie beispielsweise einzelne Attribute eines Objekts.

Gegenüber Standard-Datenbanken unterscheiden sich Produktmodell-Server dadurch, dass die Daten nicht gemäß einem relationalen Schema sondern auf objektorientierte Weise gespeichert werden. Zur Beschreibung der Datenstruktur kommt dabei die Datenmodellierungssprache EXPRESS zum Einsatz, die zur Beschreibung von Datenaustauschformaten im Rahmen der STEP[8]-Standardisierung entwickelt wurde. Damit sind Produktmodell-Server auf einfache Weise in der Lage, STEP-Dateien einzulesen bzw. aus der Datenbank herauszuschreiben. Dies hat für das Bauwesen besondere Bedeutung, da der weitverbreitete Standard *Industry Foundation Classes* (IFC) ebenfalls mit Hilfe von EXPRESS modelliert wurde (s. auch Abschn. 2.2). Dadurch sind alle Produktmodell-Server automatisch kompatibel mit dem IFC-Format.

Die Arbeitsweise bei der Nutzung von Produktmodell-Servern unterscheidet sich in einigen Punkten signifikant von der Nutzung von DMS oder PDM-Systemen. Zunächst muss der Anwender seine Daten in einem neutralen Format wie beispielsweise IFC speichern. Dabei wird es sich in der Regel um ein vollständiges Produktmodell handeln, also beispielsweise um das komplette 3D-Modell eines ganzen Gebäudes samt detaillierter Informationen zu den einzelnen Bauteilen und den verwendeten Materialien. Der Nutzer führt anschließend mit dieser Datei ein Check-in am Produktmodell-Server durch, wodurch die enthaltenen Daten ausgelesen und in der zugrundeliegenden Datenbank gespeichert werden. Später kann ein zweiter Bearbeiter diese Daten auschecken, d. h. von der Datenbank zurück in das neutrale Datei-Format schreiben lassen. Wichtig ist dabei, dass der Nutzer nicht das gesamte Produktmodell auschecken muss, sondern Teile spezifizieren kann, die für ihn von Belang sind. Beispielsweise kann ein Tragwerksplaner entscheiden, dass die Teile des Produktmodells, die zur Gebäudeausrüstung gehören, nicht mit ausgecheckt werden.

Ein wesentlicher Unterschied zu PDM-Systemen ist, dass die ausgecheckten Teile des Modells nicht für die Bearbeitung durch Dritte gesperrt sind. Stattdessen können beliebig viele Kopien des Modells erzeugt und parallel bearbeitet werden. Man

---

[8] Standard for the Exchange of Product Model Data – ISO 10303.

spricht in diesem Zusammenhang von *optimistischer Nebenläufigkeitskontrolle*, da Modelldivergenzen, die durch die parallele Bearbeitung entstehen, grundsätzlich zugelassen werden. Im Gegensatz dazu praktizieren PDM-Systeme eine *pessimistische Nebenläufigkeitskontrolle*, da dort die ausgecheckten Dokumente gesperrt sind und damit Modelldivergenzen im Vornherein prinzipiell vermieden werden. Um auch bei optimistischer Nebenläufigkeitskontrolle die Konsistenz des Modells zu gewährleisten, müssen bei Produktmodell-Servern Modelldivergenzen erkannt und bereinigt werden. Dies geschieht zum Zeitpunkt des Check-ins und muss in der Regel manuell realisiert werden, da Kompromisse zwischen den beteiligten Planern gefunden werden müssen.

Eine Reihe von Wissenschaftlern vertritt die Auffassung, dass die optimistische Nebenläufigkeitskontrolle deutlich besser geeignet ist, um die Prozesse der Bauplanung adäquat zu unterstützen (Nour und Beucke 2010; Weise et al. 2004). Begründet wird dies mit den für die Bauplanung typischen „langen Transaktionen", also der parallelen Bearbeitung des gemeinsamen Modells über mehrere Tage oder gar Wochen hinweg (Weise et al. 2004). Eine pessimistische Nebenläufigkeitskontrolle, wie sie von PDM-Systemen umgesetzt wird, würde im Sperren der betroffenen Teile über diese langen Zeiträume resultieren und eine parallele Bearbeitung de-facto unmöglich machen.

Trotz dieser wertvollen Funktionen haben sich Produktmodell-Server bislang noch nicht durchsetzen können. Gründe hierfür sind vor allem im Zwang zur Verwendung eines neutralen Formats zu sehen, da die Konvertierung von proprietären Formaten in neutrale Formate bedauerlicherweise häufig mit einem Datenverlust einhergeht. Daher haben einzelne Hersteller wie *Enterprixe* und *Graphisoft* damit begonnen, Modell-Server für proprietäre Formate zu entwickeln. Ein weiterer Grund für die mangelnde Akzeptanz von Produktmodell-Servern kann darin vermutet werden, dass elektronische Workflows nicht oder nur sehr rudimentär unterstützt werden. Schließlich fallen in realen Bauplanungsprojekten immer auch Dokumente mit unstrukturiertem Inhalt an (Angebote, Rechnungen, etc.). Für die integrierte Verwaltung dieser Dokumente und deren Verknüpfung mit dem Produktmodell gibt es jedoch bislang keine zufriedenstellende Lösung.

Zusammenfassend lässt sich sagen, dass sich mit Hilfe von Produktmodellservern im Unterschied zu DMS tatsächlich ein integriertes Modell aufbauen lässt, auf das feingranular und in hohem Maße flexibel zugegriffen werden kann. Mangelhaft ist hingegen der Umgang mit Dokumenten und die Unterstützung von Workflows.

Beispiele für zum Zeitpunkt der Drucklegung verfügbare Produkte sind:

- *EDMServer* von *EPM Technology*
- *EuroSTEP Model Server*
- *Enterprixe Model Server*
- *BIMserver* (Open Source)
- *Graphisoft BIM-Server*

Im Rahmen des ForBAU-Projekts konnten Produktmodell-Server nicht zum Einsatz kommen, da für die Vielfalt der vorliegenden Teilmodelle (Abschn. 2.3) bislang kein umfassendes IFC-Produktmodell vorliegt.

3.5 Datenverwaltung von der Planung bis zum Rückbau – Ein PLM-Ansatz für die Bauwirtschaft

Von der Vorplanung bis zur konstruktiven Gestaltung, dem Bauen und dem Betreiben einer Baumaßnahme entstehen an den verschiedensten Stellen Dokumente und Daten. Der Begriff Product Lifecycle Management (PLM) beschreibt ein integrierendes Konzept zur IT-gestützten Organisation all dieser Informationen. PLM ist dabei als ein Ansatz zu verstehen, stets aktuelle Informationen über den gesamten Produktentstehungsprozess an den relevanten Stellen zur Verfügung zu stellen (Arnold 2005). Eine umfassende Definition für PLM bieten die Liebensteiner Thesen des *sendler/circle* (Sendler 2004). Einer Vorreiterrolle für die Umsetzung von PLM-Konzepten übernehmen vor allem die Flugzeug- und Automobilindustrie. Aber auch im Bauwesen ist der Ansatz einer durchgängigen Lifecycle-Strategie in den Bereichen Planung, Bau und Betrieb zwingend erforderlich (Borrmann et al. 2009; von Both 2010).

Wichtigstes Instrument zur Umsetzung eines PLM-Konzeptes, oder in unserem Fall einer Building Lifecycle Management (BLM)-Strategie, ist demnach ein Werkzeug, das alle relevanten Informationen der verschiedenen Projektbeteiligten sowie die Prozesse über den gesamten Lebenszyklus bündelt und strukturiert verwaltet. Im vorherigen Abschnitt wurden hierzu vier prinzipiell geeignete Technologien vorgestellt. Im Rahmen des Forschungsprojekts ForBAU stellte sich heraus, dass PDM-Systeme (vgl. Abschn. 3.4.2) für das Bauwesen einen erfolgversprechenden Datenmanagement-Ansatz darstellen (ForBAU 2009). Es sind jedoch umfangreiche Anpassungen der Systeme nötig. Die folgenden Abschnitte beschreiben, wie ein PLM-Ansatz auf Basis einer speziell auf die Baubranche angepassten PDM-Umgebung realisiert werden kann.

3.5.1 Auswahl einer PDM-Basis

Markus Schorr

Um eine bauspezifische PDM-Umgebung auf Basis von kommerziell verfügbaren Systemen zu entwickeln, bedarf es zunächst einer Analyse der Abläufe, die innerhalb der Software abgebildet werden müssen. In diesem Buch fokussieren wir uns auf die unternehmensübergreifende Zusammenarbeit in den Bereichen Trassen- und Brückenbau. Danach richten sich auch die Anforderungen an die PDM-Basis, die jedoch in anderen Bereichen des Bauwesens zumindest ähnlich sind. Nach Literaturrecherchen sowie mehreren Interviews und Arbeitstreffen mit Bauunternehmern, Bauplanern und Projektsteuerern stellten sich die in Abschn. 3.2 formulierten Anforderungen bei der PDM-Systemauswahl als zentral heraus. Diese und weitere Anforderungen wurden im Rahmen des ForBAU-Projektes klassifiziert, nach ihrer Relevanz gewichtet und in Form einer Anforderungsliste dokumentiert. Auf dieser objektiven Basis konnte eine systematische Auswahl getroffen werden. Hierzu wurde eine Matrix entwickelt, die es ermöglicht, den Erfüllungsgrad von Anforderungen mit Hilfe eines Punktwertes quantitativ zu erfassen (Abb. 3.8).

PRODUCT LIFECYCLE MANAGEMENT.

Anforderungen.
Eine PLM-Lösung für die Bauplanung und -ausführung.

Nr.	Beschreibung/Name der Anforderung	Ursprung/ Erläuterung	Gewichtung für die PDM-System Bewertung (Progressiv: 1 · 3 · 9)	Bewertungssystematik	Siemens Teamcenter 2007/8 Sehr umfangreiches PDM-System CAD-Anbietergetrieben (Siemens NX) (A1)	
					Bewertung (Linear: 1 · 2 · 3)	Bewertung x Gewichtung
Datenmanagement						
1	Konsistente Haltung von Produktmodellen	Zentrale Verwaltung der Produktmodelle (=Baugruppe in 3D + Attribute + Constraints), z.B. für Bauwerk, Trasse, Baugrund, etc.; im Gegensatz zu DMS/ECM-Systemen soll die Produktstruktur sofort im System ersichtlich	9	1 = nicht erfüllt; 2 = nicht vergeben; 3 = erfüllt;	3	27
2	Zeichnungsarchivierung	"Verknüpfte" Verwaltung der aus dem 3D Modell abgeleiteten 2D-Zeichnungen;	9	1 = nicht erfüllt; 2 = nicht vergeben; 3 = erfüllt;	3	27
3	Abbildung von as-built Strukturen	Produktionssicht der Baugruppen und Gewerke; "Jedes Bauteil" auch CAD-Musterungen sollten eine eigene ID bzw. Seriennummer haben (Bsp.: Gleiche Säule 30x einbgebaut. Es muss eine eindeutige ID pro Säule vorhanden sein.	3	1 = nicht erfüllt; 2 = über Workaround darstellbar; 3 = erfüllt;	3	9
4	Concurrent Engineering	Mehrere Akteure arbeiten an einem Gesamtmodell, jeder von ihnen in seinem speziellen Gewerk/Abschnitt/Bauteil.	3	1 = nicht erfüllt; 2 = erfüllt; 3 = erfüllt und Live-Benachrichtigung des Konstrukteurs, wenn neue Versionen von Bauteilen seiner Baugruppe eingecheckt	2	6
5	Vault mit Check In / Out	Sperren von Inhalten, welche gerade bearbeitet werden;	9	1 = nicht erfüllt; 2 = nicht vergeben; 3 = erfüllt;	3	27
6	Versionierung von Datensätzen	Lückenlose Dokumentation des Entstehungsprozesses mit Bearbeiter, Bearbeitungszeitpunkt, etc.;	3	1 = nicht erfüllt; 2 = erfüllt 3 = erfüllt, zusätzlich Revisionierung möglich (2 stufige Versionierung)	3	9
7	Management von Datencontainern	Mehrere Dokumente, z.B. 3D-Modell + Zeichnung + Neutrales Viewing-Format bilden einen Container/Sammelbehälter mit einer eindeutigen ID;	9	1 = nicht möglich; 2 = möglich, jedoch nur in einer separaten Ansicht/Fenster als Artikel; 3 = Alle Datensätze werden in Containern verwaltet;	3	27

Abb. 3.8 Ausschnitt aus einer gewichteten Anforderungsliste zum Einsatz von PDM-Systemen im Bauwesen. (Quelle: ForBAU 2008)

Wird der Punktewert für den Erfüllungsgrad jeder einzelnen Anforderung mit dem Gewichtungsfaktor multipliziert und darauf folgend die Summe aller gewichteten Teilbewertungen gebildet, so stellt die Gesamtsumme am Ende ein Maß für die Tauglichkeit des PDM-Systems als unternehmensübergreifende Plattform für Tiefbauprojekte dar.

Bevor eine Bewertung erfolgen konnte, musste zunächst der PDM-Markt analysiert und eingegrenzt werden. Bei der von den ForBAU-Wissenschaftlern durchgeführten Bewertung wurden insgesamt neun Systeme in Form von

- Präsentationen von PDM-Herstellern
- Gesprächen und Diskussionen bei Demo-Veranstaltungen
- Messegesprächen
- Telefon-Interviews
- Live-Demos mit Testdatensätzen
- Gesprächen und Besuchen bei Referenzkunden
- Schulungen
- Installationen und Durchführung von Updates
- Konfigurationen und Customizing von Systemen

analysiert. Das System *PRO.FILE* von der Firma *Procad* konnte sich vor allem aufgrund seiner einfachen Anpassbarkeit und Bedienung knapp durchsetzen und eignet sich daher im derzeitigen Entwicklungsstand besonders als PDM-Basis zur unternehmensübergreifenden Bau-Projektplattform. In den folgenden Abschnitten werden Umsetzungsbeispiele daher mehrfach anhand der *PRO.FILE*-Lösung dargestellt. Es wird gezeigt, wie eine speziell auf das Bauwesen angepasste PDM-Umgebung zum effizienteren Bauen und Betreiben über den gesamten Lebenszyklus beiträgt.

3.5.2 Bauplanung

Markus Schorr

Nach der gemeinsamen Festlegung einer Ablage- und Nummerierungssystematik werden zum Projektstart alle Beteiligte im System angelegt und mit bestimmten Rechten und Rollen ausgestattet. Diese regeln den Zugriff auf die unterschiedlichen Datensätze in der PDM-Umgebung. Um den Aufwand in diesem Bereich zu minimieren, wurden im Rahmen von ForBAU bauspezifische Vorlagen, z. B. für Bauherren, Bauplaner, Bauunternehmen etc. erstellt. Damit können beispielsweise Bauunternehmen und Bauplaner auf native 3D-CAD-Datensätze zugreifen, Subunternehmer oder der Bauherr haben jedoch nur Leserechte auf ein neutrales 3D-Format. Dieses wird auf Basis der nativen Datensätze ab einem bestimmten Freigabestatus automatisch erzeugt und verdeckt das in den virtuellen Modellen verborgene Konstruktions-Know-how. Sogar Favoriten auf bestimmte Datensätze sind für die einzelnen Nutzergruppen bereits vorbelegt. So kann etwa der Bauherr mit einem Klick

Abb. 3.9 Login des
Bauplaners mit Benutzer-
name und Kennwort in das
ForBAU-PDM-Portal

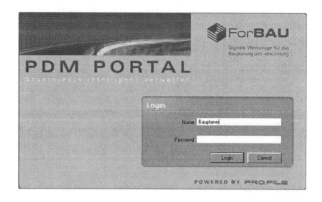

auf die Webcam der Baustelle zugreifen, der Bauüberwacher dagegen erhält schnell
einen Überblick über die in den letzten fünf Tagen fertiggestellten Elemente. Die
Rechteverwaltung greift direkt nach dem Login mit Benutzername und Kennwort
(Abb. 3.9).

Im nächsten Schritt können bereits Dokumente in die PDM-Umgebung überführt werden. Voraussetzung dafür ist jedoch, dass im Rahmen des Customizings
entsprechende Teile- und Dokumenttypen für das Bauprojekt angelegt wurden.
Auch hierfür können wir auf spezielle Vorlagen, die innerhalb des ForBAU-Projekts entwickelt wurden, zurückgreifen. Sie weisen ein klares, übersichtliches Design auf und sind einfach an die projektspezifischen Gegebenheiten anpassbar. Hat
beispielsweise der Vermesser zu Beginn das Urgelände aufgenommen, so überführt
er seine Geländedaten per Drag & Drop von seinem lokalen Ordner in das PDM-
System. Eine Maske (*Wizard*) öffnet sich und der Vermesser kann seinen Datensatz
klassifizieren. Typische, in Bauprojekten anfallende Dokumenttypen für

- qualitätsrelevante Dokumente
- Belege
- Besprechungsprotokolle
- CAD Dokumente
- Mängelbeschreibungen
- Bilder
- Webcams
- etc.

wurden berücksichtigt. Der Vermesser wird sein Dokument folglich als Ver-
messungsdatensatz kategorisieren und mit beschreibenden Merkmalen versehen
(Abb. 3.10). Diese beschreibenden Merkmale bestehen z. B. aus der Aufnahme-
methode, bei der zwischen Tachymeter oder 3D-Laserscanner gewählt werden
kann.

Nach dem Import steht das Dokument allen Beteiligten, die mit den entsprechenden Rechten ausgestattet sind, zur Verfügung. Das ist wichtig, denn die Punktewolken eines Laserscans sind für nachgelagerte Stellen wie z. B. die Trassenplanung
von wesentlicher Bedeutung.

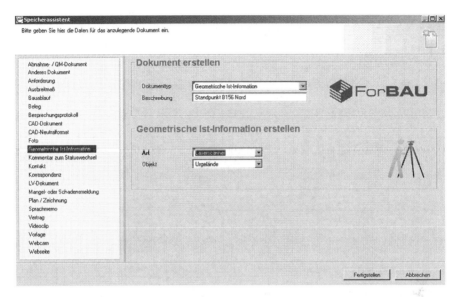

Abb. 3.10 Import von Vermessungsdaten aus einer Laserscanaufnahme in das PDM-System

Für die 3D-CAD-gestützte Konstruktion setzen einige innovative Bauplaner und
-unternehmen heute MCAD-Systeme ein, da komplexe Freiformflächen mit AEC-
CAD-Systemen derzeit nicht adäquat abgebildet werden können. Deshalb erfolgte
im Rahmen des ForBAU-Projekts der Brückenentwurf mit dem MCAD-System
Siemens NX (vgl. Abschn. 2.3.4), obwohl wichtige bauspezifische Anforderungen in der aktuell verfügbaren Version noch nicht erfüllt sind (Obergriesser et al.
2008). Hier kann die CAD-Direktintegration für diverse PDM-Systeme wie *Procad
PRO.FILE*, *Siemens Teamcenter* oder *Contact CIMDATABASE* verwendet werden.
Damit können 3D-Modelle und Zeichnungen direkt aus der CAD-Applikation in
die PDM-Umgebung importiert werden (Abb. 3.11).

Im Rahmen einer Anpassungsprogrammierung für *Siemens NX* wurde ein spezielles Plug-in entwickelt. Es bewirkt, dass Informationen wie Volumen, Gewicht
oder die Bounding Box[9] beim Abspeichern aus dem 3D-Modell errechnet und als
Attribute dem Produktmodell sowie der PDM-Datenbank angehängt werden.

Zusätzlich wird beim Ablegen von CAD-Brückenbauteilen direkt auf speziell
entwickelte Vorlagemasken zurückgegriffen, um die Komponenten eindeutig zu
klassifizieren. Abbildung 3.12 zeigt einen entsprechenden Screenshot.

In der Vorlagemaske links oben kann ausgewählt werden, ob es sich bei dem
modellierten Bauteil um

- einen Bauabschnitt,
- einen Baugrund,

---

[9] Größe eines einfachen geometrischen Körpers, im vorliegenden Fall eines Quaders, der ein dreidimensionales Objekt umschließt.

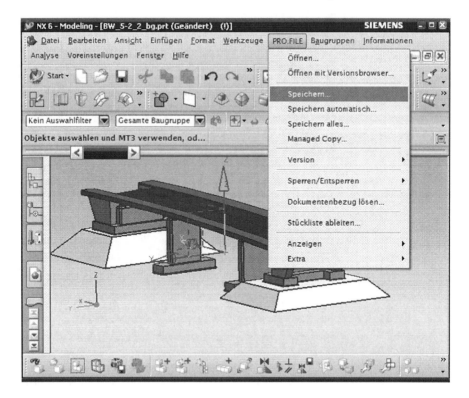

Abb. 3.11 CAD-PDM-Direktintegration: Importieren eines 3D-Brückenmodells aus *Siemens NX* in *Procad PRO.FILE*

- einen Teil der Baustelleneinrichtung,
- eine Brücke oder
- eine Trasse

handelt. Stationierung sowie Baustart und Baudauer werden stets als beschreibende Bauteilmerkmale abgefragt. Wird das CAD-Objekt als „Brücke" klassifiziert, können rechts unten weitere Attribute wie z. B. die Bauteilbezeichnung oder das Material aus vordefinierten Listen gewählt werden. Auch für diese gilt, dass sie einfach an projektspezifische Gegebenheiten anpassbar sind. Nacheinander werden so Informationen über jede Komponente des Brückenbauwerks abgefragt. Für alle modellierten Bauteile, z. B. eine Stütze wird automatisch ein Datencontainer angelegt und das CAD-Dokument damit verknüpft.

Für die Modellierung von Trassen kam im Rahmen des ForBAU-Projektes das Produkt *Autodesk Civil 3D* zum Einsatz. Es unterstützt einen einfachen, mit Vorschriften und Regeln hinterlegten Trassenentwurf und die offene *LandXML*-Schnittstelle (s. auch Abschn. 2.3.3). Über eine Anpassung der *PRO.FILE*-PDM-Schnittstelle konnte auch für dieses AEC-CAD-System eine Direktanbindung an das PDM-System realisiert werden (Abb. 3.13).

Trassen können im Gegensatz zu Brückenbauwerken nicht in Bauteile untergliedert werden. Trotzdem sollten mit der Trassenplanung verknüpfte Dokumente sinn-

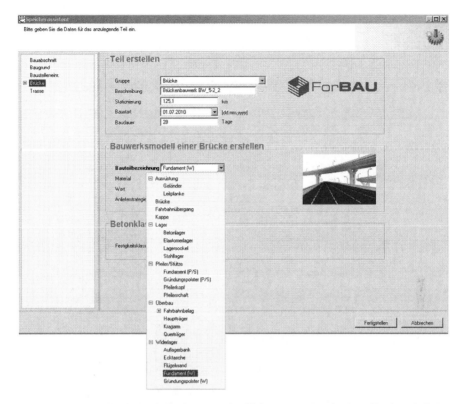

Abb. 3.12 Bauspezifische PDM-Anpassung: Klassifizierung von Brückenbauteilen innerhalb der PDM-Umgebung *Procad PRO.FILE*

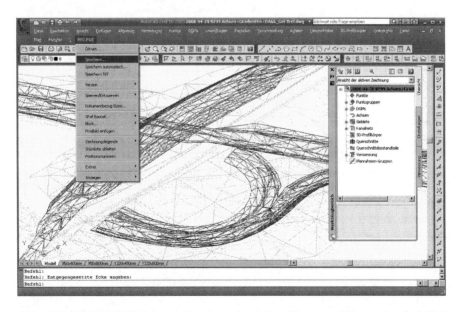

Abb. 3.13 CAD-PDM Direktintegration: Importieren eines Trassenmodells aus *Autodesk Civil 3D* nach *Procad PRO.FILE*

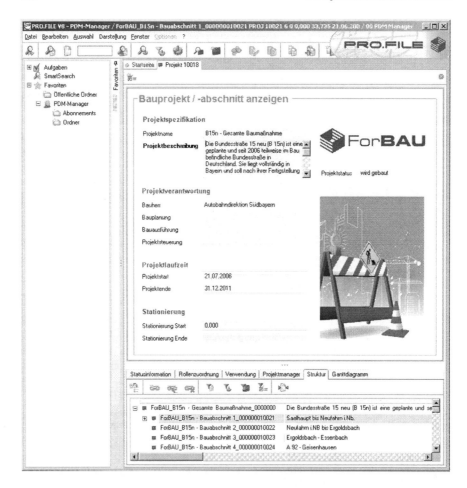

Abb. 3.14 Gliederung einer Baumaßnahme in Bauabschnitte innerhalb der PDM-Umgebung *Procad PRO.FILE*

vollerweise nicht dem gesamten Objekt „Trasse", sondern bestimmten Bereichen zugeordnet werden. Das erleichtert die Übersicht und spätere Nachvollziehbarkeit. Die ForBAU-Vorlagen für den Trassen- und Brückenbau beinhalten deshalb das Objekt Bauabschnitt. So können sowohl Trassen als auch Brücken bestimmten Bauabschnitten zugeordnet werden. Abbildung 3.14 verdeutlicht die Systematik für ein Bauprojekt, das in vier Bauabschnitte untergliedert ist.

Zusätzlich kann eine feinere Suche über die Stationierung bis zur Bauteilebene erfolgen (vgl. Abb. 3.12). Unter dem Objekt Bauabschnitt werden dann sinnvollerweise auch nur die CAD-Dokumente für diesen bestimmten Trassenabschnitt vorgehalten. Über XRefs können die einzelnen Abschnitte in einem Gesamtmodell vereinigt werden.

3.5.3   Bauausführung

Markus Schorr, Cornelia Klaubert

Auf Baustellen kommt es oftmals zu ungeplanten Ereignissen. Um frühzeitig Gegenmaßnahmen einzuleiten und kostspielige Bauverzögerungen zu vermeiden, müssen aktuelle Informationen zum Baufortschritt vorhanden sein.

Heutzutage wird der Baufortschritt hauptsachlich in Form von papierbasierten Formularen dokumentiert, die in Ordnern auf der Baustelle oder im Bauunternehmen aufbewahrt werden. Diese Art der Datenverwaltung ist zeitaufwendig, da benötigte Informationen erst aus Ordnern herausgesucht oder von Formularen manuell in ein EDV-System übertragen werden müssen. Häufig kommt es dabei zu Fehlern, die beim Übertragen der Informationen von Papier in die EDV geschehen oder zum Verlust von Informationen, da Zettel entweder nicht gelesen werden können oder schlichtweg verloren gehen. Bis ein Abgleich von Soll- und Ist-Zustand der Baumaßnahme durchgeführt werden kann, sind die sogenannten Ist-Daten bereits veraltet – kurzfristiges Reagieren auf Probleme ist damit nicht möglich und es kommt im ungünstigsten Fall zur Verzögerung des Bauablaufs. Dadurch ist nicht nur die Kontrolle, sondern auch die Steuerung eines Bauprojektes schwierig.

Weiterhin können wegen der verzögerten Informationsweitergabe Abrechnungen von Leistungen erst zeitverzögert angewiesen werden. Nicht selten werden Leistungen auf Grund von verlorenen Daten auch gar nicht abgerechnet. Vor allem für kleine und mittelständische Unternehmen kann es dadurch zu existenzbedrohenden Finanzierungslücken kommen. Aber auch Großunternehmen müssen durch verspätete Abrechnungen finanzielle Einbußen in Kauf nehmen.

Für die Bauausführung wird daher ein System benötigt, das es erlaubt, baufortschritts- und qualitätsrelevante Daten einfach auf der Baustelle aufzunehmen, in Echtzeit an ein zentrales System weiterzuleiten und strukturiert zu verwalten. Ebenfalls müssen dort alle weiteren Informationen zur Baumaßnahme schnell und aktuell verfügbar sein.

Hier erzeugt eine speziell angepasste PDM-Lösung einen erheblichen Mehrwert. Die relevanten Daten sind nicht nur an einer verbindlichen Stelle verfügbar, sondern über die klare Strukturierung und Attribuierung auch „suchbar". Um zusätzlich zu den beschreibenden Merkmalen auch einen Überblick darüber zu erhalten, in welchem Reifegrad sich ein Datensatz bzw. Bauteil befindet, wurden im ForBAU-PLM-Konzept zusätzlich bauspezifische Zustände wie beispielsweise

- wird geplant
- Planung abgeschlossen
- Baufreigabe erteilt
- geliefert
- in Bau
- fertig gebaut
- in Wartung
- etc.

entwickelt und als Vorlagen im PDM-System *Procad PRO.FILE* hinterlegt. Dadurch wird die Übersicht erhöht, vor allem aber kann die Suche weiter eingeschränkt werden: So kann beispielsweise der Bauherr direkt nach allen Bauteilen im Bauabschnitt 1 zwischen der Stationierung 0,000 und 6,000 km suchen, die gerade gebaut werden.

Die Überführung von einem Status in den nächsten erfolgt rechtegesteuert, d. h. nur Benutzergruppen mit den entsprechenden Rechten können einen Statuswechsel durchführen. So besitzt z. B. der Polier das Recht, ein Bauteil mit seinen zugehörigen Dokumenten vom Status „in Bau" nach „fertig gebaut" zu überführen, nicht aber der Subunternehmer. Dabei ist darauf zu achten, die zu einem Bauteil oder Bauabschnitt gehörenden Dokumente wie beispielsweise Lieferscheine, Fotos oder Rechnungen stets auch mit dem richtigen Bauteil oder Bauabschnitt zu verknüpfen. Hier ist Disziplin gefragt, die gegebenenfalls auch vertraglich geregelt werden muss.

Um die Prozesssicherheit in diesem Bereich maßgeblich zu erhöhen, wurde im Rahmen des ForBAU-Projektes das Konzept der *mobilen Baudatenerfassung* (mBDE) entwickelt (vgl. Abschn. 5.3.2–5.3.5). Ziel des Ansatzes ist es, die reale Welt der Baustelle mit der digitalen Welt der IT-Systeme zu verbinden, um so eine Baufortschrittskontrolle in Echtzeit durchführen zu können. mBDE besteht dabei im Wesentlichen aus zwei Komponenten – einem Identifikationssystem, das Daten auf der Baustelle aufnimmt, und der PDM-Plattform, auf der die Daten gesichert werden.

Um eine effektive Baufortschrittskontrolle durchführen zu können, muss jedes Bauteil bzw. Betriebsmittel eindeutig gekennzeichnet sein. Hierfür kommen unterschiedliche Kennzeichnungsmethoden in Betracht. Die einfachste und auf heutigen Baustellen gängigste Methode der Kennzeichnung ist die Beschriftung durch Einprägen bzw. Einkratzen einer Nummer. Vorteile dieser Methode sind, dass keine speziellen Geräte zum Anbringen bzw. Auslesen der Nummer benötigt werden. Darüber hinaus ist diese Form der Kennzeichnung witterungs- und schmutzresistent, zwei Grundanforderungen, die jede Kennzeichnungstechnologie, die auf Baustellen zum Einsatz kommen soll, erfüllen muss. Nachteile sind die schlechte Automatisierbarkeit des Auslese- und Identifikationsprozesses bzw. der daraus resultierende hohe manuelle Aufwand. Eine weitere Kennzeichnungsmöglichkeit die das Aufbringen von Klarschrift- oder Barcode- bzw. kombinierten Etiketten. Diese haben den Vorteil, dass sie kostengünstig sowie einfach ausles- und anbringbar sind. Über Barcodeetiketten ist der Identifikationsprozess automatisierbar. Negativ sind jedoch die Möglichkeiten zur Manipulation der Daten und vor allem die mangelnde Robustheit der Lösung, da sie schmutz- und zerstörungsanfällig ist.

RFID steht für Radio-Frequency-Identification und bezeichnet eine Identifikations-Methode, um Daten berührungslos mittels magnetischer Felder oder elektromagnetischer Wellen („*Radio-Wellen*") lesen und schreiben zu können (Finkenzeller 2006). Die RFID-Technologie hat den Vorteil, dass Informationen sichtkontaktfrei und durch Materialien hindurch identifiziert werden können. Dadurch ist es möglich, Transponder in die Bauteile bzw. Betriebsmittel zu integrieren und sie so vor den Umgebungsbedingungen zu schützen. Die Identifikation mit RFID ist sehr gut automatisierbar. Ein Nachteil ist der, verglichen mit anderen Technologien, hohe Preis sowohl für die Transponder als auch die Auslesegeräte. Zudem kann das

Umfeld der Baustelle mit den vielen metallischen Gegenständen negativen Einfluss auf ein RFID-System haben. Da in den vergangenen Jahren jedoch bei der Entwicklung von RFID-Systemen für das metallische Umfeld große Fortschritte gemacht wurden, ist diese Rahmenbedingung kein K.o.-Kriterium mehr bei der Technologieauswahl.

Die Near Field Communication (NFC)-Technologie, als Unterart der RFID-Technologie, hat den Vorteil, dass sie auf einer Frequenz arbeitet, die von Feuchtigkeit weniger beeinflusst wird. Zum Auslesen der Informationen können unter Anderem verschiedene Mobiltelefone wie die Modelle 6212 und 6218 der Firma Nokia (Nokia 2010) genutzt werden. Diese Endgeräte haben den Vorteil, dass sie preisgünstig und einfach zu bedienen sind. Der größte Vorteil einer Lösung auf Basis eines Mobiltelefons ist, dass der Polier es immer bei sich tragen kann. Den Bauarbeitern ist die Verwendung von Mobiltelefonen geläufig, so dass kein Aufwand zum Erlernen eines neuen technischen Hilfsmittels entsteht und die Akzeptanz erhöht wird.

Um den Baufortschritt zu dokumentieren, reicht es jedoch nicht alleine, Daten auf der Baustelle zu erfassen. Um einen echten Mehrwert zu erzielen, müssen diese automatisiert an ein zentrales System weitergegeben und den am Bau Beteiligten zur Verfügung gestellt werden. Hierfür kam die bauspezifische PDM-Lösung zum Einsatz.

Abbildung 3.15 zeigt das entwickelte Konzept der mBDE. Dabei wurden nach dem Best-of-Breed-Ansatz die jeweils besten Technologien aus den Bereichen Datenverwaltung und Identifikationstechnologie verknüpft.

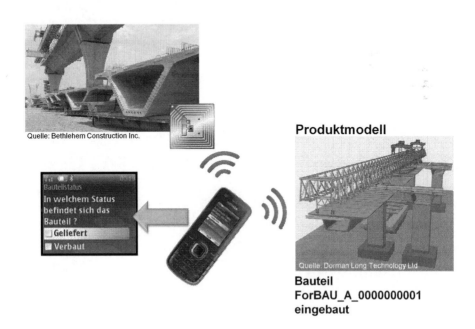

Abb. 3.15 Konzept der mobilen Baudatenerfassung

In Expertengesprächen mit mehreren Baupraktikern wurden die Anforderungen an das System wie folgt definiert:

- Die Identifikationstechnologie muss den rauen Bedingungen der Baustelle standhalten.
- Die Geräte (Hard- und Software), die zur Identifikation der Bauteile auf der Baustelle eingesetzt werden, müssen einfach und intuitiv zu bedienen sein und den bisherigen Arbeitsprozess vereinfachen.
- Das System muss online und offline funktionieren, da nicht davon ausgegangen werden kann, dass zu jeder Zeit eine Funkverbindung vorhanden ist.
- Informationen müssen in Form von Text, Bildern und Ton aufgenommen und versendet werden können.
- Das zentrale Verwaltungssystem muss den Baufortschritt in jeder Phase abbilden und die Verknüpfung zwischen den realen Daten und den digitalen Daten herstellen.

Nach einer Bewertung aller infrage kommenden Identifikationstechnologien wurde auf Grund der Robustheit gegen Schmutz und der zur erwartenden Nutzerakzeptanz die Entscheidung für NFC mit einem Mobiltelefon als Endgerät getroffen.

Das Konzept sieht vor, dass zur Überwachung des Baufortschritts Bauteile wie z. B. Betonfertigteile mit einem NFC-Transponder ausgestattet werden. Jedes Element erhält eine eindeutige Nummer, die mit der ID des virtuellen Bauteils im PDM-System korreliert. Über das NFC-fähige Mobiltelefon werden die Bauteile identifiziert. Über eine Softwareapplikation auf dem Mobiltelefon können dem jeweiligen Bauteil Zusatzinformationen wie der aktuelle Status oder Zustands- bzw. Mängelbeschreibungen durch Bilder, Sprachmemos oder Kommentare zugeordnet werden. Diese werden von der Softwareapplikation automatisch in einer XML-Datei gebündelt, über einen Web-Server an das zentrale PDM-System geschickt und dort dem virtuellen Bauteil angehängt. In der PDM-Umgebung wird dann der Status des Bauteils geändert, z. B. von *geliefert* in *fertig gebaut*. Damit ist der Baufortschritt zu jeden Zeitpunkt im PDM-System dokumentiert (Abb. 3.16).

Die Lösung kann dabei folgendes Einsatzszenario unterstützen: Zur Baufortschrittskontrolle scannt der Polier auf der Baustelle ein Betonfertigteil ab. Wird

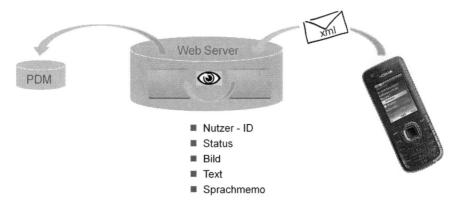

Abb. 3.16 Datenübertagungskonzept mBDE

der Transponder erkannt, erscheint die auf dem NFC-Transponder gespeicherte Bauteilnummer auf dem Display. Der Nutzer entscheidet, ob er weitere Informationen über das Bauteil eingeben möchte. Ist das der Fall, kann er den Status des Bauteils (z. B. *geliefert* oder *eingebaut*) wählen und einen Kommentar hinzufügen. Im nächsten Schritt können mögliche Mängel dokumentiert werden, indem sie durch einen Kommentar beschrieben, mit einem Foto belegt und/oder mit einer Sprachmemo aufgezeichnet werden. Befindet sich der Nutzer gegenwärtig in einem Funkloch, kann er alle Informationen speichern. Bei Handyempfang können die Informationen sofort verschickt werden. Die aufgenommenen Bauteilinformationen (Status, Kommentar, Bild, Ton) werden von der Applikation in einer XML-Datei gebündelt und via UMTS/GPRS an einen Webserver verschickt. Nachfolgend werden die Daten über eine Listener-Software identifiziert und an der richtigen Stelle im PDM-System abgelegt – und dadurch zentral für alle Berechtigten verfügbar gemacht (Abb. 3.16). Zusätzlich zur rein textbasierten Statusmeldung wird der Baufortschritt auch anhand des 3D-Modells visualisiert. Im Rahmen einer Anpassungsprogrammierung des PDM-Systems *Procad PRO.FILE* erhalten die Komponenten von 3D-Brückenmodellen je nach Baufortschritt eine spezielle Färbung (Abb. 3.17). So wird direkt visuell ersichtlich, wie weit der Bau bereits fortgeschritten ist.

Darüber hinaus ist es möglich, den Baufortschritt mit Hilfe einer im PDM-System integrierten Webcam-Anwendung zu kontrollieren (Abb. 3.18). So ist zu jedem Zeitpunkt ersichtlich, was gerade auf der Baustelle passiert.

Ein weiteres, vor allem während der Bauausführung auftretendes Problem sind unklare Zuständigkeiten. Innerhalb eines Unternehmens ist häufig bekannt, welche Personen bestimmte Fähigkeiten oder Kenntnisse besitzen. Baumaßnahmen weisen hingegen eine temporäre Projektzusammensetzung auf, was dazu führt, dass diese Zuordnung häufig nicht bekannt ist. Trotzdem muss es möglich sein, über bestimmte Problemstellungen direkt mit den zuständigen Ansprechpartnern und Experten zu kommunizieren. Im Rahmen von ForBAU wurde das PDM-System daher auch als Expertenverzeichnis verwendet. Das bedeutet, dass alle Projektbeteiligten

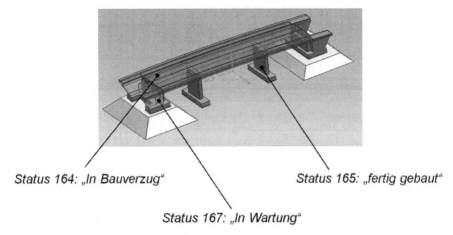

Status 164: „In Bauverzug"   Status 165: „fertig gebaut"

Status 167: „In Wartung"

Abb. 3.17 Statusabhängige Färbung eines 3D-Brückenmodells innerhalb des PDM-Systems *Procad PRO.FILE*

Abb. 3.18 Einbindung einer Webcam im PDM-System *Procad PRO.FILE*

im System nicht nur mit Kontaktdaten und Position – ähnlich einer Telefonliste –
verwaltet werden, sondern ebenso Kompetenzen in bestimmten Wissensgebieten
mit aufgenommen werden. So wird es beispielsweise möglich, alle am Bauprojekt
Beteiligten mit Expertenwissen im Bereich der Vermessung und mit Grundkennt-
nissen im Gebiet CAD-Modellierung zu suchen und zu finden. Abbildung 3.19 zeigt
einen Screenshot der Umsetzung innerhalb des PDM-Systems *Procad PRO.FILE*.

3.5.4 Betrieb und Wartung

André Borrmann, Cornelia Klaubert, Markus Schorr

Auch während der Nutzungsphase erweist sich ein bauspezifisches PDM-System
vor allem für den Betreiber als wertvoll – allein schon deshalb, weil eine strukturierte, bauteilorientierte Historie zur Bauwerksentstehung verfügbar ist. Diese
ist erforderlich, um bestimmte Informationen, die wichtig für das Betreiben des
Bauwerkes sind, wiederzufinden. Werden diese nicht auf den ersten Blick erfasst,
so hilft eine leistungsfähige Volltextsuche dabei, die gewünschten Informationen
schnell zu finden. Für die Langzeitarchivierung wurde im Rahmen der ForBAU-

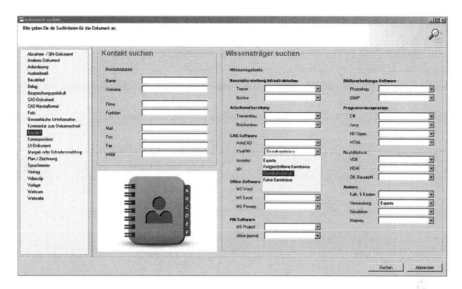

Abb. 3.19 Bauspezifische PDM-Anpassung: Suchen und Finden von Experten innerhalb eines Bauprojektes

Anpassungen zudem ein Serverprozess eingerichtet, der 3D-Modelle ab einem bestimmten Reifegrad in das Neutralformat 3D-PDF überführt. So ist auch Jahre später noch ein sicherer Zugriff auf die 3D-Daten sichergestellt.

Informationen aus der Betriebsphase können im PDM-System direkt an Bauabschnitte oder Bauteile angeheftet und das Modell damit ähnlich wie in einer Facility-Management-Software fortgeschrieben werden. Wartungspläne von Brücken können hinterlegt und bei Fälligkeit Wartungsaufträge an die verantwortlichen Bereiche versendet werden. Die entstehenden Abnahmedokumente werden im PDM-System gespeichert und mit einem entsprechenden Statusübergang wird der Wartungsvorgang sauber dokumentiert.

Mobile Lifecyle Manager

Analog zur Baufortschrittsdokumentation (mBDE) wurde dafür im ForBAU-PLM-Konzept eine mobile RFID-Lösung mit dem PDM-System *Procad PRO.FILE* gekoppelt.

In Zusammenarbeit mit der norwegischen Firma *epocket* wurde das Konzept des Mobilen Lifecycle Managers, kurz MLM entwickelt. Mit Hilfe des MLM ist es möglich, die Daten der Digitalen Baustelle für das Lebenszyklus-Management zu nutzen. Die für die Wartung bestimmter Komponenten verantwortliche Person erhält via *PRO.FILE* eine Erinnerung, dass eine Wartung durchzuführen ist, z. B. eine Hauptprüfung nach DIN 1076 bei Ingenieurbauwerken. Nachdem der Verantwortliche die Meldung erhalten hat, schickt er einen Auftrag zur Prüfung an einen Wartungsmitarbeiter. Nach DIN 1076 ist der Wartungsmitarbeiter verpflichtet „alle auch schwer zugänglichen Bauwerksteile handnah zu prüfen" (Norm 1076).

Es wird sichergestellt, dass der Prüfer alle Teile handnah überprüft, indem RFID oder NFC-Transponder mit einer kurzen Reichweite (<20 cm) an verschiedenen, prüfungsrelevanten Stellen einbetoniert werden. Um die Prüfung durchzuführen, erhält der Wartungsmitarbeiter einen RFID-fähigen PDA[10], ein sogenanntes Handheld. Auf diesem ist die Software *Handyman* der Firma *epocket* installiert, die im Rahmen des Forschungsverbunds ForBAU erweitert wurde, um die für die Hauptprüfung nach DIN 1076 benötigten Schritte durchzuführen. Mit dem Handheld scannt der Mitarbeiter die zu prüfenden Bauwerksteile ab. Es öffnet sich die für den Bereich relevante Checkliste, z. B. für Massivteile oder Stahlkonstruktionen. Scannt der Mitarbeiter beispielsweise ein Betonteil ab, so öffnet sich auf dem PDA automatisch die Checkliste für Massivteile. Der Mitarbeiter wird mit Hilfe der Liste durch die Prüfung geführt. Schäden wie Risse, Verfärbungen oder Abplatzungen können zusätzlich mit einem Foto der im Handheld integrierten Kamera dokumentiert werden. Die Arbeitskraft schließt die Prüfung des Bauteils mit einer digitalen Unterschrift am Ende der Checkliste und versendet die Daten. Für den Mitarbeiter ist die Prüfung damit abgeschlossen, ohne dass er im Nachgang Prüfungsunterlagen abheften oder in der EDV ablegen muss.

Sollen darüber hinaus Dokumente wie z. B. Prüfzertifikate im PDM-System abgelegt werden, können diese über einen Web-Client manuell eingefügt werden. Projektbeteiligte, die das PDM-System nur selten nutzen, müssen auf diese Weise nicht zwangsläufig eine lokale Client-Installation besitzen.

Zahlreiche Vorgänge im Bereich Wartung und Betrieb können also innerhalb der PDM-Umgebung bauteilorientiert geplant und dokumentiert werden. Zusätzlicher Nutzen ergäbe sich, wenn obendrein der Zustand von Baumaßnahmen abgebildet und so eine dynamische Planung der Wartungszyklen erfolgen könnte.

Modellbasiertes Lebensdauermanagement

Um das Potential der Nutzung von 3D-Bauwerksmodellen über den gesamten Lebenszyklus hinweg aufzuzeigen, wurde am Lehrstuhl Computation in Engineering in Zusammenarbeit mit dem Centrum für Baustoffe der TU München ein 3D-basiertes Lebensdauermanagement-System (LMS) entwickelt (Hegger et al. 2009).

Aufgabe eines LMS ist es, die aus der Herstellung des Bauwerks bekannten sowie bei Inspektionen anfallenden Daten über dessen Zustand zentral vorzuhalten und persistent zu speichern. Beim entwickelten LMS können auf Basis dieser Daten zuverlässige Aussagen über den aktuellen Zustand des Bauwerks und durch Einsatz vollprobabilistischer Schädigungsmodelle die zukünftige Zustandsentwicklung prognostiziert werden. Dies ermöglicht dem Betreiber des Bauwerks eine nachhaltige Planung von Instandsetzungsmaßnahmen. Im Gegensatz zum herkömmlichen Vorgehen, bei dem Mängel erst behoben werden, wenn sie sichtbar sind (z. B. Betonabplatzungen), können auf der Basis von Zustandsprognosen vorbeugende Maßnahmen ergriffen werden (z. B. Schutzbeschichtung), was sich häufig als die wirtschaftlichere Lösung erweist. Weiterhin ist durch eine langfristige Planung von

---

[10] Ein Personal Digital Assistant, kurz PDA, ist ein kleiner tragbarer Computer, der heute fast immer auch Telefonfunktionen beinhaltet.

Instandsetzungsmaßnahmen eine Verstetigung des Finanzbedarfs für den Unterhalt der betreffenden Ingenieurbauwerke umsetzbar.

Ein weiterer wesentlicher Vorteil der entwickelten Lösung gegenüber den derzeit in der Praxis eingesetzten Lebensdauermanagementsystemen ist, dass Inspektionsdaten nicht nur alphanumerisch erfasst werden, sondern an die Bauteile eines virtuellen 3D-Modells angeheftet werden. Der daraus berechnete aktuelle und zukünftige Zustand des Bauwerks wird ebenfalls anhand des 3D-Modells visualisiert (Abb. 3.20) Dies verhindert zum einen Fehleingaben bei der Sammlung von Inspektionsdaten und ermöglicht zum anderen dem verantwortlichen Ingenieur, einen schnellen Überblick über den aktuellen und zukünftigen Zustand sowie

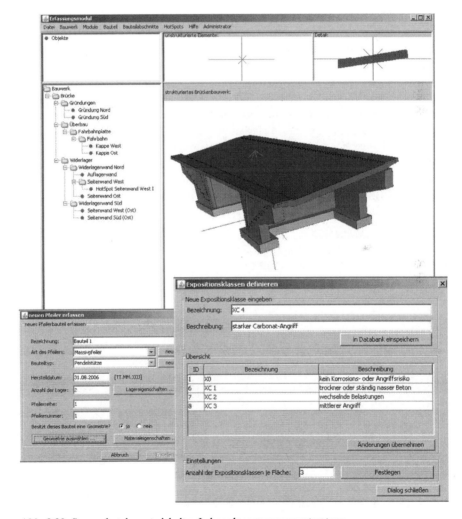

Abb. 3.20 Screenshot des entwickelten Lebensdauermanagementsystems

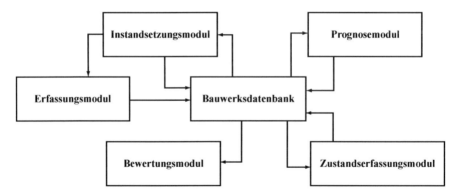

Abb. 3.21 Modularer Aufbau des Lebensdauermanagementsystems

potentielle Schwachstellen eines Bauwerks zu erhalten. Letzterem kommt besondere Bedeutung durch das häufige Wechseln von Verantwortlichkeiten während der langen Lebensdauer von Bauwerken zu.

Das entwickelte System ist vollständig modular aufgebaut (Abb. 3.21). Dabei entsprechen die einzelnen Module den über die Lebensdauer eines Bauwerks notwendigen Datenerfassungs- und -verarbeitungsvorgängen (Kluth et al. 2008).

Im Mittelpunkt des LMS steht eine Datenbank, in der alle Bauwerksdaten erfasst werden. Hierzu zählen allgemeine Informationen und Geometriedaten des Bauwerks sowie Angaben zu den charakteristischen Eigenschaften der verwendeten Baustoffe, Ergebnisse von Messungen und Instandsetzungen. Die zentrale Datenbank bietet Schnittstellen zu allen anderen Modulen des LMS.

Bauwerkserfassungsmodul

Mit Hilfe dieses Moduls erfolgt die Erfassung neuer Bauwerke bzw. vorhandener Bestandsbauwerke in Bezug auf die 3D-Geometrie. Neben der Geometrie der Bauteile werden auch alle Informationen über verwendete Baustoffe, Umwelteinwirkungen und Bauteilwiderstände den Bauteiloberflächen zugeordnet. Die modellrelevanten Informationen (z. B. Betondeckung etc., Chlorideinwirkung etc.) können direkt als stochastische Größen (Art der Verteilungsfunktion inklusive entsprechender Parameter) im 3D-Modell hinterlegt werden.

Zustandserfassungsmodul

Das Modul dient dem Einlesen von Messdaten aus kontinuierlichen (Sensoren) und diskontinuierlichen (Inspektionen) Zustandserfassungen in die Datenbank. Dabei werden die Messwerte oberflächenbezogen an das 3D-Modell des Bauwerks angehängt. Über bereits entwickelte Untersuchungsstrategien, welche Vorgaben über Inspektionsintervalle sowie deren Durchführung liefern, werden regelmäßig neue Zustandsdaten generiert.

Prognosemodul

Durch die Kenntnis des Bauteilwiderstands (z. B. verwendeter Beton und Betondeckung) und der Einwirkung (vorherrschende Chloride infolge Exposition) kann im

Prognosemodul die zu erwartende Zustandsentwicklung auf Bauteilebene berechnet werden. Soweit entsprechende Schädigungsmodelle bekannt sind (Gehlen 2000), erfolgt die Berechnung vollprobabilistisch (Lukas et al. 2009). Als Ergebnis erhält man Versagenswahrscheinlichkeiten p_f oder Zuverlässigkeiten β unter Vorgabe maßgebender Grenzzustände. Durch Berücksichtigung aktueller Ergebnisse aus Bauwerksuntersuchungen während der Nutzungsphase (Bayes'sches Update) werden die anfänglichen hohen Streuungen infolge von Unsicherheiten bei den Eingangsgrößen sukzessive reduziert. Dadurch wird die Zuverlässigkeit der Zustandsprognose mit fortschreitender Nutzungsdauer immer weiter geschärft.

Bewertungsmodul

Zur griffigen Formulierung von Bauteilzuständen sowie zum besseren Vergleich der Zustände mehrerer Bauteile untereinander wurden Zustandsnoten eingeführt. In Abhängigkeit zuvor berechneter Versagenswahrscheinlichkeiten bzw. Zuverlässigkeiten werden Zustandsnoten von 1 (keine Beeinträchtigung) bis 6 (Tragfähigkeitsverlust) vergeben (Lukas et al. 2009).

Die Zustandsprognose und -bewertung erfolgt zunächst ausschließlich auf Bauteilebene. Entscheidungen über erforderliche Instandsetzungsmaßnahmen werden hingegen in der Regel für das gesamte Bauwerk getroffen. Durch Aggregation der Zustandsnoten auf Bauteilebene zu einer Bauwerksnote können diese als Grundlage zur Planung von Instandsetzungsmaßnahmen und insbesondere zur Festlegung des technisch notwendigen oder budgetabhängigen Instandsetzungszeitpunkts dienen. Die Aggregation erfolgt mittels gewichteter Zustandsnoten unter Einhaltung von zulässigen Versagenswahrscheinlichkeiten mit Hilfe eines Faktoransatzes.

Für eine optimierte Instandsetzungsplanung auf Bauwerksebene über die Restnutzungsdauer sind Degradationsmodelle für verschiedene Instandsetzungsmaßnahmen erforderlich. Durch die Integration der Bewertungswerkzeuge in das Softwaretool wird der Fachingenieur in seiner Entscheidungsfindung zur Umsetzung von Instandsetzungsmaßnahmen unterstützt, jedoch keinesfalls durch Automatismen ersetzt. Um zukünftig eine realitätsnahe und ökonomisch optimierte Instandsetzungsstrategie abbilden zu können, bedarf es der Entwicklung weiterer Degradationsmodelle (z. B. Frost-/Frost-Tausalz-Angriff) sowie entsprechender Kostenansätze für praxisrelevante Instandsetzungsmaßnahmen.

Instandsetzungsmodul

Im Instandsetzungsmodul wird dem Planer ein erweiterbarer Katalog von Instandsetzungsmaßnahmen zur Verfügung gestellt. Hierbei werden auftretenden Schadensursachen sinnvolle Instandsetzungsverfahren zugeordnet. Durch die Instandsetzung wird ein neuer Bauwerkszustand generiert, der wiederum in die Datenbank eingepflegt wird. Dieser neue Bauwerkszustand bildet damit die aktualisierte Grundlage für weitere Prognosen.

Das LMS trägt damit zu einer nachhaltigen Instandsetzungsplanung von Brückenbauwerken bei. In Zukunft wäre es denkbar, derartige Systeme im Sinne eines integrierten Ansatzes direkt in die PDM-Umgebung einzubetten.

3.6   Fazit und Ausblick

Markus Schorr

Die wachsende Anzahl an Projektbeteiligten, komplexer werdende Baumaßnahmen und schärfere Anforderungen hinsichtlich der Qualitätsdokumentation machen einen strukturierten Informationsaustausch auf Basis einer zentralen Kommunikations- und Informationsplattform unabdingbar. Fehler werden früher erkannt und können folglich rechtzeitig beseitigt werden. Auch in der Nutzungsphase ist die Verfügbarkeit von korrekten Informationen heute wichtiger denn je. Eine zentrale Datenverwaltung leistet einen wesentlichen Beitrag für ein effizienteres Bauen und Betreiben über den gesamten Lebenszyklus.

Für die zentrale Projektdatenverwaltung existieren mehrere Alternativen. ECM-Systeme und virtuelle Projekträume sind bereits am Markt verfügbar, unterstützen aber keine bauteilorientierte Arbeitsweise. Nicht Bauabschnitte oder Bauteile, sondern Dokumente stehen bei diesen Systemen im Mittelpunkt. Produktmodellserver lassen zum heutigen Stand noch die notwendige Marktreife vermissen. Zukünftig stellen sie aber eine sehr vielversprechende Lösung dar. PDM-Systeme wurden ursprünglich zur bauteilorientierten, unternehmensinternen Verwaltung von technischen Daten im Maschinenbau entwickelt. Im Rahmen des ForBAU-Projektes wurden zahlreiche Anpassungs- und Sonderprogrammierungen durchgeführt die zeigen, dass PDM-Systeme auch im Bauwesen eine passende Lösung für das Datenmanagement sein können.

Welches System sich schlussendlich durchsetzen wird, hängt letztlich auch von der Marktakzeptanz neutraler Formate wie IFC ab. In jedem Fall aber wird es notwendig sein, bezüglich der Datenablagestruktur von einem dokumentenorientierten zu einem produktmodellzentrierten Ansatz zu gelangen. Eine schwierige Fragestellung wird zudem sein, wer ein unternehmensübergreifendes Datenmanagement-System hostet bzw. wie die Finanzierung der Lizenz-, Pflege- und Hardwarekosten erfolgt.

Obwohl die Funktionalität von Datenmanagement-Lösungen bereits heute sehr gut ist, könnte vor allem für den Bereich der Bauplanung das Thema Projektmanagement noch besser integriert sein. PDM-Systeme wie *Contact CIMDatabase* und *Siemens Teamcenter* bieten hier bereits gute Lösungen. Für die Bauausführung wäre eine Kopplung von Datenmanagement-System und einer kleinen ERP-Lösung (s. Abschn. 5.4.1) vorstellbar. So könnte z. B. die Anlieferung von Materialien per Schnittstelle direkt an das Datenmanagement-System übergeben werden. Vor allem während der Bauausführung und in der Betriebsphase entstehen neben reinen Dokumenten eine ganze Reihe geografischer Informationen, die typischerweise in Geoinformationssystemen (GIS) vorgehalten werden. Eine Anbindung an die zentrale Datenbank würde es ermöglichen, Geoinformationen, 3D-Modelle und beschreibende Dokumente integriert zu verwalten. Wären all diese Module im Rahmen eines integrierten Lifecycle-Konzeptes mit einer bauspezifischen Datenmanagement-Lösung vernetzt, so entstünde eine Art „Bauprojekt-Produktionsplanungs- und Steuerungssystem" (Bau-PPS), das als das zentrale Element einer digitalen Baustelle angesehen werden kann.

Rein technisch gesehen, ist heute bereits vieles möglich. Klar ist auch, dass die Entwicklung ständig weiter voran geht. Eines jedoch sollte bei der Umsetzung von neuen Datenmanagement-Konzepten stets bedacht werden: Im Mittelpunkt aller Anstrengungen muss stets die Unterstützung des Menschen stehen. Die beste technische Innovation wird wirkungslos verpuffen, wenn der Anwender sie weder versteht noch bedienen kann. Digitale Werkzeuge müssen die Projektabwicklung unterstützen, nicht behindern. Nur wenn das gewährleistet ist, können wir das Nutzenpotenzial intelligenter Datenmanagement-Lösungen voll ausschöpfen.

Literatur

Arnold V (2005) Product Lifecycle Management beherrschen. Ein Anwenderhandbuch für den Mittelstand. Springer, Berlin

Borrmann A, Schorr M, Obergriesser M, Ji Y, Wu I-C, Günthner W, Euringer T, Rank E (2009) Using product data management systems for civil engineering projects – potentials and obstacles. In: Proceedings of the 2009 ASCE International Workshop on Computing in Civil Engineering, Austin

von Both P (2010) Building Lifecycle Management. http://www.ifib.kit.edu/26.php. Zugegriffen: 20. Aug. 2010

Cadac Organice (2010) Cadac Organice CAD integrations. http://www.organice.com/en/products/organice-explorer/cad-integration/Pages/cad-integration.aspx. Zugegriffen: 21. Juli 2010

Contact Software GmbH (2009) Transtec Gotthard entscheidet sich für CONTACT Projektmanagement. Projekt-Cockpit für den Einbau der Bahntechnik im neuen Gotthard-Basistunnel

Drewinski R (2010) Compliance als Chance. edm Report/1/2010, S 24–27

Ehrenspiel K, Kiewert A, Lindemann U (2005) Kostengünstig Entwickeln und Konstruieren. Kostenmanagement bei der integrierten Produktentwicklung. Springer, Berlin

Finkenzeller K (2006) RFID-Handbuch. Grundlagen und praktische Anwendungen induktiver Funkanlagen, Transponder und kontaktloser Chipkarten. 4. aktualisierte u. erw. Aufl. Hanser, München

ForBAU (2008) Zwischenbericht des Forschungsverbundes „Virtuelle Baustelle". Bayerischer Forschungsverbund „Virtuelle Baustelle", München

ForBAU (2009) Zwischenbericht des Forschungsverbundes „Virtuelle Baustelle". Bayerischer Forschungsverbund „Virtuelle Baustelle", München

Fülbier M, Pirk W (2005) Technologie-Monitoring „Computergestützte Technologien". Hannover. http://www.hpi-hannover.de/tt-netzwerk/Technologiemonitoring/cad.pdf. Zugegriffen: 20. Aug. 2010

Gehlen C (2000) Probabilistische Lebensdauerbemessung von Stahlbetonbauwerken – Zuverlässigkeitsbetrachtungen zur wirksamen Vermeidung von Bewehrungskorrosion. Deutscher Ausschuss für Stahlbeton 510. Beuth, Berlin

Hegger J, Dreßen T, Schießl P, Zintel M, Mayer T, Kessler S, Rank E, Lukas K, Borrmann A, Hauer B, Wiens U (2009) Beton – Nachhaltiges Bauen im Lebenszyklus. Bauing 2009(8):304–312

Kluth M, Borrmann A, Rank E, Mayer T, Schießl P (2008) 3D building model-based life-cycle management of reinforced concrete bridges. In: Proceedings of the 7th European conference on product and process modelling (ECPPM'08), Sophia-Antipolis, France

Lukas K, Borrmann A, Zintel M, Mayer T, Rank E (2009) Developing a life-cycle management system for reinforced concrete buildings based on fully-probabilistic deterioration models. In: Proceedings of the 12th international conference on civil, structural and environmental engineering computing, Madeira, Portugal

Nokia (2010) Nokia 6212 classic. http://europe.nokia.com/find-products/devices/nokia-6212-classic. Zugegriffen: 18. Aug. 2010

Norm 1076 (1999) Ingenieurbauwerke im Zuge von Straßen und Wegen – Überwachung und Prüfung. Beuth, Berlin

Nour M, Beucke K (2010) Object versioning as a basis for design change management within a BIM context. In: Proceedings of the 13th international conference on computing in civil and building engineering (ICCCBE-XIII), Nottingham, UK

Obergriesser M, Ji Y, Schorr M, Lukas K, Borrmann A (2008) Einsatzpotenzial kommerzieller PDM-PLM-Softwareprodukte für Ingenieurbauprojekte. Forum Bauinformatik, Dresden

Poguntke W (2006) Sicherheit im Internet. Wie Sie sich vor Viren Würmern und Trojanern schützen. W3L-Verl., Herdecke

Rüppel U (Hrsg) (2007) Vernetzt-kooperative Planungsprozesse im Konstruktiven Ingenieurbau. Springer, Berlin

Schulze S, Murgai M (2009) Stuttgarter Straßenbahnen AG (SSB) – CIM DATABASE bewegt den Personennahverkehr. Nahverkehrspraxis 2009(6)

Sendler U (2004) Zur Klärung des Begriffs Product Lifecycle Management (PLM). Liebenstein. http://www.sendlercircle.com/r_presse/02_06_04-1/PI%20Liebensteiner%20Thesen.htm. Zugegriffen: 20. Aug. 2010

Sendler U, Wawer V (2008) CAD und PDM. Prozessoptimierung durch Integration. Hanser, München

Siemens PLM Software (2010) Portfolio-, Programm- und Projekt-Management. http://www.plm.automation.siemens.com/de_de/products/teamcenter/solutions_by_product/portfolio.shtml. Zugegriffen: 20. Aug. 2010

Sturm E (2007) Virtuelle Projekträume im Internet. Deutsches Architektenblatt 2007(12)

Valnion B (2010) Projektmanagement in neuer Dimension. Econ Eng 2010(3):14–17

Weise M, Katranuschkov P, Scherer R (2004) Managing long transactions in model server based collaboration. In: Proceedings of the 5th European conference on product and process modelling in the building and construction industry, Istanbul, Turkey

Wittig K-J (1994) Qualitätsmanagement in der Praxis. DIN ISO 9000 Lean Production Total-Quality-Management; Einführung eines QM-Systems im Unternehmen. 2., überarb. und erw. Aufl. Teubner, Stuttgart

Kapitel 4
Simulationsgestützte Bauablaufplanung

André Borrmann, Willibald A. Günthner, Tim Horenburg, Markus König,
Jürgen Mack, Stefan Pfaff, Dirk Steinhauer und Johannes Wimmer

In den vorangehenden Kapiteln wurde gezeigt, wie mittels durchgängiger 3D-Modellierung und zentraler Datenverwaltung die Planungsgüte verbessert und die digitale Abbildung von Bauwerken vereinfacht werden kann. Weitere Optimierungspotentiale liegen in der Bauausführung. Durch eine detaillierte Planung vor und während der Ausführungsphase können die Prozesse während der Bauwerkserstellung verbessert werden. Vielfältige Einflussgrößen und Störquellen erschweren jedoch die gegenwärtige Planung des Bauablaufs.

In der aktuell üblichen Vorgehensweise werden zunächst alle Tätigkeiten, welche zur Erstellung des Bauwerks notwendig sind, zusammengetragen, um anschließend die Reihenfolge dieser Tätigkeiten in Abhängigkeit der vorhandenen Ressourcen festzulegen. Wechselseitige Beeinflussungen zwischen den ressourcengetriebenen Vorgängen erhöhen die Komplexität der Planung. Häufig werden derartige Wechselwirkungen nur unzureichend berücksichtigt, daher neigen die Abläufe auf der Baustelle zu Intransparenz und die Wahrscheinlichkeit von Fehlern in der Ausführung nimmt zu. In diesem Kapitel werden zunächst die konkreten Randbedingungen der Bauablaufplanung erläutert, um anschließend aufzuzeigen, welche Anforderungen sich daraus an moderne Planungswerkzeuge ergeben und welche Potentiale aus deren Einsatz erschließbar werden.

Die Ablaufsimulation ist bereits in vielen Industriezweigen verankert und soll zukünftig auch im Bauwesen verstärkt zum Einsatz kommen. Im Verlauf des Kapitels wird gezeigt, wie dieses Werkzeug für eine verbesserte Ablaufplanung beim Infrastrukturbau eingesetzt werden kann.

J. Wimmer (✉)
Lehrstuhl für Fördertechnik Materialfluss Logistik, Technische Universität München,
Boltzmannstr. 15, 85748 Garching, Deutschland
E-Mail: wimmer@fml.mw.tum.de

W. Günthner, A. Borrmann (Hrsg.), *Digitale Baustelle- innovativer Planen, effizienter*   159
Ausführen, DOI 10.1007/978-3-642-16486-6_4, © Springer-Verlag Berlin Heidelberg 2011

4.1 Herausforderungen für die Ablaufplanung im Infrastrukturbau

Jürgen Mack, Johannes Wimmer

Die Ablaufplanung im Infrastrukturbau stellt eine große Herausforderung für jede Baufirma dar. Voraussetzung für einen wirtschaftlichen Ablauf ist ein effizienter und unter den Einzelvorgängen abgestimmter Bauablauf. In diesem Zusammenhang sind eine Vielzahl von einzelnen Vorgängen zeitlich und kapazitativ aufeinander abzustimmen. Diese einzelnen Leistungsteile hängen dabei stark voneinander ab und beeinflussen sich gegenseitig.

Unerwartete Einflüsse während der Bauausführung sind ein stetiger Wegbegleiter und führen somit zwangsläufig zu einer fortwährenden Anpassung des Bauablaufes. Die Ablaufplanung ist deshalb ein dynamischer Prozess, der aufgrund der Schnelllebigkeit der Baustelle nur sehr schwer beherrschbar ist.

In Tab. 4.1 sind unterschiedliche Einflussfaktoren auf den Ablauf von Baustellen zusammengefasst. Eine zentrale Unsicherheit im Bereich der Umwelteinflüsse stellt hierbei der Baugrund dar. Für den Ablauf des Erdbaus ist es entscheidend, welche Mengen welcher Bodenart im Baugrund anstehen. Ändern sich Mengen gegenüber der ursprünglichen Planung, müssen eventuell weitere Zwischenlagerflächen bereitgestellt oder zusätzliches Material beschafft werden. Beim Antreffen erdbautechnisch ungünstiger Böden vermindert sich die Arbeitsleistung und unter Umständen müssen Geräte ausgetauscht oder das Bauverfahren angepasst werden.

Eine weitere Unwägbarkeit ist das Wetter. Die Temperatur und Niederschlagsentwicklung in den Wintermonaten beeinflusst direkt die zur Verfügung stehende Jahresarbeitszeit und damit die Einhaltung von Terminen. Neben den Schwankungen in den produktiven Zeiten hat das Wetter auch einen Einfluss auf die Leistung der einzelnen Bauverfahren. Durch Regen werden bindige Böden schlecht oder gar nicht mehr befahrbar, auch der Einbau kann zum Erliegen kommen. Treten hingegen längere trockene Phasen auf, kann eine Bewässerung erforderlich werden.

Auch die interne Organisation der Baustelle ist eine weitere freie Größe bei der Baustellenplanung. Die Auswahl der Maschinen, das zur Verfügung stehende Personal sowie die Baustelleneinrichtung haben einen direkten Einfluss auf den Ablauf

Tab. 4.1 Einflussfaktoren auf die Ablaufplanung im Infrastrukturbau

Umwelt	Interne Organisation	Baubeteiligte
Wetter	Gerät	Bauherr
Baugrund	Personal	Anlieger
Sparten	Planung	Nachunternehmer
Archäologie	Bauverfahren	Lieferanten
Wasser	Baustelleneinrichtung	Sachverständige, Gutachter
Öffentlicher Verkehr	Baustellenversorgung	Behörden, Einrichtungen
Naturschutz	Betriebsklima	Vereine
Landschaftsschutz	Bauleiter	Politik
…	Drittbaustellen	Genossenschaften
	…	…

der Baustelle. Muss der vorab geplante Baubetrieb geändert werden, beispielsweise durch den Ausfall einer wichtigen Maschine, hat dies häufig auch Einfluss auf andere Gewerke, da sich Termine verschieben oder sich andere Vorgangsdauern ergeben. Zudem „wandern" bei Infrastrukturbaumaßnahmen die Standorte der Arbeiten dynamisch mit dem Baufortschritt. Ändert sich der Ablaufplan, kann es neben den zeitlichen auch zu räumlichen Kollisionen zwischen verschiedenen Tätigkeiten kommen.

Im Infrastrukturbau greifen sehr viele Gewerke ineinander, welche unter Umständen von unterschiedlichen Unternehmen ausgeführt werden. Die Abstimmung zwischen diesen muss ständig – auch bei Störungen während des Bauablaufs – erhalten bleiben. Zudem kann es durch externe Beteiligte zu unplanmäßigen Unterbrechungen in der Ausführung kommen. So können beispielsweise politische Entscheidungen, Bürgerinitiativen u. ä. den Bauablauf verzögern bzw. andere Bauverfahren oder sogar eine Neuplanung erzwingen. Auf derartige Änderungen muss während der Ausführungsphase zeitnah reagiert werden.

Die aktuelle Planung gleicht daher dem in Abb. 4.1 dargestellten Regelkreis. Eine erste Detailablaufplanung und Arbeitskalkulation wird nach den Ausschreibungsplänen des Bauherrn erstellt. Nach einem definierten Ausführungszeitraum oder nach unvorhersehbaren Ereignissen wird diese den in der Realität vorherrschenden Baustellenbedingungen und dem aktuellen Baustellenzustand angepasst.

Durch die oben erläuterten Unsicherheiten ist bisher im Vorfeld einer Baumaßnahme nur eine relativ grobe Zeitplanung der Abläufe möglich. Die Feinplanung und die endgültige Ressourcenzuteilung zu den einzelnen notwendigen Bautätigkeiten werden kurzfristig innerhalb sehr kleiner Planungszeiträume durchgeführt. Sobald Störungen auftreten, muss die Planung mitunter in wenigen Stunden überarbeitet werden, damit der Baufortschritt gewährleistet bleibt und Personal sowie Geräte ihre Arbeit fortsetzen können. Dies liegt in der Verantwortung des zuständigen Bauleiters bzw. Poliers auf der Baustelle.

Zur Vermeidung unwirtschaftlicher Spitzen beim Ressourcenbedarf wird in der Regel versucht die Abläufe so zu planen, dass die vorhandenen Ressourcen möglichst kontinuierlich eingesetzt werden können. Diese ressourcengesteuerte Anpassung des Bauablaufes ist jedoch nur möglich, wenn keine terminlichen Zwänge bestehen. In den meisten Fällen sind allerdings Zwischen- und/oder Endtermine maßgeblich. Die dann erforderliche Anpassung der Ressourcen unter

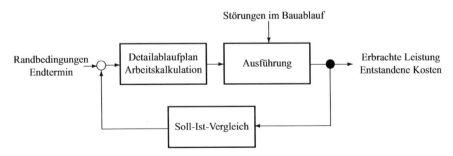

Abb. 4.1 Ablaufplanung als Regelkreis

Berücksichtigung des kritischen Pfades sollte sorgfältig durchdacht und geplant werden.

Um die Abläufe im Infrastrukturbau abzubilden, werden üblicherweise Balkenpläne oder Weg-Zeit-Diagramme verwendet, in welchen neben den Vorgängen auch die jeweils verwendeten Ressourcen aufgenommen werden können. Diese Art der Darstellung ist jedoch bei einer großen Anzahl von Vorgängen sehr unübersichtlich und zusätzlich bei hohem Detaillierungsgrad kaum zu beherrschen. Das Ziel, auch bei Umplanungen des Bauablaufes flexibel zu reagieren und schnell die optimale wirtschaftliche Lösung zu finden, ist mit den heute zur Verfügung stehenden trägen Hilfsmitteln und Methoden in der erforderlichen Zeit nur sehr schwer zu erreichen.

Des Weiteren wird der Bauablauf in aller Regel anhand von 2D-Plänen abgebildet, welche verschiedene Momentaufnahmen eines zukünftigen Baustellenzustandes darstellen. Veränderungen im Bauablauf ergeben aber auch Änderungen in den Bauzuständen, so dass nur wenige signifikante Zwischenstände im Voraus erstellt werden. Der aktuelle Baufortschritt wird anschließend oft nur von Hand in die Pläne nachgetragen.

Die Erstellung verschiedener Szenarien mit unterschiedlichen Abläufen, Baustellenlayouts oder einem veränderten Ressourceneinsatz ist äußerst aufwendig. Der Planer spielt sie daher meist nur im Kopf durch, ohne Zuhilfenahme einer expliziten Darstellung. Daher sind aktuell erfahrene Bauleiter für die erfolgreiche Durchführung von Infrastrukturbaumaßnahmen unerlässlich.

Neben der planerischen Komplexität ist zudem ein genauer Soll-Ist-Vergleich erst sehr spät möglich, da bisher der aktuelle Bauzustand nur mit unverhältnismäßig hohem Aufwand zeitnah ermittelbar ist. Die entstandenen Kosten werden nach Abrechnungsperioden betrachtet und ausgewertet, so dass diese nur in zyklischen Zeiträumen bekannt sind. Daher kann derzeit nur über einen längeren Zeitraum erfasst werden, ob die getroffenen Maßnahmen zur Regelung des Baubetriebs erfolgreich waren.

Um die Ablaufplanung von Infrastrukturbaumaßnahmen zu verbessern, muss also ein Hilfsmittel geschaffen werden, welches den Bauleiter unterstützt, die Auswirkungen kurzfristiger Entscheidungen zu erkennen. Dabei sollten folgende Kriterien erfüllt werden:

- **Dauer:** Entscheidungen müssen in Minuten bis Stunden gefällt werden, um Stillstandskosten zu vermeiden. Daher muss ein Tool zur Entscheidungsunterstützung auch in diesem Zeitraum Ergebnisse liefern.
- **Aufwand:** Eine detaillierte Betrachtung der Vorgänge muss mit geringem Aufwand möglich sein. Vor allem Änderungen müssen schnell eingepflegt werden können.
- **Integration des Ist-Zustandes der Baustelle:** Es muss immer ausgehend von der aktuellen Situation geplant werden, damit richtige Ergebnisse gewonnen werden können.
- **Bedienung:** Das Tool muss von einem erfahrenen Planer oder Bauleiter bedienbar sein.

- **Szenarienbildung:** Für eine gesicherte Planung müssen mehrere Szenarien miteinander verglichen werden. Beispielsweise ergeben sich für die Ablaufplanung von Erdbauvorhaben vielfältige Variationsmöglichkeiten:

  - Zuordnung der Massentransporte von Aushub- und Einbaubereichen
  - Lage und Ausbau der Baustraßen
  - Lage der Zwischenlager, Deponien und Materialquellen
  - Ausführungsreihenfolge der Erdbautätigkeiten (auch Restriktionen aus anderen Gewerken)
  - eingesetzte Ressourcen
  - Zuordnung der Ressourcen zu den einzelnen Tätigkeiten

- **Flexibilität:** Alle möglichen Szenarien müssen abgebildet werden können.
- **Visualisierung:** Die Ergebnisse müssen einfach interpretierbar sein. Dies kann z. B. durch eine 4D-Visualisierung oder aussagekräftige Diagramme erfolgen.

Eine Methode, die diese Kriterien erfüllt, ist die ereignisorientierten Ablaufsimulation. Für den Baubereich befindet sich diese Technik jedoch noch im Forschungsstadium. Um das Werkzeug der Ablaufsimulation auch für den Infrastrukturbau verwenden zu können, müssen neben der Erfüllung der oben genannten Kriterien noch weitere Voraussetzungen durch die Baufirmen und Softwareanbieter erfüllt werden. Diese werden im anschließenden Abschnitt näher erläutert.

4.2 Ablaufsimulation – Potentiale, Voraussetzungen und Vorgehensweise

Tim Horenburg, Willibald A. Günthner

An die Simulation und im Speziellen die ereignisorientierte Ablaufsimulation werden von industrieller Seite sehr hohe Erwartungen gestellt. Gerade aus diesem Grund hat sie ein Akzeptanzproblem, da der Nutzen der Simulation im Gegensatz zu den verursachten Kosten oft schwer monetär zu quantifizieren ist. Die hohen Erwartungen können nur erfüllt werden, wenn sinnvolle Ziele festgelegt und entsprechende Voraussetzungen gegeben sind. Die VDI-Richtlinie 3633 definiert die Simulation als Nachbildung eines Systems mit seinen dynamischen Prozessen in einem experimentierfähigen Modell, um zu Erkenntnissen zu gelangen, die auf die Wirklichkeit übertragbar sind (VDI 3633).

Es gibt vielerlei Arten von computergestützten Simulationen, dazu gehören unter anderem die Mehrkörper-Simulation (MKS) zur dynamischen Abbildung von Körperkinematiken oder die Finite-Elemente-Methode (FEM) zur Strukturanalyse auf Basis endlicher Elemente (Knothe und Wessels 2008). Ziel sind jeweils Erkenntnisse, die aus den unterschiedlichsten Gründen nicht am realen System gewonnen werden können.

Abbildung 4.2 zeigt eine Einteilung der verschiedenen Simulationsarten. Zunächst ist zwischen statischen und dynamischen Simulationen zu unterscheiden. In

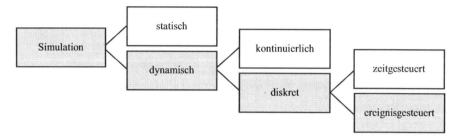

Abb. 4.2 Klassifikation von Simulationsmodellen

statischen Simulationen wird der Zeitverlauf nicht betrachtet, wohingegen sich in dynamischen Simulationen verschiedene Zustände während des betrachteten Zeitraums ergeben. Dazu sind sowohl die Ablaufsimulation als auch die beiden obigen Beispiele der dynamischen Simulation zu zählen.

Die dynamische Simulation kann weiterhin als kontinuierlich oder diskret klassifiziert werden. Der Hauptunterschied dieser Methoden ist die Veränderung des Modellzustands. In kontinuierlichen Simulationsmodellen lassen sich die Zustandsvariablen durch stetige Funktionen beschreiben, bei der diskreten Simulation ändern sich die Werte und Zustände sprunghaft zu bestimmten Zeitpunkten (Page 1991). Eine weitere Unterscheidung der diskreten Ablaufsimulation liegt im Fortschritt der Simulationszeit. Einerseits kann eine Veränderung des Modells wie beispielsweise in der FEM-Simulation nach einem bestimmten Zeitintervall ausgelöst werden (zeitgesteuert) oder andererseits durch Ereignisse, welche zu beliebigen Zeitpunkten auf der Zeitachse verteilt sind (ereignisgesteuert).

Zudem sind Simulationsmodelle hinsichtlich statistischer Schwankungen unter Einbezug von Wahrscheinlichkeiten zu untergliedern. So variieren in stochastischen Modellen Prozesszeiten und Entscheidungen nach statistischen Funktionen. In deterministischen Modellen haben alle Vorgänge feste Parameter, es gibt keinen Einfluss des Zufalls.

Für die Abbildung und Planung von Prozessen im Bauwesen bietet sich die dynamische diskrete ereignisgesteuerte Simulation, oft auch als ereignisorientierte Ablaufsimulation oder „discrete event simulation" (DES) bezeichnet, besonders an. In dieser werden von verschiedenen Objekten Ereignisse über die Zeit ausgelöst, welche bestimmte Aktionen oder Aktivitäten mit einer gewissen Zeitdauer starten. Diese können ihrerseits weitere Ereignisse auslösen (s. Abb. 4.3). Durch die Abbildung der wechselseitigen Einflüsse der Objekte aufeinander können sämtliche Abläufe des Systems Baustelle bereits in der Planungsphase auf prozessuale Fehler untersucht werden. Der starke Einfluss individueller Tätigkeiten auf die Bauausführung kann durch stochastisch verteilte Parameter wiedergegeben werden, so dass die Bauablaufsimulation dieser Art der Simulation zuzuordnen ist.

Für den erfolgreichen Einsatz in der Bauindustrie ist jedoch für jeden Anwendungsfall genau zu klären, welche Ergebnisse erwartet werden, da die Ablaufsimulation auch in absehbarer Zukunft ein Expertensystem bleiben wird und einen hohen monetären und zeitlichen Aufwand nach sich zieht. Tabelle 4.2 bietet einen Überblick über mögliche Potentiale, Anforderungen und typische Anwendungsfelder, welche im Anschluss näher erläutert werden.

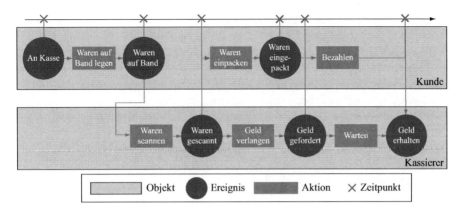

Abb. 4.3 Funktionsprinzip ereignisorientierte Ablaufsimulation

Tab. 4.2 Nutzen, Anforderungen und übliche Anwendungsfelder von Simulationsstudien. (Günthner und ten Hompel 2010; Kumpf 2001)

Nutzen	Anforderungen	Anwendungsfelder
Dimensionierung von Ressourcen	Expertenwissen	Bewertung von Alternativen
Abbildung hoher Systemkomplexität	Kenntnis alternativer Methoden	Entwicklung & Test von Steuerungssoftware
Variation der Modelltiefe	Fundierte Datenerhebung	Strategievergleich
Identifikation von Engpässen	Detaillierte Systemkenntnis	Leistungsnachweise
Fehlervermeidung	Kenntnis impliziten Wissens	Störfallszenarien
Hohe Planungsgüte	Zeit	Prüfung neuer Konzepte
Prozesstransparenz	Finanzielle Mittel	Mitarbeiterschulung
Minimierung des Projektrisikos	Konsequenter, methodischer Einsatz	Entwurf von Steuerungsstrategien
Optimierung	Projektmanagement	Reihenfolgeoptimierung
Zeit- & zufallsabhängige Prozesse	Kenntnis verfügbarer Ressourcen	Ermittlung des Anlaufverhaltens
Kommunikationsmittel	–	Verbesserung, Redesign

Potentiale

Im Gegensatz zur Ablaufsimulation stoßen mathematisch-analytische Methoden bei hoher Systemkomplexität schnell an ihre Grenzen. Interaktionen der zeit- und zufallsabhängigen Prozesse können mit den konventionellen Vorgehensweisen lediglich stark vereinfacht abgebildet werden (VDI 3633). Durch die steigende Planungsgüte bei Einsatz der Simulation und die detailliertere Systemkenntnis können Prozesse verbessert, Problemstellungen frühzeitig identifiziert und somit das Gesamtrisiko im Projekt minimiert werden. Der Vergleich der Zielgrößen verschiedener Szenarien ermöglicht eine transparente Prozessverbesserung und führt insgesamt zu geringeren Anlauf- und Investitionskosten, indem Entscheidungen besser abgesichert und Routinetätigkeiten automatisiert werden. Zudem dient die Simulation als Kommunikationsmittel, was speziell für Bauprojekte mit einer großen Anzahl an Projektbeteiligten unterschiedlichster Disziplinen von großer Relevanz ist. Die zwei- bzw. dreidimensionale Visualisierung der Bauprozesse ermöglicht eine frühzeitige Abstimmung bzw. Schulung der ausführenden Mitarbeiter und liefert eine übersichtliche Darstellung der Simulationsergebnisse für Projektbeteiligte und Entscheider (Košturiak und Gregor 1995). Es gilt, ungeplante und unvorhersehbare Auswirkungen zu vermeiden, indem Engpässe identifiziert, Leistungsnachweise erbracht und Ressourcen entsprechend der zu erbringenden Leistung dimensioniert werden. Kritische Prozesse, deren Verzögerung das gesamte Bauvorhaben beeinträchtigt, können mit hohem Detaillierungsgrad betrachtet werden, weniger maßgebende Prozesse werden hingegen stark abstrahiert (Arnold und Furmans 2009).

Neben der Ermittlung des Verhaltens abgebildeter Systeme sowie definierter Zielgrößen, wie beispielsweise Kosten und Dauer einzelner Bauabschnitte, ist die Simulation auch im strategischen Bereich von hohem Wert. So können Entscheidungen auf Unternehmensebene in Abhängigkeit verschiedener, stochastisch verteilter Zielgrößen durch Simulationsexperimente abgesichert werden, indem mehrere alternative Szenarien verglichen und die Auswirkungen unterschiedlicher Handlungsstrategien betrachtet werden (Košturiak und Gregor 1995).

Die steigende Produkt- und Produktionskomplexität sowie die entsprechend dynamischen Prozesse erfordern eine ständige Kontrolle der Planungsergebnisse. Ein modelliertes System ermöglicht nicht nur eine simulationsgestützte Planung vor der Realisierung einer Baumaßnahme, sondern im besten Fall auch die produktionssynchrone Steuerung während des Betriebs. So können beispielsweise Störszenarien (Ausfall einer Maschine; Ausbleiben einer Materiallieferung) simuliert und frühzeitig Handlungsanweisungen ausgegeben werden.

Voraussetzungen
Wie bereits im vorherigen Abschnitt angedeutet, können die Potentiale der Bauablaufsimulation nur unter gewissen Voraussetzungen ausgeschöpft werden. Aussagekräftige Ergebnisse erfordern ausgeprägte Sorgfalt und Expertenwissen über die Durchführung von Simulationsstudien, über die verwendete Software, aber auch über alternative Methoden zur Zielerreichung (Martin 2009). Neben einer gründlichen, realistischen sowie qualitativ hochwertigen Datenerhebung und Systemkenntnis hat die Wahl einer geeigneten Modelltiefe erheblichen Einfluss sowohl auf die Qualität der Simulationsergebnisse als auch auf den hierfür notwendigen Aufwand (Kumpf 2001). Damit der Planungshorizont von Bauprojekten nicht unnötig verlängert wird, kann der Detaillierungsgrad in Abhängigkeit der Teilprozessrelevanz variiert werden. Wichtig ist auch die Kenntnis potenziell verfügbarer Ressourcen (Flächen, Maschine, aber auch Mensch), um einen möglichst großen Spielraum für Simulationsexperimente auszuschöpfen.

Bislang gibt es kein Berufsbild für die simulationsgestützte Bauablaufplanung. Dies hat zur Folge, dass spezialisierte Simulationsexperten für die Modellierung der Bauabläufe auf das implizite Wissen der Bauprojekteiter zurückgreifen müssen. Eine große Herausforderung besteht darin, dieses Wissen für die Erstellung einer Simulation verfügbar zu machen. Je detaillierter die individuellen Prozesse abgebildet werden, desto zeitintensiver sind Datenerhebung und Modellerstellung. Die letztlich wertschöpfenden Tätigkeiten, wie beispielsweise die Prozessverbesserung und Auswertung, benötigen dagegen weniger Zeit.

Ein konsequenter, durchgängiger Einsatz der Ablaufsimulation sowie das entsprechende Projektmanagement erfordern einen hohen Personal- und monetären Aufwand. Somit ist eine Abschätzung der entstehenden Kosten gegenüber den zu erwartenden Ergebnissen unbedingt erforderlich (Košturiak und Gregor 1995).

Es gibt eine Vielzahl an Software für die Ablaufsimulation, die hauptsächlich für Materialflussbetrachtungen im industriellen Umfeld konzipiert ist. Die systematische Simulation von Bauprozessen ist bislang ein untergeordnetes Thema (s. Abschn. 4.3.3). Dies resultiert u. a. aus den speziellen Anforderungen, welche die Simulationsumgebung im Bereich des Bauwesens erfüllen sollte.

Um flexible Abläufe abzubilden und einzelne Module mit individuell definierten Systemgrenzen und Schnittstellen mehrfach verwenden zu können, muss eine Bausteinbibliothek aus standardisierten Elementen erstellt werden, die sich an das jeweilige Szenario anpassen lassen. Im Infrastrukturbau wie generell im Bauwesen gilt es, die Skepsis der Verantwortlichen gegenüber der Simulation zu überwinden. Daher sollte die Simulationsumgebung eine 2D- beziehungsweise 3D-Visualisierung bieten, welche durchgehend von der Modellierung bis zur Durchführung von Experimenten und deren Auswertungen eingesetzt werden kann, sowie ergonomisch und vor allem praxisnah zu bedienen sind. Gerade bei komplexen Modellen, die über offene Schnittstellen auf andere Formate (*Microsoft Office*, *ActiveX*, CAD) zugreifen, sollten zudem Lauf- und Rechenzeiten gering und effizient sein.

Vorgehensweise
Um aussagekräftige Resultate zu erhalten, sind Simulationsstudien ganzheitlich und methodisch durchzuführen und möglichst früh in den Planungsprozess zu integrieren. Dazu eignen sich verschiedene Vorgehensmodelle. Eine sehr empfehlenswerte generelle Vorgehensweise liefert Kudlich (2000), die allerdings für das Bauwesen leicht abgewandelt werden muss. Obligatorisch ist eine parallele Dokumentation aller Vorgänge des 5-Phasenmodells aus Abb. 4.4.

Aus der Analyse des vorliegenden Problems werden eindeutige und quantifizierbare Ziele abgeleitet. Art und Umfang der erforderlichen Systemdaten sowie deren Elemente und Wechselwirkungen ergeben sich ebenfalls aus der Aufgabenspezifikation und dem Ausgangssystem. Die Erhebung der Daten muss systematisch und möglichst objektiv erfolgen, um Manipulation und ungewollter Verfälschung von Daten vorzubeugen.

Nach der Datenbeschaffung müssen diese entsprechend aufbereitet und in ein Modell, eine vereinfachte Abbildung der Realität, überführt werden. Das heißt, dass irrelevante Objekte oder spezifische Eigenschaften von Elementen nicht berücksichtigt bzw. sinnvoll abstrahiert werden müssen. So wird beispielsweise der Bagger als bewegliches Element modelliert, welches periodisch Material aufnimmt und abgibt. Das entstehende mentale Modell (s. Abb. 4.4) wird anschließend nochmals auf seine Eignung überprüft.

Im nächsten Schritt wird das Modell in ein rechnergestütztes Simulationsmodell implementiert. Das sogenannte Rechnermodell ist sowohl mit dem mentalen Modell

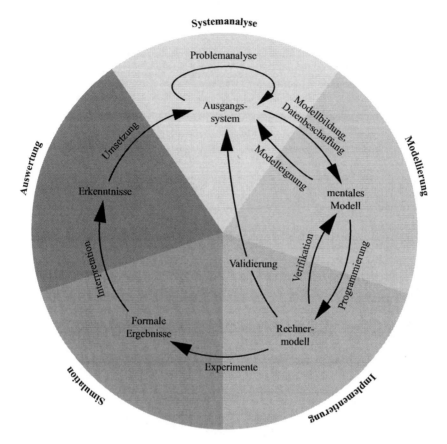

Abb. 4.4 5-Phasenmodell in Anlehnung an (Kudlich 2000)

zu vergleichen (Verifikation) als auch mit dem Ausgangssystem abzugleichen (Validierung), um ein korrektes Modellverhalten zu gewährleisten. Potenzielle Fragestellungen wären beispielsweise die Übereinstimmung der Ablaufreihenfolgen bei der Erstellung eines Bauwerks oder die korrekte Abbildung der Fertigungszeiten einzelner Vorgänge. In dieser Phase müssen die Variationsparameter für spätere Experimente berücksichtigt werden (Kudlich 2000).

Auf Basis des experimentierfähigen Rechnermodells werden Versuche hinsichtlich der Zielparameter geplant und durchgeführt. Experimente sind gezielte empirische Untersuchungen des Modellverhaltens durch eine genügend große Anzahl an Simulationsläufen mit systematischer Parametervariation (VDI 3633). Hierbei ist besonders auf das Experimentdesign (Montgomery 2009) zu achten, um aussagekräftige und vor allem korrekte Ergebnisse zu erzielen. Für die Zielgrößenoptimierung gibt es verschiedene Methoden und Algorithmen, auf die hier nicht näher eingegangen werden soll, die jedoch Einfluss auf den Versuchsplan haben. Zwei typische Beispiele für Optimierungsziele im Bauablauf sind die Maximierung der Maschinenauslastung und die Minimierung des Materialbestands auf der Baustelle.

Die Auswertung der Ergebnisse bildet den letzten Schritt, bevor Maßnahmen für die reale Ausführung abgeleitet werden können. Hierzu gibt es verschiedene Möglichkeiten, von der Abbildung der Zielgrößen in Diagrammen über statistische Methoden zur Verdichtung von Daten bis hin zu Materialflussdiagrammen zur Darstellung der Materialströme.

Die durchgängige Anwendung eines Vorgehensmodells dient der Fehlervermeidung und der Erzeugung aussagekräftiger Ergebnisse, die im Anschluss auf die Wirklichkeit übertragbar sind. Erfahrene Anwender nutzen solche Vorgehensweisen implizit, so dass kein zusätzlicher Aufwand entsteht. Eine ausreichende Dokumentation relevanter Daten ist parallel zu erstellen.

Nachdem nun die Voraussetzungen für die methodische Anwendung der Simulation geschaffen wurden, soll im nächsten Abschnitt der Einsatz der Ablaufsimulation in verschiedenen Industriebereichen dargelegt werden.

4.3   Einsatzfelder der Ablaufsimulation

Der methodische Einsatz der Ablaufsimulation hat bereits eine lange Tradition in verschiedenen Wirtschaftszweigen und wird dort seit mehreren Jahren erfolgreich angewendet. In Abschn. 4.3.1 Fertigungsindustrie wird nach einem kurzen Überblick erläutert, wo dort die Haupteinsatzfelder der Ablaufsimulation liegen und welche Trends sich daraus ergeben. Der Bereich des Schiffbaus ähnelt in den Randbedingungen dem Bauwesen, da es sich ebenfalls um eine Unikatproduktion handelt. Daher soll gezeigt werden, wie die Simulationstechnik in dieser Branche genutzt wird, um Erkenntnisse über die Abläufe in der Produktion zu erhalten. Abschließend werden die aktuellen Trends in der Anwendung der Simulation im Baubereich gezeigt.

4.3.1   Fertigungsindustrie

Stefan Pfaff, Johannes Wimmer

Historie
Methodik und Anwendung der Ablaufsimulation sind im Bereich der Fertigungsindustrie schon lange bekannt und wurden in der Vergangenheit bereits vielfach angewendet. Aus vielerlei Gründen war der Einsatz jedoch auf einige wenige Branchen, Anwendergruppen und große Projekte begrenzt. Eine maßgebliche Verbreitung der Simulationsanwendung innerhalb der Fertigungsindustrie erfolgte im Zuge der „Digitalen Fabrik". Nach der VDI-Richtlinie 4499 ist die Digitale Fabrik „der Oberbegriff für ein umfassendes Netzwerk von digitalen Modellen, Methoden und Werkzeugen – unter anderem der Simulation und der dreidimensionalen Visualisierung –, die durch ein durchgängiges Datenmanagement integriert werden."

Der Fokus dieses Ansatzes ist dabei „die ganzheitliche Planung, Evaluierung und laufende Verbesserung aller wesentlichen Strukturen, Prozesse und Ressourcen der realen Fabrik in Verbindung mit dem Produkt" (VDI 4499 Blatt 1).

Zum heutigen Zeitpunkt ist die Ablaufsimulation in vielen Firmen als Methode eingeführt und nimmt einen festen Platz sowohl bei der Planung und Projektierung von Neuanlagen als auch bei der Optimierung bestehender Fertigungsanlagen ein. Gründe dafür sind neben den großen Fortschritten, welche die Softwaretechnik in diesem Umfeld gemacht hat, auch das immer größer werdende Wissen über Methodik, Nutzen und Grenzen bei den Anwendern im Fertigungsumfeld, begleitet von der stärkeren Durchdringung im Bereich der praxisorientierten Lehre und Forschung.

Haupteinsatzfelder
Heute ist der Einsatz der Ablaufsimulation in der Planung von Fertigungs- und Montagesystemen für die Großserienfertigung quasi Standard. Die Großserienproduktion geht heute einher mit hochgradig automatisierten Fertigungssystemen, die entsprechend hohe Investitionen nach sich ziehen. Typische Anwender sind dabei die Automobilindustrie und ihre Zulieferer. Hauptgrund für die Anwendung der Ablaufsimulation in diesem Umfeld sind zwei Belange: Um die Fertigungsanlagen wirtschaftlich und leistungsstark zu betreiben, müssen sie eine möglichst hohe Ausbringung erzielen, das heißt, alle Komponenten müssen optimal aufeinander abgestimmt sein. Ein zweiter Grund sind die immer kürzer werdenden Entwicklungszeiten der Produkte, die den Herstellern vom Markt diktiert werden. Ein möglichst kurzer und optimaler Fertigungsanlauf bis zur Erreichung der vollen Produktionskapazität – der sog. „Kammlinie" – ist hierfür wesentlicher Erfolgsfaktor.

Dies bedeutet für die Betreiber dieser Anlagen, dass gerade in der Anlaufphase eine Planung und Projektierung mit den eingeführten statischen Methoden des Engineerings nicht mehr ausreicht. Die Absicherung unter dynamischen Gesichtspunkten wird immer wichtiger, die Ablaufsimulation ist dabei die wesentliche Methode. Treiber und Hauptanwender der Ablaufsimulation sind die Betreiber von Anlagen. Aus wirtschaftlichen Gründen beschäftigen diese üblicherweise entsprechende Spezialisten nur im begrenzten Umfang, so dass die Planungsstäbe häufig von externen Dienstleistern unterstützt werden, welche auf die Aufnahme, Gestaltung, Modellierung und Implementierung von Fertigungsabläufen spezialisiert sind.

Um die Absicherung der Planung, die Sicherstellung eines optimalen Anlagenlayouts sowie eine möglichst reibungslose Inbetriebnahme zu gewährleisten, entstehen umfangreiche Simulationsmodelle mit einem entsprechend hohen Detaillierungsgrad (s. Abb. 4.5). Eine durchgängige Anwendung der Ablaufsimulation von der ersten Konzeptplanung über das Detail-Engineering bis in die Betriebsphase der Fertigungsanlage wird angestrebt und ist in einigen Fällen bereits umgesetzt. Ein Beispiel ist die Motorenproduktion bei einem süddeutschen Automobilhersteller. Dort wurden bei der Einführung einer neuen Motorengeneration Simulationsmodelle eingesetzt, um für die mechanische Fertigung der Komponenten und die Montage in der Konzeptplanung optimale Anlagenlayouts zu finden. Diese Modelle wurden

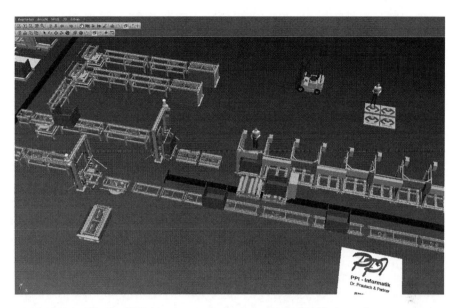

Abb. 4.5 Beispiel: Visualisierung einer Fertigungslinie. (Quelle: PPI-Informatik)

dann sukzessive verfeinert, um das Detail-Engineering der Anlagen abzusichern und das Steuerungskonzept, zum Beispiel für die Beladeportale der Werkzeugmaschinen, zu entwickeln und zu optimieren: Besonderer Wert wurde darauf gelegt, die Modelle immer an den aktuellen Planungsstand bzw. Anlagenzustand auch nach Anlauf der Produktion anzupassen. Inzwischen wurden die Simulationsmodelle um Funktionen zur Abbildung von Bedien-, Wartungs- und Instandhaltungspersonal erweitert. Die Unterstützung des Betreibers beim Finden optimaler Betriebsstrategien – angepasst an die sich wandelnden Umgebungsbedingungen wie Nachfragesituation, Produktlebenszyklen, Personalverfügbarkeit etc. – ist ein ebenso wichtiges Einsatzfeld für die Simulation wie die Anlagenplanung. Standen bisher technologische Fragen im Mittelpunkt, rücken organisatorische Fragestellungen immer mehr in den Fokus von Simulationsstudien.

Der Einsatz von Simulationsmodellen, die Fertigungsprozesse vollständig abbilden, ermöglichen bereits in der Planungsphase die simultane Entwicklung und Optimierung von Strategien zur Fertigungssteuerung. Somit werden die dafür notwendigen Aufwände in der Anlaufphase eines neuen Fertigungssystems verkürzt und tragen wesentlich dazu bei, die geforderten Zeiten von der Entwicklung bis zum Verkaufsstart eines Produktes einzuhalten.

Aktuelle Trendsetter

Neben dem Ausbau der Simulationsanwendung durch die Betreiber von Anlagen, insbesondere in der Großserienfertigung, gewinnt die Simulationsanwendung beim Anlagenbauer zunehmend an Bedeutung. Getrieben wird dies durch den Trend, dass sich viele Anlagenbauer zunehmend zu sogenannten „Linebuildern" oder „Systemintegratoren" weiterentwickeln. Sie werden also kaufmännisch und technisch zum Generalunternehmer für eine Fertigungslinie.

Der Aspekt der Absicherung der Planung und Projektierung mittels Simulation wird in diesen Fällen für den Linebuilder zu einem wesentlichen Instrument, um seine internen Risiken zu vermindern. Dabei müssen Fragestellungen hinsichtlich der Auslegung von Modulen, welche von Zulieferern produziert werden, oder der Definition von Leistungsanforderungen zur Abdeckung von Spitzen beantwortet werden. Zur Optimierung der Komplettanlage gehört auch das Erkennen überdimensionierter Anlagenelemente sowie von überflüssigen Fertigungsschritten, die unnötige Kosten beim Generalunternehmer verursachen.

Meist erfordert die Lösung des Generalunternehmers auch die Lieferung einer Anlagensteuerung, welche über die reine Automatisierungsebene hinausgeht. Dazu gehört, das Fertigungsleitsystem mitzukonzipieren, zu liefern und in Betrieb zu nehmen. Um die hierfür erforderlichen Funktionen zu spezifizieren, Lösungsalternativen zu vergleichen und ein möglichst optimales Konzept zu realisieren, ist ein Simulationsmodell der Anlage das ideale Werkzeug – insbesondere wenn das Simulationsmodell zusätzlich die Möglichkeit bietet, das Fertigungsleitsystem virtuell in Betrieb zu nehmen. Dabei wird die im Modell hinterlegte Steuerung vom abgebildeten Materialfluss getrennt und anschließend die reale Steuerung über eine Schnittstelle angebunden. Das Modell wird somit zum Anlagenemulator. Alle wesentlichen Tests zur Integration von Soft- und Hardware können vom Linebuilder bereits im Vorfeld der Vor-Ort-Inbetriebnahme erfolgen und reduzieren damit das Risiko von Konventionalstrafen aufgrund einer verspäteten Anlagenübergabe beträchtlich.

Maschinen- und Anlagenbauer, die bereits erfolgreich Simulationsmodelle einsetzen, entwickeln inzwischen eigene Bausteinbibliotheken, die ihr Lösungsportfolio bzw. ihren Konstruktionsbaukasten abbilden. Damit werden Simulationsmodelle nicht nur in der Projektierungsphase von bereits beauftragten Projekten erstellt und zur Planungsunterstützung eingesetzt, sondern auch als Bestandteil des Sales Engineering verwendet, um den Kunden von der Leistungsfähigkeit und den Vorteilen der eigenen Lösung zu überzeugen.

Simulationsmodelle erlauben abgesicherte Aussagen zur Leistung einer Anlage unter Berücksichtigung realer Auftragsprofile, ermöglichen Vergleiche unterschiedlicher Anlagenkonfigurationen und Automatisierungskonzepte und bieten für Kunden und Anlagenbauer die Grundlage für eine reibungslose Planung und Projektierung.

4.3.2 Schiffbau

Dirk Steinhauer

Simulation in der Unikatproduktion

Während die Simulation von Produktions- und Logistikabläufen in der stationären Serienproduktion eine gewisse Durchdringung erreicht hat, wird diese Technologie im Bereich der Produktion von komplexen Unikaten, beispielsweise von Ro-Ro-

Schiffen[1] oder Passagierfähren, bisher nur vereinzelt angewendet. Ein wesentlicher Grund ist der große zeitliche Aufwand, der heutzutage beim Erstellen entsprechender Simulationsmodelle betrieben werden muss. Bei der Unikatproduktion handelt es sich zumeist um Unikatprozesse mit einem hochkomplexen Wirkungs- und Abhängigkeitsgefüge. Für die Modellierung einer solchen Produktionsweise stehen aktuell keine kommerziellen Simulationslösungen zur Verfügung.

Der Simulation Toolkit Shipbuilding (STS)

Kommerzielle Simulationswerkzeuge basieren primär auf den Anforderungen der Automobil- bzw. Serienproduktion. Für die Randbedingungen der Unikatproduktion mussten deshalb Anpassungen bzw. Erweiterungen entwickelt werden. So sind unterschiedliche Simulationsbausteinkästen für den Schiffbau entwickelt worden. Der verbreiteteste dieser Bausteinkästen ist der *Simulation Toolkit Shipbuilding (STS)*.

Um die Modellierung und Pflege der komplexen und umfangreichen Simulationsmodelle zu erleichtern, wurde bei der *FSG*[2] Anfang des Jahres 2000 begonnen, auf Basis der Software *Plant Simulation* von *Siemens PLM* einen Simulationsbausteinkasten zu entwickeln. Allgemeine und schiffbauspezifische Simulationsfunktionalitäten sind als wiederverwendbare Objekte programmiert. Diese Objekte können sowohl in der Realität physisch vorhandene Ressourcen oder Einrichtungen (z. B. Kräne, Flächen, Schweißmaschinen, Personal, usw.) als auch Steuerungslogik (z. B. Steuerung von Montageabläufen, Auswahl von Ressourcen, usw.) repräsentieren. Damit kann die Modellierung von komplexen Produktionsabläufen stark beschleunigt und vereinfacht werden. Es wird zwar in 2D modelliert, die Bausteine beinhalten allerdings Funktionalitäten zur 3D-Animation, welche auf Knopfdruck generiert werden kann (s. Abb. 4.6).

Mittlerweile wird dieser Bausteinkasten in der internationalen Kooperation *SimCoMar* (Simulation Cooperation in the Maritime Industries) mit anderen Werften, Universitäten und einem maritimen Forschungszentrum weiterentwickelt und werftübergreifend genutzt. Seit 2006 wird der STS in der branchenübergreifenden Kooperation *SIMoFIT* (Simulation of Outfitting Processes in Shipbuilding and Civil Engineering) mit Partnern aus dem Bauwesen für die Anforderungen der Bauindustrie erweitert.

SAPP – Simulationsbasierte Produktionsplanung und -steuerung

Bei der Anwendung der Simulation in der Unikatproduktion spielen strategische Prozessverbesserungen im Gegensatz zur stationären Serienproduktion eine eher untergeordnete Rolle. Im Fokus steht hier die Unterstützung der Produktionsplanung und -steuerung. Wichtige Fragen in der Unikatproduktion sind die Bewertung der grundsätzlichen terminlichen Machbarkeit der Planung sowie der Umsetzbar-

---

[1] Engl. Roll-on Roll-off, bezeichnet ein Transportschiff auf welche die Waren ohne Umladen gefahren werden. Die Schiffe verfügen hierzu über mehrere befahrbare Decks, auf die die einzelnen Einheiten, z. B. LKW-Anhänger mit oder ohne Zugmaschine, gerollt werden können. Der Vorteil dieser Schiffsform liegt in der kurzen Umschlagszeit am Hafen.

[2] FSG – Flensburger Schiffbau-Gesellschaft mbH & Co. KG.

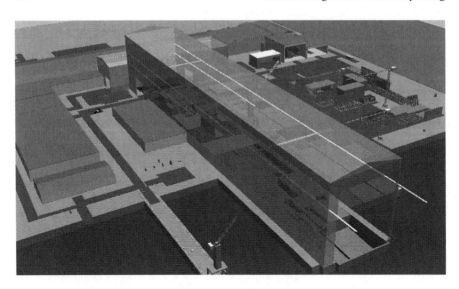

Abb. 4.6 3D-Animation des Simulationsmodells. (Quelle: FSG)

keit und Robustheit von Produktionsplänen. Diese Bewertung erfolgt nicht nur vor Projektbeginn, sondern auch projektbegleitend, um geänderten Produktionsrandbedingungen oder Produktänderungen Rechnung zu tragen.

Auch bei der FSG rückte der Einsatz in der Produktionsplanung und -steuerung schnell in den Fokus der Simulationsaktivitäten. Es sind zahlreiche Anwendungen entwickelt und implementiert worden, mit denen die Planung und Steuerung von Produktionsbereichen simulationsbasiert unterstützt wird (Abb. 4.7). Die Anwender dieser Werkzeuge sind die Planer oder Vorarbeiter der entsprechenden Produktionsbereiche.

Daten für die Simulation
Im Gegensatz zum Einsatz der Simulation in der Fabrik- oder Werftplanung muss zur Simulation in der Produktionsplanung auf aktuelle Daten zurückgegriffen werden. Der aktuelle Stand der Konstruktion inklusive aller Änderungen, der aktuelle Planungsstand und der Fertigungsstatus müssen im Simulationsmodell verfügbar sein. Aus diesem Grund sind Schnittstellen zu den unterschiedlichen Datenquellen der FSG aufgebaut worden. Die für die Simulation relevanten Daten werden in der sogenannten Simulationsdatenbank gesammelt und aufbereitet.

Eine weitere Herausforderung bei der Simulation von Unikatprozessen ist die mangelnde Verfügbarkeit von Simulationsdaten zum Produkt und zu den Prozessen. Oft ist das Produkt zum Zeitpunkt des Produktionsbeginns noch nicht im Detail vollständig beschrieben. Zudem liegt je nach Branche und Kunde ein hoher Änderungsanteil während der Produktion vor, dem in der Simulation Rechnung getragen werden muss. Die Bewertung der Auswirkungen von Produktänderungen auf den Produktionsablauf ist eine besonders wichtige Funktion beim Simulationseinsatz.

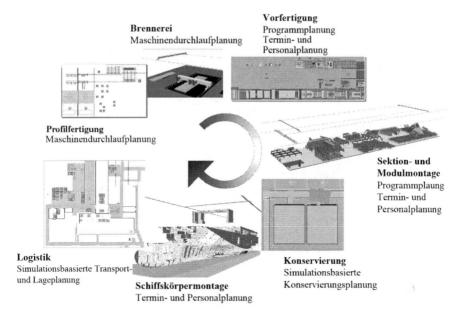

Abb. 4.7 Anwendungen zur simulationsunterstützten Produktionsplanung bei der FSG. (Quelle: FSG)

Im Bereich des Schiffbaus wird im Vorhaben GeneSim[3] in einem Konsortium um drei Werften ein generisches Datenmodell für die Simulation von schiffbaulichen Produktionsabläufen entwickelt. Die Schiffsausrüstung als Unikatprozess spielt dabei eine wesentliche Rolle. Neben der Definition einer universellen Struktur für die simulationsrelevanten Daten im Schiffbau besteht eine wesentliche Aufgabe in der Entwicklung von Datengeneratoren für frühe Projektphasen, in denen das Produkt noch nicht im Detail beschrieben ist. Basierend auf Vergangenheitsdaten ähnlicher Schiffe bzw. auf Kennzahlen und Schätzungen sollen Daten für die Simulation erzeugt werden können, um die Simulation auch in frühen Projektphasen zur Verbesserung der Planung heranziehen zu können.

4.3.3 Bauwesen

Johannes Wimmer, Markus König

Die ereignisorientierte Ablaufsimulation ist in ihrer praktischen Anwendung im Bauwesen bislang wenig verbreitet. Eingesetzt werden jedoch sogenannte 4D- bzw. 5D-Ablaufsimulationen. Diese Begriffe beschreiben im Bauwesen die Verknüpfung

---

[3] GeneSim: Generisches Daten- und Modellmanagement für die schiffbauliche Produktionssimulation, gefördert durch das Bundesministerium für Wirtschaft und Technologie mit dem Förderkennzeichen 03SX274.

eines statischen Projektplans mit einem 3D-Modell. Durch Ein- und Ausblenden oder auch Einfärben von Bauteilen zu bestimmten Zeitpunkten ergibt sich daraus eine Visualisierung des Baufortschritts in 4D. Diesem Modell wird eine weitere Dimension hinzugefügt, indem die jeweils anfallenden Kosten eines Bauteils ebenfalls über den Projektzeitraum betrachtet werden (RIB Software AG 2010). Durch eine reine Visualisierung können aber Engpässe oder Überschneidungen zwischen verschiedenen Tätigkeiten nicht aufgedeckt werden. Zudem wird nur die Zustandsänderung des Bauwerks sowie evtl. der Baustelleneinrichtung betrachtet, die wechselseitige Beeinflussung verschiedener Tätigkeiten kann in einer solchen nicht abgebildet werden. Hierfür wird in der Forschung seit vielen Jahren die Technik der ereignisorientierten Ablaufsimulation für den Einsatz auf Baustellen untersucht. Jedoch ergeben sich aus den komplexen Randbedingungen auf der Baustelle (s. Abschn. 4.1) Probleme in der Modellierung der Bauprozesse. Diese sind in folgende Kategorien zu unterteilen:

- Eingangsdaten
  - Umgebung
    Daten über die spätere Lage von Bauwerk, Transportwegen und Baustelleneinrichtung sind meist nur in Form von 2D-Plänen vorhanden, so dass diese manuell in die Simulation übergeben werden müssen.
  - Material, Mengen und Massen
    Aufgrund der vorherrschenden 2D-Planung oder auch dem weitgehend unbekannten Verlauf der Bodenschichten sind die zu verarbeitenden Mengen auf Baustellen meist nur unzureichend bekannt.
  - Prozesszeiten
    Für die Simulation im Bauwesen gibt es wenige belastbare prozessuale Eingangsdaten. Aufwandswerte für die jeweiligen Tätigkeiten werden meist über pauschale Abschätzungen getroffen, Einflüsse auf die jeweilige Arbeitsleistung sind oft nicht bekannt.

- Flexibilität der Abläufe
  Auf Baustellen wird der Ablauf der Arbeiten oft spontan auf Basis der aktuellen Situation entschieden.
- Abbildung der Unsicherheiten
  Unsicherheiten, wie die Witterung, sind bisher noch nicht näher untersucht und erschweren die Modellbildung, da diese einen direkten Einfluss auf die jeweilige Arbeitsleistung haben. Bisher werden diese nur über pauschale Abminderungsfaktoren oder Durchschnittsleistungen berücksichtigt.

Ausgehend von der jeweiligen Problemstellung werden verschiedene Modellierungsansätze verwendet, um die Komplexität der Baustellenfertigung abzubilden.

Bauspezifische Simulatoren
Mehrere Simulationssysteme wurden speziell für die Modellierung von Bauabläufen konzipiert. Diese Systeme basieren auf Aktivitätsdiagrammen und nutzen den ereignisorientierten Simulationsansatz (s. Abschn. 4.2). Zwei dieser Systeme, *CYCLONE* und *STROBOSCOPE*, sind repräsentativ für das Spektrum dieser Modellie-

rungs-Tools, die für den Einsatz in der Analyse von Baumaßnahmen zur Verfügung stehen. *CYCLONE* ist ein gut etabliertes, weit verbreitetes und einfaches System, das leicht zu erlernen und effektiv für die Modellierung vieler einfacher Baumaßnahmen geeignet ist. Durch die fehlende Programmiermöglichkeit können mit dem System aber keine flexiblen Bauabläufe abgebildet werden. *STROBOSCOPE* hingegen ist ein programmierbares und erweiterbares Simulationssystem zur Modellierung komplexer Baumaßnahmen (Martinez und Ioannou 1999). Derartige Simulationssprachen setzen jedoch eine lange Einarbeitungszeit und fundierte Programmierkenntnisse voraus, welche bei typischen Anwendern in der Praxis selten anzutreffen sind.

Erweiterte Petri-Netze
Eine weitere Technik zur Modellierung der Abläufe auf Baustellen sind Petri-Netze. In diesen gibt es Zustände (Plätze) und Übergänge (Transitionen), die durch gerichtete Kanten miteinander verbunden sind. Den aktuellen Zustand des Systems geben sogenannte Marken an, welche die Plätze besetzen können. Falls vor einem Übergang ausreichend Marken vorhanden sind, wird die Transition ausgeführt. Die aktuellen Marken werden gelöscht und auf den nachfolgenden Zuständen neue erzeugt, um den neuen Zustand anzuzeigen (Baumgarten 1996). Jede Transition verbraucht dabei eine gewisse Dauer, so dass sich ein Ablauf mit verschiedenen Systemzuständen ergibt. Ein einfaches Beispiel für ein Petri-Netz ist in der nachfolgenden Abb. 4.8 gegeben.

Auf diese Weise können Abläufe, wie z. B. zyklische Bauarbeiten einfach abgebildet werden (Franz 1999). Die Komplexität der Modellierung steigt jedoch stark mit der Anzahl der betrachteten Prozesse und deren Abhängigkeiten. Daher ist für größere Baumaßnahmen eine automatische Modellgenerierung aus verschiedenen

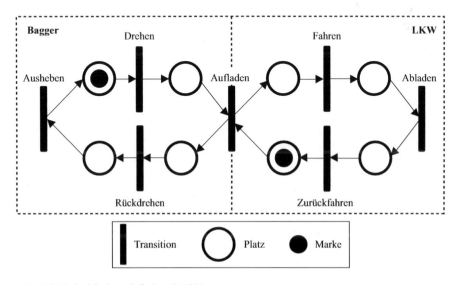

Abb. 4.8 Beispiel eines einfachen Petri-Netzes

Eingangsdaten sinnvoll. Ein Beispiel für die Anwendung von erweiterten Petri-Netzen ist die Arbeit von Chahrour, welche die Verknüpfung von CAD-Modellen und der Ablaufsimulation auf Basis von Petri-Netzen untersucht hat (Chahrour 2007).

Modellierung von Bauabläufen mit Simulationssystemen aus der Intralogistikplanung

Für den Bereich der Fabrikplanung bestehen bereits weit verbreitete Simulatoren, mit deren Hilfe Fertigungsabläufe modelliert werden können (z. B. *Enterprise Dynamics* oder *Plant Simulation*). Diese umfangreichen, bereits in der Praxis erprobten Systeme bieten vorgefertigte Simulationsbausteine, die auf den Einsatz in intralogistischen Umgebungen abgestimmt sind. Durch den bausteinbasierten Aufbau wird ein Großteil des Modellierungs- und Implementierungsaufwands für die Simulationserstellung in eine projektunabhängige Phase vorverlagert. Die Erstellung eines neuen Simulationsmodells erfolgt anschließend über die graphische Verbindung und Parametrierung mehrerer Bausteine, so dass der Aufwand für einzelne Simulationsprojekte erheblich sinkt. Ein weiterer Vorteil liegt in den bereits integrierten Visualisierungsmöglichkeiten derartiger Systeme.

Die bereits für die Intralogistik bestehenden Bausteinsysteme können aber für die Abläufe der Baustellenfertigung nur eingeschränkt verwendet werden. Daher werden in der Forschung aktuell erste Bausteine erstellt, welche auf die Anforderungen im Bauwesen abgestimmt sind. Diese sind aber bislang noch nicht standardisiert in kommerzielle Systeme integriert, so dass momentan noch keine allgemeine Nutzung möglich ist.

Ereignisorientierte Simulation in Verbindung mit kinematischer Maschinenmodellierung

Ein Problem der Modellierung von Baustellen ist die unzureichende, oft ungenaue Kenntnis der Prozesszeiten für die verschiedenen Tätigkeiten auf der Baustelle. Meist existieren Berechnungsmodelle für einzelne Maschinengruppen. Diese sind aber oft sehr grob oder bilden lediglich Mittelwerte über lange Zeiträume. Für eine realistischere Abbildung der Prozesse wird versucht, aus der Kinematik der Maschinen sowie den grundlegenden Prozessschritten eines jeden Vorgangs eine Gesamtprozessdauer zu ermitteln (Wagner und Scherer 2008). Ein Beispiel hierfür ist die Berechnung der Transportzeiten im Erdbau. Hierbei werden die Fahrzeiten von Transportfahrzeugen über eine Modellierung der Beschleunigungs- und Bremsvorgänge der Fahrzeuge gewonnen (Günthner et al. 2009). Für weitere Bereiche aus dem Erd- und Tiefbau bestehen bereits detaillierte Berechnungsgrundlagen, diese sind jedoch noch nicht in Simulationen umgesetzt (Steinmetzger 2010).

Constraint-basierte Modellierung

Klassische Ansätze zur Modellierung der Abläufe auf der Baustelle gehen von einer festen Reihenfolge der auszuführenden Tätigkeiten aus. Auf Baustellen werden die Abläufe aufgrund der vielfältigen Variationen und möglichen Störungen meist flexibel während der Ausführung festgelegt. Um diesen Freiheitsgrad in der Simulation abzubilden, kann ein Constraint-basierter Modellierungsansatz verwendet werden (König et al. 2007).

Jedem Arbeitsschritt werden zwingende und zweckmäßige Bedingungen (Hard und Soft Constraints) zugeordnet, welche zu einem gewissen Grad erfüllt sein müssen, bevor ein Arbeitsschritt starten kann. Typische zwingende Constraints sind technologische Abhängigkeiten zwischen Arbeitsschritten, einzuhaltende Zwangspausen, sowie die Verfügbarkeit von Material, Personal und Geräten. Neben den zwingenden Bedingungen können auch zweckmäßige Constraints, die sogenannten Soft Constraints, spezifiziert werden. Mit Hilfe dieser Bedingungen können beispielsweise Ausführungsstrategien definiert werden, um ein bestimmtes Ziel in der Ausführungsplanung zu erreichen. Soft Constraints müssen nicht vollständig erfüllt sein und liefern somit zusätzliche Kriterien zur Ordnung der ausführbaren Arbeiten. Die Lösung des gesamten Bauablauf-Problems ist eine zulässige Ausführungsreihenfolge, bei der zwingend alle Hard Constraints erfüllt werden (Beißert et al. 2010).

Dieser Constraint-basierte Ansatz wurde mit der Ereignis-diskreten Simulation gekoppelt. Nach jedem Simulationsschritt (Ereignis) werden für alle noch nicht begonnenen Arbeitsschritte die zugehörigen Constraints geprüft. Alle nun ausführbaren Schritte werden gekennzeichnet. Im nächsten Schritt wird nach bestimmten Regeln oder zufällig ein ausführbarer Arbeitsschritt ausgewählt. Für diesen Schritt werden die notwendigen freien Ressourcen, wie Personal, Material und Geräte zugeordnet, gesperrt und erst nach Beendigung des Arbeitsschritts wieder freigegeben. Nun erfolgt eine erneute Prüfung der Hard Constraints für die restlichen ausführbaren Schritte. Diese Schleife wird solange durchlaufen, bis zum aktuellen Simulationszeitpunkt kein weiterer Schritt gestartet werden kann, und es wird zum nächsten Ereignis gesprungen (s. Abb. 4.9). Auf diese Weise erzeugt jeder Simulationslauf einen möglichen und gültigen Bauablauf, ohne dass zuvor die Reihenfolge der einzelnen Arbeitsschritte fest vorgegeben werden muss.

Erfolgt die Auswahl der nächsten ausführbaren Schritte zufällig, können mit Hilfe von Monte-Carlo-Simulationen verschiedene gültige Ausführungsreihenfolgen bestimmt werden. Sollen gezielt effektive Reihenfolgen bzgl. verschiedener Zielkriterien ermittelt werden, können hierzu sogenannte Metaheuristiken verwendet werden. Metaheuristiken sind mathematische Verfahren zur näherungsweisen Lösung von komplexen und meist kombinatorischen Optimierungsproblemen. In (König et al. 2007) wird beispielsweise die Constraint-basierte Simulation in Kombination mit der Metaheuristik Simulated Annealing vorgestellt.

Ein vereinfachtes Beispiel für die Möglichkeiten der Ablaufplanung mit der Constraint-basierten Simulation liefert Abb. 4.10. Auf der linken Seite sind drei Aktivitäten A, B, C dargestellt, für die entsprechende Reihenfolgebeziehungen gelten und die jeweils eine der Ressourcen p oder q benötigen. Unter der Maßgabe, dass p und q jeweils genau einmal verfügbar sind, sind die zwei auf der rechten Seite dargestellten Abläufe möglich. Wie man sieht, ist die sich ergebende Gesamtprojektdauer stark abhängig von der gewählten Ausführungsreihenfolge: Im Fall I ergeben sich sechs Tage, im Fall II lediglich vier Tage. Die Gesamtprojektdauer ergibt sich hier durch die Entscheidung, mit welcher Aktivität zum Zeitpunkt t_0 begonnen wird.

Abb. 4.9 Ablauf der Constraint-basierten Simulation. In jedem Zeitschritt (Ereignis) werden alle Aktivitäten ermittelt, für die die Bedingungen für ihre Ausführung eingehalten sind. Aus dieser Menge werden solange Aktivitäten gestartet, bis keine ausführbaren Aktivitäten mehr vorhanden sind

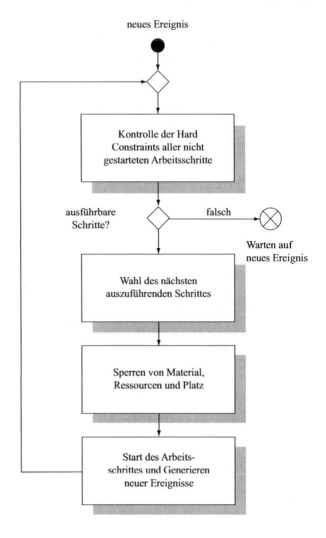

Zusammenfassung

Durch die vorgestellten Modellierungsansätze können Wechselwirkungen zwischen den unterschiedlichen Prozessen und deren Einfluss auf den Bauablauf gezeigt und damit ein erhöhtes Systemverständnis gewonnen werden. Es können gesicherte Entscheidungen auf einer breiten Basis an verschiedenen Szenarien getroffen sowie Strategien für das weitere Vorgehen eruiert werden. Zudem können die Simulationsergebnisse als Signal für bevorstehende Engpässe oder Konflikte zwischen den unterschiedlichen Vorgängen dienen und ermöglichen somit das frühzeitige Einleiten von Gegenmaßnahmen.

Für einen Einsatz unter realen Bedingungen ist vor allem die Anforderung nach einer schnellen und einfachen Erstellung von Simulationsstudien für unterschiedli-

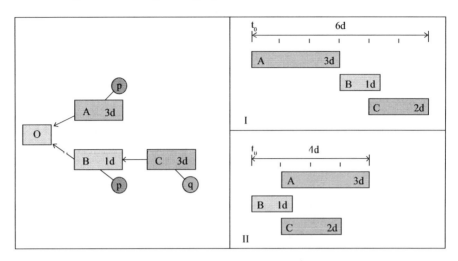

Abb. 4.10 Vereinfachtes Beispiel für verschiedene Bauablauf-Konfigurationen, die zu unterschiedlichen Gesamtprojektlaufzeiten führen. (Quelle: Wu et al. 2010)

che Baustellen eine große Herausforderung. Dem kann nur begegnet werden, indem konsequent bereits vorhandene Planungsdaten wiederverwendet werden. Hierfür ist der Ansatz einer zentralen Datenverwaltung unverzichtbar, um laufend auf die aktuellsten Planungsdaten zugreifen zu können. Im nächsten Abschnitt wird daher darauf eingegangen, aus welchen Quellen Planungsdaten importiert und welche Informationen daraus für eine Ablaufsimulation sinnvoll genutzt werden können. Anschließend wird dargelegt, wie die Ablaufsimulation in den Planungsprozess von Brücken- und Trassenbauwerken integriert werden kann, um damit hochwertige Ablaufdaten für die spätere Ausführungsphase zu schaffen.

4.4 Sammlung und Aufbereitung der Eingangsdaten

Tim Horenburg, André Borrmann, Markus König

Eine Grundlage der Digitalen Baustelle ist die durchgängige Nutzung bestehender Planungsdaten und deren Wiederverwendung. Aus diesem Grund sollen die in den vorherigen Schritten erarbeiteten Daten in einer für die Simulationsumgebung nutzbaren Form aufbereitet werden. Dabei ist zu beachten, dass die Aussagekraft der Ergebnisse eines Simulationsprojekts mit der Güte und Qualität der aufbereiteten Eingangsdaten korreliert. Die Datenquellen der Ablaufsimulation im Forschungsprojekt ForBAU sowie deren Zusammenhänge zeigt Abb. 4.11.

Das übergeordnete Baustelleninformationsmodell stellt diverse Informationen und Daten zur Verfügung, welche feste Randbedingungen für das Simulationsmodell darstellen. Diese können aber in verschiedenen Simulationsexperimenten variiert werden, um deren Qualität zu überprüfen bzw. die Planungsgüte des Gesamtprojekts zu erhöhen.

Abb. 4.11 Datenquellen und
deren Zusammenhang

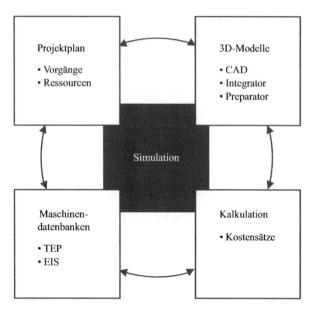

Das im ForBAU-Konzept an die Simulation übergebene 3D-Bauwerksmodell ist bauteilorientiert und dynamisch in seiner Struktur, die einzelnen Bauteile können also explizit angesprochen und verändert werden. Zudem wird ein statisches, unveränderliches Modell der Baustellenumgebung importiert, um die Baustelle im Gesamtzusammenhang zu simulieren. Eng verknüpft mit dem 3D-Modell sind Projektplan und Kalkulation. Der Projektplan gibt die Abläufe in der Bauwerkserstellung wieder, den einzelnen Schritten werden Ressourcen zugeordnet und diese Vorgänge mit dem 3D-Modell gekoppelt. Somit entsteht ein über die Zeit veränderliches 3D-Modell, welches an den Baufortschritt gebunden ist. Kalkulationsdaten basieren im Wesentlichen auf dem Herstellungsverfahren des Bauwerks sowie den dafür notwendigen Ressourcen. Kostenfaktoren können mithilfe der Prozesskostenrechnung oder anderer Abrechnungsmodalitäten ermittelt und den Positionen im Leistungsverzeichnis zugeordnet werden. Dafür notwendig sind Kostensätze für den Maschineneinsatz, um anhand des Leistungsvermögens eine geeignete Auswahl an Maschinen zu treffen. Dazu werden u. a. Datenbanken herangezogen, aber auch Fuhrpark- und Inventarlisten bilden eine ausreichende Datenbasis. Die entsprechende Auswahl an Ressourcen wird wiederum den Vorgängen aus dem Projektplan zugewiesen. Somit entsteht eine umfassende Informationsstruktur an Eingangsdaten, die von der Simulationsumgebung genutzt werden kann.

4.4.1 Aufbereitung von 3D-Modellen

Für eine 3D-Visualisierung in der Simulation ist es notwendig, das betrachtete Bauwerk vorab in einem 3D-CAD-Tool zu modellieren (s. auch Kap. 2). Um ein zeitlich veränderliches Bauobjekt detailliert abbilden zu können, muss dessen CAD-

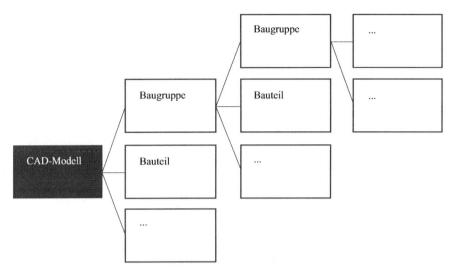

Abb. 4.12 Strukturbaum eines objektorientierten CAD-Modells

Struktur analysiert werden. Wie in Abb. 4.12 dargestellt, kann ein CAD-Modell aus mehreren Bauteilen und Baugruppen bestehen, die ihrerseits wiederum Baugruppen und Bauteile beinhalten können. Lage und Position der einzelnen Bauteile müssen bezüglich des Ursprungs extrahiert und für einen Export in das entsprechende Dateiformat vorbereitet werden.

Um die Struktur für ein Simulationssystem nutzbar zu machen, müssen alle Strukturebenen des CAD-Modells durchlaufen und für das Simulationssystem aufbereitet werden. Ergebnis ist eine hierarchische, objektorientierte Bauwerksstruktur, die mittels neutraler Austauschformate (z. B. XML) an die Simulationsumgebung übergeben wird. Somit kann der Status einzelner Bauteile und der Grad der Fertigstellung sowie dessen Verlauf optisch visualisiert werden.

Eine weitere, sehr relevante Eingangsgröße für die Simulation im Infrastrukturbau sind die zu transportierenden Erdmassen, die sich aus dem Verlauf der Trasse und den entsprechend notwendigen Abträgen und Aufträgen ergeben. Abschnitt 2.3.6 stellt ein Gesamtmodell vor, in dem Baugrund-, Gelände- und Bauwerksmodell kombiniert und die resultierenden Volumen der abzutragenden und aufzubringenden Erdmassen ermittelt werden. Diese Volumina werden in gleichförmige Quader, sogenannte „Voxel", unterteilt und mit Informationen zu Position, Volumen und Bodenart versehen (Ji et al. 2008). Somit wird es möglich, auch den Baufortschritt im Erdbau detailliert darzustellen.

Zusätzlich kann eine mathematische Optimierung zur Reduzierung der Transportzeiten durchgeführt und ebenfalls an die Simulationsumgebung übermittelt werden (Ji et al. 2010). Daraus ergeben sich geeignete Transportaufträge, die durch verschiedene Experimente validiert und iterativ optimiert werden.

Größtes Problem bei der Verwendung der Constraint-basierten Simulation (Abschn. 4.3.3) ist das Generieren der Eingangsdaten, die aus einer großen Zahl von Aktivitäten mit jeweils individuell zugeordneten technologischen Vorbedingungen und benötigten Ressourcen (Personal, Material, Maschinen) bestehen. Objektorientierte 3D-Modelle bieten die Möglichkeit, einzelne Bauteile mit benutzerdefinierten Attributen zu versehen. Diese semantischen Informationen können neben Aktivitäten auch die benötigten Materialien, Maschinen und personellen Ressourcen beinhalten, die zur Erstellung des Bauwerks entsprechend der gewählten Konstruktionsmethode nötig sind. Aus diesem Grund wurde im Rahmen von ForBAU eine *Preparator* genannte Software entwickelt, die es erlaubt, den Bauteilen eines 3D-Brückenmodells interaktiv Bauverfahren zuzuordnen (Wu et al. 2009, 2010). Aus diesen Eingangsinformationen erzeugt der *Preparator* die für die Bauablaufsimulation benötigten Prozessbausteine, die aus nicht weiter unterteilten (atomaren) Aktivitäten und zugehörigen Constraints bestehen. Diese bilden die Eingangsgrößen für die Constraint-basierte Simulation (Abb. 4.13).

Um das Erzeugen von Eingangsdaten noch einfacher zu gestalten, wurde im Preparator ein Level-of-Detail-Konzept umgesetzt, das eine sukzessive Verfeinerung der betrachteten Prozessebene ermöglicht. Der Planer beginnt dabei auf einer groben Ebene der Bauwerks- und Prozessbeschreibung und verfeinert beide Sichtweisen durch kontinuierliches Anwenden vordefinierter Konstruktionsmethoden. Dies soll anhand des Beispiels aus Abb. 4.14 erläutert werden.

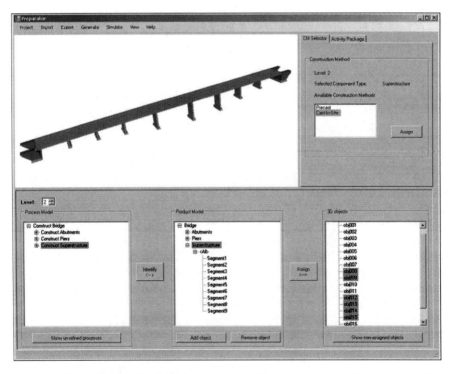

Abb. 4.13 Screenshot des ForBAU-Preparators. Das Programm dient der Erzeugung von Eingangsdaten für die Constraint-basierte Simulation durch interaktive Zuweisung von Bauverfahren an einzelne Bauteile. (Quelle: Lehrstuhl CiE, TU München)

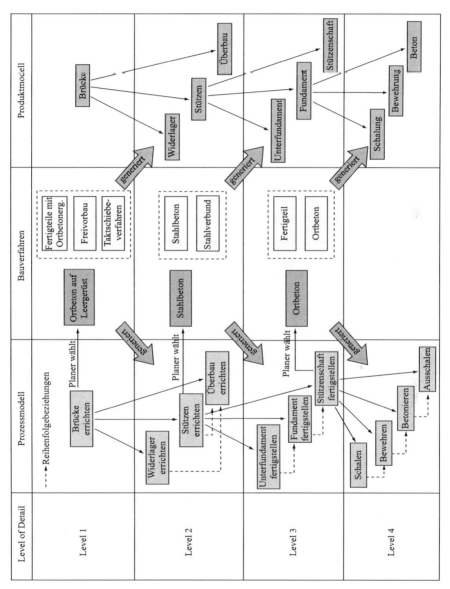

Abb. 4.14 Level-of-Detail-Ansatz für die interaktive Zuweisung von Konstruktionsmethoden an Bauteile

Level 1 beinhaltet auf Bauwerksseite das Gesamtbauwerk, hier eine Brücke, und auf Bauprozessseite die zugehörige Aktivität *„Brücke errichten"*. Auf der nächst feineren Auflösungsstufe weist der Planer den entsprechenden Elementen im geometrischen Modell die vordefinierten Hauptbaugruppen *Widerlager, Stützen, Überbau* zu. Auf diese Weise wird das rein geometrische 3D-Modell um semantische Informationen erweitert, die wesentlich für die Prozessmodellierung sind. Gleichzeitig werden automatisch die korrespondierenden Level1-Aktivitäten erzeugt: *Widerlager errichten, Stützen errichten, Überbau errichten*. Vom System werden technologische Reihenfolgebedingungen vorgeschlagen, die definieren, dass Widerlager und Stützen fertig gestellt sein müssen, bevor mit dem Bau des Überbaus begonnen werden kann. Da dies nicht bei jedem Bauvorhaben der Fall ist, können diese Reihenfolgebedingungen vom Nutzer manuell entfernt werden.

Im nächsten Schritt weist der Planer jeder der Hauptbaugruppen eine Level2-Konstruktionsmethode zu. Er kann dabei für die Stützen zwischen den Hauptbaustoffen *Stahlbeton* und *Stahl* wählen. Im gezeigten Beispiel entscheidet er sich für die Ausführung der Stützen in Stahlbeton. Dadurch werden automatisch die Level3-Aktivitäten *„Unterfundament erstellen"*, *„Fundament erstellen"* und *„Stützenschaft errichten"* erzeugt und der Nutzer aufgefordert, die zugehörigen Elemente im 3D-Modell zu identifizieren. Außerdem werden wiederum Reihenfolgebedingungen zwischen den einzelnen Aktivitäten erzeugt.

Im weiteren Verlauf wählt der Planer für diese Level3-Bauteile die abzuwendende Konstruktionsmethode. Im Fall des Stützenschafts kann er zwischen Ausführung in Ortbeton oder als Fertigbauteil wählen und entscheidet sich im gezeigten Beispiel für die Ortbetonausführung. Dieser Entscheidung entsprechend werden die Level4-Aktivitäten *„Schalen"*, *„Bewehren"*, *„Betonieren"* und *„Ausschalen"* erzeugt. Dabei handelt es sich im Sinne der Constraint-basierten Simulation um atomare Aktivitäten – eine weitere Verfeinerung ist daher nicht notwendig. Auch hier werden entsprechende Reihenfolgebedingungen zwischen den Level4-Aktivitäten erzeugt.

Die erzeugten Prozessbausteine beinhalten lediglich den Typ der benötigten Arbeitskraft bzw. Maschine, nicht jedoch die einzusetzenden Quantitäten. Erst zu Beginn der Simulation werden die tatsächlich verfügbaren Mengen spezifiziert, wodurch der Nutzer in die Lage versetzt wird, auf einfache Weise verschiedene Varianten des Ressourceneinsatzes durchzuspielen, ohne erneut Prozessbausteine generieren zu müssen.

Sobald allen Bauteilen Level4-Aktivitäten zugewiesen worden sind, kann das System die Eingangsinformationen für die Bauablaufsimulation generieren. Hierzu werden *Prozessbausteine* erzeugt, die neben der auszuführenden Aktivität auch die benötigten Materialien, Maschinen und personellen Ressourcen entsprechend der gewählten Konstruktionsmethoden beinhalten. Der *Preparator* ist darüber hinaus in der Lage, einfache Mengenermittlungen (Volumen und Oberfläche von Bauteilen) vorzunehmen. Die gewonnenen Informationen zu benötigten Material- und Hilfsmittelmengen werden ebenfalls im Prozessbaustein hinterlegt (Abb. 4.15).

Sobald alle Prozessbausteine erzeugt wurden, werden diese als XML-Datei gespeichert und können in das Simulationssystem eingelesen werden.

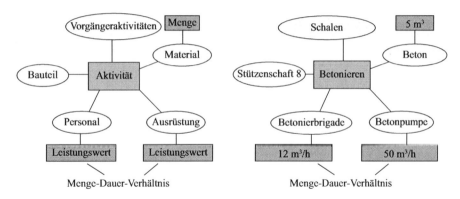

Abb. 4.15 Prozessbausteine kapseln eine atomare Aktivität und die zu ihrer Ausführung benötigten Materialien, Arbeitskräfte und Ausrüstungsgegenstände. *Linke Seite:* Allgemeines Schema. *Rechte Seite:* Beispiel für die Aktivität „Betonieren"

Ergebnis der Simulation ist ein detaillierter Bauablaufplan. Die Informationen über Erstellungszeiträume einzelner Bauteile können in den *Preparator* zurückgespielt und dort automatisch den entsprechenden Volumenkörpern zugeordnet werden, so dass im Ergebnis ein 4D-Modell des Bauvorhabens erzeugt wird, das sich filmartig animieren lässt (s. Abschn. 4.5.1).

Der *ForBAU-Preparator* ist ein äußerst flexibles Werkzeug. Beispielsweise lässt sich die Menge der bereitgestellten Konstruktionsmethoden durch die Nutzer beliebig erweitern.

4.4.2 Projektablauf

Soll hingegen ein bereits vorhandener Projektplan genutzt werden, um einen bereits geplanten Baustellenablauf abzubilden, kann dieser aus einem konventionellen Projektmanagementtool (z. B. *Microsoft Project*) importiert werden. Darin sind bereits die groben Bauabschnitte sowie die zu erledigenden Tätigkeiten enthalten. Baubedingte Abhängigkeiten werden ebenfalls über Vorgänger- und Nachfolgerbeziehungen implementiert, so dass eine realistische Simulation der Bautätigkeiten gewährleistet werden kann.

Innerhalb der Simulationsumgebung kann der Projektplan zusätzlich erweitert werden, so dass nicht mehr nur der vom Planer geschätzte Mittelwert für eine Zeitdauer einfließt, sondern dieser auch eine Zeitspanne vorgeben kann, in welcher ein Vorgang sicher ausgeführt wird. Auf Basis einer Simulationsstudie kann die Wahrscheinlichkeit für den Zeitpunkt ermittelt werden, zu dem einzelne Vorgänge bzw. das Gesamtprojekt abgeschlossen sein wird. Eine solche Simulation wird als Monte-Carlo-Simulation bezeichnet. Dabei wird ein Experiment mehrmals mit unterschiedlichen Zufallszahlen durchlaufen (Frey und Nießen 2005).

Diese Art der Gesamtprojektplanung bietet nicht nur die Möglichkeit, den wahrscheinlichsten Wert für die Projektdauer zu bestimmen, sondern auch die Wahrscheinlichkeit zu errechnen, diesen zu erreichen. Grundsätzlich sind dafür keine speziellen Kenntnisse nötig, es müssen lediglich analog zum PERT-Verfahren (Schwarze 2010) die folgenden drei Prozesszeiten für jeden Vorgang hinterlegt werden:

• Die minimale Vorgangsdauer
  Der untersuchte Prozess läuft reibungsfrei. Benötigtes Material ist vorhanden und die Arbeiten werden durch nichts unterbrochen.
• Die maximale Vorgangsdauer
  Im schlechtesten Fall können die Arbeiten zu einem Großteil der Zeit nicht durchgeführt werden. Dies kann beispielsweise aus unvorteilhafter Witterung oder fehlendem Material resultieren.
• Die wahrscheinlichste Vorgangsdauer
  Diese entspricht dem Zeitpunkt, zu dem ein Prozess erfahrungsgemäß beendet ist, sofern es zu keinen außergewöhnlichen Unterbrechungen kommt.

Der kritische Pfad, das heißt die zeitlich längste Abfolge von Vorgängen bzw. die kürzest mögliche Dauer des Projektes (Bea et al. 2008), kann so auf verschiedenen Pfaden liegen. Deutlich wird das in Abb. 4.16: Die Vorgänge 1, 2, 3 und 6 stellen unter Annahme der wahrscheinlichsten Vorgangsdauer den kritischen Pfad dar. Sobald jedoch die Vorgänge 4 und 5 mehr Zeit als erwartet benötigen, verschiebt sich der kritische Pfad in deren Richtung. Für das Projektmanagement ergibt sich somit die Möglichkeit, sämtliche potenziell kritischen Vorgänge gesondert zu betrachten und entsprechend Ressourcen zuzuweisen.

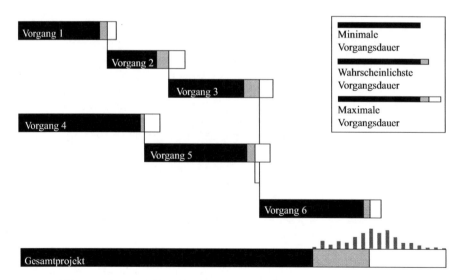

Abb. 4.16 Monte-Carlo Studie bei gegebenem Projektplan

4.4.3 Maschinendatenbanken

Kommerziell verfügbare Maschinendatenbanken, wie beispielsweise das Equipment Information System (EIS) (Günthner et al. 2008), liefern Informationen und Leistungsparameter einzelner Baumaschinen, die für die Einsatzplanung notwendig sind. Durch entsprechende Suchfunktionalitäten können dort mit wenig Aufwand geeignete Maschinen gefunden und deren spezifische Eigenschaften in das Simulationstool übertragen werden (Abb. 4.17). Somit wird es möglich den eigenen Maschinenpark sowie auch Leihgeräte ohne großen Aufwand in die Ablaufplanung mit einzubeziehen. Derartige Datenbanken können direkt durch das Simulationstool beauskunftet werden, so dass die Möglichkeit besteht, verschiedene Maschinenkombinationen mit geringem Aufwand zu vergleichen.

Zudem ist es denkbar, temporäre Baustelleneinrichtungselemente in einem speziell für diesen Zweck entwickelten Tool zu planen. So werden beispielsweise im Turmdrehkraneinsatzplaner (Günthner et al. 2010) Standorte und Aufbauhöhen von Turmdrehkranen für die einzelnen Bauphasen festgelegt, auf mögliche Kollisionen überprüft und die gesamten Kosten für Transport, Montage und Nutzung ermittelt (Abb. 4.18). Die erworbene Planungsleistung kann dann über definierte Schnittstellen in die Simulationsumgebung übertragen und deren Arbeitsleistung validiert werden.

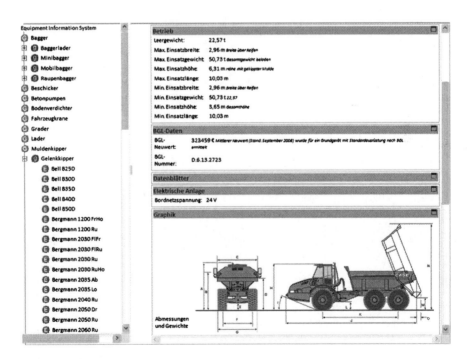

Abb. 4.17 Beispiel Maschinendatenbank: Equipment Information System. (Quelle: Lehrstuhl fml, TU München)

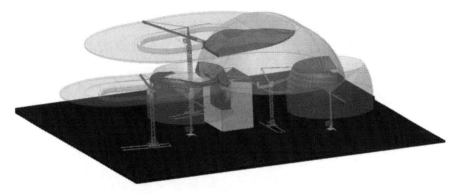

Abb. 4.18 Virtuelle Kraneinsatzplanung. (Günthner et al. 2010)

Derartige Tools unterstützen die Verantwortlichen schon in der Planungsphase, indem der Versuch unternommen wird, Fehler in der Planung bereits frühzeitig zu vermeiden und Kosten für die Baustelleneinrichtung zu ermitteln. Leistungsvermögen und Auslastung der einzelnen Elemente können erst im Zusammenhang mit einem vollständigen Modell der Baustelle prognostiziert werden.

4.4.4 Kalkulation

Die Kalkulation als Teil der baubetrieblichen Kosten- und Leistungsrechnung dient unter anderem der Ermittlung von Plankosten bezüglich der Mengen, Qualität und Kosten der ausgeschriebenen Bauleistungen aus den Vergabeunterlagen. Die geforderten Leistungen beruhen auf dem ausgeschriebenen Leistungsprogramm (bci funktionaler Ausschreibung) bzw. Leistungsverzeichnis, das in einzelne, zu erfüllende Positionen unterteilt ist. Die Vergabe- und Vertragsordnung für Bauleistungen (VOB) setzt hier die gesetzlichen Rahmenbedingungen für die Vergabe von Bauaufträgen öffentlicher Auftraggeber (DIN 1960).

Der wirtschaftliche Erfolg eines ausführenden Unternehmens wird bereits von dessen Angebot mitbestimmt. Auf Basis der eigenen Kalkulation werden die Selbstkosten für eine Baumaßnahme ermittelt und unter Berücksichtigung potentieller Konkurrenz um einen entsprechenden Zuschlag aufgestockt. Diese Kalkulation beruht in großem Maße auf Schätzung und Prognosen der geplanten Bauleistungen (Leimböck et al. 2007). Um die Kosten einer Bauwerkserstellung bereits in der Planungsphase auf solider Basis ermitteln zu können, können kalkulatorische Ansätze in einer Simulationsstudie untersucht werden. Ein Ansatz ist es, Personal-, Maschinen-, Materialverbrauchskosten sowie alle weiteren Kosten, welche direkt einem Projekt und dessen Kostenträgern zugeordnet werden können, in der Simulationsumgebung abzubilden und so die Plankosten für das Bauprojekt unter dem Gesichtspunkt verschiedener Bauverfahren zu ermitteln.

Eine weitaus kompliziertere und aufwändigere Methode stellt dagegen die Prozesskostenrechnung dar. Diese betrachtet neben obigen Kosten auch die Kostenschlüssel, welche Bereiche abbilden, die nicht unmittelbar einem Projekt zuzuordnen sind. Dazu müssen die Verursachungsfaktoren in der Wertschöpfungskette aufgedeckt und den Produkten beziehungsweise Leistungen zugeordnet werden. Gemeinkosten werden so auf die verschiedenen prozessbezogenen Aktivitäten verteilt und über entsprechende Prozesskostensätze quantifiziert (Remer 2005). Folglich werden beispielsweise für eine LKW-Fahrt nicht nur direkte Kosten, wie Maschinenstunden-, Personalstundensätze und Dieselverbrauch, Abschreibungen und mittlere Instandhaltungskosten betrachtet, sondern auch Planungsprozesse in der Logistik, die Materialbeschaffung oder auch das Marketing. Auf diese Art und Weise können die tatsächlichen Prozesskosten einzelner Aktivitäten über die gesamte Wertschöpfungskette kalkuliert werden. Auf Basis der ermittelten Prozesskostensätze kann die Simulation eine realistischere Näherung der Gesamtkosten über den Projektzeitraum prognostizieren und so zusätzlich das Controlling bei der Bauwerkserstellung stärken.

4.5 Simulation von Infrastrukturbaumaßnahmen

Für die ereignisorientierte Ablaufsimulation im Hochbau, bestehen in der Forschung bereits nutzbare Konzepte und erste Lösungen. Durch die Anwendung des integrativen ForBAU-Ansatzes ist die simulationsgestützte Ablaufplanung auch im Bereich des Infrastrukturbaus möglich. Jedoch muss hier auf die besonderen Gegebenheiten eingegangen werden. Brücken und Trasse werden zeitlich unabhängig voneinander gefertigt, so dass für beide Bereiche unterschiedliche Simulationen verwendet werden können. Diese beruhen auf den gleichen Planungsdaten, können aber auf die unterschiedlichen Problemstellungen des Brücken- und Trassenbaus abgestimmt werden. Ziel ist es, den Planungsprozess zu unterstützen, Fehler frühzeitig zu erkennen und somit eine reibungslose Ausführung zu ermöglichen.

4.5.1 Optimierung der Ausführungsreihenfolge im Brückenbau

André Borrmann, Markus König

Im Brückenbau werden viele Tätigkeiten ausgeführt, welche auf die gleichen Ressourcen zurückgreifen. Die Dauer der einzelnen Vorgänge ist dabei relativ gut vorhersehbar. Daher ist es in diesem Fall sinnvoll, die Reihenfolge der Ausführung der Tätigkeiten näher zu betrachten, um Konflikte zwischen den einzelnen Vorgängen und die damit verbundene Bauzeitverlängerung schon vorab zu erkennen. Hierfür kann, wie bereits in Abschn. 4.3.3 beschrieben, der Constraint-basierte-Simulationsansatz verwendet werden. Die Informationen über die verschiedenen zu erledigenden Tätigkeiten liefert der in Abschn. 4.4.1 vorgestellte *Preparator* (s. Abb. 4.19). Für die Ablaufsimulation kommt das Simulation Toolkit for

Abb. 4.19 Zusammen-
spiel zwischen Preparator
und Ereignis-diskreter
Simulation

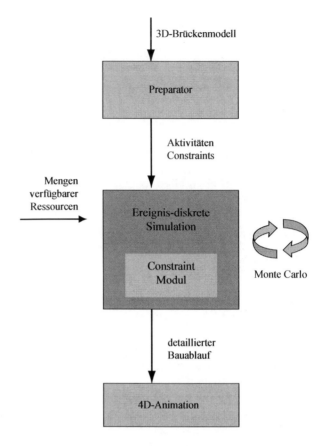

Shipbuilding (STS) mit integriertem Constraint-Modul zum Einsatz, das im Rahmen des SIMoFIT-Projekts entwickelt wurde (Steinhauer et al. 2007) und auf Basis des kommerziellen Systems *Siemens Plant Simulation* arbeitet.

Neben den Eingangsdaten aus dem *Preparator* müssen Anzahl und Art der verfügbaren Ressourcen in der Simulationsumgebung definiert werden. Im Sinne einer Monte-Carlo-Optimierung ist es anschließend notwendig, die Simulation für ein Szenario mehrere Male durchzuführen. Ergebnis der Simulation ist ein detaillierter Bauablaufplan. Die Informationen über Erstellungszeiträume einzelner Bauteile können in den *Preparator* zurückgespielt und dort automatisch den entsprechenden Volumenkörpern zugeordnet werden, so dass im Ergebnis ein 4D-Modell des Bauvorhabens erzeugt wird, das sich filmartig animieren lässt (Abb. 4.20).

Verschiedene Szenarien können gebildet werden, indem die Art und Anzahl der Ressourcen oder die verwendete Konstruktionsmethode im *Preparator* geändert wird. Durch die 4D-Animation und den erzeugten Projektplan können die Ergebnisse des jeweiligen Szenarios visualisiert werden. Damit steigt für alle Baubeteiligten das Verständnis der globalen Zusammenhänge auf der Baustelle.

Abb. 4.20 Schnapp-
schüsse der 4D-Animation
des erzeugten Bauablaufs.
(Quelle: Lehrstuhl CiE, TU
München)

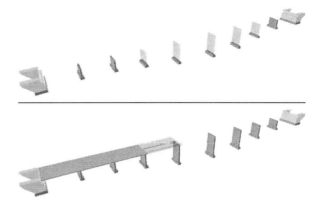

4.5.2 Erstellung einer Simulationsbibliothek für den Trassenbau

Johannes Wimmer, Willibald A. Günthner

Nach der Erstellung der Brückenbauwerke startet der Erdbau für die spätere Trasse.
Die Reihenfolge der Abläufe ist dort nicht in dem Maße variabel, wie im Brückenbau. Dafür bergen die einzelnen Vorgänge mehr Unsicherheiten, da aufgrund von
Störungen Arbeiten oft unterbrochen oder umgeplant werden müssen. Zudem sind
im Erd- und Tiefbau nicht die personalintensiven Tätigkeiten entscheidend, sondern
der Maschineneinsatz. Ziel ist es daher, die vorhandenen Ressourcen optimal für
die anfallenden Arbeiten einzuteilen, um einen möglichst hohen Auslastungsgrad zu
erreichen. Die Simulation kann hierbei einen Beitrag zur Erkennung von Optimie-
rungspotentialen sowie zur Bewertung verschiedener Szenarien leisten. Für einen
wirtschaftlichen Einsatz muss die Simulationserstellung innerhalb eines sehr kurzen
Zeitraums erfolgen, da aufgrund des Unikatcharakters jede Erdbaustelle neu geplant
und simuliert werden muss. Demzufolge ist die Nutzbarmachung von bereits vorhandenen Planungsdaten eine wichtige Grundlage für die Ablaufsimulation im Erdbau.

Schnittstellendefinition
In dem in Abb. 4.21 dargestellten Schnittstellenkonzept der 4D-Ablaufsimulation
sind die Ein- und Ausgangsdaten für das Gesamtkonzept des Simulationssystems
dargestellt. Zunächst wird ein vorweg erstellter Projektplan aus *Microsoft Project*
über eine XML-Schnittstelle in die Simulationsumgebung importiert. Relevant sind
vor allem Prozessinformationen zu Beginn, Dauer und Ende der einzelnen Vorgänge sowie die für die Ausführung notwendigen Ressourcen und deren Schicht-
pläne. Ergebnis ist ein ablauffähiger Projektplan aus Ober- und Unterprozessen,
der in der Simulation validiert und entsprechend den Ergebnissen angepasst wird.
Schwer vorhersehbare Prozesse können hierbei im Detail geplant werden, um deren
Abläufe spezifisch und ausführlich zu simulieren.

Die Maschinendaten werden aus einer Gerätedatenbank importiert. Zu diesem
Zweck ist eine Schnittstelle für die Baumaschinendatenbank Equipment Informa-

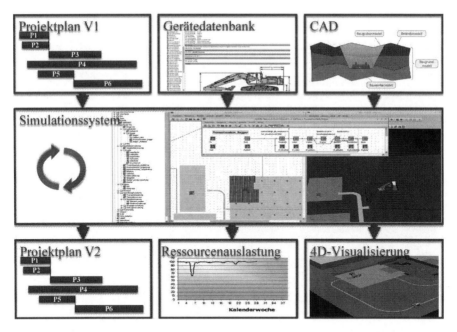

Abb. 4.21 Schnittstellen des Simulationssystems

tion System (s. Abschn. 4.4.3) vorhanden. Dort können mit wenig Aufwand ge-eignete Maschinen gefunden und deren spezifische Eigenschaften in das Simula-tionstool übertragen werden. Zudem werden die in der Datenbank hinterlegten 3D-Modelle der Baumaschinen für die Visualisierung verwendet.

Eine weitere Eingangsgröße für die Simulation sind die auf- und abzutragen-den Erdkörpcr. Um die Massenermittlung im Erdbau zu erleichtern, wurde im Forschungsverbund ForBAU ein Tool geschaffen, mit dem das Untergrund-, das Oberflächen- sowie das Bauwerksmodell miteinander verschnitten und daraus das Volumen der jeweils abzutragenden und aufzubringenden Erdmassen bestimmt wird (s. Abschn. 2.3.6). Dabei werden die entsprechenden Massen als gleichförmi-ge Quader (Voxel) in eine XML-Datei exportiert, welche dann in die Simulations-umgebung eingelesen werden kann. Durch die feine Auflösung großer Massen in kleine Erdkörper kann der Ablauf des Erdbaus sehr genau ermittelt und visualisiert werden.

Wie in Abb. 4.22 dargestellt, wird neben den Erdmassen die Umgebung als 3D-Modell (JT-Format) importiert. Zudem kann eine aus mehreren Bauteilen zu-sammengesetzte Bauwerkstruktur für die Abbildung eines zeitlich veränderlichen Bauobjekts, wie beispielsweise ein Brückenmodell, übernommen werden. Eine Schnittstelle analysiert die CAD-Struktur des Bauwerks und übergibt diese an das Simulationssystem. Diese wird dann in eine hierarchische, objektorientierte Bau-werksstruktur überführt, so dass jeweils der aktuelle Grad der Fertigstellung und der

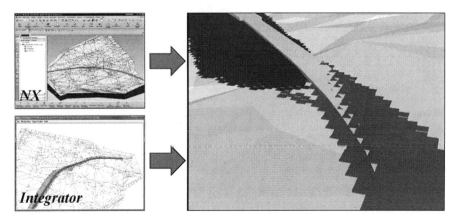

Abb. 4.22 CAD-Schnittstellen der Bausteinbibliothek

Status des Bauwerks (im Bau, fertiggestellt, etc.) bis in die tiefste Strukturebene des CAD-Modells visualisiert werden kann.

Die Importdaten werden anschließend in der Simulationssoftware miteinander verknüpft und eine ereignisgesteuerte Ablaufsimulation erzeugt. Ein erster Ablauf ohne Betrachtung der Detailvorgänge auf der Baustelle kann sofort gestartet werden. Hier werden die statistischen Schwankungen der Prozesse mit ihren Auswirkungen auf die Gesamtprozessdauer betrachtet (s. Abschn. 4.4.2). Sind Prozesse schwer vorherzusehen oder stark baustellenabhängig, können diese, wie anschließend gezeigt wird, im Detail simuliert werden. Hierzu wird die Vorgangsdauer in Abhängigkeit der Spielzeiten beteiligter Ressourcen und der gegebenen Baustellenrandbedingungen ermittelt.

Als Ergebnis der Simulation entsteht ein verbesserter Projektplan, in dem auch feingranular aufgeteilte Vorgänge betrachtet werden können. Dieser Projektplan, dem die benötigten Ressourcen und Materialien hinterlegt sind, kann anschließend in der Ausführungsphase als Basis für die Bedarfsermittlung und die Steuerung der Anlieferungen verwendet werden. Die Auswertungen können zusätzlich für eine Prozesskostenrechnung genutzt werden, um detaillierte Kosteninformationen über die jeweils simulierten Szenarien zu erhalten.

Gerätemodellierung

Grundlegend für die Simulation von Bauprozessen ist die Modellierung bestehender Abläufe. Dafür wurden bestehende Berechnungsverfahren (Bauer 2007; Hüster 1992; Girmscheid 2003) für die einzelnen Erd- und Tiefbauprozesse auf der Baustelle analysiert und hinsichtlich ihrer Eignung für den simulativen Einsatz überprüft. Die Berechnung der Ladegerätleistung im Erdbau ist ausreichend bekannt, durch vielfältige Einflussfaktoren parametrisierbar und kann daher grundsätzlich für die Ablaufsimulation verwendet werden. Entsprechende Berechnungsverfahren werden – wie in Abb. 4.23 am Beispiel eines Baggers gezeigt – lediglich an

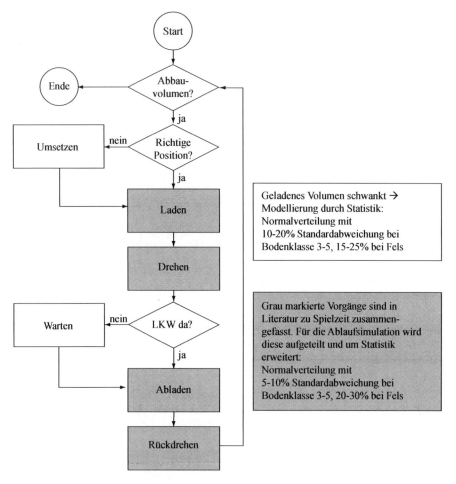

Abb. 4.23 Flussdiagramm für die Modellierung eines Baggers

die ereignisorientierte Modellierung angepasst und um statistische Komponenten erweitert.

Deutliches Optimierungspotenzial liegt hingegen in der Berechnung der Transportleistung, genauer in der Prognose von Umlaufzeiten spezifischer Transportfahrzeuge. Bisherige Verfahren berücksichtigen die dynamischen Bewegungen der Fahrzeuge nicht, Verzögerungs- und Beschleunigungszeiten sowie geringere Geschwindigkeiten bei Kurvenfahrten werden somit nicht betrachtet. Dies führt je nach Streckenprofil zu großen Abweichungen in den Fahrzeiten und somit zu maßgeblichen Ungenauigkeiten bei der Planung von Transportkapazitäten.

Um die Berechnung der Fahrzeiten zu verbessern, kann die Technik der kinematischen Simulation verwendet werden. Diese bietet die Möglichkeit für jedes Fahrzeug ein Geschwindigkeitsprofil je nach befahrener Strecke und aktuellem Beladungszustand zu erstellen. Dabei wird in sehr kleinen Zeitschritten die Beschleu-

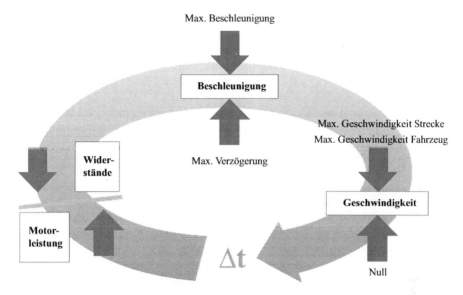

Abb. 4.24 Funktionsweise Kinematiksimulation der Transportfahrzeuge

nigungsfähigkeit des Fahrzeugs in Abhängigkeit der aktuellen Geschwindigkeit, den Fahrzeugeigenschaften und den Streckenparametern ermittelt (s. Abb. 4.24). Ist die Antriebskraft im Vergleich zu den Fahrwiderständen zu klein, verringert sich die Geschwindigkeit in einem Zeitschritt, ansonsten wird sie erhöht. Grenzgeschwindigkeiten können sowohl für das Fahrzeug, als auch für die verschiedenen Streckenabschnitte angegeben werden, um beispielsweise Geschwindigkeitsbegrenzungen oder Staueinflüsse zu berücksichtigen.

Ein Beispiel hierfür zeigt Abb. 4.25. Im leeren Zustand erreicht das Fahrzeug die Grenzgeschwindigkeiten der Streckenabschnitte, im beladenen Zustand ist nur das

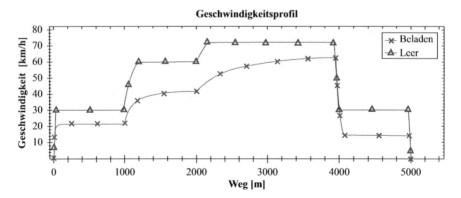

Abb. 4.25 Simuliertes Geschwindigkeitsprofil

Verhältnis von Fahrzeugleistung zu den Fahrwiderständen ausschlaggebend. Auf diese Weise kann die Transportlogistik auf der Baustelle sehr genau abgebildet werden.

Ein weiterer Punkt ist die Modellierung der Unsicherheiten und Störungen der Maschinen. In der Ablaufsimulation ist es möglich, den Einfluss der Maschinen untereinander abzubilden. Individuelle Störungs- und Pausenzeiten werden über statistische Verteilungen modelliert. Fällt eine Maschine aus, können wie in der Realität die anderen beteiligten Geräte nur für einen begrenzten Zeitraum ihre Arbeit fortsetzen, dann bilden sich Staus und die Arbeit muss im schlimmsten Fall eingestellt werden.

Zudem kann durch die detaillierte Modellierung die gegenseitige Behinderung verschiedener Erdbaubetriebe, welche Straßen gemeinsam nutzen, abgebildet werden.

Aufbau Bausteinbibliothek

Aufgrund der in Abschn. 4.1 beschriebenen vielfältigen Zielgrößen sowie der veränderbaren Parameter und der einzuhaltenden Randbedingungen ist die Flexibilität des Simulationssystems eine wichtige Eigenschaft für den Einsatz im Erdbau. Alle Parameter und Randbedingungen sollten unabhängig voneinander veränderbar sein, um alle ausführbaren Szenarien im Hinblick auf die zu erfüllenden Zielgrößen abbilden zu können. Um dafür eine Grundlage zu schaffen, ist im Rahmen des Forschungsprojekts ForBAU eine Bausteinbibliothek für den Erd- und Tiefbau modelliert und in der Simulationsumgebung *Plant Simulation* von *Siemens PLM* implementiert worden. Wie in Abb. 4.26 dargestellt, umfasst die Bibliothek Bausteine für den Daten-Im- und -Export, für die Modellierung der baustellenbedingten Vorgänge, interne Verwaltungsbausteine sowie spezifische Objekte für die Baustelleneinrichtung.

Abbildung 4.27 zeigt den Gesamtzusammenhang der entwickelten Bausteine. Über Detaillierungsgrad und Simulationstiefe von Vorgängen wird bei der Imple-

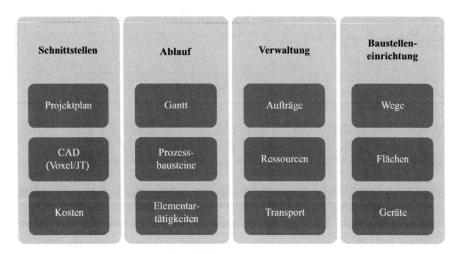

Abb. 4.26 Elemente der Bausteinbibliothek

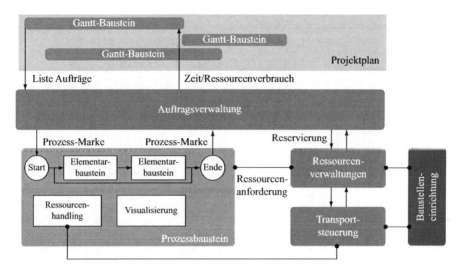

Abb. 4.27 Interner Zusammenhang der Simulationsbausteine

mentierung des Simulationsmodells entschieden. Werden während der ausführlichen Experimente und Auswertungen weitere kritische Prozesse identifiziert, besteht die Möglichkeit, die Detailstufe für diese Vorgänge ebenfalls zu erhöhen.

Gantt-Bausteine haben die Funktion, einen Vorgang in Bezug auf seine Vorgänger oder ab einem bestimmten Termin zu starten. Wird ein Vorgang nicht weiter unterteilt, ist der Simulation lediglich ein Zeitverbrauch hinterlegt, welcher bei Beginn und am Ende eine Zustandsänderung des Bauwerks auslösen kann. Letzteres dient neben der zeitlichen Einordnung der Prozesse auch zur Visualisierung des Ablaufs.

Für den Fall einer weiteren Detaillierung von Vorgängen werden im jeweiligen Gantt-Baustein die Informationen über die auszuführenden Teilprozesse vorgehalten. Diese werden beim Starten eines Gantt-Bausteines analog zum Constraint-basierten Simulationsansatz (s. Abschn. 4.3.3) geordnet. Hierbei wird in einer Auftragsverwaltung zum jeweiligen Simulationszeitpunkt abgefragt, welche anstehenden Tätigkeiten folgende Restriktionen einhalten:

- Alle vorausgehenden Tätigkeiten sind abgeschlossen.
- Alle nötigen Ressourcen (Personal, Geräte, Flächen, Material) stehen zur Verfügung.

Ist eine Tätigkeit ausführbar, wird diese gestartet. Ressourcenverwaltungen sind entwickelt worden, um zu überprüfen, ob eine Ressource für eine Tätigkeit grundsätzlich geeignet ist. Falls mehrere Ressourcen zur Auswahl stehen, können verschiedene Strategien hinterlegt werden, um Einfluss auf die Auswahl zu nehmen. Strategien sind hierbei beispielsweise die Ressourcenwahl nach kürzester Entfernung zum Arbeitsort oder nach geringster Auslastung.

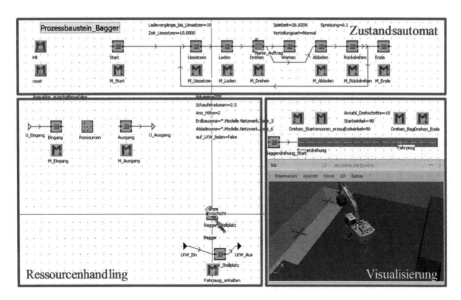

Abb. 4.28 Teilbereiche eines Prozessbausteins

Sind alle für einen Vorgang erforderlichen Ressourcen verfügbar, werden diese reserviert und in der Auftragsverwaltung ein Prozessbaustein erzeugt, an den alle Informationen, die zum Ablauf der Tätigkeit notwendig sind, in Form einer Marke übergeben werden. Abbildung 4.28 zeigt exemplarisch einen implementierten Prozessbaustein, welcher typischerweise in die drei Bereiche des Zustandsautomaten, des Ressourcenhandlings und der Visualisierung gegliedert ist. Im Zustandsautomaten (höchste Detaillierungsstufe) durchläuft die von der Auftragsverwaltung übergebene Marke nacheinander verschiedene Elementartätigkeiten, wobei jeweils das Eintreten und das Vollenden einer Tätigkeit einen neuen Zustand aktivieren. Einzelne Zustände können mehrfach durchlaufen, aber auch übersprungen werden. Dies hängt von der Parametrierung und den aktuellen Randbedingungen des Prozessbausteins im Gesamtumfeld ab. Für das Ressourcenhandling sind Elementartätigkeiten in Form von Elementarbausteinen umgesetzt, die jeweils Material, Personal, Geräte und Flächen buchen und wieder freigeben können, indem Anfragen an eine globale Ressourcensteuerung gestellt werden. Die angeforderte Ressource ist jeweils einem bestimmten Tätigkeitstyp zugeordnet. Die Steuerung ermittelt die entsprechend reservierte Ressource und übergibt diese an den Prozessbaustein. Sobald die Ressource am Auftragsort eingetroffen ist, wird der Prozess fortgesetzt und die Marke wird an die folgende Elementartätigkeit weitergeleitet. Des Weiteren übernimmt der Prozessbaustein Visualisierungsfunktionen wie Rotation und Translation von 2D- und 3D-Objekten, die den aktuellen Prozesszustand übersichtlich abbilden.

Durch die in Abb. 4.27 dargestellte Bausteinstruktur sind die verschiedenen Vorgänge einer Baustelle, die Elemente der Baustelleneinrichtung sowie die verwendeten Ressourcen beliebig kombinierbar. Somit können verschiedene Szenarien mit unterschiedlichem Maschineneinsatz und unterschiedlichen Randbedingungen vor

Ablauf der Baustelle gebildet werden. Durch den mehrstufig wählbaren Detaillierungsgrad ist es möglich, immer diejenigen Abläufe zu untersuchen, die als kritisch
für den Gesamtprozess angesehen werden. Die einzelnen Ablaufbausteine haben
standardisierte Schnittstellen, so dass auch beliebige weitere Aktivitäten in der Bausteinbibliothek umgesetzt und mit den bereits implementierten Bausteinen kombiniert werden können. Zudem ist die Simulationsbibliothek für eine kombinierte
2D/3D-Visualisierung ausgelegt, so dass auch ein Einsatz als Kommunikationsmittel ermöglicht wird.

4.6 Fazit und Ausblick

Johannes Wimmer

Wie in Abschn. 4.1 gezeigt werden konnte, stellt die Ablaufplanung im Infrastrukturbau eine große Herausforderung dar. Aktuelle Methoden und Werkzeuge unterstützen die Verantwortlichen unzureichend, so dass der Bedarf nach innovativen,
wirtschaftlichen Technologien für die Ablaufplanung vorhanden ist. Eine sich an-
bietende Möglichkeit ist hierbei die Ablaufsimulation. Diese wird bereits erfolgreich und flächendeckend in der Fertigungsindustrie eingesetzt, um dem steigenden
Wettbewerbsdruck durch die Internationalisierung der Märkte zu begegnen. Auch
in Industriezweigen, die dem Bauwesen ähnliche Produktionsprozesse aufweisen,
wie beispielsweise dem Schiffsbau, ist die Simulation bereits ein fester Bestandteil
der Planung von Fertigungsabläufen mit Unikatcharakter. Der Einsatz der ereignisorientierten Ablaufsimulation ist durch moderne Simulationsmethoden und -werk-
zeuge auch im Infrastrukturbau möglich. Durch die Datenintegration aus den Bereichen der Modellierung, Baustelleneinrichtung und Ablaufplanung können zeitnah
und effektiv Szenarien in Simulationen abgebildet und untersucht werden. Trotz der
vielen Möglichkeiten, Daten automatisiert in die Simulationsumgebung zu übernehmen, sind viele Randbedingungen manuell zu setzen. Dies hat trotz des höheren
Arbeitsaufwandes den Vorteil, dass auch das implizite Wissen und die Erfahrung
der Projektverantwortlichen eingearbeitet werden kann. Fehlt dieses implizite Wissen, kann es schnell zu falschen Aussagen und Rückschlüssen kommen.

Flexible Bausteinkonzepte können die schwierigen vorherrschenden Randbedingungen auf Baustellen abbilden und ermöglichen die schnelle Erstellung von
baustellenspezifischen Simulationen. Diese schaffen durch eine 4D-Visualisierung
Transparenz in der Planung, so dass Fehler leichter im Voraus entdeckt werden können. Durch die Optimierung des Maschineneinsatzes, von Abläufen und Transportwegen entsteht ein wirtschaftlicher Vorteil, der den Aufwand für die Simulationen
in vielen Fällen übertrifft.

Ziel muss es daher sein, durch weitere Forschungsarbeiten den Einsatz der Ablaufsimulation im Bauwesen noch stärker zu untersuchen, um den flächendeckenden Einsatz in der Industrie zu forcieren. Ein wichtiger Punkt hierbei wird die Bereitstellung von aktuellen Ist-Daten von der Baustelle sein, damit die vorhandenen
Störungen auf der Baustelle in die Simulation mit einbezogen werden können.

Die Durchführung von Simulationsstudien erfordert Expertenwissen, um zu aussagekräftigen, validen Ergebnissen zu gelangen. Bislang fehlt es aber noch an qualifiziertem Personal in den Baufirmen, das die vorhandenen Ansätze aus der Forschung in die Praxis umsetzen kann. Hier können Simulationsdienstleister, die bereits in anderen Industriezweigen aktiv sind, die Baubranche als neues Geschäftsfeld erschließen.

Literatur

Arnold D, Furmans K (2009) Materialfluss in Logistiksystemen, 6. Aufl. Springer, Berlin
Bauer H (2007) Baubetrieb, 3. Aufl. Springer, Berlin
Baumgarten B (1996) Petri-Netze. Grundlagen und Anwendungen, 2. Aufl. Spektrum Akad.-Verl., Heidelberg
Bea F, Scheurer S, Hesselmann S (2008) Projektmanagement. Lucius & Lucius, Stuttgart
Beißert U, König M, Bargstädt H-J (2010) Soft constraint-based simulation of execution strategies in building engineering. J Simul
Chahrour R (2007) Integration von CAD und Simulation auf Basis von Produktmodellen im Erdbau -Zugl.: Kassel, Univ., Diss., 2006. Kassel Univ. Press, Kassel
Deutsche Norm DIN 1960 (2010) VOB Vergabe- und Vertragsordnung für Bauleistungen – Teil A: Allgemeine Bestimmungen für die Vergabe von Bauleistungen. Beuth Verlag GmbH, Berlin
Franz V (1999) Simulation von Bauprozessen mit Hilfe von Petri-Netzen. In: Hohman G (Hrsg) Fortschritte in der Simulationstechnik. ASIM Fortschritte in der Simulationstechnik, Weimar
Frey H, Nießen G (2005) Monte Carlo Simulation. Quantitative Risikoanalyse für die Versicherungsindustrie. Gerling-Akad.-Verl., München
Girmscheid G (2003) Leistungsermittlung für Baumaschinen und Bauprozesse, 2., erw. Aufl. Springer, Berlin
Günthner W, Hompel M ten (2010) Internet der Dinge in der Intralogistik. Springer, Heidelberg
Günthner W, Kessler S, Frenz T, Peters B, Walther K (2008) Einsatz einer Baumaschinendatenbank (EIS) bei der Bayerischen BauAkademie. Tiefbau 52(12):736–738
Günthner W, Kessler S, Frenz T, Wimmer J (2009) Transportlogistikplanung im Erdbau. Abschlussbericht IGF-Vorhaben 15073 N/1. Technische Universität München, München
Günthner W, Kessler S, Horenburg T, Frenz T (2010) 4D-Einsatzplanung von Turmdrehkranen. BauPortal 122(7):393–395
Hüster F (1992) Leistungsberechnung der Baumaschinen, 2., neubearb. und erw. Aufl. Werner, Düsseldorf
Ji Y, Lukas K, Obergriesser M, Borrmann A (2008) Entwicklung integrierter 3D-Trassenproduktmodelle für die Bauablaufsimulation. Tagungsband des 20. Forum Bauinformatik, Dresden
Ji Y, Seipp F, Borrmann A, Ruzika S, Rank E (2010) Mathematical modeling of Earthwork Optimization Problems. In: Tizani W (ed) Computing in civil and building engineering. Nottingham University Press, Nottingham
Knothe K, Wessels H (2008) Finite Elemente. Eine Einführung für Ingenieure, 4. Aufl. Springer, Berlin
König M, Beißert U, Steinhauer D, Bargstädt H-J (2007) Constraint-based simulation of outfitting processes in shipbuilding and civil engineering. 6th EUROSIM Congress on Modeling and Simulation, Ljubljana, Slovenia
Košturiak J, Gregor M (1995) Simulation von Produktionssystemen. Springer, Wien
Kudlich T (2000) Optimierung von Materialflußsystemen mit Hilfe der Ablaufsimulation. Herbert Utz Verlag, München
Kumpf A (2001) Anforderungsgerechte Modellierung von Materialflusssystemen zur planungsbegleitenden Simulation. Herbert Utz Verlag, München

Leimböck E, Klaus U, Hölkermann O (2007) Baukalkulation und Projektcontrolling. Unter Berücksichtigung der KLR Bau und der VOB, 11. Vieweg, Wiesbaden

Martin H (2009) Transport- und Lagerlogistik. Planung, Struktur, Steuerung und Kosten von Systemen der Intralogistik, 7., erw. und aktualisierte Aufl. Vieweg + Teubner, Wiesbaden

Martinez J, Ioannou P (1999) General-purpose systems for effective construction simulation. J Construct Eng Manag 125(4):265–276

Montgomery D (2009) Design and analysis of experiments. Wiley, Hoboken

Page B (1991) Diskrete Simulation. Eine Einführung mit Modula-2. Springer, Berlin

Remer D (2005) Einführen der Prozesskostenrechnung. Grundlagen Methodik Einführung und Anwendung der verursachungsgerechten Gemeinkostenzurechnung, 2. Aufl. Schäffer-Poeschel, Stuttgart

RIB Software AG (2010) transparent, http://www.rib-software.com/de/ueber-rib/transparent-das-magazin.html. Zugegriffen: 12. Aug 2010

Schwarze J (2010) Projektmanagement mit Netzplantechnik, 10., überarb. u. erw. Aufl. Verl. Neue Wirtschafts-Briefe, Herne

Steinhauer D, König M, Bargstädt H-J (2007) Branchenübergreifende Kooperation zur Simulation von Montageabläufen beim Innenausbau von Schiffen. Hansa Intern Marit J

Steinmetzger R (2010) Ermittlung von Maschineneinsatzzeiten für ereignisorientierte Simulationsmodelle im Baubetriebswesen. In: Bargstädt H-J (Hrsg) Modellierung von Prozessen zur Fertigung von Unikaten. Bauhaus-Universität, Weimar

VDI-Richtlinie VDI 3633 (2000) Simulation von Logistik-, Materialfluß- und Produktionssystemen – Grundlagen. Beuth, Berlin

VDI-Richtlinie VDI 4499 Blatt 1 (2008) Digitale Fabrik Grundlagen. Beuth, Berlin

Wagner U, Scherer R (2008) Konzeption eines Werkzeuges für schnell zu erstellende Simulationen von Baustellenabläufen. In: Rabe M (Hrsg) Advances in simulation for production and logistics applications. Fraunhofer IRB-Verl., Stuttgart

Wu I-C, Borrmann A, Rank E, Beißert U, König M (2009) A pattern-based approach for facilitating schedule generation and cost analysis in bridge construction projects. In: Proceedings of the 26th CIB-W78 conference on managing IT in construction, Istanbul, 2009

Wu I-C, Borrmann A, Beißert U, König M, Rank E (2010) Bridge construction schedule generation with pattern-based construction models and constraint-based simulation. Adv Eng Informa. doi:10.1016/j.aei.2010.07.002

Kapitel 5
Logistikmanagement in der Bauwirtschaft

Tobias Hasenclever, Tim Horenburg, Gerritt Höppner, Cornelia Klaubert,
Michael Krupp, Karin H. Popp, Oliver Schneider, Wilhelm Schürkmann,
Sebastian Uhl und Jörg Weidner

Die Bauwirtschaft hat seit jeher mit der Aufgabe zu kämpfen, gesetzte Zeit- und Kostenbudgets einzuhalten. Dabei spielt gerade die termingerechte Fertigstellung eine wesentliche Rolle, um auch die Kosten im Budgetrahmen halten zu können. Hierfür sind effiziente Bauabläufe zu gestalten, die planbar, zuverlässig und transparent in jedes Projekt integrierbar sind. Um schnellere und kostengünstigere Bauprozesse zu erreichen, ist die Baulogistik ein probates Mittel, das in letzter Zeit immer stärker in den Fokus der Planungs- und Ausführungsverantwortlichen rückt.

Aber was genau versteht man untern dem Begriff „Baulogistik"? In der Praxis gehen bei der Interpretation dieses Begriffs die Meinungen weit auseinander. Selbst in der betriebswirtschaftlichen Literatur hat sich bis heute noch keine einheitliche Definition von Baulogistik etablieren können (Deml 2008). Bestehende Ansätze lehnen sich an den *allgemeinen* Logistikdefinitionen an, wobei sich im Laufe der Zeit drei Begriffsebenen entwickelt haben (Klaus und Kille 2008; Pfohl 2000; Delfmann 1999):

- Auf der untersten Ebene wird Logistik als systematische Auseinandersetzung mit den elementaren logistischen (Transfer-)Aktivitäten des Transportierens, Umschlagens, Lagerns (sog. TUL-Aktivitäten[1]) sowie des Kommissionierens interpretiert, d. h. der Transfer von Objekten jeder Art steht im Mittelpunkt logistischen Handelns.
- Auf der zweiten Begriffsebene wird Logistik als Planung, Realisierung, Steuerung und Kontrolle logistischer Flüsse (Materialflüsse sowie die zugehörigen Informations- und Finanzflüsse) und Prozesse verstanden. Die Koordination

---

[1] TUL-Aktivitäten bezeichnen die elementaren physischen Aktivitäten in der Logistik. Darunter fällt das Transportieren (=Veränderung von Objekten im geografischen Raum), das Umschlagen (=Veränderung der Ordnung und Anordnung von Objekten) sowie das Lagern (=Überbrückung von Zeitdifferenzen) (Klaus und Krieger 2008).

J. Weidner (✉)
Zentrum für Intelligente Objekte ZIO, Fraunhofer-Arbeitsgruppe für Supply Chain
Services SCS, Dr.-Mack-Straße 81, 90762 Fürth, Deutschland
E-Mail: joerg.weidner@scs.fraunhofer.de

W. Günthner, A. Borrmann (Hrsg.), *Digitale Baustelle- innovativer Planen, effizienter Ausführen*, DOI 10.1007/978-3-642-16486-6_5, © Springer-Verlag Berlin Heidelberg 2011

logistischer Aktivitäten im Hinblick auf die Maximierung von Güterverfügbarkeit steht hier im Zentrum der Betrachtung.
* Die dritte Begriffsauffassung interpretiert Logistik als das Management von Fließsystemen (Flow bzw. Supply Chain Management). Dabei werden wirtschaftliche Abläufe als Flüsse von Objekten in unternehmensübergreifenden Wertschöpfungsketten und -netzwerken interpretiert. Diese flussorientierte Netzwerkperspektive bedarf einer dynamischen und systematischen Prozess- und Netzwerkdenkweise. Im Zentrum logistischen Handelns steht dabei die ganzheitliche Optimierung der unternehmensübergreifenden Fließsysteme durch eine entsprechende Gestaltung, Steuerung und Kontrolle der Netze und Prozesse.

Im Laufe der Zeit hat sich die Logistik also von der reinen operativen Ebene (TUL-Aktivitäten) zu einem ganzheitlichen Managementansatz entwickelt.

5.1 Prozessorientiertes Logistikmanagement rund um die Baustelle – Rahmenbedingungen und Ziele

Sebastian Uhl

Im Gegensatz zur Bauindustrie, bei der sich die Interpretation der Logistik zumeist auf die rein operative Abwicklung der Materiallieferung auf die Baustelle im Sinne der ersten Begriffsebene beschränkt, gilt die stationäre Industrie bei der Interpretation der Logistik als Managementphilosophie als Vorreiter. Insbesondere in der Automobilindustrie hat sich die Logistik bereits ab Ende der 1980er Jahre als strategische Managementfunktion etabliert. Aber was genau beinhaltet der Begriff „Management" und warum hat die Bauwirtschaft bis heute ein anderes Logistikverständnis?

Die Hauptaufgabe des Managements besteht im Allgemeinen in der Koordination des gesamten Leistungsprozesses zur Erreichung der Unternehmensziele (Hungenberg 2004). Analog hierzu liegt die Aufgabenstellung des Logistikmanagements in der Gestaltung und Koordination von Güter-Fließsystemen mit dem Ziel, die Effizienz des Ressourceneinsatzes zu maximieren. Dabei können drei wesentliche Teilaktivitäten des Logistikmanagements unterschieden werden, die zusammen einen sich wiederholenden Management-Prozess bilden (vgl. Abb. 5.1):

* **Planung** unternehmensübergreifender logistischer Wertschöpfungsketten und -netze sowie
* die zielgerichtete **Steuerung** und
* **Kontrolle** der Güter- und Informationsflüsse in den Wertschöpfungssystemen.

Die *Planung* stellt den Ausgangspunkt des Managementprozesses dar und entspricht der strategischen Komponente des Managements. Hier werden die logistischen Ziele bestimmt und die unternehmensübergreifende Wertschöpfungsarchitektur für die Güter- und Informationsflüsse sowie die Prozesse definiert. Bei der Planung der Anlieferstrategien fremdbezogener Güter können im Wesentlichen zwei Strategiealternativen unterschieden werden: die auftragsbezogene bzw. produktionssynchrone Beschaffung ohne Vorratshaltung und die Vorabbeschaffung mit anschließender

Abb. 5.1 Revolvierender
Managementprozess. (Quelle:
eigene Darstellung in Anlehnung an Hungenberg 2004)

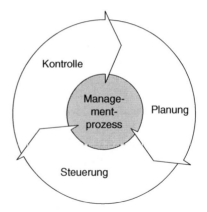

Lagerhaltung (Beckmann 2008; Gudehus 2006). Je nach gewähltem Beschaffungskonzept ergeben sich unterschiedliche Strategien für das Logistikmanagement. Neben der Planung der optimalen Losgröße sind bei einer Vorratshaltungsstrategie je nach Materialart unterschiedliche Lagerkonzepte zu gestalten, wie beispielsweise die Frage nach zentraler vs. lokaler Lagerhaltung. Bei einer produktionssynchronen Beschaffung ist insbesondere ein strategisches Lieferantenmanagement von großer Bedeutung, da nur eine hohe Lieferzuverlässigkeit eine Just-in-Time (JIT) Anlieferung[2] ermöglicht.

Die *Steuerung* dient der Verknüpfung von Planung und Ausführung, d. h. sie sichert die zielgerichtete Umsetzung der Planung. Im Zuge der Managementphilosophie eines kontinuierlichen Materialflusses und einer bestandsarmen Produktion hat in der Materialversorgung die JIT-Steuerung mehr und mehr an Bedeutung gewonnen (Töpfer 2007). Die Grundidee besteht darin, die inner- und interbetrieblichen Produktions- und Transportabläufe zwischen Abnehmer und Lieferanten so zu synchronisieren, dass die benötigten Materialien in der richtigen Menge, zum richtigen Zeitpunkt, in der richtigen Qualität, am richtigen Ort bereit gestellt werden, wenn der Kunde sie benötigt (Wildemann 2008; Gudehus 2005). Durch eine zeitnahe Verwendung des benötigten Materials wird das Ziel der Eliminierung von Ressourcenverschwendung verfolgt (Töpfer 2007).

Die *Kontrolle* ermittelt die erzielten Ergebnisse des logistischen Handelns. Durch einen laufenden Soll-Ist-Vergleich wird dabei festgestellt, ob die geplanten Ziele erfüllt wurden oder ob neue Maßnahmen ergriffen werden müssen, um festgestellte Abweichungen der Soll-Zielvorgaben zu korrigieren. Eine wichtige Voraussetzung stellt dabei eine durchgängige Transparenz über vorhandene Material- und Informationsflüsse innerhalb der Prozesse dar. Nur wenn diese gewährleistet ist, kann die Messung des Zielerreichungsgrades der Soll-Vorgaben anhand eines Kennzahlensystems erfolgen.

---

[2] Just-in-time (JIT) kann über setzt werden mit „gerade zur rechten Zeit". Kern des Prinzips ist die flussgerechte Gestaltung aller Prozessschritte entlang einer Wertschöpfungskette mit dem Ziel der Beseitigung jeglicher Verschwendung. Der Anlieferzeitpunkt der Ware soll dabei so nah wie möglich am Verbrauchszeitpunkt liegen. Mit Hilfe eines durchgängigen Material- und Informationsflusses sollen so die Lagerbestände minimiert und die Kundenorientierung gesteigert werden (vgl. Delfmann 2008a).

In der Bauwirtschaft fehlt bis heute jedoch eine solche Interpretation der Logistik als Managementansatz bzw. -philosophie. Hier beschränkt sie sich zumeist auf die rein operative Abwicklung der Materialanlieferung auf die Baustelle. Eine logistikgerechte Planung der Versorgungsprozesse findet im Vorfeld nur selten statt (Seefeldt 2003). Anstatt zu agieren, wird in der Praxis noch zu häufig nur reagiert. Diese zurückhaltende Einstellung der Baubranche hinsichtlich der Logistik als ganzheitlicher Managementansatz hat zwei wesentliche Ursachen: Zum einen fehlt in der Bauwirtschaft teilweise die Kenntnis bezüglich betriebswirtschaftlicher Methoden zur ganzheitlichen, unternehmensübergreifenden Planung und Steuerung materialwirtschaftlicher Prozesse (Schmidt 2003). Zum anderen argumentieren Fachvertreter oftmals, dass die bauwirtschaftlichen Rahmenbedingungen ein betriebswirtschaftliches Handeln – d. h. eine unternehmensübergreifende Planung, Steuerung und Kontrolle logistischer Prozesse – äußerst komplex gestalten oder verhindern. In der Tat weist das Endprodukt „Bauwerk" einige Spezifika auf, die produktivitätshemmend wirken. Auf diese Besonderheiten der Bauwirtschaft wird im Folgenden näher eingegangen.

5.1.1 Rahmenbedingungen und Herausforderungen des Logistikmanagements in der Bauwirtschaft

Sebastian Uhl

Eine unmittelbare Übertragung bestehender stationärer Logistikkonzepte auf die Bauwirtschaft ist aufgrund folgender baubranchenspezifischer Merkmale und Rahmenbedingungen schwierig (Engelmann 2001; Low und Choong 2001; Yeo und Ning 2002; Berner et al. 2007; Köster 2007):

- **Einzelfertigung der Bauobjekte:** Die Planung und Errichtung von Bauwerken ist in der Regel durch Merkmale der Einmaligkeit gekennzeichnet. Individuelle Architektur und Baustoffkombinationen machen jedes Bauobjekt zu einem komplexen Unikat, das erst nach Eingang des Kundenauftrags konstruiert und geplant wird (=engineering-to-order). Diese Einmaligkeit besteht allerdings nur für das Bauwerk als Ganzes. Materialien, Komponenten, Prozessabläufe und Fähigkeiten ähneln sich üblicherweise und können objektübergreifend angewendet werden. Ähneln sich Bauobjekte etwa hinsichtlich Zweckbestimmung, Konstruktion und Fertigungstechnik, dann lassen sich auch im Baugewerbe Beispiele für Serienfertigung anführen (Bauer 2007). Darüber hinaus zeichnet die Bauproduktion ein im Vergleich zur stationären Industrie sehr geringer Automatisierungsgrad aus.
- **Standortgebundenheit der Bauproduktion:** Bauwerke sind nicht transportfähig. Die Erstellung der Bauleistung muss folglich vor Ort durchgeführt werden, wodurch der Produktionsstandort von Bauprojekt zu Bauprojekt wechselt. Dies hat zur Folge, dass jede Baustelle andere Anforderungen an die Baulogistik stellt, um den individuellen topografischen, geologischen und verkehrstechnischen Gegebenheiten Rechnung zu tragen. Ein permanentes Produktionslayout, wie es bei der stationären Industrie gängig ist, ist in der Bauwirtschaft nicht realisierbar.
- **Stark fragmentierte Branchenstruktur:** Die Baubranche ist einer der am stärksten fragmentierten Wirtschaftsbereiche, d. h. es findet sich in den einzel-

nen Geschäftsfeldern der Bauwirtschaft eine Vielzahl von Wettbewerbern mit jeweils geringen Marktanteilen. Aus Kapazitäts- und Kostengründen greifen Bauunternehmen häufig auf Nachunternehmer zurück, wodurch sich die Anzahl der Beteiligten an den Bauprojekten erhöht. Durch die daraus resultierende hohe Arbeitsteiligkeit treffen in der Bauausführung viele Einzelprozesse aufeinander, die zu baulogistischen Herausforderungen führen, wie z. B. ein erhöhter Koordinationsaufwand aufgrund der zahlreichen Schnittstellen, Medienbrüche bei der Informationsweitergabe oder Verantwortlichkeitsprobleme auf der Baustelle.

- **Produktion unter freiem Himmel:** Bauleistungen des Bauhauptgewerbes finden überwiegend im Freien statt. Die daraus resultierende Witterungsabhängigkeit führt einerseits zu saisonalen Auslastungsschwankungen, andererseits führen unvorhersehbare, stochastisch auftretende Wettereinflüsse kurzfristig zu Störungen im Bauprozess.

Abbildung 5.2 gibt einen zusammenfassenden Überblick der allgemeinen sowie der bauspezifischen Produktionsmerkmale durch einen sogenannten „morphologischen Kasten" wieder. Dabei repräsentieren die Merkmalsausprägungen mögliche Formen der allgemeinen Produktion. Die grau hinterlegten Felder entsprechen den besonderen Merkmalen der Bauindustrie.

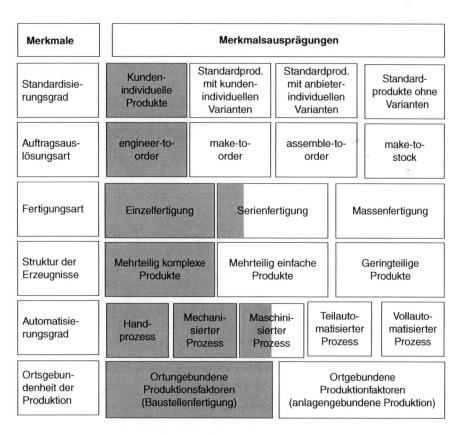

Merkmale	Merkmalsausprägungen			
Standardisierungsgrad	Kundenindividuelle Produkte	Standardprod. mit kundenindividuellen Varianten	Standardprod. mit anbieterindividuellen Varianten	Standardprodukte ohne Varianten
Auftragsauslösungsart	engineer-to-order	make-to-order	assemble-to-order	make-to-stock
Fertigungsart	Einzelfertigung	Serienfertigung	Massenfertigung	
Struktur der Erzeugnisse	Mehrteilig komplexe Produkte	Mehrteilig einfache Produkte	Geringteilige Produkte	
Automatisierungsgrad	Handprozess	Mechanisierter Prozess	Maschinisierter Prozess	Teilautomatisierter Prozess	Vollautomatisierter Prozess
Ortsgebundenheit der Produktion	Ortungebundene Produktionsfaktoren (Baustellenfertigung)		Ortgebundene Produktionfaktoren (anlagengebundene Produktion)	

Abb. 5.2 Morphologisches Merkmalsschema der Bauproduktion

Die beschriebenen bauspezifischen Rahmenbedingungen erschweren eine Planung und Steuerung der logistischen Prozesse immens und erfordern ein hohes Maß an Flexibilität. Diese Flexibilität wird heute zumeist durch eine überdimensionierte Vorhaltung von personellen und materiellen Ressourcen „erkauft". Lieferanten müssen hohe Sicherheitsbestände aufbauen, um auf die extrem kurzfristigen, stochastischen Bestellvorgänge reagieren zu können. Ebenso verfahren die Abnehmer, um die Folgen der Fehlerquoten und Auslastungsschwankungen der Zulieferer abzufangen (Vahrenkamp 2007; Schmidt 2003). Das Ergebnis sind hohe Kosten durch überdimensionierte Lagerbestände von Baustoffen entlang der gesamten Wertschöpfungskette.

Die wesentliche Herausforderung für die Baulogistik liegt somit in dem „Management der Unsicherheiten" durch Sicherstellung einer hohen Flexibilität, um die Versorgungssicherheit bei geringen Kosten zu gewährleisten. Um dies zu erreichen, muss der Fokus des Baulogistikmanagements auf die Optimierung der logistischen Prozesse entlang der gesamten Versorgungskette gelegt werden.

5.1.2 Baulogistik zur Sicherstellung einer effizienten Materialversorgung

Sebastian Uhl

Um eine hohe Versorgungssicherheit bei den schwierigen Rahmenbedingungen der Baubranche gewährleisten zu können, muss die Baulogistik zunächst alle kritischen Prozesse bzw. Aktivitäten identifizieren, die bei der Anlieferung anfallen, sowie die damit verbundenen Risiken bewerten. Kritische Prozesse sind Prozesse, die für eine kosten- und termingetreue Anlieferung von Materialien auf die Baustelle notwendig sind. Denn diese haben ihrerseits fundamentale Auswirkungen auf den gesamten Bauablauf und somit auf die Gesamtkosten und die Gesamtdauer der Bauausführung (Dodel 2004).

Abbildung 5.3 zeigt schematisch den Ablauf zur Identifizierung und Optimierung kritischer Prozesse. Die wesentliche Aufgabenstellung des Logistikmanagements ist es, mögliche Unsicherheiten (z. B. verspätete Anlieferung, Anlieferung falscher Materialqualitäten oder -quantität) innerhalb der logistischen Prozesse so weit wie möglich zu minimieren und zu kontrollieren.

Für komplexe Prozesse, wie sie bei Infrastrukturbauprojekten vorkommen, ist die „Kritischer-Pfad-Methode" ein effektiver Ansatz zur Identifizierung kritischer Prozesse (Gudehus 2005). Diese werden durch Analyse des Projektplans ermittelt. All diejenigen Pfade, in denen zwischen den vor- und nachgelagerten Einzelvorgängen kein zeitlicher Puffer vorhanden ist, werden als kritische Pfade bezeichnet. Jeder Verzug beeinflusst folglich direkt den geplanten Fertigstellungstermin für das Projekt (zur genauen Durchführung der Kritischer-Pfad-Methode vgl. Gudehus 2005; Schönsleben 2007).

Wurden die kritischen Aktivitäten und Prozesse offengelegt, sollte auf diese ein besonderes Augenmerk durch das Logistikmanagement gelegt werden. In der betriebswirtschaftlichen Literatur gibt es verschiedene Ansätze der Optimierung von

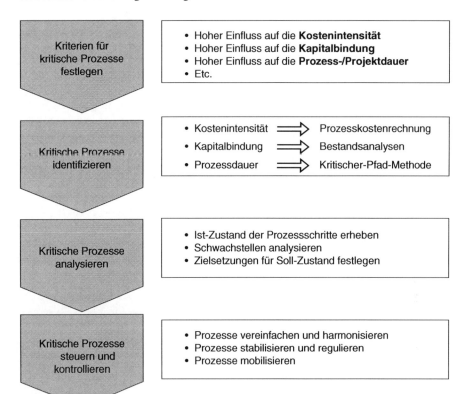

Abb. 5.3 Prozess zur Identifizierung und Optimierung kritischer Prozesse

(kritischen) Prozessen, die unter dem Begriff „Flow Management" zusammengefasst werden (Klaus 2007). Hierzu zählen insbesondere

- **Prozesse vereinfachen und harmonisieren.** Diese Optimierungsansätze dienen dazu, die Komplexität der Prozesse zu reduzieren. Zu ihnen zählen insbesondere das

  - *Anlegen fließgerechter Layouts*, z. B. optimale Platzierung von Material- und Gerätelagern auf der Baustelle. Eine Anpassung des Produktionslayouts ist bei der Baustellenfertigung hingegen kaum möglich.
  - *Verringern von Beständen*, um das System „flexibler" zu machen, z. B. durch Just-in-time-Materialabruf.
  - *Standardisieren und Modularisieren von Objekten*, z. B. Standardkomponenten bei Fertighausbau, standardisierte Fertigbetonteile.

- **Prozesse stabilisieren und regulieren.** Diese Optimierungsansätze setzen direkt bei den Fließobjekten (Ressourcen, Informationen o. ä.) an, um diese möglichst effizient zu gestalten.

  - *Flüsse kontinuierlich takten*, z. B. durch Einführung einer JIT-Anlieferung. Der Transportauftrag wird erst dann durch den Nachfolgeprozess (Kundenabruf) ausgelöst, wenn ein konkreter Bedarf besteht. Neben der Stabilität der Prozesse erhöhen sich durch den kontinuierlichen Materialfluss auch die Flexibilität sowie die Lieferbereitschaft. Die Einführung einer JIT-Anlieferung direkt an den Verbauort wurde im Rahmen des ForBAU-Projekts als Last-Meter-Baulogistik-Konzept umgesetzt (vgl. hierzu Abschn. 5.3.4).

- *Schwache Flüsse bündeln,* z. B. keine unkoordinierten Einzelanlieferung geringer Materialmengen, sondern zentral koordinierte, gebündelte und ggf. vorkommissionierte Belieferung, um den Engpass Baustelleneinfahrt zu entlasten.
- *Störungen/Fehler zuvorkommen,* z. B. durch eine computerbasierte Planung und Simulation der Baustelleneinrichtung einschließlich der Kransimulation sowie die Simulation der Bauablaufprozesse einschließlich der kritischen Materialanlieferungen (Beton-Fertigteile o. ä.) in einem 4D-Modell (vgl. Abschn. 5.2.3).

• **Prozesse mobilisieren.** Dieser Ansatz dient dazu, sowohl die Fließgeschwindigkeit der Flüsse als auch die Reaktionsgeschwindigkeit des Systems zu verbessern.

- *Technische Systeme einsetzen:* schnellere und weniger fehleranfällige Informationsprozesse durch den Einsatz unternehmensübergreifender IT-Systeme, die einen medienbruchfreien Austausch von Informationen und Daten zwischen sämtlichen Akteuren erlaubt (z. B. elektronische, webbasierte Lieferscheinportale).
- *Kontinuierlicher Verbesserungsprozess:* durch ständiges Feedback und Kommunikation aus Fehlern lernen und so die Reaktionen auf zukünftige Störfälle verkürzen, die eines Eingriffs bzw. einer Korrektur bedürfen.

Trotz erschwerter Bedingungen im Vergleich zur stationären Industrie lassen sich auch in der Bauwirtschaft grundlegende Prinzipien der Logistik anwenden, um die Wertschöpfung in der gesamten Bau-Supply-Chain zu erhöhen. Gerade aus betriebswirtschaftlicher Sicht versprechen die genannten Prinzipien im Umfeld der Baulogistik ein wirksames Instrument darzustellen, um die Bauausführung effektiver, d. h. kostengünstiger und mit weniger Verzögerungen umsetzen zu können.

5.2 Die Planung als wesentliches Optimierungswerkzeug für die Ausführungsphase

Sebastian Uhl

„Gut geplant ist halb gebaut." Diese alte Weisheit der Bauwirtschaft ist heute aktueller denn je, denn verkürzte Planungszyklen und steigende Anforderungen an die Bauwerke benötigen eine hochwertige Planung. Für die Bauwirtschaft bedeutet dies, dass immer mehr und komplexere Informationen in die Planung der Ausführungsprozesse transferiert werden müssen. Der wirtschaftliche Hebel einer schnellen, fehlerfreien Informationsgenerierung und -verteilung ist in diesem Zusammenhang signifikant.

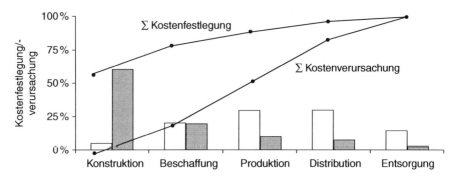

Abb. 5.4 Opitz Studie zur Verursachung und Festlegung von Kosten. (Quelle: eigene Darstellung in Anlehnung an Opitz 1971) (weiß: verursachte Kosten, grau: festgelegte Kosten)

Bereits in den 1970er Jahren hat *Opitz* in einer empirischen Untersuchung zur Verursachung und Festlegung von Kosten während des Wertschöpfungsprozesses gezeigt, dass die Gesamtkosten eines Produktes überwiegend in der *Planungs- und Konstruktionsphase* festgelegt werden, während sie in den nachfolgenden Wertschöpfungsstufen verursacht werden, d. h. monetär anfallen. Dies verdeutlicht Abb. 5.4. Die weißen Diagrammbalken stellen den prozentualen Anteil der einzelnen Wertschöpfungsstufen an den gesamten Produktionskosten dar. Die Konstruktionsphase beispielsweise verursacht weniger als sechs Prozent der Gesamtkosten. Die grauen Diagrammbalken hingegen geben an, wie viel der Gesamtkosten in den jeweiligen Wertschöpfungsstufen festgelegt werden. Über 60 % der Gesamtkosten werden beispielsweise durch die Konstruktion vorgegeben und können in späteren Wertschöpfungsstufen kaum noch beeinflusst werden.

Anders ausgedrückt: In der Planungsphase gemachte Fehler oder Ungenauigkeiten wirken sich demnach unmittelbar auf die Höhe der Gesamtkosten aus und können in den Ausführungsphasen kaum noch beeinflusst werden.

Die Untersuchungen von Opitz beziehen sich zwar auf die stationäre Industrie, die Ergebnisse können jedoch auf die Baubranche übertragen werden. Auch hier haben die Prozesse der Planungs- und Organisationsphase sowie die Arbeitsvorbereitung einen erheblichen Einfluss auf die Gesamtkosten eines Bauprojekts (Günthner und Zimmermann 2008). Im schlüsselfertigen Hochbau beispielsweise sind nach Abschluss der Planungsphase in der Regel „bereits 75 bis 80 % derjenigen Festlegungen getroffen worden, die maßgebliche Auswirkungen auf die Baukosten und die Baunutzungskosten haben" (Gussow 2000).

Aus den Erkenntnissen von Opitz lässt sich die in Abb. 5.5 dargestellte Kostenbeeinflussungskurve ableiten. Zu Beginn der Ausführungsplanung lassen sich die Baukosten im Vergleich zu den frühen Planungsphasen nur noch marginal beeinflussen. Will man also die Kosten der Bauausführung senken, so muss dies bereits in der Planungsphase geschehen. Dabei gilt: Je früher die Einbindung der Akteure in den Planungsprozess, desto größer das Optimierungspotenzial in technischer, finanzieller und terminlicher Hinsicht.

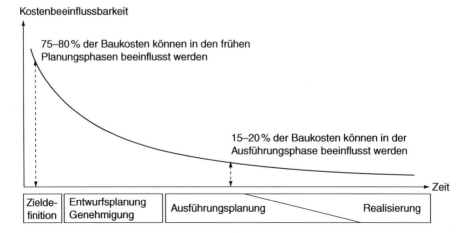

Abb. 5.5 Kostenbeeinflussbarkeit während der Bauphasen. (Quelle: eigene Darstellung in Anlehnung an Stark 2006)

In der stationären Industrie – und im Besonderen im Automobilbau – hat sich die Erkenntnis, dass eine optimierte Planung den größten Stellhebel bei der Optimierung der Fertigungsprozesse besitzt, in der fertigungsgerechten Konstruktion als eigenständige Disziplin etabliert. Das sogenannte „Concurrent bzw. Simultaneous Engineering" spiegelt den Gedanken der engen Vernetzung von Planung und Fertigung wider und hat zu wesentlichen Produktivitätssteigerungen geführt.

Diese Produktivitätssteigerungen sind auch in der Bauwirtschaft denkbar. Es gilt, an diesen Zusammenhängen zu arbeiten und Schritt für Schritt hin zu einer stärkeren Vernetzung der Planung mit der Ausführung zu gelangen. Die folgenden Beiträge bieten Ansatzpunkte für neue Wege bei der Planung der baulogistischen Abläufe.

5.2.1 Status-quo der baulogistischen Planung und die Auswirkungen für die Materialversorgung

Gerritt Höppner, Sebastian Uhl

Die Materialversorgung auf Baustellen ist einer der wichtigsten Produktionsfaktoren bei Bauprojekten. Bisher wird der Planung der Materialversorgung jedoch zu wenig Aufmerksamkeit geschenkt – gerade im Hinblick auf die Verknüpfung zwischen Materiallieferung und Verarbeitungsabläufen. Hier können neue Ansätze in der Materialversorgung zu einer Produktivitätssteigerung beitragen.

Obwohl die Durchführung von Bauprojekten in erster Linie nach den Kriterien der Termintreue und minimaler Kostenverursachung ausgerichtet ist (Günthner und Zimmermann 2008), werden in der heutigen Baupraxis vorhandene zeitliche und monetäre Nutzenpotenziale durch ganzheitliche, baulogistische Optimierungsansätze nur unzureichend genutzt. Noch immer liegt der Fokus in der Bauausführung überwiegend auf der Baustelleneinrichtungsplanung (vgl. hierzu Abschn. 5.2.3), eine ganzheitliche baulogistische Planung der Materialversorgungsprozesse hingegen wird bis dato nur rudimentär berücksichtigt. Eine kooperative Materialbedarfsplanung mit Angabe der exakten Anlieferorte und -termine wird nur für ausgesprochene Großbaustellen insbesondere in extrem beengten Innenstadtgebieten aufgestellt, bei denen ein großer Stoffbedarf konzentriert anfällt. Für die meisten Baustellen hingegen wird lediglich eine Rahmenvereinbarung (Preis und grober Baustellenplan) mit entsprechenden Lieferanten getroffen (Transkanen et al. 2009).

Gründe mangelnder Planung baulogistischer Materialversorgungsprozesse
Die Gründe der mangelnden ganzheitlichen Planung baulogistischer Materialversorgungsprozesse, d. h. die Frage wann welches Material wo von wem benötigt wird, hat ihren Ursprung insbesondere in der speziellen Struktur von Bauprojekten, die durch die geltenden Ausschreibungsvorschriften determiniert werden (Yeo und Ning 2002).

Durch die Vergabe- und Vertragsordnung für Bauleistungen (VOB/A) dient ein nach Fertigungsabschnitten und Gewerken gegliedertes Leistungsverzeichnis (LV) als Planungsgrundlage für die Materialversorgung vor Ort. Und genau hier liegt bereits das Hauptproblem für eine optimale baulogistische Planung:

- eine zu grobe Gliederung (fehlende Stücklisten)
- eine fehlende bauabschnittsübergreifende Gesamtplanung
- fehlende Verknüpfungen der Mengenangaben mit Bedarfszeitpunkten
- zeit- und kostenintensives, manuelles „Umschreiben" des LV durch die einzelnen Akteure

Diese Faktoren führen in der Folge immer wieder zu fehleranfälligen Insellösungen, einhergehend mit Medienbrüchen und Informationsverlusten.

Neben der für eine baulogistische Planung unzureichenden Datenqualität bewirkt die VOB/A als klassisches Verfahren eine *vollständige Trennung von Planung und Ausführung*, wodurch die Bauunternehmen erst zu einem relativ späten Zeitpunkt – in der Regel in der Angebotsphase – in den Bauprozess einbezogen werden.

Diese späte Einbindung verursacht einen vertikalen Systembruch in der Wertschöpfungskette, d. h. einen Informations- und Koordinationsbruch zwischen vor- und nachgelagerten Wertschöpfungsstufen (Abb. 5.6) und verhindert von Beginn an eine *durchgängige Kommunikation* zwischen den Planungs- und Ausführungsbeteiligten (Lim 1995; Möllmann 2000).

Darüber hinaus sieht die VOB/A während der Ausführungsphase auch eine strikte Trennung zwischen den einzelnen Gewerken untereinander vor (Eitelhuber 2007) – auch bekannt als das sogenannte traditionelle Einzelleistungsanbieterkonzept. Durch diese Einzelvergabe kommt es in der Bauwertschöpfungskette, insbesondere während der Bauausführungsphase, zu einem horizontalen Bruch der Wertschöpfungskette, d. h. zu einem Informations- und Koordinationsbruch zwischen Wertschöpfungsstufen derselben Ebene (hier: ausführende Bauunternehmen), wie in Abb. 5.7 grafisch dargestellt. Die einzelnen ausführenden Bauunternehmen sind für gewöhnlich auch für die Planung und Steuerung ihrer jeweiligen Materialver-

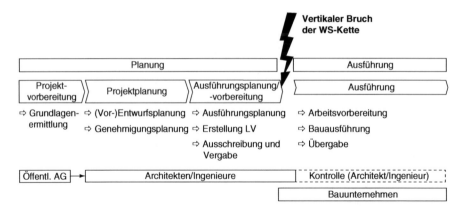

Abb. 5.6 Vertikaler Strukturbruch der Bauwertschöpfungskette durch Trennung von Planung und Ausführung

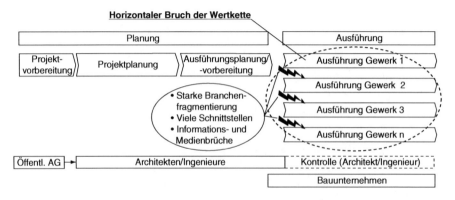

Abb. 5.7 Horizontaler Systembruch in der Bauwertschöpfungskette durch stark fragmentierte Bauausführung

sorgungsprozesse vor Ort verantwortlich – unabhängig vom organisatorischen Gesamtprozess (Franz und Funk 2008; Seemann 2007); der Abruf der Lieferungen und die Transportorganisation zur Baustelle erfolgt somit durch Selbstabstimmung zwischen den bauausführenden Unternehmen und den Lieferanten. Dadurch steht nicht die kooperative Verbesserung der Gesamtleistung im Vordergrund, sondern die Einzelinteressen der Projektbeteiligten, die einen ganzheitlichen Optimierungsansatz verhindern.

Allerdings gibt es neben den baulogistischen Herausforderungen, die sich aus der besonderen Wertschöpfungsstruktur von Bauprojekten ergeben, auch noch „hausgemachte" Aspekte, die eine ganzheitliche Planung baulogistischer Materialversorgungsprozesse erschweren.

Eine unternehmensübergreifende Planung und Abstimmung von Kapazitäten findet in der Baupraxis kaum statt, auch weil entlang der Wertschöpfungskette betriebsübergreifende, moderne, standardisierte Informations- und Kommunikationssysteme (IuK-Systeme) fehlen (Suchanek 2007). Es herrscht ein Nachholbedarf der IT-Unterstützung, insbesondere bei den Anlieferprozessen und bei der Berichterstattung, da hier noch immer keine gemeinsame Datenbasis vorhanden ist. Virtuelle Planungsmodule, die GPS[3]-Technologie sowie das Advanced Tracking hingegen werden heute bereits vereinzelt bei Großbaustellen genutzt. (Günthner und Zimmermann 2008).

Unterstützende Software zur Realisierung einer transparenten Bauabwicklung (z. B. ERP[4]-Systeme) sind überwiegend bei Großunternehmen vorhanden, unter kleinen und mittleren Bauunternehmen indes kaum verbreitet. Bauunternehmen, aber auch Zulieferunternehmen, greifen bei der Bestellabwicklung überwiegend auf Telefon und Fax zurück. Zwar lösen auch hier Internet und Mobiltelefone Fax und Festnetz ab, der Übergang verläuft jedoch nur schleppend (Goldenberg 2005).

So lag 2008 der Anteil der Unternehmen des Baugewerbes mit Nutzung eines automatisierten Datenaustausches bei gerade einmal 33 %. Von diesen 33 % verwendet ca. die Hälfte ihre IuK-Systeme für einen regelmäßigen elektronischen Informationsaustausch von Auftrags-, Bestell- oder Rechnungsdaten mit Zulieferern oder Kunden. Lediglich jedes vierte Bauunternehmen setzt diese Technologie für ein unternehmensübergreifendes Supply Chain Management im Sinne einer gemeinsamen Bedarfsvorausplanung mit Lieferanten oder dem Austausch aktueller Lieferstände oder Bestandsdaten ein. Werden elektronische Datenaustauschsysteme eingesetzt, fehlen einheitliche Branchenstandards, die allen Marktpartnern die Teilnahme am elektronischen Datenaustausch erleichtern. Von den Bauunternehmen, die einen automatisierten Datenaustausch verwenden, setzten mehr als 40 % unternehmensspezifische Standards zum Austausch von Daten mit Lieferanten oder Kunden ein. Lediglich 7 % benutzen EDIFACT[5] oder ähnliche Standards (Statistisches Bundesamt 2008). Diese informationstechnische Zersplitterung ist neben den beschriebenen Informationsbrüchen eine der Hauptursachen, die eine unternehmensübergreifende Kommunikation verhindert.

Eine weitere Hürde, die eine ganzheitliche Planung baulogistischer Materialversorgungsprozesse erschwert, ist eine zu geringe betriebswirtschaftliche Ausrichtung der Baubeteiligten. So bemängeln führende Wissenschaftler aus dem Bereich des Ingenieurwesens, dass bei bautechnischen und architektonischen Gesichtspunkten die Forschung und Lehre auf sehr hohem Niveau liegen, die betriebswirtschaftliche Entwicklung der Baubranche jedoch erst am Anfang steht (vgl. u. a. Pfarr 2000). Eine langfristig orientierte betriebswirtschaftliche Denkweise mit einer unternehmensübergreifenden Planung und Steuerung materialwirt-

---

[3] Global Positioning System.

[4] Enterprise Resource Planning.

[5] EDIFACT (Electronic Data Interchange for Administration, Commerce and Transport) ist der derzeit wichtigste Datenformatstandard für EDI (Electronic Data Interchange). EDI ist ein belegloser, elektronischer, unternehmensübergreifender Datenaustausch von Auftrags-, Bestell- und Rechnungsdaten in einem standardisierten Format und ermöglicht somit eine unternehmensübergreifende, informatorische Prozessintegration zwischen den Beteiligten (vgl. Gleißner 2000).

schaftlicher Versorgungsprozesse ist bis dato eine Ausnahme meist großer Bauunternehmen (Schmidt 2003).

Dies lässt sich am Beispiel der Transportkosten verdeutlichen: In der Baubranche ist die Lieferung *frei Baustelle* üblich, d. h. die Transportkosten sind in den Materialpreisen bereits eingeschlossen (Berner et al. 2007; Schiller und Kloß 2003). Die anfallenden Kosten durch notwendige Materialbewegungs-, Lagerungs- und Umschlagvorgänge bleiben dadurch verdeckt und den Bauunternehmen ist es nicht möglich, den Anteil der Transportkosten an den Baustoffkosten zu vergleichen. Dabei ist der Anteil der Transportkosten an den Baumaterialkosten wegen ihrer geringen Wertdichte, d. h. große Massenbewegungen mit geringem Wert, signifikant hoch und macht einen Großteil der Logistikkosten aus (Kamm 1994; Klaus und Kille 2008). In der Baubranche herrscht kein einheitliches Verständnis darüber, welche Kosten der Logistik zuzuordnen sind (Günthner und Zimmermann 2008). Um baulogistische Optimierungsansätze für eine effiziente Materialversorgung realisieren zu können, ist jedoch die Kenntnis über die bereichsübergreifenden Logistikkosten von grundlegender Bedeutung.

Auswirkungen mangelnder Planung baulogistischer Materialversorgungsprozesse
Die genannten Schwachstellen der Materialversorgungsplanung haben in ihrer Konsequenz effizienzmindernde Auswirkungen auf die operative Materialversorgung, die in Tab. 5.1 zusammengefasst sind.

Tab. 5.1 Ursachen und Auswirkungen einer mangelhaften baulogistischen Planung unternehmensübergreifender Materialversorgungsprozesse

Ursache	Wirkung
Vertikaler Wertschöpfungsbruch	Fragmentierter Informationsaustausch vor- und nachgelagerter Wertschöpfungsstufen
	Überdimensionierte Lagerbestände entlang der gesamten Wertschöpfungskette durch mangelnde Abstimmung
	Mangelndes Kooperationsverhalten
Horizontaler Wertschöpfungsbruch	Hohe Anzahl von Schnittstellen und somit hohe Komplexität der Versorgungsströme
	Medienbrüche
	Fragmentierter Informationsaustausch zwischen ausführenden Bauunternehmen
	Mangelnde Abstimmung
	Mangelndes Kooperationsverhalten
	Verantwortlichkeitsprobleme aufgrund einer fehlenden, gewerkeübergreifenden Instanz zur Planung, Steuerung und Kontrolle von Versorgungsprozessen
Fehlende unternehmensübergreifende, standardisierte IuK-Systeme	Medienbrüche
	Fragmentierte Informationsversorgung
	Hoher manueller Erfassungsaufwand
	Fehlende Aktualität der Plan- und Bedarfdaten
Betriebswirtschaftliches Defizit	Ungenaue Ressourcen- und Terminplanung
	Unwirtschaftliche Koordination der Bauabläufe
	Zu geringe Konzentration auf Kernkompetenzen der Baubeteiligten (z. B. zu viele administrative Tätigkeiten für Bauleitung)

Durch die Tatsache, dass die einzelnen ausführenden Bauunternehmen gewöhnlich für die Planung und Steuerung ihrer jeweiligen Materialversorgungsprozesse vor Ort alleinverantwortlich sind, bauen die zahlreichen Nachunternehmer jeweils eigene Lieferverbindungen auf, was die Komplexität der Versorgungsströme enorm erhöht (Leinz 2004). Durch eine mangelhafte ganzheitliche Abstimmung mit den Zulieferern kommt es zu hohen Fehlerquoten und zu starken Auslastungsschwankungen, einhergehend mit hohen Bereitschaftskosten durch überdimensioniert hohe Lagerbestände von Baustoffen entlang der gesamten Wertschöpfungskette (Girmscheid 2005). Dieses Phänomen der „aufschaukelnden" Mengenschwankungen in Distributionsketten bei einem Informationsdefizit wird auch als „Bullwhip-Effekt" bezeichnet (Schönsleben 2007).

Durch fehlende unternehmensübergreifende, standardisierte IuK-Systeme kommt es bei der Bestellung bzw. beim Abruf baustofflicher Materialien zu zahlreichen Medienbrüchen, einer fragmentierten Informationsversorgung, einem hohen manuellen Erfassungsaufwand sowie zu einer fehlenden Aktualität der Plan- und Bedarfsdaten (Suchanek 2007; Goldenberg 2005).

Die zu geringe betriebswirtschaftliche Ausrichtung der Planungs- und Ausführungsverantwortlichen hat zum einen eine zu grobe, ungenaue Ressourcen- und Terminplanung in der Arbeitsvorbereitung zur Folge (Seefeldt 2003), zum anderen resultiert dies in der Baudurchführung vor Ort in einer unwirtschaftlichen, unsystematischen Koordination der Abläufe. Die Baubeteiligten werden wegen der ineffizienten Prozessabläufe von ihren eigentlichen operativen Tätigkeiten – dem Bauen – abgehalten, da sie sich mit zu vielen administrativen Aufgaben beschäftigen müssen, die nicht zu den Kernkompetenzen technisch ausgebildeter Fachkräfte gehören (Goldenberg 2005).

Zielsetzung und Lösungsansätze
Durch die mangelnde frühzeitige Planung, aber auch die im Kapitel zuvor diskutierten schwierigen Rahmenbedingungen, wird in der heutigen Praxis den Beteiligten eine baubegleitende Planung auferlegt, die ein einheitliches Logistikverständnis und eine ganzheitliche Logistikplanung erschwert.

Ziel muss es sein, die Planungsaufgaben von der operativen Bauausführung zu separieren, damit die Beteiligten mit einer handhabbaren Planungsgrundlage agieren können.

Eine vorgelagerte Planung der Materialbedarfe, wann, welches Material, in welcher Qualität und Menge, zu welchem Zeitpunkt, an welchem Bedarfsort benötigt wird, sowie die Planung der Materialverfügbarkeit kann nur durch eine enge Abstimmung mit den Lieferanten erfolgen. Dafür ist jedoch ein ganzheitlicher, unternehmensübergreifender und automatisierter Informationsfluss bzw. -austausch notwendig; nur wenn sämtliche Baubeteiligten zu jeder Zeit auf demselben Informationsstand gehalten werden, kann eine durchgängige Kommunikation, Koordination und Kooperation entlang der gesamten Wertschöpfungskette erfolgen.

Die Verknüpfung von Information und Material stellt dabei den Kernpunkt dar. Konkret bedeutet dies, dass die Informationen zusammengetragen werden müssen, um der Planung in strukturierter Form zur Verfügung zu stehen. Mit diesen Informationen werden dann die Planungen der Materialdisposition vorgenommen und entsprechend der Bedarfe an die einzelnen Akteure verteilt.

Aufgrund des hohen Einflusses der frühen Planungsphasen auf die Festlegung der Gesamtkosten eines Bauprojekts gilt der Optimierung dieses Bereichs eine besondere Bedeutung. Hierfür bedarf es einer verbesserten Kommunikation zwischen allen Beteiligten, einer Anpassung der rechtlichen Rahmenbedingungen und einer Schärfung des Bewusstseins für betriebswirtschaftliche Problemstellungen in der Branche.

5.2.2 Möglichkeiten zur Planung von baulogistischen Materialversorgungsprozessen – Konzepte und Werkzeuge

Jörg Weidner

Jedes Bauwerk ist ein Unikat und daher erscheint es nicht immer sinnvoll, die Planung einzelner Tätigkeiten und Gewerke detailliert durchzuführen. Jedoch steckt in solchen planerischen Tätigkeiten der Schlüssel zur Steigerung der Produktivität auf den Baustellen.

Durch Werkzeuge und Methoden zur Durchführung von Ablaufplanungen wird es zukünftig möglich sein, die Planung von baulogistischen Materialversorgungsprozessen exakter, schneller und frühzeitiger durchzuführen als bisher. Dies garantiert die effiziente und kostenoptimale Materialversorgung während des Bauprozesses. Vorbild sind dabei die Planungsprozesse der stationären Industrie. Nachfolgend wird aufgezeigt, wie die Planung baulogistischer Materialversorgungsprozesse durch den Einsatz neuartiger Planungstools zukünftig ablaufen kann (Abb. 5.8).

Erster und wichtigster Schritt für die Planung der Versorgungsprozesse ist die Materialbedarfsplanung. Hierfür gibt es in der stationären Industrie verschiedene Ansätze, die nachfolgend erläutert werden:

Die zur Verfügung stehenden Werkzeuge zur Materialbedarfsplanung gliedern sich in *heuristische*, *verbrauchsorientierte* und *programmgesteuerte* Dispositionsverfahren. Da *heuristische* Bedarfsermittlungsverfahren, d. h. Schätzverfahren in modernen Planungs- und Steuerungssystemen, in der Regel jedoch nicht zum Einsatz kommen, wird dieses Verfahren nachfolgend nicht näher betrachtet (Kummer et al. 2006).

Bei der *verbrauchsorientierten* Materialbedarfsplanung wird der zukünftige Materialbedarf mittels geeigneter statistischer Prognoseverfahren aus den Verbräuchen der Vergangenheit abgeleitet. Dabei wird unterstellt, dass die zukünftige Entwicklung der Verbrauchswerte in ähnlicher Weise wie bei den zurückliegenden Beobachtungswerten erfolgt (Trendextrapolation) (Stölzle et al. 2004). Mit Hilfe von Bestell- bzw. Dispositionsregeln werden anschließend die Bestellzeitpunkte und -mengen festgelegt (Arnold et al. 2004). Aufgrund des prototypischen Charakters von Bauprojekten scheint dieses Verfahren für die Baubranche jedoch nur bedingt geeignet. Denkbar ist die Anwendung der verbrauchsorientierten Disposition vor allem bei der Disposition von C-Materialien, d. h. die Planung der Materialversorgungsprozesse geringwertiger Kleinmaterialien.

Die Planung eines kompletten Bauwerks in einem 4D-Produktmodell gestattet zukünftig die Anwendung der sogenannten MRP-Logik (**M**aterial **R**equirement **P**lanning) in der Baubranche. Ausgangspunkt dieser auch *programmgesteuerten Dis-*

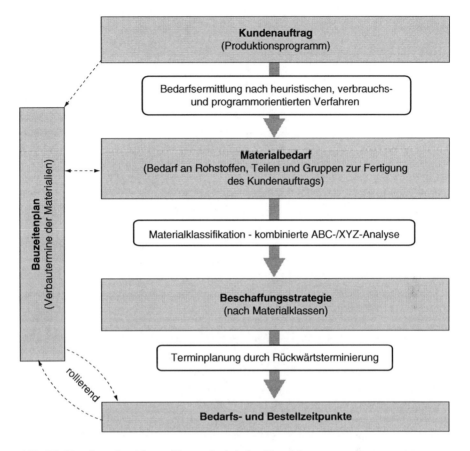

Abb. 5.8 Vorgehensübersicht zur Planung logistischer Materialversorgungsprozesse

position genannten Materialbedarfsplanung ist das fertige Produkt, d. h. das Bauwerk. Im Rahmen der Bedarfsermittlung wird dieses durch Stücklistenauflösung in die für eine Produktion des Erzeugnisses notwendigen Komponenten zerlegt. Daraus ergibt sich der für den Bauprozess benötigte Materialbedarf, d. h. welche Materialien und Komponenten in welchen Mengen für welche Abschnitte benötigt werden (Stölzle et al. 2004).

Klassifizierung der Materialien zur Bestimmung der optimalen Anlieferstrategie

Der nächste Schritt ist die Festlegung der Anlieferstrategien. Dabei kann ebenfalls auf die Erfahrung der stationären Industrie aufgebaut und auf standardisierte Vorgehensweisen zurückgegriffen werden. Wie in der stationären Industrie kommt auch in Bauprojekten eine Vielzahl unterschiedlicher Materialien zum Einsatz. Das Spektrum reicht von geringwertigen Standardteilen bis hin zu extrem teuren Spezialanfertigungen. Eine Überprüfung der Anlieferstrategie jedes einzelnen Materials im Vorfeld eines Bauprojekts ist zeitlich und wirtschaftlich kaum durchführbar.

Aus diesem Grund werden die Materialien strukturiert, um materialklassenspezifische Versorgungsstrategien ableiten zu können (Wildemann 2009). Diese Strukturierung wird im ersten Schritt zumeist durch eine kombinierte ABC-XYZ-Analyse vollzogen.

Im Rahmen der *ABC-Analyse* werden die Materialien gemäß ihrer Mengen-Wert-Verhältnisse klassifiziert. A-Materialien repräsentieren einen relativ kleinen Teil der zu beschaffenden Materialgesamtmenge (ca. 15–20 % der beschafften Materialarten fallen unter die Kategorie A), verursachen jedoch den größten Teil der Materialgesamtkosten (ca. 70–80 %). C-Artikel haben den mengenmäßig größten Anteil am gesamten Beschaffungsvolumen (ca. 50–70 %), verursachen jedoch nur einen geringen Teil der Materialkosten (ca. 5–10 %). Eine Mittelstellung hinsichtlich Beschaffungsmenge und -wert nehmen die sogenannten B-Materialien ein, deren Mengen-Wert-Verhältnis bei ca. 20–30 % zu 15–20 % liegt (Leimböck et al. 2007; Vahrenkamp 2007).

Die *XYZ-Analyse* erlaubt eine Klassifizierung der Materialien hinsichtlich ihrer Nachfrage- bzw. Verbrauchsstruktur. Während X-Materialien regelmäßig verbraucht werden, nimmt die Kontinuität des Verbrauchs der Y-Materialien (schwankende Nachfrage) ab. Bei Z-Materialien treten große Schwankungen in der Nachfragestruktur auf. Ihr Verbrauch ist sporadisch. Die XYZ-Analyse kann auch mit den Begriffen Planbarkeit oder Prognosegüte umschrieben werden. So steht X für einen verlässlich planbaren Verbrauch und Z für schwierig zu planende Materialien.

Die beschriebene ABC-Klassifizierung zur Strukturierung des Artikelstamms nach den Mengen-Wert-Verhältnissen wurde im Rahmen des ForBAU-Projektes exemplarisch anhand einer Angebotskalkulation für den Ausbau eines Autobahnkreuzes umgesetzt. Die Erweiterung der Materialklassifizierung um eine XYZ-Analyse war hierbei jedoch nicht möglich, da in der momentanen Baupraxis in der Planungsphase ex ante keine Verknüpfung von Materialbedarfen mit Bedarfszeitpunkten stattfindet. Es wird lediglich der Gesamtbedarf für die gesamte Bauphase kalkuliert. Aus diesem Grund wurde für die benötigten A- und B-Teile behelfsweise eine relativ hohe Prognosegüte (X-Artikel bzw. Y-Artikel) unterstellt. Das Ergebnis der durchgeführten Analyse ist grafisch in Abb. 5.9 dargestellt.

Demnach repräsentieren A-Materialien beim Infrastrukturbau ca. 0,3 % des gesamten Artikelstamms und verursachen dabei ca. 80 % der gesamten Materialkosten. Es handelt sich hierbei also um hochwertige Güter mit einem marginalen mengenmäßigen Anteil am gesamten Beschaffungsbestand. B-Artikel machen ca. 13 % des beschafften Materialwertes aus und repräsentieren ca. 1,2 % des Artikelstamms. Den größten mengenmäßigen Anteil an den für das Infrastrukturbauprojekt benötigten Materialien nehmen die C-Teile mit über 98 % ein. Ihr wertmäßiger Anteil am beschafften Materialvolumen liegt dabei bei ca. 7 %.

Damit unterscheidet sich das vorliegende Ergebnis erheblich sowohl von der empirisch belegten Mengen-Wert-Verteilung der stationären Industrie als auch von den Ergebnissen Kamms, der die ABC-Analyse für die Rohbauphasen fünf unterschiedlicher Hochbauprojekte durchgeführt hat und zu einem durchschnittlichen Mengen-Wert-Verteilungsverhältnis von 13 % zu 80 % bei A-Artikeln, 27 % zu 15 % bei B-Artikeln sowie 60 % zu 5 % bei C-Artikeln kam (Kamm 1994).

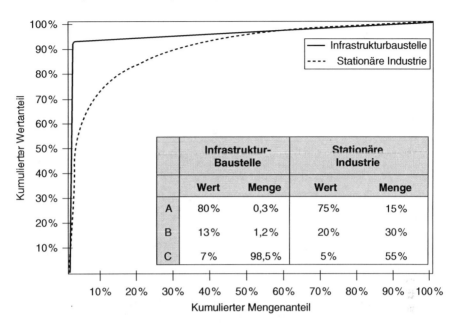

Abb. 5.9 Exemplarische ABC-Verteilung der Materialien einer Infrastrukturbaustelle

Bei dieser Auswertung wird klar erkennbar, wie wichtig es ist, die logistischen Prozesse der wertrelevanten Materialien exakt zu planen. Mit einem Anteil von nur 1,5 % am gesamten Artikelstamm stellen diese 93 % des Wertes aller zu beschaffenden Materialien dar. Die optimale Ausgestaltung der Versorgungsprozesse dieser Materialien besitzt somit eine erhebliche Ergebniswirkung. C-Materialien hingegen unterliegen aufgrund ihres hohen mengenmäßigen Anteils einer enormen Planungs- und Steuerungskomplexität. Die Planung dieser Materialien ist deshalb mit hohen internen Prozesskosten und geringer Ergebniswirkung verbunden. Eine Auslagerung der Materialverantwortung dieser Artikelklasse an C-Teile-Spezialisten kann den hier anfallenden, hohen personellen Arbeitsaufwand reduzieren.

Kombinierte ABC-XYZ-Analyse als Grundlage für die Auswahl geeigneter Versorgungskonzepte

Die Kombination von ABC- und XYZ-Analyse, d. h. die Differenzierung des Materialstamms hinsichtlich Mengen-Wert-Verhältnissen und Nachfragekontinuität, führt zu einer Matrix mit neun verschiedenen Artikelklassen (s. Abb. 5.10), denen sich unterschiedliche Versorgungsstrategien zuordnen lassen.

Abgeleitet aus den Ergebnissen der durchgeführten Analyse wird für Infrastrukturprojekte empfohlen, bei Materialien mit hohem Wertanteil (A-Material) und einer kontinuierlichen Nachfrage bzw. geringem Versorgungsrisiko (X-Artikel) die Reduzierung der Kapitalbindung in den Fokus der Bemühungen zu stellen. Gleiches gilt für BX- und AY-Artikel. Für Materialien mit geringem Wert (C-Teile) ist eine Vorratshaltung angebracht, wobei die Bestandverantwortung bestenfalls an

Abb. 5.10 Anlieferstrategien unterschiedlicher
Artikelklassen

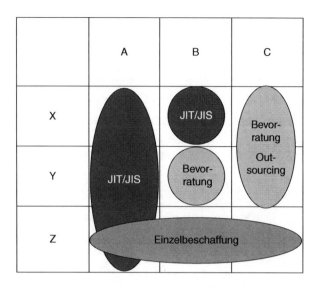

einen Dienstleister abgegeben wird. Bei allen übrigen Materialklassen ist eine Ein-
zelbetrachtung sinnvoll (Wannenwetsch 2005).

Neben dieser „klassischen" Art der Materialklassifizierung sind noch weitere
Parameter denkbar, die bei der Wahl der richtigen Versorgungsstrategie einbezogen
werden können. Im Rahmen des ForBAU-Projektes wurde ein sogenanntes EUS-
Tool, ein Entscheidungsunterstützungstool zur Wahl der richtigen Anlieferstrategie,
entwickelt, das neben den Kriterien Wert, Menge und Bedarfsverlauf weitere Kriterien, wie die logistische Kritizität und das Bauteilvolumen berücksichtigt.

Bestimmung der Materialbedarfstermine
Nachdem die im ersten Schritt ermittelten Materialien im zweiten Schritt mit Anlie-
ferstratcgicn verknüpft wurden, gilt es nun die Materialbedarfstermine zu ermitteln. Die Wahl der Anlieferstrategie bestimmt dabei den optimalen Bedarfstermin.
Der Begriff „Bedarfstermin", häufig auch Dispositionstermin genannt, bezeichnet
dabei den gewünschten Wareneingangstermin. Dieser entspricht im Falle des JIT-
Konzeptes dem Verbautermin, wohingegen der optimale Wareneingang bei einer
Lagerhaltungsstrategie auch Tage oder Wochen vor dem eigentlichen Verbrauchs-
termin liegen kann.

Zur Ermittlung der optimalen Losgröße kommen in Literatur und Praxis verschiedene Verfahren zum Einsatz, auf die an dieser Stelle nicht detaillierter eingegangen werden soll.

Nachdem der optimale Wareneingangstermin ermittelt wurde, muss anschließend der Bestelltermin festgelegt werden. Dabei müssen verschiedene Zeitinter-
valle berücksichtigt werden, um einen reibungslosen Materialversorgungsprozess
zu garantieren: Dies beinhaltet die Bearbeitungszeit für den Einkauf, die Planlie-
ferzeit des Materials und, falls vorhanden, die Wareneingangsbearbeitungszeit auf
der Baustelle. Den Ablauf einer Materialterminierung stellt Abb. 5.11 zusammenfassend dar. Man bestimmt folglich, vom Bedarfstermin (=Dispositionstermin bzw.

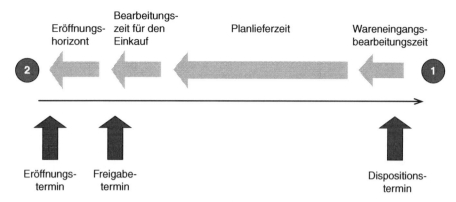

Abb. 5.11 Materialterminierung: Rückwärtsterminierung des Beschaffungstermins ausgehend vom Dispositionstermin. (Quelle: eigene Darstellung in Anlehnung an SAP 2010)

Wareneingang) ausgehend, in einer Rückwärtsrechnung den Freigabetermin der Bestellanforderung. Unter Berücksichtigung eines Eröffnungshorizonts wird der Eröffnungstermin ermittelt. An diesem wird der Disponent vom System über den Bedarf informiert.

Da sich bei Bauprojekten aufgrund der starken Abhängigkeit des Bauprozesses von externen Einflüssen immer wieder Verzögerungen im Bauablauf ergeben können, ist es sinnvoll, das Konzept der rollierenden Planung anzuwenden. Dabei leitet man vom aktuellen Projektplan ein grobes Beschaffungsprogramm für einen bestimmten Zeitraum ab. Das Rollen der Planung kommt dadurch zum Ausdruck, dass der Beschaffungsplan in regelmäßigen Abständen aufgerollt, d. h. mit dem jeweils aktuellen Projektplan synchronisiert wird und sich sukzessive in einem Monatsplan konkretisiert. Darüber hinaus wird ein grober Plan in die Zukunft fortgeschrieben (Stölzle et al. 2004). Der Dispositionsaufwand für den Einkauf ist dabei relativ hoch, da die regelmäßige Aktualisierung des Bauzeitenplans eine ständige Anpassung der Bestellmengen und -termine erfordert, die mit den Lieferanten abgestimmt werden müssen (Weber 2006). Aus diesem Grund wird empfohlen, die rollierende Planung nur bei wertrelevanten Materialien anzuwenden, da der Koordinationsaufwand für alle Materialien nicht zu bewältigen und aufgrund der wertmäßigen Relevanz auch nicht sinnvoll ist. Zusätzlich kann die Problematik des Koordinationsaufwands mit den Zulieferunternehmen auch durch den Einsatz unternehmensübergreifender Software-Tools behoben werden, wie in Abschn. 5.4.1 beschrieben.

Erste Ansätze, die sich mit der detaillierten Planung baulogistischer Prozesse insbesondere der Verkehrs- und Versorgungsplanung beschäftigen, erhalten bereits Einzug in die Praxis. Als Beispiel sei hier die Logistik rund um die Großbaustelle Potsdamer Platz genannt. Die Möglichkeit, Materialbedarfe zukünftig frühzeitig auf Einzelmaterialebene planen zu können, bietet eine Reihe weiterer Stellschrauben, um die Versorgungs- und Kostensicherheit auf Baustellen deutlich zu erhöhen. Zudem sind durch die bessere Planung der logistischen Prozesse weitere Synergieeffekte realisierbar, wie z. B. die effiziente Bündelung von Transportkapazitäten oder die in Abschn. 5.3.4 beschriebene, punktgenaue Materialbereitstellung, die das Baustellenpersonal von logistischen Aktivitäten entlastet.

5.2.3   Möglichkeiten zur Planung der Baustelleneinrichtung – Weichenstellung des Materialflusses auf der Baustelle

Tim Horenburg

Die logistische Planung von Baustellen wird im innerstädtischen Bereich oftmals unzureichend durchgeführt, obwohl gerade hier mit Platzproblemen zu kämpfen ist und Fehlplanungen den Bauleiter in Bedrängnis bringen. Eine gründliche Arbeitsvorbereitung wird teilweise vernachlässigt und der Erfahrung und Rationalität des Personals vor Ort überlassen. Der Ansatz einer digitalen Planung hingegen behandelt die Layout- und Materialflussplanung von Baustellen durchgängig über die gesamte Ausführungsphase und ermöglicht eine qualitativ hochwertige, termingerechte Abwicklung des Bauprojekts, indem die organisatorisch-strukturellen Voraussetzungen für einen störungsfreien Materialfluss geschaffen werden.

Die Baustelleneinrichtungsplanung umfasst dabei die Auslegung benötigter Ressourcen nach Typ, Kapazität, Größe und Menge sowie deren räumliche und zeitliche Koordination. Sie soll die logistische Verfügbarkeit

- des richtigen Gutes,
- in der richtigen Menge,
- im richtigen Zustand,
- am richtigen Ort,
- zur richtigen Zeit,
- für den richtigen Kunden,
- zu den richtigen Kosten

sicherstellen (Günthner 2010).

Neben technischen und betriebswirtschaftlichen Aspekten sind auch informationstechnische Belange gerade in der operativen Ausführung von Bedeutung. Produktdatenmanagement-Systeme (s. Kap. 3) und Baustellenwirtschaftssysteme (s. Abschn. 5.4.1) verwalten u. a. die Belegung und Zuweisung von Baustelleneinrichtungselementen. So können Auslastungen einzelner Ressourcen, wie beispielsweise Geräte oder Läger, bestimmt und auf Basis dieser Information entsprechend sinnvolle Maßnahmen abgeleitet werden.

Ziele und Elemente der Baustelleneinrichtungsplanung

Der Detaillierungsgrad der Baustelleneinrichtungsplanung steigt von der Angebotserstellung bis zur Ausführungsplanung, etwaige Anpassungen sind in bestimmten Fällen auch während der Ausführung sinnvoll. Allerdings sollten die Auswirkungen auf den weiteren Bauverlauf berücksichtigt werden, indem beispielsweise eine Simulationsstudie auf Basis des aktuellen Baufortschritts durchgeführt wird (s. Kap. 4).

Materialfluss- und Layoutplanungen im industriellen Umfeld werden meist langfristig ausgelegt, während Baustellen und speziell deren Einrichtungselemente

Abb. 5.12 Ziele der Baustelleneinrichtungsplanung. (In Anlehnung an Schach und Otto 2008)

temporär geplant und während eines Bauvorhabens mehrfach verändert werden. Daraus ergeben sich verschiedene Aufgaben und Ziele, die die Baustelleneinrichtungsplanung zu erfüllen hat (Abb. 5.12).

Die Baustelleneinrichtung als Teil der Arbeitsvorbereitung verfolgt verschiedene Ziele, um ein Bauwerk innerhalb der festgelegten Termine, in vereinbarter Qualität und den geplanten Kosten zu übergeben. Zunächst soll eine wirtschaftliche, sichere Versorgung auf Basis eines störungsfreien Materialflusses trotz flexibler Baustellenabläufe sowie wechselnder Bedarfsorte und Anlieferstrategien sichergestellt werden. Eine große Schwierigkeit liegt dabei in den vielfältigen Beeinflussungen und Wechselwirkungen der einzelnen Materialströme untereinander, durch die sich beispielsweise Hebe- und Transportfahrzeuge gegenseitig beeinträchtigen. Es gilt, Wege-, Transport- sowie Handlingzeiten von Personal und Maschinerie zu reduzieren und damit verbunden die Kosten aus dem Zusammenspiel zwischen Bauwerk und Einrichtungselementen effektiv und wirtschaftlich zu gestalten. Ebenso wichtig ist eine transparente, gesteuerte und kontrollierte Lagerhaltung, um Suchzeiten zu vermeiden. Zudem ist in den Hochlohnländern der Industrienationen, wozu auch Deutschland zu zählen ist, eine zunehmende Mechanisierung und Automatisierung sinnvoll. Personal und Ressourcen sollten über die gesamte Einsatzdauer möglichst ausgelastet und mit geringen Wartezeiten arbeiten.

Baustelleneinrichtungselemente sind vielfältig und individuell zu planen. Es gilt, verschiedene Gesichtspunkte der Logistik zu betrachten. Neben Materialflussbetrachtungen zählen auch die Geräteeinsatzplanung sowie ein effektives Positionieren häufig frequentierter Örtlichkeiten zu einer durchdachten Baustelleneinrichtung. In Abb. 5.13 sind die Elemente der Einrichtung in drei verschiedene Klassen unterteilt.

Neben dem Kran als Hauptumschlagmittel sind weitere Großgeräte, wie Baumaschinen, Hebezeuge und auch Mischanlagen zu dimensionieren und sinnvoll zu platzieren. Stationär sind Einrichtungselemente, die sich über die verschiedenen Bauphasen hinweg gar nicht oder nur in begrenztem Maße ändern. Ausnahmen

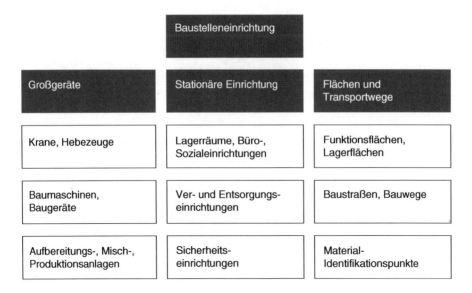

Abb. 5.13 Elemente der Baustelleneinrichtung. (In Anlehnung an Blochmann und Mahlstedt 2007)

bilden hier einige Sicherheitseinrichtungen, die für bestimmte Arbeitsschritte genutzt und im Anschluss wieder entfernt werden. Dynamisch veränderliche Lagerflächen und Transportwege beeinflussen den Standort der Identifikationspunkte, an denen Materialein- bzw. Materialausgänge kontrolliert und in einem Baustellenwirtschaftssystem verbucht werden (s. Abschn. 5.3.3 und 5.4.1).

Die Baustelleneinrichtungsplanung wird heutzutage größtenteils planbasiert und unter Zuhilfenahme unterschiedlichster Prüflisten oder Kriterienkatalogen durchgeführt, indem ein Lageplan mit den notwendigen Informationen versehen wird. Dazu gehören unter anderem Grundstücksgrenzen, angrenzende Bebauung, die Baugrube und das spätere Bauwerk. Im Anschluss werden die notwendigen Ressourcen ausgewählt, dimensioniert und unter den vorgegebenen Bestimmungen auf dem Plan positioniert. Dieses Vorgehen kann per Hand auf einem Bauplan oder rechnergestützt in 2D-CAD-Anwendungen umgesetzt werden (Böttcher et al. 1997; Bisani 2005).

Für die Sicherheit des Menschen und den Umweltschutz auf Baustellen gibt es verschiedene Vorschriften und Regularien, die unabhängig von der Art der Baustelleneinrichtungsplanung beachtet werden müssen. Exemplarisch seien hier das Arbeitsschutzgesetz (ArbSchG), die Arbeitsstättenverordnung (ArbStättV), die Betriebssicherheitsverordnung (BetrSichV) für die Bereitstellung von Arbeitsgeräten, verschiedene Verordnungen für den Naturschutz, aber auch die Straßenverkehrsordnung (StVO) und diverse normative Regelungen für spezifische Einrichtungselemente genannt (Blochmann und Mahlstedt 2007).

Im Bereich der Forschung liegen bereits einige Ansätze vor, die Baustelle mithilfe von Software-Tools virtuell zu planen. Diese beruhen beispielsweise auf mathematischen Modellen, die das Layout auf Basis von implementierten Regeln festlegen (Lennerts 1999). Ein weiteres Konzept nutzt die Simulation, um den Materialstrom für ein manuell geplantes Layout auf seine Schlüssigkeit zu prüfen (Weber 2007). Außerdem gibt es verschiedene Ansätze, die bereits 3D-Modelle nutzen, um einzelne Einrichtungsgegenstände in Abhängigkeit verschiedener Randbedingungen in der Baustelle zu platzieren. Diese Konzepte erfüllen allerdings die Anforderung nach einer durchgängigen Betrachtung der Materialflüsse und deren Wechselwirkungen nicht hinreichend.

Baustelleneinrichtung im Rahmen der Digitalen Baustelle
Die verschiedenen Ansätze aus Wirtschaft und Forschung sollen verknüpft, erweitert und in das Umfeld der Digitalen Baustelle integriert werden. Die Baustelleneinrichtung kann somit zielführend und für verschiedene Bauphasen geplant werden. Hierfür ist eine entsprechende Software-Umgebung notwendig.

Für die Modellierung der notwendigen Einrichtungselemente können klassische 3D-CAD-Systeme verwendet werden. Da diese Systeme allerdings den Faktor Zeit und damit den Baufortschritt nicht berücksichtigen, wird im Rahmen der Digitalen Baustelle auf das Mittel der Ablaufsimulation zurückgegriffen (s. Kap. 4). Die Simulationsumgebung *Siemens Plant Simulation* ermöglicht die Abbildung des Baufortschritts und der damit notwendigen Veränderungen in der Einrichtung durch Berücksichtigung verschiedener Zeitphasen (4D). Abbildung 5.14 zeigt das entwickelte Vorgehen zur Einrichtung von Baustellen.

Das fünfstufige, iterative Verfahren sieht die Bereitstellung der Eingangsgrößen Projektplan, Grundriss und 3D-Modell durch das Produktdatenmanagement-System vor. In Kap. 2 wurde bereits erläutert, auf welche Art und Weise ein räumliches Modell von Baugrund, Gelände und Bauwerk entsteht und der entsprechende 2D-Plan abgeleitet wird. Die manuelle Erstellung von Höhenlinien oder der Kennzeichnung der Baugrube wird damit obsolet. Das übergeordnete 4D-Modell oder auch Baustelleninformationsmodell enthält alle notwendigen Informationen und übergibt diese automatisch an den abgeleiteten Grundrissplan. Veränderungen im

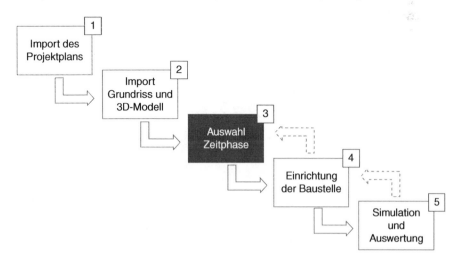

Abb. 5.14 Ablauf der digitalen Baustelleneinrichtungsplanung

Baustelleninformationsmodell über die Bauphasen hinweg werden ebenso abgebildet. Auf Basis des Projektplans werden im nächsten Schritt mehrere Bauphasen
erzeugt, zu denen Elemente der Baustelleneinrichtung hinzugefügt, adaptiert oder
aus dem Modell entnommen werden können. Anschließend werden mehrere Simulationsexperimente durchgeführt und die festgelegten Zielgrößen ausgewertet. Die
Resultate bilden die Grundlage für Veränderungen am Einrichtungsplan.

Die Einrichtung der Baustelle funktioniert wie bisher planbasiert, ein 3D-Modell
wird parallel mitgeführt. Durch diese automatisierte Mitführung können räumliche
Kollisionen aufgedeckt und der Platzbedarf von Einrichtungselementen exakt wiedergegeben werden ohne den zusätzlichen Aufwand einer komplexeren Planung.
Damit kann die Einrichtung den verschiedenen Bauphasen im korrespondierenden
3D-Modell angepasst werden. Der Baufortschritt wird berücksichtigt, indem die
jeweilige Konfiguration für jede Bauphase spezifisch erstellt und gespeichert wird.
Eine Baustelle ist diversen Einflussfaktoren ausgesetzt, die weitestgehend in das
zugrunde liegende 4D-Modell integriert werden (s. hierfür Kap. 2 und 4) und somit
für die Einrichtungsplanung in Betracht gezogen werden. Dazu gehören neben der
Größe des Bauvorhabens die Platzverhältnisse, die Projektdauer, die anzuwendende
Technik in Fertigung und Bauwerkserstellung sowie Rahmen- und Umgebungsbedingungen (z. B. Sicherheitsvorschriften, Verkehrsanbindung, Gelände- und Baugrundeigenschaften). Lediglich Witterung und betriebliche Einflüsse des Bauherren
oder der einzelnen Gewerke sind schwer abzubilden.

Für sämtliche Einrichtungsgegenstände ist eine erweiterbare Bibliothek vorhanden, aus der per Drag&Drop einzelne Elemente auf dem Baufeld platziert und über
leicht verständliche Dialoge parametrisiert werden können (vgl. Abb. 5.15). Die
Bibliothek ist objektorientiert aufgebaut, sodass den Elementen benutzerdefinierte

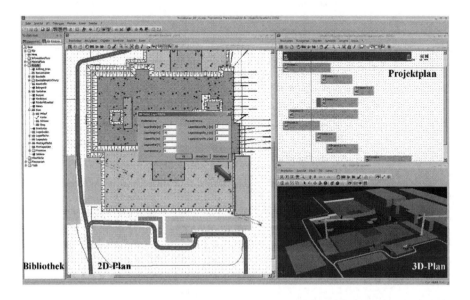

Abb. 5.15 Baustelleneinrichtungsplanung in der Simulationsumgebung *Siemens Plant Simulation*

Attribute hinterlegt werden können. Dazu gehören unter anderem die Abmessungen, Gewicht und Ort sowie elementspezifische Leistungsparameter. Die einzelnen Elemente der Baustelleneinrichtung sind über die Zeit veränderlich, um speziell im Bezug auf die Flächenplanung von Lagern oder Montageplätzen eine dynamische Belegung zu ermöglichen. Parameter wie beispielsweise Größe und Position eines Lagers können somit den verschiedenen Bauphasen angepasst werden.

Insgesamt ergeben sich aus dem Konzept verschiedene Vorteile: Es können potenzielle Kollisionen mit der Umgebung (Hindernisse im Baugrund, ober- und unterirdische Leitungen) oder dem Bauwerk mithilfe der Arbeitsräume von Maschinen aufgedeckt werden. Baugrundeigenschaften und implementierte Sicherheitsregeln können den Standort von Elementen beeinflussen, so erscheint eine Warnung, falls für den eingesetzten Krantyp zusätzliche Befestigungen notwendig werden oder ein Container im Auslegerbereich eines Krans positioniert ist. Den verschiedenen Bauphasen können unterschiedliche Transportnetze (Wegführungen für Transporte) zugeordnet werden, die aus parametrierbaren Wegen aufgebaut sind. Parameter sind beispielsweise die Anzahl der Fahrspuren, die Bauart, aber auch Steigung oder Rollwiderstand, welche für die Geschwindigkeit der Transporte maßgeblich sind. Somit ergibt sich für jeden Transportweg ein Streckenprofil, das die Basis für die in Abschn. 4.5 erläuterte Kinematiksimulation ist.

Vorläufiges Resultat der digitalen Baustelleneinrichtungsplanung ist ein durchgängiger Entwurf aller notwendigen Ressourcen für jede Phase in Abhängigkeit der bekannten Anliefer- und Lagerstrategien. Eine solche Planung, die Erfahrung und Wissen des Planers wiedergibt, unterscheidet sich durch das parallele 3D-Modell, die parametrische Bibliothek und der durchgängigen Erstellung von Plänen für jede Zeitphase von der üblichen Einrichtungsplanung. Diese kann nun zusätzlich bezüglich des Materialflusses auf der Baustelle erweitert werden, indem Simulationsexperimente durchgeführt und definierte Zielgrößen ausgewertet werden. Somit können unterschiedliche Transportnetze, Szenarien verschiedener baustelleninterner Materialflussplanungen, aber auch der Geräteeinsatz auf Nutzen und Qualität untersucht werden.

Dazu wurde speziell für Flächen, die nicht manuell mit Einrichtungsgegenständen belegt werden, eine Flächenverwaltung zur automatisierten Organisation unbeplanter Ressourcen implementiert. Die Flächenverwaltung spannt über den gesamten Baustellenbereich ein endliches Netz aus Zellen mit veränderlicher Maschengröße. Den einzelnen Zellen können individuelle Attribute zugewiesen werden. Dazu gehören u. a. folgende Attribute:

- Gesperrt: Zellen sind gesperrt, sobald diese durch Material, Bauwerk, Umgebungsbedingungen oder Ressourcen, die zur Erstellung des Bauwerks nötig sind, belegt werden.
- Reserviert: Es gibt Zeitpunkte in der Zukunft, zu denen gewisse Zellen baubedingt verwendet werden. Beispiele wären der Aufstellort eines temporären Fahrzeugkrans oder ein Teil des zu erstellenden Bauwerks.
- Tragfähigkeit: Die zulässigen Belastungen des Bodens werden als spezifisches Attribut hinterlegt.

- Erreichbarkeit durch Kran: Zellen im Auslegerbereich eines oder mehrerer Krane bekommen diese zugewiesen. Materialien, die vom Kran transportiert werden müssen, sind somit im Zugriffsbereich.
- Nähe zum Verbauort: Materialien werden auf Basis verschiedener Kriterien bewertet, in deren Abhängigkeit die Entfernung des Lagerorts zum Verbauort festgelegt wird.

Für die unterschiedlichen Aktivitäten, die zur Erstellung einer Baumaßnahme nötig sind, besteht die Möglichkeit, einzelne Zellen über definierte Zeiträume zu buchen (vgl. Thabet und Beliveau 1997). Der voraussichtliche Einbauzeitpunkt aus dem Projektplan bestimmt dabei, ob Zellen, die zu einem Zeitpunkt in Zukunft reserviert sind, belegt werden. Sobald die korrespondierende Aktivität abgeschlossen ist, werden diese freigegeben und wiederum der Ressourcenverwaltung zur Verfügung gestellt. Die Funktionsweise der Simulationsbibliothek und aller implementierten Verwaltungen findet sich in Abschn. 4.5.

Ergebnisse der virtuellen Baustelleneinrichtungsplanung
Die aus der Simulation folgenden Auswertungen des Gesamtmodells haben unter anderem einen optimierten Einsatz von Geräten, ein ausgewogenes Transportnetz sowie sinnvoll geplante Flächen für Lagerung und Montage zur Folge. Abbildung 5.16 zeigt exemplarisch den Kranbaustein mit all seinen Elementartätigkeiten und das entsprechende 3D-Modell im Gesamtkontext der Baustelle. In Abhängigkeit der Modelltiefe können entweder die einzelnen Elementartätigkeiten, die für die Ausführung von Transportaufgaben nötig sind, beobachtet und ausgewertet werden oder aber nur die gesamten Wartezeiten im Verhältnis zu Ausfall- und Arbeitszeiten. Im Falle einer Überlastung können einzelne Materialströme umgeleitet oder ein leistungsstärkerer bzw. ein zweiter Kran eingesetzt werden. Bei zu geringer Auslastung kann durch wiederholte, automatisierte Experimente ein wirtschaftlich sinnvollerer Kran ermittelt werden.

Außerdem können die Füllungsgrade von Lagerflächen über einzelne Bauphasen beobachtet werden. Im Beispiel erreicht das Lager Z0 eine Auslastung von mehr als 100 %. Dies macht im nächsten Schritt eine Anpassung nötig, entweder muss Material in ein anderes Lager umgeleitet oder die Lagerkapazität von Z0 erhöht

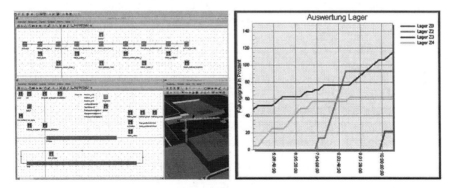

Abb. 5.16 Baustein Kran (*links*) und Füllungsgrad von Lagerflächen

werden. Zusätzlich ermöglichen Sankey-Diagramme[6] die Nachverfolgung einzelner Materialgruppen. Engpassanalysen ermitteln Auslastungen einzelner Arbeitsschritte bezüglich ihrer Kapazitäten. Durch die Neudimensionierung der begrenzenden Faktoren und einer Anpassung der Anordnung hinsichtlich kürzerer oder weniger ausgelasteter Transportwege kann der Materialfluss auf und zur Baustelle deutlich verbessert werden.

Nach Abschluss der Baustelleneinrichtungsplanung erfolgt die Rückgabe aller Planungsinformationen an das übergeordnete Baustelleninformationsmodell der Digitalen Baustelle. Dabei werden neben den Aufstellkoordinaten, Informationen zur Dimensionierung, Veränderungen über die Zeit und elementspezifische Eigenschaften übergeben. Durch die enge Verzahnung mit der Simulation können viele Soll-Daten gewonnen werden. Dazu gehören Lager- und Verbauort sowie Lieferzeitpunkte und Materialmenge der jeweiligen Lieferung.

Allerdings muss – wie bereits in Abschn. 4.2 angedeutet – zunächst der Nutzen einer Simulationsstudie dem zugehörigen Aufwand gegenübergestellt werden. Auch wenn der Implementierungsaufwand mit zunehmender Komplexität und Größe der Baustelle steigt, sind gerade hier die größten Potenziale zu erschließen. Je höher die Materialflussdichte, desto mehr Wechselwirkungen ergeben sich zwischen den einzelnen Vorgängen auf der Baustelle, die nur schwer vorhersehbare Auswirkungen auf den Baufortschritt haben. Simulationsexperimente schaffen hier die nötige Transparenz.

5.3 Steuerung von Bauprozessen – aktiv lenken, Probleme frühzeitig vermeiden

Michael Krupp, Sebastian Uhl

Um die Baustellenversorgung so effizient wie möglich zu gestalten, müssen Versorgungsprozesse und -flüsse nicht nur präzise geplant, sondern auch effektiv gesteuert werden. Dabei sollte das Logistikmanagement folgende Ziele verfolgen (Thonemann et al. 2003):

1. Bestände senken und die Materialverfügbarkeit vor Ort erhöhen: Bestände binden Kapital, benötigen Lagerkapazitäten auf der Baustelle und verursachen hohe Handlingskosten durch Such- und Umräumaktivitäten.
2. Anlieferprozesse beschleunigen und die Termintreue verbessern: Wegen der permanenten kritischen Pfade sind beim Bau schnelle Anlieferprozesse mit einer hohen Termintreue wesentlich für einen störungsfreien Bauablauf. Fehlt beim Automobilbau bspw. das Autoradio, so kann dies ohne Störung des Produktionsablaufs zu einem späteren Zeitpunkt eingebaut werden. Auf der Baustelle hingegen werden deutlich häufiger kritische Produktelemente verbaut, deren Fehlen

---

[6] Sankey-Diagramme stellen Materialflüsse anhand von Kanten graphisch dar. Die Breite der Kanten ist direkt proportional zur Materialmenge, so dass die Belastung von Transportwegen visualisiert wird (Günthner 2010).

zu einem kompletten Baustopp führt. Fehlt etwa Bewehrungsstahl oder Beton, so kann dieser Bauabschnitt nicht einfach übersprungen und später nachgeholt werden. Termintreue gewinnt somit an Bedeutung, weil alles im wahrsten Sinne aufeinander aufbaut.

3. Die Flexibilität innerhalb der Versorgungsprozesse erhöhen: Veränderungen benötigen eine schnelle Reaktionsfähigkeit. Die bauwirtschaftlichen Rahmenbedingungen erfordern eine besonders hohe Flexibilität, da hier externe Veränderungen (Witterung etc.) besonders häufig auftreten.

4. Renditegewinne steigern: Durch eine optimierte Baustellenversorgung wird eine vorausschauende Abstimmung vorhandener und benötigter Kapazitäten ermöglicht, was Auslastungsschwankungen und Fehlerquoten bei der Baustellenversorgung verhindert – die Ressourcen werden dadurch effizienter eingesetzt.

Der Steuerung von Abläufen kommt gerade in der Ausführungsphase eine wichtige Bedeutung zu. Denn hier muss vor Ort häufig auf unvorhersehbare externe Einflüsse (z. B. Witterung) reagiert werden, die ein steuerndes Eingreifen in die Versorgungsprozesse erfordern. Diese Eingriffe sollten jedoch auf strukturierte Art und Weise erfolgen, um die Bauabläufe so wenig wie möglich zu stören.

In der Baupraxis fehlen zumeist verbindliche, standardisierte Prozesse und strukturierte Eingriffsszenarien, was bei Störungen im Versorgungsprozess immer wieder zu kosten- und zeitintensiven „Feuerwehreinsätzen" führt. Zudem kommt es durch eine ineffektive Steuerung der Materialversorgungsprozesse bei den Zulieferern zu hohen Fehlerquoten und Auslastungsschwankungen (Girmscheid 2005). Es gilt, die notwendigen Voraussetzungen zu schaffen, um zukünftig eine effiziente, koordinierte Steuerung der Bauabläufe zu gewährleisten. Dazu ist insbesondere die Versorgung der Baubeteiligten mit aktuellen Informationen über den Stand des Bauablaufs sowie drohender oder bereits eingetretener Bauablaufstörungen, z. B. durch eine Verspätung von Materiallieferungen, notwendig. In den folgenden Abschnitten werden dazu unterschiedliche Steuerungsmöglichkeiten sowie Technologien zur Gewinnung und Verarbeitung der benötigten Prozessdaten vorgestellt.

5.3.1 *Steuerung von Bauprozessen als strukturierte Informationsverteilung*

Michael Krupp, Sebastian Uhl

Um die vier genannten Punkte für eine effiziente Baustellenversorgung und somit einen störungsfreien Bauablauf zu erreichen, ist neben der Planung eine aktive Steuerung der Ressourcen- und Informationsflüsse durch das Logistikmanagement notwendig. Steuerung in diesem Kontext heißt insbesondere, Informationen aus 3D-Modellen in die Ausführungsprozesse zu transferieren und aus den Ausführungsprozessen zeitnah wieder an das Baustelleninformationsmodell zurückzumelden, um Fehler in den Versorgungsprozessen zu vermeiden bzw. diese frühzeitig zu erkennen und gegensteuernd einzugreifen.

Generell gibt es zwei Ansätze zur Steuerung von Prozessen und Flüssen: die Push- sowie die Pull-Steuerung. Bei der Push- oder Bring-Steuerung werden der zu erwartende Ressourcenverbrauch sowie die jeweiligen Bedarfszeitpunkte durch das Logistikmanagement prognostiziert. Aufbauend auf diesen Plänen werden sämtliche Ressourcenflüsse durch das Logistiksystem geplant und die Ressourcen von einer Aufgabenerfüllung zur nächsten „gedrückt". Diese fixen Ablaufpläne sind derart miteinander verzahnt, dass jede unvorhergesehene Abweichung zu Störungen im Produktionsprozess führt (Delfmann 2008b). Bei der Pull- oder Hol-Steuerung hingegen wird der Produktions- bzw. Transportauftrag erst dann durch den Nachfolgeprozess (Kundenabruf) ausgelöst, wenn ein konkreter Bedarf besteht. Häufig wird in diesem Zusammenhang auch vom sogenannten „Supermarktprinzip" gesprochen: Erst bei der Entnahme der Materialien aus dem Pufferlager wird die Wiederbefüllung bzw. Beschaffung veranlasst. Die Umsetzung des Pull-Prinzips erfolgt in der Praxis u. a. durch die Just-in-time-Strategie.

Bei beengten Baustellenverhältnissen und begrenzten Lagerflächen vor Ort ist eine Pull-Steuerung unabdingbar, da durch die konsequente bedarfsgetriebene Auslösung der Versorgungsaktivitäten immer nur so viel Material angeliefert wird wie benötigt. Dabei gilt jedoch die Maxime: Die beste Steuerung ist keine Steuerung. Denn sind die Versorgungsprozesse innerhalb der Supply Chain durch das Logistikmanagement richtig geplant, sodass eine gewisse Selbstorganisation der Baubeteiligten vor Ort ermöglicht wird, sinkt auch der Steuerungsaufwand in der Zusammenarbeit zwischen Unternehmen (Thonemann et al. 2003). Die operativen Versorgungsprozesse können dann weitgehend automatisiert durchgeführt werden.

Das Logistikmanagement sollte nur dann in die Versorgungskette eingreifen, wenn nicht planbare, unvorhersehbare Probleme eintreten, die ein aktives Steuern erfordern. Solche unvorhersehbaren stochastischen Einflüsse treten gerade im dynamischen Bauumfeld aufgrund der spezifischen Rahmenbedingungen besonders häufig ein, was die Komplexität der baulogistischen Steuerung im Vergleich zur stationären Industrie stark erhöht. Die Steuerung solcher stochastischen Ereignisse wird in der betriebswirtschaftlichen Lehre auch als „Supply Chain Event Management (SCEM)" bezeichnet. Im Vordergrund steht dabei die Überwachung der Aktivitäten in der Versorgungskette durch ein Monitoring der Prozesse.

Ergebnis der logistischen Planung sind keine fixen Prozessschritte, sondern vielmehr Prozesskorridore oder Prozessleitplanken, die anhand sogenannter Key Performance Indicators (KPI) definiert werden – d. h. Schlüsselkennzahlen, die bestimmte Soll-Werte vorgeben (vgl. hierzu Abschn. 5.4). Bewegt sich der Versorgungsprozess innerhalb dieser Leitplanken (z. B. gesetzte Zeit- und Mengen-Anlieferfenster), findet eine Selbststeuerung der Prozessaktivitäten durch das System statt; ein aktives Eingreifen durch das Baulogistikmanagement ist nicht nötig. Diese Leitplanken sind am Bau jedoch besonders schwierig zu definieren, was dem SCEM eine hohe Bedeutung zukommen lässt. Erst ein Durchbrechen der Leitplanken (z. B. durch eine verspätete Anlieferung) führt zu Steuerungsmaßnahmen, die im Vorhinein durch das Logistikmanagement definiert und im Informationssystem hinterlegt wurden (Sennheiser und Schnetzler 2008).

Das SCEM dient somit insbesondere dazu, Transparenz innerhalb der Versorgungsketten über die wichtigsten Prozessparameter zu schaffen, wie etwa über Störungen, Bestände, bestehende Bedarfe etc. Aber nicht nur das Monitoring der Versorgungsketten stehen beim SCEM im Vordergrund, sondern auch die Früherkennung und Frühwarnung sind von zentraler Bedeutung (Hertel et al. 2005).

Abbildung 5.17 zeigt die verschiedenen Ansatzpunkte der baulogistischen Steuerung in einer Project Supply Chain. Eine isolierte Steuerung einzelner Versorgungsketten der Project Supply Chain hat dabei aus einer ganzheitlichen baulogistischen Systemperspektive nur wenig Sinn (Schmidt 2003). Zwar liegt der Fokus des vorliegenden Beitrags auf der Steuerung der Versorgungsketten von Baustoffen, Baugeräten und Baubehelfen, doch erfordert ihre Optimierung eine enge Koordination mit den übrigen Versorgungsketten, mit denen sie in gegenseitiger Abhängigkeit stehen: Die Produktionssteuerung der Bauausführung, die Transportsteuerung der Bauentsorgung und die Steuerung der Baukonstruktion.

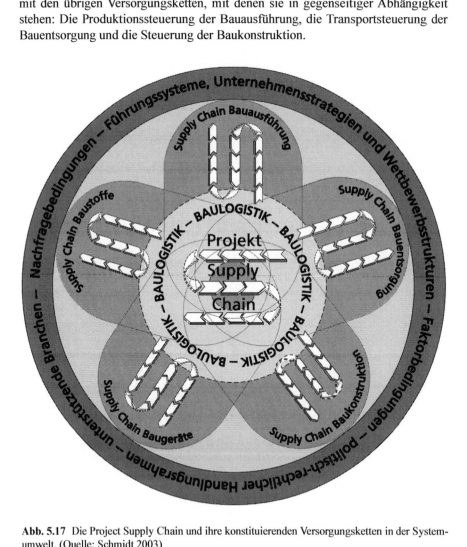

Abb. 5.17 Die Project Supply Chain und ihre konstituierenden Versorgungsketten in der Systemumwelt. (Quelle: Schmidt 2003)

Als Steuerungsinstrumente der Supply Chains dienen dabei Hilfsmittel oder Tools (3D-Modell, ERP-System, EDI, etc.), für die ein durchgängiges IT-System Voraussetzung ist. Durchgängige IT-Systeme tragen durch Automatisierung maßgeblich dazu bei, die Geschwindigkeit der Informationsflüsse zu erhöhen und somit die Durchlaufzeiten der Versorgungsketten sowie die Reaktionszeiten auf unvorhersehbare Störvorfälle zu verbessern. Nur so können Informationen in Echtzeit an die Beteiligten verteilt werden. Dabei spielt insbesondere der schnelle Informationsaustausch zwischen Kunden und Lieferanten eine entscheidende Rolle – gerade bei unternehmensübergreifenden SCM Ansätzen (Sennheiser und Schnetzler 2008). In der Baubranche verhindert bzw. erschwert eine Vielzahl unterschiedlicher IT-Systeme jedoch bis heute eine unternehmensübergreifende Steuerung der logistischen Informationsflüsse.

Auf einem guten Weg ist hingegen die Entwicklung bei der Gewinnung der Informationen auf der Baustelle. Hier ist insbesondere die Verknüpfung von Informationen, Technologie und Ressourcen notwendig. Hierfür stehen heute bereits diverse Technologien zur Verfügung, auf die im folgenden Abschn. 5.3.2 näher eingegangen wird.

Die eingesetzten Technologien spielen bei der Verteilung sowie bei der Erzeugung von Informationen eine große Rolle. Es gilt die intelligente Verteilung von Informationen zu gestalten. Dabei müssen einige Technologien noch für die Bauindustrie nutzbar gemacht werden und andere von der Bauindustrie mehr adaptiert werden. Die Nutzung und Gestaltung der Möglichkeiten stellt ein wesentliches Innovationspotenzial für baunahe Dienstleistungen in der gesamten Branche dar.

5.3.2 Prozessdatengewinnung auf der Baustelle

Cornelia Klaubert

Der Mehrwert einer hochwertigen Planung ergibt sich erst in der Ausführungsphase, da diese für den größten Anteil der Baukosten verantwortlich ist (vgl. Kap. 5). In den Kap. 2, 3 und 4 wurden Werkzeuge und Methoden vorgestellt, die die Qualität der Planungsdaten und damit den Planungsprozess maßgeblich verbessern können. Der Nutzen dieser hochwertigen Informationen für das Gesamtprojekt wird aktuell jedoch deutlich reduziert, da diese in der Ausführungsphase auf Grund des mangelhaften Abgleichs mit dem realen Geschehen auf der Baustelle innerhalb kurzer Zeit veralten.

Auftretende Planänderungen werden schlecht oder gar nicht dokumentiert. Informationen über den Stand oder Zeitverzug einer Bauabwicklung kommen erst verspätet bei den Verantwortlichen an, schnelles Reagieren wird damit unmöglich. Um das Potenzial der Digitalen Baustelle ausschöpfen zu können, muss deshalb eine Kopplung zwischen virtueller Planung und realer Ausführung hergestellt werden. Informationen über den Bauprozess müssen in Echtzeit an das digitale Gesamtmodell zurückgespielt werden, damit Änderungen und Zustände zu jeder Zeit dokumentierbar sind.

Unter Prozessdaten werden im Zusammenhang mit der Digitalen Baustelle alle Informationen verstanden, die den Baufortschritt dokumentieren oder die Waren-

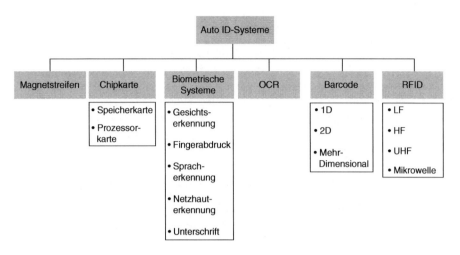

Abb. 5.18 Gängige Auto-ID-Systeme

und Informationsflüsse beschreiben. Diese werden heutzutage auf der Baustelle typischerweise in Form von schriftlichen oder digitalen Dokumenten (Lieferscheine, Tagesberichte) gewonnen. Oftmals liegen diese Prozessdaten dezentral z. B. auf dem Laptop des Poliers oder Bauleiters vor und werden nur teilweise und zeitverzögert an das zentrale IT-System weitergeleitet. Eine effiziente, proaktive Steuerung des Bauablaufs ist jedoch nur mit aktuellen Informationen möglich. Eines der Ziele bei der Einführung der Digitalen Baustelle liegt daher darin, die Dokumentation und Weitergabe von Prozessdaten an ein zentrales IT-System mit geeigneten Technologien zu vereinfachen und zu beschleunigen.

In der stationären Industrie wird die Prozessdatenaufnahme und -weitergabe mit Hilfe automatischer Identifikations-Systeme (Auto-ID-Systeme) umgesetzt. Mit Auto-ID-Systemen ist es möglich, Objekte automatisch zu identifizieren und „maschinenlesbar" zu machen (Kern 2007). Abbildung 5.18 gibt einen Überblick über gängige Auto-ID-Systeme.

Magnetstreifenkarten
Bei Magnetstreifenkarten werden verschieden magnetisierte Teile eines Magnetstreifens durch direkten Kontakt mit einem Leser erfasst. Der Magnetstreifen kann in Verbindung mit einer persönlichen Identifikationsnummer (PIN) genutzt werden. Somit findet eine Identifikation der Person statt. Ebenso besteht die Möglichkeit, die Magnetstreifenkarte ohne Zusatz von Unterschrift oder Code einzusetzen. Magnetkarten werden in Papierform in Parkhäusern, als Plastikkarten bei Kreditkarten oder in Hotels als Schlüsselersatz eingesetzt (Abb. 5.19). Äußere Einflüsse von magnetischen Feldern können die Informationen der Magnetstreifenkarten zerstören. Der Einsatz auf Baustellen ist wenig verbreitet.

Chipkarten
Chipkarten sind spezielle Plastikkarten mit implantiertem Chipmodul als Datenträger. Das Chipmodul kann über die Kontaktflächen gelesen und beschrieben werden.

Abb. 5.19 Magnetstreifenkarte

Abb. 5.20 Beispiele für
Chipkarten

Chipkarten werden in Speicher- und Prozessorkarten unterschieden. Speicherkarten sind vorwiegend zum Speichern von wenig veränderlichen Daten konzipiert, wie bspw. die persönlichen Daten von Versicherten der gesetzlichen Krankenversicherung. Im Gegensatz dazu sind Prozessorkarten auf Grund ihres Mikroprozessors flexibel programmier- und anpassungsfähig. Es können verschiedene Anwendungen auf einer Karte hinterlegt, aufgerufen und ausgeführt werden (Finkenzeller 2006). Diese Art von Chipkarten wird insbesondere bei sicherheitssensitiven Anwendungen verwendet, wie z. B. bei Mobiltelefonen oder neueren EC-Karten (Abb. 5.20). Durch den Passwort-geschützten Zugriff können Chipkarten nur vom Eigentümer verwendet werden. Die Funktionssicherheit kann durch Korrosion, Verschmutzung und Abnutzung jedoch relativ schnell beeinträchtigt werden (Finkenzeller 2006). Auch Chipkarten spielen für den Einsatz auf der Baustelle bislang keine Rolle.

Biometrische Systeme
Mit Hilfe der Biometrie werden physische oder verhaltenstypische Merkmale erfasst und ausgewertet. In der Informationstechnologie bedeutet Biometrie das Erkennen von Benutzern aufgrund ihrer physischen Merkmale.

Grundlage biometrischer Verfahren bilden biologische Merkmale wie Fingerabdruck, Handabdruck, Hand- und Fingergeometrie, Gesicht, Auge, Stimme, Unterschrift oder Rhythmus der Tastaturbetätigung. Um diese Merkmale auswerten zu können, werden die Daten erfasst und mit Hilfe statistischer Methoden abstrahiert. Von den wesentlichen Merkmalen werden Referenzmuster in Dateien abgespeichert (Abb. 5.21). Als Messgeräte dienen Sensoren oder Scanner, wie z. B. Fingerabdruckleser, Iris-Scanner, Gesichts-, Sprach- oder Schrifterkennungsautomaten.

Biometrische Systeme finden u. a. Anwendung bei Identifikationssystemen zur Erkennung von Personen, um Zutrittsbefugnisse zu Gebäuden, Räumlichkeiten oder speziellen Bereichen von Computersystemen zu überprüfen oder die Kontrolle an Grenzübergängen oder Flughäfen zu verbessern (Seydel 2001). Vorteile dieser Systeme sind, dass biometrische Merkmale nicht verloren gehen oder an andere

Abb. 5.21 Identifikation
durch Irisscan mit Handgerät.
(Quelle: www.wikipedia.de)

Personen weitergegeben werden können. Die Fälschungssicherheit derartiger Systeme ist daher extrem hoch. Nachteilig sind die hohen Anschaffungskosten, weshalb diese Technologie bisher kaum in der Bauindustrie eingesetzt wird.

Optical Character Recognition

Bei der optischen Zeichenerkennung bzw. dem Klarschriftlesen (Optical Character Recognition, OCR) werden Daten von Dokument eingelesen und in digitale Textdaten umgewandelt. Zunächst wird das Dokument gescannt, danach untersucht die OCR-Software das Dokument nach Buchstaben, Zahlen und anderen Zeichen. Zum Einsatz kommen solche Systeme hauptsächlich im Dienstleistungs-, Verwaltungs- und Finanzbereich und dort vor allem bei Überweisungsträgern und Schecks. Vorteile dieser Systeme sind die hohe Informationsdichte und die Möglichkeit, im Notfall die Daten auch ohne Hilfsmittel entschlüsseln zu können. Nachteilig sind jedoch hohe Kosten für die komplexen Lesegeräte (Finkenzeller 2006; Kern 2007). Diese Systeme sind anfällig für Verschmutzung und deshalb für den Einsatz in der Baubranche nur bedingt geeignet.

Barcode

Das am häufigsten, auch in der Bauindustrie, eingesetzte Auto-ID-System ist der Bar- oder Strichcode. Dieser besteht aus parallel angeordneten, unterschiedlich breiten Strichen (engl. Bars) und Trennlücken, deren Abfolge durch einen Laser abgetastet und digitalisiert wird (Abb. 5.22) (Finkenzeller 2006). Neben diesen klassischen eindimensionalen Barcodes gibt es durch neuere Entwicklungen auch mehrdimensionale Ausführungen wie Stapel-, Matrix- oder Farbcodes. Die mehrdimensionalen Vertreter sind neben dem Auslesen durch einen Laser auch für die Erfassung durch Kameras geeignet. Allgemein werden als Lesegeräte handgeführte Stifte und mobile oder stationäre Scanner eingesetzt. Am gebräuchlichsten ist der EAN-Code (European Article Number), der insbesondere im Handel eine wichtige Rolle spielt (Datalogic GmbH 2004). Der Barcode hat den Vorteil, dass er kostengünstig, einfach ausles- und anbringbar ist. Über Barcodeetiketten ist

Abb. 5.22 1D-Barcode
(*links*), 2D-Barcode (*rechts*)

der Identifikationsprozess automatisierbar. Negativ sind jedoch die Möglichkeiten zur Manipulation durch Kopieren des Barcodes und die mangelnde Robustheit gegen Schmutz und Zerstörung. In der Bauindustrie wird der Barcode vor allem für Anwendungen in Unternehmen z. B. bei der Warenannahme verwendet. Die Nutzung des Barcodes auf der Baustelle wird weiter vorangetrieben, z. B. bei der Erfassung von Retouren. Die Empfindlichkeit gegenüber Verschmutzung setzt dem flächendeckenden Einsatz jedoch Grenzen.

Radio Frequency Identification (RFID)
RFID bezeichnet eine Auto-ID Technologie, mit deren Hilfe Objekte berührungslos mittels magnetischer (Wechsel-)Felder oder elektro-magnetischer Wellen („Radio-Wellen") identifiziert werden können. Im Gegensatz zu anderen Auto-ID-Systemen kann ein Objekt mit RFID ohne direkten Sichtkontakt identifiziert werden, da die zum Auslesen verwendeten Radiowellen viele Materialien durchdringen können (Abb. 5.23). RFID wird auf verschiedenen Frequenzen, z. B. 125 kHz (LF-Bereich[7]), 13,56 MHz (HF-Bereich[8]) oder 868 MHz (UHF-Bereich[9] Europa) betrieben. Die verwendete Arbeitsfrequenz ist maßgeblich für die Funktionsfähigkeit eines RFID-Systems. In Abhängigkeit der eingesetzten Frequenz ändert sich die Empfindlichkeit von RFID auf Einflüsse von Flüssigkeiten und metallischen Gegenständen. Niederfrequente Systeme werden von Flüssigkeiten weniger beeinträchtigt als hochfrequente, wobei metallische Gegenstände starken Einfluss auf Systeme aller Frequenzbereiche haben. Trotz der beschriebenen Einschränkungen setzt sich RFID in der Bauwirtschaft in den vergangenen Jahren verstärkt durch. Eine Vielzahl von Umsetzungen bestätigt dies:

Für ihre hochwertigen Werkzeugmaschinen hat die Firma Hilti ein RFID-basiertes Diebstahlschutzsystem („Theft Protection System") als eine Art Wegfahrsperre entwickelt, das bereits erfolgreich am Markt vertrieben wird (Hilti AG 2010). Die Paschal-Werk G. Meier GmbH, Hersteller von Schalungssystemen, nutzt RFID zur Kennzeichnung der Metallrahmen von Schalungssystemen schon während des Produktionsprozesses. Die eingebauten Transponder erlauben eine eindeutige Identi-

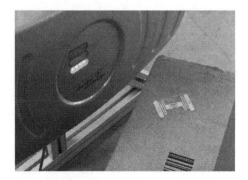

Abb. 5.23 RFID-System

---

[7] LF steht für Low Frequency.
[8] HF steht für High Frequency.
[9] UHF steht für Ultra High Frequency.

fizierung der einzelnen Schalungsteile und eröffnen unter anderem Möglichkeiten für neue Geschäftsmodelle, beispielsweise Leasingmodelle. Die österreichische Firma Identec Solutions setzt aktive Transponder zur Kontrolle und Überwachung der Aushärtung von Betonteilen ein. Durch diese Art der aktiven Überwachung ist eine Verkürzung der Bauzeit möglich.

Die angeführten Beispiele zeigen, dass RFID bereits für verschiedene Anwendungen in der Bauindustrie eingesetzt wird. Den Vorteilen der sichtkontaktfreien Identifikation und der einfachen Automatisierbarkeit stehen die hohen Kosten und die Beeinflussung durch metallische Gegenstände und Flüssigkeiten entgegen. Da in den vergangen Jahren jedoch große Fortschritte bei der Entwicklung von RFID-Systemen speziell für das metallische Umfeld gemacht wurden, sind diese Umweltbedingungen kein generelles Ausschlusskriterium mehr.

Jede der beschriebenen Technologien ermöglicht es, die Lücke zwischen realer und digitaler Welt zu überbrücken, indem Prozessdaten automatisiert erfasst und, eine entsprechende Datenübertragungstechnologie vorausgesetzt, in Echtzeit an übergeordneten Systeme weitergeleitet werden (Abb. 5.24). Auf Grund der unterschiedlichen Eigenschaften der Systeme eignen sich jedoch nicht alle für den Einsatz im rauen Umfeld der Bauindustrie. Welche Technologie sich für welchen Einsatzfall eignet, muss im Einzelfall geklärt werden, eine Pauschalisierung der Aussagen ist nicht möglich.

Bevor eine Entscheidung für eine bestimmte Auto-ID-Technologie getroffen wird, muss entschieden werden, welche Prozessdaten in welchen Arbeitsschritten gewonnen werden sollen. Soll bspw. der Baufortschritt dokumentiert werden, werden Informationen aus den jeweiligen Arbeitsschritten benötigt, die für den Bauprozess entscheidend oder kritisch sind. In den Abschn. 3.5.2 und 3.5.3 wird eine Lösung vorgestellt, wie diese relevanten Informationen mit Hilfe der RFID-Technologie und einem mobilen Endgerät erzeugt, verarbeitet und anschließend automatisch an das zentrale PDM-System zurückgemeldet werden können. Die

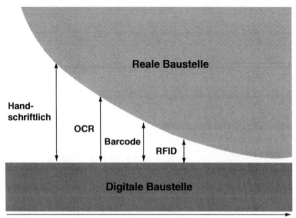

Abb. 5.24 Informatorische Lücke zwischen realer und digitaler Baustelle. (Nach Quelle: Fleisch et al. 2004)

durchgängige Erfassung dieser Prozessdaten ermöglicht es zudem, die Warenflüsse von, zur und auf der Baustelle nachzuvollziehen. Konzepte hierfür werden in Abschn. 5.4 beschrieben.

Auto-ID-Systeme ermöglichen die Gewinnung und automatische Weiterleitung von Prozessdaten an ein zentrales IT-System. So können Vorgänge auf der Baustelle abgebildet und mit den digitalen Planungsdaten verglichen werden. Änderungen oder Verzögerungen werden stets dokumentiert, sodass auf diese schnell reagiert werden kann. Mit Hilfe des Konzepts der Digitalen Baustelle wird so ein Mehrwert für alle Phasen eines Bauprojektes erzielt.

5.3.3   RFID-Einsatz in der Bauindustrie – Nutzenpotenziale und Einsatzszenarien

Oliver Schneider, Cornelia Klaubert

Eine effiziente Steuerung von Bauprozessen kann nur mit Hilfe einer vollständigen und zeitnahen Prozessdokumentation stattfinden. Diese kann auf Basis unterschiedlicher, in Abschn. 5.3.2 beschriebener, Technologien bzw. einem Technologiemix erfolgen. Eine vielversprechende Technologie für den Einsatz auf der Baustelle stellt die RFID-Technologie dar. RFID ist robust gegen Verschmutzung und ermöglicht es, den realen Materialfluss mit dem digitalen Informationsfluss direkt zu koppeln. Zur Abschätzung des Nutzens eines RFID-Einsatzes im Bauumfeld werden im Folgenden Potenziale sowie konkrete Einsatzszenarien vorgestellt.

Nutzenpotenziale eines RFID-Einsatzes in der Bauindustrie
In den vergangen Jahren gab es vor allem im Handel und in der stationären Industrie einen regelrechten RFID-Hype. In RFID wurde das Allheilmittel gegen ineffiziente Prozesse gesehen. Es hat sich gezeigt, dass diese Vorstellungen nicht erfüllt werden konnten, es aber trotzdem eine Vielzahl von Anwendungen gibt, die heute auf Basis von RFID funktionieren. Beispiele hierfür sind:

• Diebstahlsicherung in Warenhäusern
• Automatische Inventur im Bekleidungshandel
• Automatisierung von Fahrzeuglackierstrecken
• Vollständigkeitskontrolle von OP-Besteck

Um den Nutzen von RFID für die Baubranche abschätzen zu können, wurde von der Technische Universität München 2008 eine Studie unter ausführenden und planenden Unternehmen der Bauindustrie durchgeführt (Günthner und Zimmermann 2008). Als häufigste Nutzenerwartung an den Einsatz von RFID wurden die Aktualität der Bestandslisten durch eine zeitnahe Buchung, schnelle Warenein- und Warenausgangskontrollen und ein geringerer Verwaltungsaufwand durch die Reduzierung manueller Tätigkeiten bspw. beim Ausfüllen von Begleitscheinen und eine damit einhergehende weniger fehlerhafte Dokumentation genannt. Weitere positive Aspekte werden in der zeitnahen Projektbewertung und Nutzung einer detaillierteren Datenbasis für spätere Projekte sowie der Reduzierung des Teileschwunds gesehen.

Dabei werden fast 14 % Zeitersparnis bei administrativen Tätigkeiten und etwa acht Prozent der gesamten Arbeitszeit durch automatische Datenerfassung angenommen. Durch die Organisation, Koordination und zeitnahe Abstimmung von Gewerken können schätzungsweise bis zu elf Prozent, durch zeitgerechte Belieferung ca. sieben Prozent und bei der Lagerhaltung auf der Baustelle und dem Bauhof je ca. fünf Prozent der jeweiligen Kosten eingespart werden.

Bei (Börkircher 2006) werden Vorteile für die Qualitätssicherung, die Protokollierung von Umgebungsbedingungen, das Transportmanagement, die Belieferung von Baustellen und die Dokumentation von Betriebszeiten oder Wartungsumfängen aufgelistet. Die hierbei anfallenden Kosten können den betreffenden Kostenstellen verursachungsgerecht zugerechnet werden. Hinzu kommen die Vereinfachung der Verwaltung der Betriebsmittel und die durchgängige Nachweisbarkeit von Leistungsumfängen. Durch diese durchgängige Prozessdokumentation bieten sich auch für Unternehmen der Bauindustrie Möglichkeiten einer Zertifizierung nach ISO 9000[10]. Zwar bedingt der Einsatz von RFID eine verbindliche Definition der Logistikprozesse, was aber auch als Chance verstanden werden kann, um die historisch gewachsenen Strukturen aufzubrechen und zu optimieren.

Einsatzszenarien in der Bauindustrie
Im Folgenden werden verschiedene Einsatzszenarien vorgestellt, die bereits im produktiven Einsatz sind bzw. auf Demonstratorebene in Forschungsprojekten umgesetzt wurden. Die Lösungen sind in den Kategorien Personal, Ladeeinheiten, Kleingeräte, Maschinen, Maschinenanbauteile, Fertigbauteile und Baubehelfe zusammengefasst.

Personal
Die Personenkontrolle mit Hilfe von RFID stellt eine etablierte Anwendung in vielen Industriebereichen dar. Zumeist werden hierbei Zutrittskarten zur individuellen Zugangskontrolle genutzt, die auch zunehmend Einzug in der Bauindustrie erhalten. Ein Beispiel ist ein RFID-basiertes System zur Überprüfung der persönlichen Schutzausrüstung der *Bergischen Universität Wuppertal* und der *Streif Baulogistik GmbH*. Bei Anmeldung des Mitarbeiters mit seinem Dienstausweis wird neben dessen Berechtigung beim Durchschreiten eines Portals auch die Vollständigkeit der persönlichen Schutzausrüstung, bspw. in Abhängigkeit der Sicherheitsanforderungen des jeweiligen Bauabschnitts, überprüft. Hierfür ist jeder Bestandteil der persönlichen Schutzausrüstung (z. B. Bauhelm, Schutzbrille, Sicherheitsschuhe) mit einem RFID-Transponder versehen. Zielstellungen sind die bessere Kontrolle von Personalströmen und die Erhöhung der Sicherheit auf der Baustelle (Helmus et al. 2008).

Eine weitere Anwendung ist die Überprüfung der Gültigkeit der Fahrerlaubnis vor der Inbetriebnahme von Baufahrzeugen. Der Fahrer meldet sich mit seinem Führerschein am Fahrzeug an, wobei neben der Gültigkeit die Berechtigung des Fahrers geprüft wird. Entsprechende Führerscheine sind bereits erhältlich (RFID-

---

[10] Die von der Internationalen Standardisierungsorganisation (ISO) zertifizierte Normenreihe ISO 9000 enthält Referenzwerke zum Qualitätsmanagement für Unternehmen.

News 2008). Neben der Wahrung der Sorgfaltspflicht lässt sich dadurch die Fahrt-Historie für jedes Fahrzeug dokumentieren.

Probleme für Personalkontrollsysteme ergeben sich in der Praxis jedoch durch Datenschutzbestimmungen. Für einen erfolgreichen Einsatz dieser Systeme sind daher bereits frühzeitig Rechtsgrundlagen zu prüfen und Instanzen wie der Betriebsrat einzubinden.

Ladeeinheiten

Ladeeinheiten, wie z. B. Gitterboxen oder Paletten, können als Transporteinheit genutzt und dank der klaren Geometrie einfach mit einem RFID-Transponder ausgerüstet werden. Durch die Verknüpfung des Ladeguts mit der Ladeeinheit in einer Datenbank lässt sich der Materialfluss von Artikeln verfolgen, für die eine objektbezogene Kennzeichnung nicht realisierbar oder lohnend ist.

In der Bauindustrie werden z. B. Kleinteile wie Federbolzen oder Rohrschellen in Gitterboxen gelagert oder transportiert (s. Abb. 5.25). Diese werden zumeist ohne genaues Abzählen in Gitterboxen gelagert und auf die Baustelle geliefert. Durch das Hinterlegen des Gewichts des Artikels und der verwendeten Ladeeinheit kann durch Abwiegen einer beladenen Gitterbox die transportierte Artikelmenge bestimmt werden. Diese Lösung setzt jedoch eine sortenreine Beladung von Ladeeinheiten voraus. Auch Fremdmaterial wie z. B. Schmutz kann das Gewicht verfälschen. Zudem geht nach Eintreffen auf der Baustelle die Zuordnung zwischen Ladeeinheit und Ladegut verloren, so dass sich die beschriebene Lösung vor allem für den Einsatz auf dem Bauhof eignet.

Kleingeräte

Kleingeräte wie Bohr- oder Schleifmaschinen werden auf jeder Baustelle in großer Stückzahl benötigt und durchlaufen im Rahmen der Qualitätssicherung häufige Wartungs- und Reparaturzyklen (s. Abb. 5.26). Sind die Geräte gekennzeichnet, dann in der Regel nur auf Gruppenebene, d. h. nur die Gruppe Schlagbohrmaschine erhält eine eindeutige Nummer, nicht aber das einzelne Gerät. Durch die fehlende objektbezogene Kennzeichnung können Wartungs- und Reparaturumfänge sowie Gerätehistorien nicht für jedes Gerät spezifisch sondern nur für die Gruppe abgebildet und zugehörigen Kostenstellen zugeordnet werden. Des Weiteren entsteht durch die heute oft eingesetzte Dokumentation mit Hilfe von Lieferscheinen ein

Abb. 5.25 Gitterboxen für Kleinteile

Abb. 5.26 Kleingeräte

Medienbruch, in Folge dessen Buchungsfehler auftreten können. Unvollständige oder fehlende Lieferscheine führen im Zweifelsfall zu nicht nachvollziehbaren Mietvorgängen.

Bei jeder Erfassung wird der Gerätestatus automatisch in der zentralen Geräteverwaltung aktualisiert und damit die Verfügbarkeit des Geräteparks transparent. Umfangreiche Sicherheitsbestände sind nicht mehr notwendig. Auch die Dauer und die damit verbundenen Kosten einer Vermietung können zeitgenau erfasst werden. Durch die geräteindividuelle Dokumentation der Einsatzzeiten sind eine Homogenisierung der Auslastung funktionsgleicher Geräte sowie die Anpassung von Wartungsumfängen möglich. Werden bei der Überprüfung der Geräte in der Werkstatt Mängel festgestellt, können die damit verbundenen Kosten verursachungsgerecht zugeordnet und abgerechnet werden.

Maschinen und Geräte

Der Nutzen einer effizienten Geräte- und Maschinenverwaltung wird deutlich, wenn man bedenkt, dass die Geräte- und Maschinenkosten bspw. bei Tiefbauprojekten ca. 30 % der Gesamtkosten betragen. Gründe hierfür sind neben der hohen Anzahl verschiedener Geräte und Baustellen bzw. Organisationseinheiten enge Zeitvorgaben und in Folge dessen hohe Sicherheitsbestände.

Insbesondere kostenintensive Maschinen und Geräte werden abhängig vom Baufortschritt angefordert und zwischen einzelnen Gewerken bedarfsabhängig ausgetauscht. Mit Ausnahme von Baumaschinen, die oft über GPS verfügen, wird bei anderen Maschinen wie Kompressoren oder Rüttelplatten der aktuelle Aufenthaltsort meist nicht zentral dokumentiert (s. Abb. 5.27). Die Folgen sind neben zeitaufwändigen telefonischen Rücksprachen die fehlende zeitnahe Erkennung von Verlusten, ungenaue Projektabrechnungen sowie redundante Maschinenparks. Durch den Einsatz einer Auto-ID-Lösung auf Basis von RFID können die Verfügbarkeit der Maschinen und Geräte erhöht, die Auslastung homogenisiert und überflüssige Redundanz abgebaut oder vermieden werden.

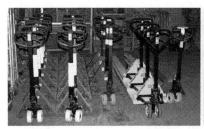

Abb. 5.27 Geräte- und Maschinenpark

Zudem können in Verbindung mit den Maschinendaten Rückschlüsse auf konkrete Einsatzbedingungen gezogen und Wartungsaufwände angepasst werden. Speziell für kleine und mittelständische Unternehmen, die ihren Maschinen- und Gerätepark in der Regel deutlich länger betreiben als größere Unternehmen, entsteht hierdurch ein großes Kosteneinsparpotenzial (Günthner und Zimmermann 2008).

Maschinenanbauteile
Bei Maschinenausrüstung und Anbauteilen spielt die Zuordnung zur richtigen Baumaschine eine bedeutende Rolle (s. Abb. 5.28). Ein Beispiel hierfür ist die Verknüpfung von Drehbohrgerät und Bohrrohr. Es können durch die eindeutige Identifizierung von Bohrgerät und Rohr die Zulässigkeit der Kombination von Gerät, Kellystange und Bohrrohr überprüft und unterstützende Montageanweisungen gegeben werden. Aktuell werden Bohrrohre in Form von geschweißten Nummern zwar für Inventurzwecke, jedoch nicht zur Bestimmung des aktuellen Einsatzortes und Einsatzzwecks dokumentiert.

Auf Grund der ungenauen Bedarfsangabe von Bohrrohren werden oftmals Sicherheitsbestände auf der Baustelle angelegt, die für den Einsatz letztlich nicht benötigt werden. Durch die Dokumentation der eingesetzten Bohrrohre in Abhängigkeit von den Einsatzbedingungen entsteht eine durchgängige Datenbasis als Grundlage für eine bedarfsgerechte Einsatzplanung und Auslastung der Geräte.

Abb. 5.28 Unterschiedliche Maschinenanbauteile

Abb. 5.29 Kennzeichnung von Betonelementen mit RFID

Betonfertigteile

Betonfertigteile werden in Produktionsstätten vorgefertigt und für den Verbau auf die Baustelle transportiert (s. Abb. 5.29). Werden schon beim Herstellungsprozess RFID-Transponder im Bauteil vergossen, können während der Herstellung nicht nur individuelle Produktionsdaten, bspw. über die Zusammensetzung der Betonmischung, erfasst, sondern auch Materialflüsse von der Produktion bis zum Verbau durchgängig dokumentiert werden. Im Falle von Haftungsfragen durch Bauschäden ist dadurch eine Rückverfolgbarkeit der Bauteile gewährleistet. Darüber hinaus können Bauteilinformationen entlang des Lebenszyklus bis hin zu Sanierung, Um oder Rückbau festgehalten und genutzt werden. Das Fraunhofer IMS testet zurzeit aktive RFID-Sensortransponder zur frühzeitigen Rosterkennung bei Betonbrücken. Bislang gibt es keine effektiven Testmethoden zur Ermittlung der Tiefe, in der die Korrosion in den Beton eingedrungen ist. Mit den entwickelten Sensortranspondern kann die Korrosionseindringtiefe in den Beton permanent gemessen und überwacht werden (Farjah 2010).

Die niederländische *Firma BAS* entwickelte eine Lösung zur Bestimmung der Druckfestigkeit von Beton während der Aushärte-Phase. Hierzu werden RFID-Sensortransponder genutzt, die den Wasseranteil im Beton ermitteln. Ist die geforderte Druckfestigkeit erreicht, wird dies vom System erkannt und es kann ausgeschalt werden. Durch diese Methode wird die tatsächlich benötigte Zeit bis zur Ausschalung wesentlich verkürzt (BAS 2010).

Auch bringt RFID entscheidende Vorteile für das Lagermanagement. Die Betonteile werden nach ihrer Fertigstellung in der Regel nicht sofort auf die Baustelle transportiert, sondern zum Aushärten zwischengelagert. Auf den weitläufigen Lagerflächen müssen die Teile häufig zeitaufwändig gesucht werden, da der genaue Lagerort nicht dokumentiert wird. Wird das Lastaufnahmemittel des Verladekrans, mit dessen Hilfe die massiven Teile bewegt werden, mit einem Auslesegerät kombiniert und bspw. durch GPS oder Auswertung der Seillänge während des Verfahrens geortet, ist jederzeit die letzte Position des Betonteils bekannt.

Baubehelfe

Baubehelfe wie Gerüstteile, Schalungselemente oder Bauzäune werden oftmals mit Farbmarkierungen gekennzeichnet. Diese Markierungen lösen sich jedoch häu-

Abb. 5.30 Auswahl von Baubehelfen

fig ab, werden verschmutzt oder abgenutzt. Insbesondere auf größeren Baustellen mit mehreren Beteiligten kommt es dadurch zu Verwechslungen von Baubehelfen. Das hat zur Folge, dass Unternehmen, die erst spät die Baustelle räumen, nur noch Material schlechterer Qualität vorfinden. Werden die Baubehelfe mit einen Transponder gekennzeichnet, können diese zu jedem Zeitpunkt eindeutig identifiziert werden.

Mengenartikel wie Spundwände (s. Abb. 5.30) sind optisch nur schwer oder gar nicht differenzierbar. Gehen die meistens formularbasierten Nachweise über die Güteklassen verloren, entstehen hohe Kosten, da im Zweifelsfall immer von der geringsten Güte ausgegangen werden muss. Wird ein Transponder in die Spundwand eingebracht, ist die Güteklasse jederzeit ermittelbar.

Ein Einsatz von RFID ist mit zusätzlichem Aufwand in Form von Investitions- und Integrationskosten, Kosten für die Kennzeichnung der Betriebsmittel sowie möglichen Wartungsaufwänden verbunden. Die tatsächliche Höhe der Kosten für die erfolgreiche Implementierung eines RFID-Systems ist dabei sehr schwer abzuschätzen. Selbst in der Automobilindustrie, die im Vergleich zur Baubranche dank des stationären Umfelds über deutlich transparentere Strukturen verfügt, kann die Wirtschaftlichkeit eines RFID-Einsatzes bisher nur für den jeweiligen Einzelfall nachgewiesen werden. Nach Schätzungen betragen die dortigen Investitionskosten für eine mittelgroße RFID-Lösung durchschnittlich 500.000 €, deren Amortisationszeit wenige Monate bis Jahre beträgt (Gillert 2007). Eine Umfrage des Instituts für Informatik und Gesellschaft der Universität Freiburg, nach der sich zwei Drittel der RFID-Projekte innerhalb der ersten vier Jahre amortisieren, stützt diese Aussage (Strüker et al. 2008). Zusätzliche Nutzenpotenziale wie eine steigende Transparenz oder sinkender Schwund, der sich erfahrungsgemäß allein durch die Kennzeichnung der Objekte einstellt, kann zahlenmäßig kaum erfasst werden. Die vorgestellten Beispiele zeigen, dass es vielfältige Szenarien für den Einsatz von RFID in der Bauindustrie gibt, die die Bau- oder Logistikprozesse entscheidend unterstützen und verbessern können. Weitere Beispiele sind auch bei (Helmus et al. 2009) zu finden. Einige der vorgestellten Einsatzszenarien sind ausschließlich mit RFID umsetzbar, wobei bei vielen sicherlich auch andere Technologien wie z. B. der Barcode verwendet werden könnten. Ziel ist es letztendlich nicht eine bestimmte Technologie einzuführen, sondern den Materialfluss mit dem Informationsfluss zu koppeln und dadurch Medienbrüche und Informationsverluste zu vermeiden.

5.3.4 Technische Grundlagen von RFID für den Einsatz in der Bauindustrie

Cornelia Klaubert, Oliver Schneider

Die vorangestellten Kapitel zeigen das große Potenzial, dass RFID für den Einsatz in der Bauindustrie birgt. Da die RFID-Technologie jedoch von unterschiedlichen Umweltfaktoren beeinflusst werden kann, ist es notwendig, die technischen Grundlagen zu kennen, um eine fundierte Entscheidung treffen zu können. Im Folgenden werden daher die Komponenten eines RFID-Systems vorgestellt und anhand von Beispielen die Funktionsweise und die Einschränkungen erläutert.

Ein RFID-System besteht im Wesentlichen aus den Komponenten: Transponder, Schreib-/Lesegerät mit einer oder mehreren Antennen und einer IT-Infrastruktur, auch Middle- oder Edgeware genannt, von der die Daten aufbereiten und an das zentrale IT-System weitergeben werden (s. Abb. 5.31).

Das Akronym Transponder setzt sich aus den Worten TRANSmitter und ResPONDER zusammen und erklärt somit dessen Aufgabe, einerseits mit Daten beschrieben zu werden und andererseits, diese nach Aufforderung wieder zur Verfügung zu stellen.

Ein Transponder besteht in der Regel aus drei Elementen: einem Mikrochip als integrierte Schaltung (IC), welcher alle Prozesse der Datenübertragung steuert und als Speicher fungiert, einer Antenne als Kopplungseinheit sowie einem Gehäuse (oder Träger) (Abb. 5.32). Die Daten sind im integrierten Schaltkreis des Mikrochips verschlüsselt gespeichert. Transponder werden in aktiver und passiver Form angeboten. Aktive Systeme besitzen eine eigene Energiequelle, während passive Systeme ohne eigene Energiequelle auskommen. Die meisten Transponder sind passiv ausgeführt.

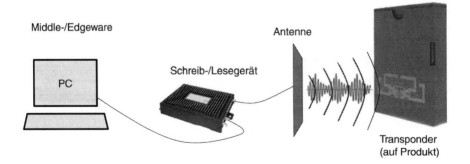

Abb. 5.31 Komponenten eines RFID-Systems

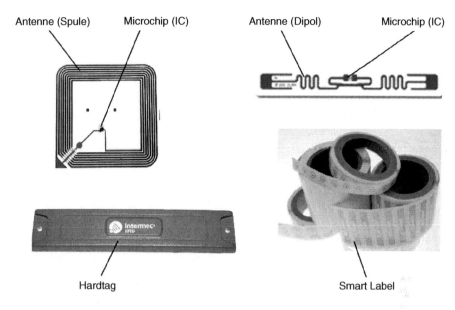

Antenne (Spule)   Microchip (IC)   Antenne (Dipol)   Microchip (IC)

Hardtag   Smart Label

Abb. 5.32 Bauformen von Transpondern

Weiterhin lassen sich Transponder nach der Art ihres Speichers charakterisieren. Transponder existieren sowohl mit wiederbeschreibbarem als auch mit einem einmal beschriebenen, fest programmierten Speicher. Ist der Speicher fest programmiert, d. h. sein Inhalt kann nicht verändert werden, spricht man von einem Read-Only-Transponder (RO-Transponder). Meist ist eine eindeutige Nummer gespeichert, die bereits bei der Produktion im Speicher abgelegt wird. Kann der Datenspeicher eines Transponders einmal beschrieben und danach nur noch ausgelesen werden, so handelt es sich um einen Write-Once-Read-Many-Transponder (WORM-Tag). Transponder, deren Speicher beliebig oft beschrieben und gelöscht werden können, heißen Read-Write-Transponder (RW-Tag). Die Speicherkapazität der ICs reicht je nach Anwendung von einem Bit bis hin zu mehreren hundert kByte.

Da RFID-Systeme elektromagnetische Wellen erzeugen und abstrahlen, werden sie rechtlich als Funkanlage betrachtet. Durch den Betrieb von RFID-Systemen dürfen keine anderen Funkdienste, wie z. B. Fernsehrundfunk, mobile Funkdienste (Polizei, Sicherheitsdienste) gestört oder beeinträchtigt werden. Dieser Aspekt und die damit verbundene Rücksichtnahme schränkt die Auswahl an geeigneten Arbeitsfrequenzen stark ein. Deshalb können nur jene Frequenzbereiche genutzt werden, die für RFID-Systeme vorgesehen sind. Im Wesentlichen sind dies folgende vier Bereiche:

- Low Frequency (LF): 125–135 kHz
- High Frequency (HF): 13,56 MHz
- Ultra High Frequency (UHF): 868 (z. B. Europa)–954 MHz (Japan)
- Mikrowellen: 2,45 GHz

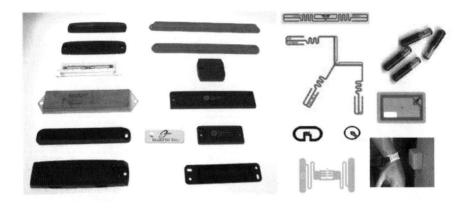

Abb. 5.33 Auswahl unterschiedlicher Transponderarten

Auf dem Markt existiert eine Vielzahl verschiedener Transponderarten (Abb. 5.33). Transponder sind je nach Einsatzzweck in verschiedenen Größen, Bauarten und Schutzklassen erhältlich. Gängige Formen sind:

- Smart Label (Klebeetiketten)
- Hardtags (Transponder mit Hartplastikgehäuse)
- Karten
- Glaskapseln
- Vielfältige Sonderformen (Nägel, Armbänder, etc.)

Tabelle 5.2 stellt bauspezifische Anforderungen bezüglich Beanspruchung der gängigen Grenzwerte von Transpondern gegenüber. Zur Ermittlung der Grenzwerte wurde in zahlreiche Datenblätter, Richtlinien, Standards und Normen recherchiert.

Zur Kennzeichnung von Betriebsmitteln mit RFID gibt es, wie bereits beschrieben, eine Vielzahl unterschiedlicher Transponderarten. Um die geeignete Bauart

Tab. 5.2 Eigenschaften und Grenzwerte von Transpondern

Anwendung und mögliche Standards	Auftretende Grenzwerte	Grenzwerte Transponder
Prüfung von Stoßfestigkeit und Schock (EN 60068-2-27)	n. d.	40 bis 100 g
Prüfung von Schwingung und Vibration (z. B. EN 60068-2-6, DIN 30786, VDI 3839)	<3 g (DIN 30786) <1,5 g (VDI 3839)	2 bis 20 g
EMV – Anforderungen: Prüfverfahren und Bewertung der Störfestigkeit	n. d.	1–30 A/m
Gehäuseschutzklassen (EN 60529)	–	IP 64 bis IP 69 (Hardtags)
Druck – Grenzwerte und Prüfverfahren	n.d.	10 bar
Temperaturspektren	−30 °C bis +60 °C	−55 °C bis (130– 210) °C (HT)
Chemische Beständigkeit	n. d.	n. d., abhängig von Gehäusematerial

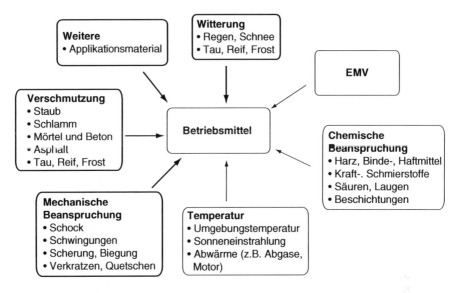

Abb. 5.34 Einflussfaktoren auf Betriebsmittel in der Bauindustrie

auswählen zu können, müssen zunächst die maßgeblichen Einflüsse identifiziert werden, denen der Transponder auf dem Bauhof und der Baustelle ausgesetzt ist.

In Abb. 5.34 sind die möglichen Einflüsse, die im Bauumfeld auf die Betriebsmittel und damit die mit ihnen verbundenen Transponder, in Gruppen zusammengefasst. Die dick umrahmten Klassen sind dabei für die Prozesssicherheit eines RFID-Systems von entscheidender Bedeutung.

Witterung
Da ein Großteil der Betriebsmittel auf der Baustelle direkter Witterung ausgesetzt ist, müssen die Einflüsse von Regen, Schnee oder Reif auf den Identifikationsprozess untersucht werden. Aus dem hohen Dämpfungsmaß von Flüssigkeiten resultiert insbesondere bei höheren Funkfrequenzen wie dem Ultrahochfrequenzband mit 868 MHz eine starke Dämpfung des ausgesandten elektromagnetischen Feldes. Die Folge ist eine Reduzierung der Leserate und der Lesereichweite. Beim Eindringen von Flüssigkeit in den Transponder kann der Mikrochip beschädigt oder gar zerstört werden. Der Einfluss von Flüssigkeiten muss daher in Versuchsreihen unbedingt Berücksichtigung finden.

Mechanische Belastungen
Mechanische Belastungen sind vielseitig und können in Form von Schock, Schwingung, Scherung, Biegung oder Torsion auftreten. Genaue, allgemeingültige Zahlenwerte hängen jedoch zum Großteil von der Handhabung der einzelnen Betriebsmittel ab und sind daher äußerst schwierig zu ermitteln. Mögliche Auswirkungen sind die Beschädigung oder Zerstörung des Transponders. Kritisch sind hierbei das Eindringen von Schmutz oder Feuchtigkeit infolge eines defekten Gehäuses sowie die Beschädigung des Mikrochips oder des Kontaktes zwischen Mikrochip und Antenne des Transponders.

Verschmutzung

Staub, Schlamm, Mörtel, Beton oder Teer können eine dämpfende Wirkung auf das elektromagnetische Feld haben, insbesondere bei feuchter Verschmutzung. Der Einfluss von Verschmutzung muss daher in Versuchsreihen genau analysiert werden. Indirekt können zudem starke mechanische Belastungen durch erforderliche Reinigungszyklen auf die am Bauteil befindlichen Transponder einwirken und zum Verlust oder zur Beschädigung führen.

Materialien und Applikationsuntergrund

Starken Einfluss auf das elektromagnetische Feld und damit die Kommunikation zwischen Transponder und Auslesegerät haben der Applikationsuntergrund und das in der näheren Umgebung befindliche Material.

Das größte Problem stellt der hohe Anteil metallischer Betriebsmittel in der Bauindustrie dar. Bedingt durch die starken Reflexionseigenschaften von Metallen kommt es bei Anbringung eines Transponders direkt auf dem Metall zur Auslöschung des elektromagnetischen Feldes, weshalb RFID-Datenträger nur mit einem Mindestabstand zu Metall ausgelesen werden können. Eigens entwickelte onMetal-Tags lassen sich jedoch ebenso wie Transponder, die auf speziellen Abstandmaterialien aufgebracht sind, direkt auf Metall aufbringen.

Die an metallischen Oberflächen reflektierten Funkwellen können sich zudem überlagern und dabei Verstärkungen, Abschwächungen oder Auslöschungen verursachen, wodurch Überreichweiten oder reduzierte Leseentfernungen entstehen. Infolge einer Verdeckung von Transpondern durch benachbarte metallische Gegenstände können diese nicht ausgelesen werden, wodurch sich Fehllesungen ergeben können.

Elektromagnetische Verträglichkeit (EMV)

Nach der europäischen Richtlinie 2004/108/EG bezeichnet die „Elektromagnetische Verträglichkeit" die Fähigkeit eines Apparates, einer Anlage oder eines Systems in der elektromagnetischen Umwelt zufriedenstellend zu arbeiten, ohne dabei selbst elektromagnetische Störungen zu verursachen, die für alle in dieser Umwelt vorhandenen Apparate, Anlagen oder Systeme unannehmbar wären (CE 2008). Grenzwerte werden von der Richtlinie 2004/108/EG jedoch nicht genannt. Bewertungen der elektromagnetischen Verträglichkeit sind demnach vom Hersteller vorzunehmen. Eine Beeinträchtigung des RFID-Systems durch EMV ist im klassischen Bauumfeld praktisch ausgeschlossen.

Chemische Beanspruchung

In der Bauindustrie findet eine Vielfalt chemischer Substanzen Verwendung. Dazu zählen Kraft- und Schmierstoffe (Treibstoff, Mineralöl, Fette, Kühlmittel, Bremsflüssigkeit), Säuren und Laugen bspw. für die Reinigung der Betriebsmittel, Beschichtungen wie Lasuren oder Korrosionsschutz sowie Binde- und Haftmittel. Diese Stoffe können bei längerfristigem Einwirken die Klebeverbindungen des Gehäuses auflösen oder dessen Material durch Weichmacher angreifen und beschädigen. Folglich können Schmutz und Feuchtigkeit in den Datenträger eindringen. Auch basieren viele der genannten Stoffe auf Flüssigkeiten, die eine dämpfende Wirkung auf das elektromagnetische Feld haben können. Trotz mehrfacher Nachfrage bei Herstellern und umfangreicher Recherche können zu Langzeitauswirkungen von chemischen Stoffen auf RFID-Transponder keine verlässlichen Aussagen getroffen werden. Hier besteht Forschungsbedarf.

Temperatur

Durch den ganzjährigen Einsatz im Freien, direkte Sonneneinstrahlung oder Abwärme von Motoren kann auf Baustellen von einem Temperaturspektrum von −20 °C bis ca. 60 °C ausgegangen werden. Transponder sind standardmäßig für einen Temperaturbereich von −40 °C bis 85 °C ausgelegt. Mögliche Auswirkungen wie Beschädigungen durch Verformung infolge der Temperatur oder Versprödung der Gehäuse sind daher als gering zu betrachten und stellen bei der Auswahl der Hardwarekomponenten keine Einschränkung dar.

Kennzeichnungskonzepte

Im Rahmen des Forschungsverbundes ForBAU und des Forschungsprojektes „RFID-Einsatz in der Baubranche" wurden zahlreiche Versuchsreihen mit verschiedenen Auslesegeräten und Transpondertypen (Smart Labels und Hardtags) im Hinblick auf deren Eignung für den Einsatz im Umfeld der Bauindustrie durchgeführt. Ziel war es, für verschiedene Anwendungsfelder mögliche Kennzeichnungskonzepte aufzuzeigen. Im Folgenden werden die Ergebnisse der Versuchsreihen zusammengefasst dargestellt. Zu beachten ist, dass diese Darstellung lediglich als Hilfestellung verstanden werden soll und keine Tests ersetzen kann. Bei den Versuchen wurde eine kleine Auswahl der am Markt verfügbaren Transponder betrachtet, die Ergebnisse sollen nicht als Empfehlung konkreter Produkte verstanden werden.

Kleingeräte

Kleingeräte, deren Gehäuse teilweise oder vollständig aus Kunststoff besteht, können mit Smart Labels gekennzeichnet werden, die außen am Gehäuse angebracht werden und damit leicht nachrüstbar sind. Die beste Position für die Anbringung des Transponders ist der Gerätegriff, da in diesem Bereich keine metallischen Komponenten im Inneren vorkommen, die die Lesbarkeit des Transponders beeinflussen können. Bei der Anbringung in direkter Nähe zum Elektroantrieb kann der Transponder mitunter deutlich schlechter oder nicht erfasst werden. Insbesondere längliche Labels wie der *Alien Squiggle* oder der *UPM Rafsec Short Dipole* lassen sich gut, entsprechend der Geometrie des Griffs, anbringen, ohne die Ergonomie für den Anwender zu beeinträchtigen (s. Abb. 5.35).

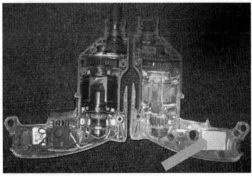

Abb. 5.35 Kennzeichnung von Kleingeräten

Verfügen Kleingeräte über ein metallisches Gehäuse, müssen OnMetal-Transponder mit möglichst kleinen Abmessungen verwendet werden, die sich anbringen lassen, ohne die Bedienung des Geräts zu erschweren. Eine gute Leistung wurde hierbei mit dem *SkyRFID Mini Metal Special Tag H3* erreicht. Im Gegensatz zu Labels können sie überall am Gehäuse direkt auf das Metall geklebt werden. Zu beachten ist, dass das Gerät auch mit Transponder noch in die Formschale des Gerätekoffers passt.

Maschinenanbauteile

Für Anbauteile wie Baggerschaufeln, aber auch für größere Geräte und Maschinen, die über ausreichende funktionsneutrale Flächen für eine äußere Anbringung verfügen, sind Hardtags, die sich für den Einsatz direkt auf Metall eignen, zu verwenden. Zur Befestigung von Transpondern sind verwinkelte Oberflächen ideal, auf denen der Transponder geschützt und trotzdem nicht verdeckt ist (s. Abb. 5.36). Die Transponder müssen hohe Schutzklassen von mindestens IP 64 erfüllen. Beim Werkstoff des Gehäuses sind schlagzähe Kunststoffe zu bevorzugen, die auftretende Schockbeanspruchungen oder Schläge kompensieren sowie auch bei Temperaturwechseln oder Sonneneinstrahlung nicht verspröden. Zudem sind möglichst kompakte bzw. der Geometrie folgende Produkte zu verwenden. Für die Anbringung auf einer länglichen Fläche eignen sich Hardtags wie der *CAEN A918*, *Confidex Survivor*, *Deister UDC 160*, *Siemens RF620T* und *Wisteq WTUG-132*. Kompakte Abmessungen und trotzdem eine gute Reichweite liefert z. B. der *Confidex Ironside*.

Baubehelfe

Unter Baubehelfen werden eine Vielzahl von Einrichtungsgegenständen wie z. B. Bauzäune, Systemschalungselementen, Beschilderungen oder Hilfsstützen verstanden. Da diese in Form und Material sowie Handhabung große Unterschiede aufweisen, werden verschiedenen Konzepte benötigt, um diese mit RIFD zu kennzeichnen.

Eine gute Möglichkeit zur Kennzeichnung *metallischer Rohrkörper, z. B. Gerüstteilen oder Bauzäunen, bietet die Schlitzantenne. Bei Einbringung eines Schlit-

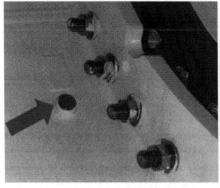 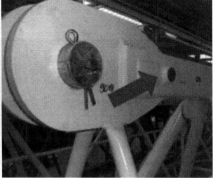

Abb. 5.36 Kennzeichnung von Anbauteilen

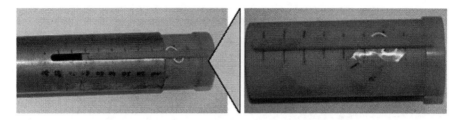

Abb. 5.37 Kennzeichnungskonzept Schlitzantenne mit Kunststoffstopfen

zes in einen metallischen Körper, wirkt dieser Schlitz bei Auftreffen hochfrequenter Wellen als Antenne. Zu Grunde liegt das Babinet'sche Prinzip, nach dem das Beugungsbild zweier geometrisch komplementärer Blenden auf dem Schirm identisch ist. Somit unterscheidet sich das Beugungsbild eines Spalts kaum von dem eines Drahts. Ein Schlitz in einer metallischen Fläche ist daher komplementär zu einer Dipolantenne und kann als solche verwendet werden (Biebl 1993).

Bei einer Schlitzantenne muss eine direkte Kopplung zwischen Schlitz und Transponder hergestellt werden. Für optimale Lesereichweiten sind die Orientierung und Position des Transponders auf dem Schlitz sowie dessen Abmessungen entscheidend. Diese Kombination muss in Versuchsreihen für jeden einzelnen Transponder bestimmt werden. Insbesondere bei kleineren Rohrdurchmessern sind kompakte Label wie der *RSI 625* oder der *RSI 626* zu verwenden. Deren formschlüssige Kopplung ist durch Kunststoffstopfen möglich, die in das Rohr eingebracht werden und auf denen der Transponder lagerichtig aufgebracht ist (s. Abb. 5.37).

Für die Ausrüstung von einzelnen *metallischen Schalelementen* eignen sich kleine robuste OnMetal-Transponder, die in den Rahmen der Schalung integriert werden. Mit einer Länge von 25 mm sehr kompakt ist hierfür der Keramiktransponder *SkyRFID Mini Metal Special Tag H3* (s. Abb. 5.38) gut geeignet. Transponder mit vergleichbaren Leistungsparametern sind auch von anderen Herstellern erhältlich. Bei geeigneter Einbringung in einen Stopfen kann er in das Schalelement integriert werden. Der Stopfen kann dabei Belastungen wie Schläge oder Stöße, die direkt auf den Transponder einwirken, aufnehmen und absorbieren. Geeignete Materialien sind bspw. Silikon oder Gummi.

Bei *Systemschalungen aus Holz* können sowohl Hardtags als auch Labels eingesetzt werden. Erstere werden direkt auf den Träger aufgebracht. Zweitere erfordern

Abb. 5.38 Kennzeichnung von metallischen Systemschalungen

Abb. 5.39 Kennzeichnung von Systemschalungen aus Holz

auf Grund ihrer wenig robusten Bauweise eine geschützte Anbringung bspw. durch Integration im Typenschild (s. Abb. 5.39).

Generell ist der große Preisunterschied zwischen Hardtags mit Stückpreisen von mehreren Euro und Smart Label mit ca. zehn Euro-Cent bis zu einem Euro in Abhängigkeit von der Stückzahl zu erwähnen. Bei geeigneter Anbringung verbleibt ein passiver Transponder jedoch langfristig am Betriebsmittel, weshalb die Kosten für die Transponder nur einen einmaligen Investitionsaufwand darstellen.

An dieser Stelle sei nochmals darauf hingewiesen, dass die dargestellten Ergebnisse nicht einfach übertragbar sind und vor Ort Tests nicht ersetzen können!

Auswahl geeigneter Identifikationspunktkonzepte
Um die auf dem RFID-Transponder gespeicherten Daten auslesen zu können, werden sogenannte Identifikationspunkte benötigt. Ein Identifikationspunkt besteht aus einem Auslesegerät auch Reader genannt und einer oder mehrerer Antennen. Es gibt unterschiedlichste Bauformen von Identifikationspunkten:

Mobile Erfassungssysteme
Diese sind schon länger in Form von Barcode-Scannern im Einsatz. Seit einiger Zeit werden Handhelds mit RFID-Funktionalität von verschiedenen Herstellern (z. B. *Motorola-Symbol* s. Abb. 5.40, *Psion Teklogix*) angeboten. Auch in der Bauindustrie sind mobile EDV-Systeme weit verbreitet (Tiefbau über 90 %). Trotzdem stellen

Abb. 5.40 Handheld mit
RFID-Aufsatz

Abb. 5.41 RFID-Gate

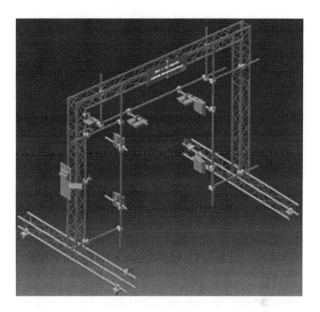

insbesondere klein- und mittelständische Unternehmen deren Robustheit und einfache Bedienbarkeit in Frage (Günthner und Zimmermann 2008). Generell zeichnen sich Handhelds durch ihre hohe Flexibilität und Mobilität aus. Robuste Geräte mit Schutzklassen von IP 64 und höher sind von verschiedenen Herstellern erhältlich. Jedoch erfordern manuelle Erfassungslösungen eine verbindliche Zuordnung von Verantwortlichkeiten, d. h. wer das Gerät trägt und die Erfassung vornimmt.

RFID-Gate
Ein RFID-Gate besteht aus einem torartigen Aufbau an dem ein oder mehrere Auslesegeräte mit mehreren Antennen angebracht sind (s. Abb. 5.41). Anwendung finden sie bspw. zur Dokumentation von Warenein- und -ausgängen im Handel oder der stationären Industrie. Die Objekte werden dabei bei der Durchfahrt automatisch und wenn nötig pulkweise[11] erfasst. Gates werden hauptsächlich ortsgebunden verwendet. Die am weitesten verbreitete Nutzung ist innerhalb von Gebäuden bzw. Hallen.

Gabelstapler
Zur Ortung von Staplern im Lagermanagement sowie zur Erfassung der Ladung gibt es verschiedene RFID-Lösungen, die am Stapler angebracht oder in diesen integriert sind. Zur Erfassung der Ladung auf der Palette werden bspw. Antennen seitlich am Mast des Staplers angebracht. Im rauen Umfeld der Bauindustrie ist eine derartige Lösung jedoch schlecht anwendbar, da die über die Kontur des Staplers hinaus ragenden Komponenten leicht beschädigt oder abgefahren werden können.

---
[11] Erfassung von mehreren Objekten quasi-gleichzeitig.

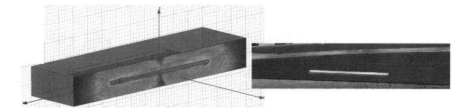

Abb. 5.42 Gabelzinkenantenne für Stapler und Radlader

Ein an der TU München am Lehrstuhl für Fördertechnik Materialfluss Logistik entwickeltes Konzept integriert die RFID-Antenne geschützt in die Gabelzinke des Staplers (s. Abb. 5.42). Diese Lösung ist auch für Radlader anwendbar.

RFID-Theke
Bei der RFID-Theke wird die RFID-Hardware in einen tisch- oder thekenähn-lichen Aufbau integriert (s. Abb. 5.43). Gekennzeichnete Werkzeuge werden beim Auflegen auf die Theke automatisch erkannt und die nötigen Geräteinfor-mationen wie Hersteller, Seriennummer, etc. berührungslos ausgelesen und über eine Software ausgewertet. Dies vereinfacht den Ausleihprozess, ohne dass der Mitarbeiter seinen gewohnten Arbeitsablauf ändern muss. Verleihinformationen müssen nicht mehr manuell auf Lieferscheine geschrieben und im Nachhinein in die EDV übertragen werden. Derartige Anwendungen werden bspw. zur Voll-ständigkeitskontrolle von Lageraufträgen genutzt und finden bei der Werkzeug-ausgabe in der Flugwartung Einsatz (Strassner et al. 2004). Außerdem kann die RFID-Theke auch zur Dokumentation von Wartungsprozessen eingesetzt wer-den. Sie eignet sich für den ortsunveränderlichen Einsatz in abgeschlossenen Räumen.

Abb. 5.43 RFID-Theke

Tab. 5.3 Identifikationspunkte im Vergleich

I-Punkt	Mobilität	Flexibilität	Identifikation	Erfassung	Umgebung
Handheld	Ja	Hoch	Nahfeld/einzeln	Manuell	In-/Outdoor
Stapler	Ja	Hoch	Nahfeld/einzeln	Auto	Indoor
Theke	Nein	Niedrig	Nahfeld/einzeln	Manuell	Indoor
Gate	eingeschränkt	Mäßig	Fernfeld/Pulk	Auto	In-/Outdoor

In Tab. 5.3 sind die vorgestellten Identifikationspunktkonzepte mit ihren für den Einsatz maßgeblichen Eigenschaften zusammengestellt.

Um eine Auswahl der Systemkomponenten vornehmen zu können, müssen die Anforderungen an jedes einzelne Element des RFID-Systems geklärt sein. Zur Auswahl für den Einsatzfall tauglicher Transponder, sind die Einflüsse zu klären, denen Transponder ausgesetzt sind. Weiterhin muss eine Entscheidung bezüglich der Arbeitsfrequenz getroffen sowie die Anforderungen an Auslesereichweiten und Größe des Datenspeichers festgelegt werden.

Bei der Auswahl der Identifikationspunktkonzepte sollte die Ergonomie der Nutzung im Vordergrund stehen. Nur wenn der Endnutzer durch das RFID-System unterstützt wird und sich die Arbeit für ihn dadurch erleichtert, wird ein solches System die gestellten Erwartungen erfüllen. Ist die Nutzung z. B. eines Handhelds kompliziert oder die Software wenig intuitiv, kann mit einer geringen Nutzerakzeptanz gerechnet werden, was dazu führen wird, dass das Potenzial der Lösung nicht vollständig ausgeschöpft werden kann.

5.3.5 Wichtige Aspekte bei der Einführung von RFID in der Bauindustrie

Oliver Schneider, Cornelia Klaubert

Die Einführung eines RFID-Systems im Unternehmen stellt ein umfassendes Projekt dar, bei dem sowohl die organisatorischen Strukturen betrachtet und verändert als auch bestehende IT-Systeme angepasst, erweitert oder ersetzt werden. Dafür ist die Zusammenarbeit zwischen Logistik- und IT-Abteilung gefragt. Darüber hinaus müssen die Anwender, die Mitarbeiter in der Disposition oder auf der Baustelle mit dem Umgang der neuen Technologie vertraut gemacht werden. Wichtig ist es, den Mitarbeitern den Mehrwert der Lösung für das Gesamtunternehmen verständlich darzustellen, damit die Technologie nicht als Feind oder Kontrollinstrument wahrgenommen wird.

Die Zusammenstellung der folgenden Fragen soll helfen, die Machbarkeit einer RFID-Umsetzung schon in einem sehr frühen Stadium abschätzen zu können.

Ist der Einsatz von RFID im Bauunternehmen wirtschaftlich sinnvoll?
Der Einsatz von RFID macht dann Sinn, wenn dadurch organisatorische bzw. prozesstechnische und damit monetäre, zeitliche oder qualitative Vorteile zu erwarten

sind. Zunächst muss demnach die Frage nach der Wirtschaftlichkeit einer Einführung von RFID im Unternehmen beantwortet werden.

Eine globale monetäre Bewertung ist dabei nicht möglich, zumal diese von
unternehmensspezifischen Faktoren abhängt. Allerdings sind in Abschn. 5.3.3
Nutzenpotenziale genannt, die helfen sollen, aktuelle Problemstellungen, wie z. B.
eine zu aufwändige Betriebsmittelverwaltung, zu benennen und versteckte Ver-
besserungspotenziale, wie z. B. die Erhöhung der Betriebsmittelauslastung, aufzuzeigen. Diesen müssen Kosten sowie erwartete Einsparungen gegenübergestellt
werden.

Ist die Kennzeichnung eines Betriebsmittels mit RFID möglich?
Ergeben sich für das Unternehmen erfolgversprechende Einsatzszenarien (s.
Abschn. 5.3.3), muss geklärt werden, wie die jeweiligen Betriebsmittel gekennzeichnet werden können. In Abhängigkeit der Einflussfaktoren, denen ein zu
kennzeichnendes Betriebsmittel ausgesetzt ist, der Beschaffenheit und Geometrie des Betriebsmittels und den Anforderungen an z. B. Lesereichweite und -rate
oder Robustheit kann eine Auswahl getroffen werden. Es wurden unterschiedliche
Transponderbauformen vorgestellt und den gängigen Belastungen der Bauindustrie
gegenübergestellt (s. Tab. 5.2). Gleichzeitig muss entschieden werden, in welcher
Form die Transponder mit den Betriebsmitteln verbunden werden. Beispiele hierfür
wurden in Abschn. 5.3.4 gegeben.

Wie sind Identifikationspunktkonzepte zu gestalten?
Nachdem erste Möglichkeiten zur Kennzeichnung von Betriebsmitteln gefunden
wurden, muss nun geklärt werden, welches Identifikationspunktkonzept zum Einsatz kommt. Unterschiedliche Konzepte wurden in Abschn. 5.3.4 vorgestellt. Die
RFID-Theke kann für die Verwaltung von Kleingeräten im Lager des Bauhofs, zum
Buchen eines Gerätes auf der Baustelle oder zur gerätespezifischen Dokumentation
von Wartungs- und Reparaturumfängen in der Werkstatt eingesetzt werden. Mobile
Lösungen in Form von Handhelds haben den Vorteil, dass sie flexibel, direkt vom
zuständigen Mitarbeiter eingesetzt werden können. Stationäre Gateaufbauten
ermöglichen neben der Identifikation der Ware auch noch eine örtliche Zuordnung.
Abhängig von den benötigten Eigenschaften, ist eine Entscheidung unter Zuhilfenahme von Tab. 5.3 zu fällen.

Wie lässt sich RFID in die Bauprozesse integrieren?
Die RFID-Technologie bietet die Möglichkeit, Prozesse durchgängig zu dokumentieren und dadurch eine Verbindung zwischen realen Materialflüssen und
digitalen Informationsflüssen herzustellen. Dies kann aber nur funktionieren,
wenn die dazugehörigen Unternehmensprozesse klar definiert sind und eingehalten werden. Da Standardprozesse bisher im Umfeld der Bauindustrie noch
wenig verbreitet sind, müssen die Mitarbeiter für dieses Thema sensibilisiert werden. Einen Mehrwert bietet ein solches System nämlich nur, wenn es verbindlich
eingesetzt wird. Darüber hinaus muss es vollständig in die IT-Landschaft integriert sein. Eine erfolgreiche Integration setzt daher die frühzeitige Einbindung
aller Akteure vom Logistikexperten über den IT-Spezialisten bis zum Anwender
voraus.

5.3.6   Last-Meter-Baulogistik – Intelligente Anlieferkonzepte für das komplexe Baustellenumfeld

Jörg Weidner, Tobias Hasenclever

Bauen heißt transportieren. Dieser Ausspruch beinhaltet die logistischen Herausforderungen, denen jedes Unternehmen unterliegt, wenn es Bauwerke errichtet. Die logistischen Herausforderungen an die Bauakteure steigen jedoch in Bezug auf Kurzfristigkeit, Genauigkeit und Qualität rasant an. Um mit diesen Entwicklungen Schritt halten zu können, bedarf es geeigneter Werkzeuge, die eine exakte und zeitnahe Steuerung der logistischen Materialversorgungsprozesse im komplexen Baustellenumfeld ermöglichen.

Auch wenn die baulogistischen Prozesse durch Nutzung der in den vorherigen Kapiteln vorgestellten Methoden und Werkzeuge in Zukunft nahezu analog zur stationären Industrie geplant werden können, stellt die Umsetzung, d. h. die Steuerung der verschiedenen Akteure, dennoch eine große Herausforderung dar. Da die Produktion bei einem Bauprojekt an einem außerbetrieblichen Ort, dem späteren Nutzungsort selbst, stattfindet, variieren die Rahmenbedingungen von Projekt zu Projekt und sogar innerhalb eines Bauvorhabens ständig. Die Gründe dafür lassen sich folgendermaßen zusammenfassen (Frühauf 1999; Weber und Kath 2005; Bauer 2007). Es handelt sich bei einem Bauprojekt vorrangig um:

- Einzelfertigungen an temporären Standorten,
- mit vergleichsweise kurzen Projektlaufzeiten,
- einem hohen Anteil an unterschiedlichen Akteuren auf einer Baustelle
- sowie vielfältigen und teilweise immensen äußeren Einflussfaktoren (z. B. Witterung, Planungsänderungen im Bauverlauf, Einflüsse des öffentlichen Interesses etc.).

Der Trend geht zur stärkeren Integration der Zulieferer
In der stationären Industrie hat sich die Beziehung zwischen den Akteuren einer Supply Chain, d. h. zwischen den Herstellern und ihren Vorlieferanten, bereits einem Wandel unterzogen. Vor einigen Jahren erfolgte die Lieferantenauswahl aufgrund des intensiven Wettbewerbs, so wie in der Bauindustrie heute noch üblich, vorrangig nach Preisaspekten. Die Geschäftsbeziehungen waren eher kurzfristig angelegt. Durch die stärkere Fokussierung auf die unternehmenseigenen Kernkompetenzen, dem Trend zum Outsourcing und dem damit verbundenen kontinuierlich steigenden Fremdbezug stieg allerdings auch die Komplexität der Produkte. Um die Qualität der Endprodukte vor diesem Hintergrund sicher stellen zu können, fand ein Umdenken hin zu einer langfristig angelegten, kooperativen Zusammenarbeit mit einigen wenigen Zulieferern statt (Arnold 2000). Das Ziel war eine bessere Integration der Lieferanten in den Wertschöpfungsprozess des eigenen Unternehmens, die sogenannte Lieferantenintegration. Lieferantenintegration bedeutet die gemeinsame Abstimmung der Ressourcen eines Unternehmens mit den Ressourcen und Fähigkeiten seines Lieferanten. Gerade die Umsetzung gemeinsamer Aktivitäten in den Geschäftsprozessen und deren Entwicklung stellt einen elementaren

Faktor dar (Wagner und Rink 2007). Neben der Abstimmung der Geschäftsprozesse ist dabei auch eine Integration der IuK-Systeme nötig (Wagner und Rink
2007). Dies ermöglicht die Minimierung der Gesamtkosten für zugekaufte Leistungen und Rohstoffe.

Voraussetzungen und Zielsetzungen einer stärkeren Lieferantenintegration
Die Einsteuerung der Zulieferer in den Prozess des Kunden kann in der stationären
Industrie relativ einfach umgesetzt werden. In der Regel erfolgt eine schriftliche
Fixierung der zu erbringenden (Dienst-)Leistung in sogenannten Service Level
Agreements (SLA). „SLA drücken die Verpflichtung aus, zu festgelegten Zeitpunkten eine definierte Dienstleistung in einer bestimmten Qualität bereitzustellen"
(Ellis und Kauferstein 2004). Die Definition der zu erbringenden Qualität erfolgt
durch Festlegung einzuhaltender Soll-Werte für bestimmte, quantifizierbare Merkmale der (Dienst-)Leistung. Der Abgleich erfolgt dabei in der Regel über Kennzahlen oder Kennzahlensysteme (Berger 2007). Das Ergebnis sind reibungslose,
ineinandergreifende Prozesse sowie sinkende Lagerbestände, verbunden mit einem
geringerem logistischen Koordinationsaufwand bzw. niedrigen Kapitalbindungs-
kosten. In „Just-in-Time" (JIT) oder „Just-in-Sequence" (JIS) Anlieferkonzepten
versorgen logistische Dienstleister die Produktion der stationären Industrie nicht
nur exakt zum Verbauzeitpunkt, sondern auch direkt zum Verbauort.

Herausforderungen bei der Übertragung auf die Baubranche
Während die Integration der Lieferanten über SLA in der stationären Industrie aufgrund der unveränderlichen räumlichen Rahmenbedingungen einfach umzusetzen
ist, gestaltet sich dies in der Bauindustrie, durch die eingangs dargestellten Rahmenbedingungen, deutlich schwieriger. Eine besondere Herausforderung stellt dabei die
Definition des Ortes dar, an dem die Leistung erbracht werden soll. Auf Baustellen
gibt es keine fixen Rampen und Tore. Auch variieren spezielle Funktionsflächen im
Laufe des Bauablaufs. Eine weitere Problematik stellt zudem die Kontrolle der Leistung durch quantifizierbare Kenngrößen dar. Aufgrund des niedrigen Informations-
gehaltes der bei der Abwicklung verwendeten Medien (Absprachen über Telefon und
Lieferscheinen sind fehleranfällig und Angaben häufig unvollständig) ist ein objekti-
ves Controlling der erbrachten Leistung heutzutage schlichtweg nicht möglich.

**Einfache und punktgenaue Integration der Lieferanten in die Abläufe
des Bauprojektes**
Um die Vorteile einer Lieferantenintegration auch in der Baubranche nutzbar zu
machen, wurde ein technologiegestütztes Anlieferkonzept entwickelt, das die Einbindung der Zulieferer in die dynamischen Prozesse der Baustelle ermöglicht und
quantifizierbare Leistungsdaten zur Steuerung und Kontrolle der Leistung erzeugt.
Der Zulieferer wird dadurch befähigt, die bestellten Materialien und Leistungen
punktgenau am richtigen Ort bereit zu stellen, sodass die Prozesse optimal ineinander greifen können.

Die optimale Abbildung der Anforderungen und Bedürfnisse der Praxis wurde
durch die enge Zusammenarbeit mit Unternehmen gewährleistet. Dazu wurden
in einem ersten Schritt bei der *Saint-Gobain-Building-Distribution-Deutschland
GmbH* die bisherigen Anlieferprozesse im Detail analysiert. Zudem sind bei Gesprä-

chen mit Bauunternehmen die Baustellenbelieferungen sowohl in der Planung als auch in der Ausführung diskutiert worden. Anschließend wurde zusammen mit der *Silverstroke GmbH* ein erster Prototyp des neuartigen Anlieferkonzeptes umgesetzt. Durch die Vorstellung des Demonstrators auf diversen Veranstaltungen konnte der Austausch mit der Praxis zudem intensiviert und dadurch weitere Anforderungsdetails abgeleitet werden, die sukzessive in dem Konzept umgesetzt wurden. Die Anbindung des mobilen Systems an eine ERP-Software stellt die letzte Stufe der Vernetzung dar, hin zu einer ganzheitlichen Lösung. Nachfolgend werden die Ergebnisse der einzelnen Schritte vorgestellt und aufgezeigt, wie ein intelligentes Anlieferkonzept aussehen muss, um dieses gewinnbringend in die bestehenden Prozesse der Baubranche integrieren zu können.

Analyse des Ist-Zustandes und Identifikation der Schwachstellen
Die Einbindung des Baustoffzulieferers beginnt zumeist mit einer kurzfristigen telefonischen Anfrage. Hat der Lieferant die benötigten Materialien vorrätig oder kann er diese in angemessener Zeit besorgen, wird die Bestellung fixiert und die besprochenen Punkte in einen Kommissionier- bzw. Lieferschein übertragen. Anschließend wird die Ware auf die Baustelle transportiert, wo sie zunächst wieder zwischengelagert wird. Dieses Vorgehen führt sowohl auf Seite der Zulieferer als auch auf Seite des Bauunternehmens zu erheblichen Ineffizienzen. Der Baustoffhandel muss kurzfristige Transportkapazitäten reservieren und die ständige Materialverfügbarkeit gewährleisten. Auf der Baustelle sind hohe Kapitalbindung und Platznot die Folgen (Günthner und Zimmermann 2008).

Auf den Lagerflächen der Baustelle wird das Material anschließend sortiert und bei konkretem Bedarf durch das Baustellenpersonal, meist per Hand, die letzten Meter zum Verbauort transportiert. Im ungünstigsten Fall muss das Material durch das Baustellenpersonal nochmals umgelagert werden, da aktuelle Lagerflächen evtl. spätere Wege und Verbauorte blockieren. Diese logistischen Tätigkeiten nehmen viel Zeit sowie personelle und maschinelle Ressourcen in Anspruch, die für die eigentliche Bautätigkeit fehlen. Die Folge ist, dass Bautrupps auf deutschen Baustellen gerade einmal ca. 30 % ihrer Arbeitszeit mit der wertschöpfenden Tätigkeit, nämlich dem Bauen, verbringen (Boenert und Blömeke 2003). Zudem sind die Bautrupps für die logistischen Tätigkeiten nicht unbedingt optimal ausgerüstet, so dass z. B. Ladehilfsmittel nur begrenzt zur Verfügung stehen bzw. erst aufwändig herangeschafft werden müssen.

Tabelle 5.4 listet zusammenfassend die aufgeführten Schwachstellen im aktuellen Anlieferprozess auf.

Tab. 5.4 Schwachstellen im Prozess heutiger Baustellenbelieferungen

Bereich	Schwachstelle
Planung	Unvollständige Informationsabfrage und -weitergabe von der Planung an die ausführenden Akteure
Steuerung	Lange Suchzeiten auf der Baustelle nach Ablieferort bzw. Ansprechpartnern Unklare Verantwortlichkeiten bei der Abwicklung auf der Baustelle
Kontrolle	Unvollständige Dokumentation auf Lieferscheinen Wenig bis keine Informationsrückflüsse und Auswertungsmöglichkeiten

Die aufgenommenen Schwachstellen bilden die Basis für die Ausgestaltung eines neuen Anlieferkonzeptes. Dazu werden die identifizierten Schwachstellen in Anforderungen übersetzt.

Bereits in der Anbahnungsphase muss die Informationsversorgung der Zulieferer durch eine direkte IT-Anbindung an die Planungsinstrumente der Baustelle sichergestellt werden. Diese frühzeitige Anbindung der Lieferanten stellt die Grundlage zur Ausführung hochwertiger Dienstleistungen dar und gibt dem Lieferanten ausreichend Vorlaufzeit und Planungssicherheit, um seinerseits effizient planen und handeln zu können.

Zur Verringerung der Suchzeiten auf der Baustelle müssen die wandernden Anlieferorte per GPS lokalisiert werden können. Die Lokalisierung ermöglicht das schnelle und sichere Auffinden des Anlieferortes ohne eine zwingende Anwesenheit des Baustellenpersonals. Diese Ortsinformationen müssen mit den einzelnen Produkten bzw. den ortsabhängigen Bestellpositionen verknüpft werden. Somit kann für jedes Produkt nachvollzogen werden, wo sich der geplante und der tatsächliche Anlieferort befindet.

Durch eine zusätzliche Suchfunktion in der technischen Lösung soll die Baumannschaft auch von der Materialsuche entlastet werden. Diese dynamische Verknüpfung von Prozessschritten mit Ortsinformationen relativiert der Nachteil des mobilen, sich ständig verändernden Produktionsumfeldes der Baustelle. Durch die Möglichkeit der Lokalisierung und damit der punktgenauen Definition des Leistungsortes werden die Lieferanten befähigt, auch komplexe Dienstleistungen völlig eigenständig (z. B. bei einer Nachtbelieferung der Baustelle) zu erbringen.

Die Dokumentation der erbrachten Leistung wird durch die Datenerfassung mittels mobiler Endgeräte sichergestellt und erheblich vereinfacht. Die Möglichkeit zur Kontrolle der Leistung ist Grundvoraussetzung für eine effiziente Steuerung der Lieferanten. Die Quantifizierbarkeit der Leistung ermöglicht zudem die Formulierung aussagekräftiger Leistungsbeschreibungen.

Diese Anforderungen an die Abläufe wurden bei der Modellierung des technologiegestützten Anlieferkonzeptes um zusätzliche, technische und administrative Kriterien ergänzt, wie bspw.

• Benutzerfreundliches Handling der Hard- und Software;
• Einbindung mehrerer Akteure;
• Anbindungsmöglichkeiten von ERP-Systemen zur Weitergabe der logistischen Informationen;
• Weiterentwicklungsmöglichkeiten des Systems.

Last-Meter-Baulogistik – technologieunterstützte Anlieferprozesse
zur Steuerung der Materialversorgung
Unter Berücksichtigung der beschriebenen Anforderungen wurde das Konzept anschließend in einer mobilen Softwareapplikation umgesetzt. Abbildung 5.44 zeigt die Bedienoberfläche der Softwarelösung.

Zur Verdeutlichung der Steuerungs- und Ablauflogik wird das entwickelte Anlieferkonzept am Beispiel der bereits oben beschriebenen Materialanlieferung vorgestellt (Vgl. Abb. 5.45). Voraussetzung dafür ist die Verwendung einer einheitlichen Artikelnummernlogik bei Bauunternehmer und Zulieferer.

Abb. 5.44 Oberfläche des prototypischen technologiegestützten Anlieferkonzeptes

Nach Festlegung der Anlieferstrategien und Ableitung der Bedarfstermine im ERP-System des Bauunternehmens werden die zu bestellenden Materialien an das mobile Endgerät übermittelt, so dass diese über die grafische Benutzeroberfläche bedarfsgerecht vom Baustellenpersonal ausgewählt werden können. Per GPS wird der genaue Entladeort durch den Besteller auf der Baustelle festgelegt. Gerade auf weitläufigen Infrastrukturbaustellen kann so eine zeit- und ortsgenaue Anlieferung am späteren Verbauort gewährleistet werden. Dieses Informationspaket wird an den Lieferanten übermittelt. Der Lieferant kommissioniert die bestellten Waren nach Ablieferort und versieht dieses „Informationspaket" mit einer eineindeutigen ID, im vorliegenden Beispiel mittels RFID. Dies dient dazu, die Materialien mit den Anlieferkoordinaten zu verknüpfen.

Für die Auslieferung wird dem Fahrer ebenfalls ein mobiles Endgerät zur Verfügung gestellt, das ähnlich funktioniert wie ein Navigationsgerät für Fahrzeuge. Das mobile Endgerät navigiert den Fahrer sicher zum vorher definierten Anlieferort. Dort angekommen, wird das Material entladen und der RFID-Tag gescant. Anschließend erhält der Polier eine Meldung, dass die Leistung durch den Lieferanten erbracht wurde. Nach Eingang der Erfüllungsmeldung prüft der Polier die Ware und bestätigt seinerseits den korrekten Erhalt. Direkt im Anschluss können die Daten

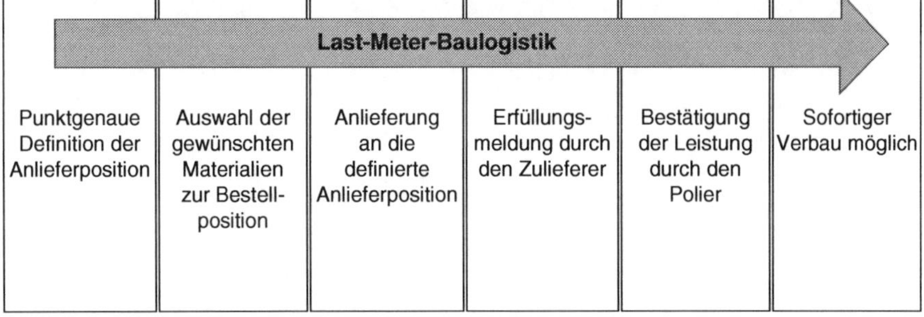

Last-Meter-Baulogistik					
Punktgenaue Definition der Anlieferposition	Auswahl der gewünschten Materialien zur Bestellposition	Anlieferung an die definierte Anlieferposition	Erfüllungsmeldung durch den Zulieferer	Bestätigung der Leistung durch den Polier	Sofortiger Verbau möglich

Abb. 5.45 Ablauf des Konzepts „Last-Meter-Baulogistik"

medienbruchfrei zur kaufmännischen Rechnungsabteilung weitergegeben und die Bezahlung angestoßen werden.

Neue Wege der Lieferantenkooperation

Das Last-Meter-Baulogistik-Konzept ermöglicht die Integration von Zulieferern und Dienstleistern in komplexen Umfeldern und stellt dabei das reibungslose Ineinandergreifen der Prozesse sicher. Durch die integrierte Ortungslösung wird die Voraussetzung geschaffen, dass die Zulieferer die zu erbringende Leistung trotz der dynamischen Rahmenbedingungen punktgenau erbringen können. Die elektronische Erfassung der Daten und deren Anreicherung mit zusätzlichen Orts- und Zeitinformationen ermöglicht vielfältige Auswertemöglichkeiten. Dieser Faktor, d. h. die Möglichkeit des objektiven Controllings der Leistung, ist eine Grundvoraussetzung für die Integration der Lieferanten in der Baubranche. Durch längerfristige Vereinbarungen (SLA) und die damit einhergehende Möglichkeit zur Fokussierung auf die jeweiligen Kernkompetenzen bietet das Last-Meter Konzept die Chance, Bauprojekte zukünftig deutlich effektiver und effizienter abzuwickeln.

5.4 Die Möglichkeit zur Leistungskontrolle als Grundlage für Entscheidungen

Gerritt Höppner, Jörg Weidner

Die Kontrolle der Leistungen ist neben der Planung und Steuerung der dritte Kernbereich der Baulogistik. Nur durch kontinuierliche Kontrolle kann festgestellt werden, ob die Planung auch erfolgreich umgesetzt worden ist. Die Leistungskontrolle spielt in der Bauwirtschaft zudem eine entscheidende Rolle, wenn es um die Beurteilung der Bauwerke und die Erstellung von Rechnungen geht. Aber auch die Auslastung und die Effizienz der eingesetzten Maschinen und des Personals sind ein wichtiger Faktor für den Erfolg eines Bauprojektes. Diese zu erfassen und auszuwerten stellt einen großen Aufwand dar.

Generell lassen sich sowohl quantitative als auch qualitative Kennzahlen zur Bewertung von Leistungen unterscheiden. Die quantitativen Leistungen werden in der Regel über „harte" Kennzahlen abgebildet, d. h. einer messbaren Zahl, die ins Verhältnis zu anderen Einheiten gesetzt werden kann. Auf diese Weise kann in einem Kennzahlensystem ein Ursache-Wirkungsgeflecht abgebildet werden, welches Aussagen darüber liefert, an welcher Stelle es in einem Unternehmen Potenziale oder Probleme gibt. Ein bekanntes Beispiel für ein solches Kennzahlensystem ist das Dupont-Modell, welches in Abb. 5.46 dargestellt wird. Im Dupont-Modell werden mehrere Einzelkennzahlen zum ROI (**R**eturn **o**n **I**nvestment) vereint, der die Rentabilität eines Unternehmens beschreibt. In das Kennzahlensystem fließt dabei sowohl die Kosten- als auch die Vermögenssituation des Unternehmens mit ein. In der Grafik ist die Auswirkung sinkender Bestände auf die Gesamtrentabilität des Unternehmens (ROI) dargestellt. Demnach führt die wertmäßige Reduzierung der Lagerbestände zur Reduzierung des Umlaufvermögens und damit zu einer Verringerung des eingesetzten Gesamtvermögens. Dieser verbesserte Kapitalumschlag

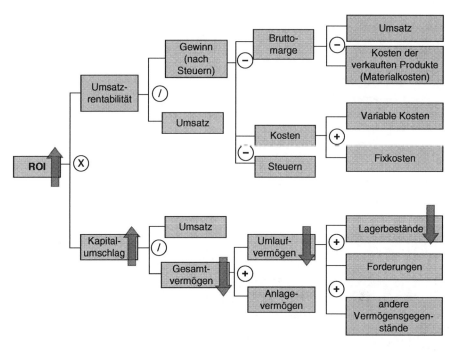

Abb. 5.46 Auswirkung sinkender Bestände auf den ROI im Dupont-Modell. (Quelle: eigene Darstellung in Anlehnung an Kummer et al. 2006)

führt bei konstanter Umsatzrentabilität zur Erhöhung des ROI, d. h. zu einer Erhöhung der Gesamtrentabilität des Unternehmens.

Bei qualitativen Leistungsmerkmalen handelt es sich um nicht quantifizierbare, d. h. weder mess- noch zählbare Kriterien, wie bspw. die Kundenzufriedenheit oder die Mitarbeiterqualifikation. Die Erfassung und Bewertung dieser Kennzahlen ist in der Regel nur mit erheblichem Aufwand, wie bspw. einer kontinuierlichen Kundenbefragung durchführbar.

Durch das mobile Umfeld der Bauwirtschaft ist das Messen von Leistungen oft schwierig. Es treten häufig Probleme bei der zeitnahen Ermittlung von Kennzahlen auf, da diese vor Ort nur mit großer Zeitverzögerung erstellt werden. Die Gründe sind oft in den Kommunikationssystemen zu suchen. Hier kommt es zu einer Vielzahl von Medienbrüchen, die das Erstellen und Übertragen der Daten sehr zeitintensiv und arbeitsaufwändig machen.

Zudem befinden sich in den Leistungsverzeichnissen nur wenig detaillierte Informationen, aus denen konkrete Leistungsparameter abgeleitet werden können. Somit fehlt häufig auch die Bezugsgröße des Soll-Zustands, auf die man eine erfasste Kennzahl projizieren kann, um Aussagen über einen Leistungsstand zu gewinnen. Diese Problematik zieht sich weiter durch die unterschiedlichen Sichten der Kostenrechnung. So findet man in den Unternehmen häufig eine technische und eine betriebswirtschaftliche Kostenrechnung vor, die nicht in vollem Umfang kompatibel sind.

Ziel des Kontrollierens von Leistungen und der Gegenüberstellung mit der Planung ist es, Aussagen über Differenzen der beiden Zustände zu erkennen. Dadurch können Potenziale in den Prozessen erkannt und Maßnahmen abgeleitet werden. Dies ermöglicht die Installation eines kontinuierlicheren Verbesserungsprozess (KVP), der eine Eigendynamik erhält und so zu einer kontinuierlichen Entwicklung der Unternehmensprozesse beiträgt. In den folgenden Abschnitten werden Lösungsansätze und Methoden vorgestellt, wie eine effiziente Leistungskontrolle in der Baubranche implementiert werden kann.

5.4.1 Unternehmensübergreifende Abbildung von Materialflüssen – Koordination der Materialversorgung auf der Baustelle

Jörg Weidner, Tim Horenburg, Wilhelm Schürkmann

Die Wirtschaft unterliegt einem ständigen Wandel. Die Ursache ist ein komplexes Zusammenspiel unterschiedlicher Faktoren und Einflüsse. Ein Trend, der auch bei der Abwicklung von Bauprojekten zunehmend zu beobachten ist, ist die Rückbesinnung der Unternehmen auf ihre Kernkompetenzen. Der daraus resultierende höhere Arbeitsteilungsgrad hat einen gesteigerten Bezug von Vorleistungen sowie Outsourcingaktivitäten zur Folge. Betrachtet man die typische Wertschöpfungstiefe deutscher Bauunternehmen, so bewegt sich diese auf einem Level mit der Automobilindustrie. Dort hatten die Automobilhersteller früher nahezu den gesamten Wertschöpfungsprozess der Fahrzeugherstellung unter Kontrolle. Heutzutage liegt der Wertschöpfungsanteil nur noch bei ca. 35 % und wird zukünftig weiter abnehmen (Verband der Automobilindustrie e. V. 2005). In der Baubranche liegt die Wertschöpfungstiefe derzeit bei durchschnittlich 50 %, bei einigen großen Bauunternehmen teilweise sogar nur bei 20 % (Leinz 2004, 2006).

Messbarkeit als Voraussetzung für die Steuerung von Leistungen
Als Folge der zunehmenden Arbeitsteiligkeit ergibt sich für die Unternehmen ein deutlich höherer Koordinationsaufwand. Um diesen effizient bewerkstelligen zu können, werden in der stationären Industrie seit einigen Jahren unternehmensübergreifende Systeme eingesetzt, die eine ganzheitliche Planung, Steuerung und Kontrolle der Materialströme und Dienstleistungen ermöglichen. Eine Grundvoraussetzung solcher Systeme ist die Möglichkeit zur Leistungskontrolle, denn nur was man messen kann, kann auch zielgerichtet gesteuert werden. Diesen Ansatz einer ganzheitlichen Koordination der Supply Chain, der in der stationären Industrie bereits Einzug erhalten hat, gilt es aufzugreifen und in die Baubranche zu transferieren.

Bisher plant, koordiniert und optimiert jedes Gewerk, d. h. jeder am Bauprozess Beteiligte, seine Materialversorgung selbst. Entlang einer Supply Chain ergeben sich dadurch entsprechend viele lokale Optima, deren Summe jedoch in der Regel kleiner als das mögliche Gesamtoptimum ist. Da leistungsfähige IT-Systeme in der Baubranche v. a. in kleinst- und mittelständischen Unternehmen noch wenig verbreitet sind, werden in der Baubranche die oben angesprochenen lokalen Optima nur selten erreicht. Die Abweichung vom Gesamtoptimum in der Supply Chain fällt dadurch noch deutlich höher aus, als dies bspw. in der Automobilbranche der Fall ist. Aus diesem Grund lässt sich das Potenzial eines unternehmensübergreifenden Systems zur Koordination der Materialversorgungsprozesse in der Baubranche entscheidend höher ansetzen als in der stationären Industrie. Dort konnten die Potenziale eines solchen Systems bereits in der Praxis aufgezeigt und erschlossen werden. *DaimlerChrysler* implementierte beispielsweise eine unternehmensübergreifende Software mit Vorlieferanten mehrerer Wertschöpfungsstufen zur ganzheitlichen Planung, Steuerung und Kontrolle. Als Resultat ergab sich eine Reduzierung der Gesamtlogistikkosten der betreffenden Beschaffungsprozesskette von 20 % (Corsten und Gabriel 2004).

SCM-Systeme zur unternehmensübergreifenden Koordination von Materialflüssen

Eine solche unternehmensübergreifende Software wird als Supply Chain Management-Software (SCM-Software) bezeichnet. SCM ist"[…] an integrative approach to using information to manage inventory throughout the channel, from source of supply to end-user" (Ellram 1991). SCM-Systeme müssen somit die Daten aus unterschiedlichen Quellen (Datenbanken und Managementsystemen) durchgängig entlang der Kette aufbereiten, bereitstellen und weiterverarbeiten (Krupp 2001). Die Implementierung eines Systems, das Unternehmen eine projektbezogene, unternehmensübergreifende Zusammenarbeit ermöglicht, schafft zum einen Transparenz über die Materialbestände und -bedarfe und erlaubt zum anderen die frühzeitige Koordination der Materialflüsse. So können Kollisionen bei Anlieferungen und auf Lagerflächen verhindert sowie nicht ausgelastete Transportkapazitäten vermieden werden. Der anvisierte Ansatz fokussiert die unternehmensübergreifende Planung, Steuerung und Kontrolle der Versorgungsprozesse und Ressourcen einer Baustelle und unterscheidet sich damit von den heute auf dem Markt befindlichen, unternehmensbezogenen ERP- oder Materialwirtschaftslösungen.

Aufgrund der spezifischen Erfordernisse und Besonderheiten der Baubranche ergeben sich spezielle Anforderungen an eine SCM-Software (s. Abb. 5.47). Im Rahmen des ForBAU-Projektes wurde ein Konzept entwickelt, das den Namen Baustellenwirtschaftssystem (BWS) trägt, in Anlehnung an herkömmliche Warenwirtschaftssysteme, da der Fokus auf der Abbildung der Materialversorgungsprozesse liegt. Dieses System schafft die notwendige Transparenz, um die Optimierungspotenziale in den baulogistischen Abläufen besser nutzen zu können.

Anforderungen an ein unternehmensübergreifendes BWS-System

Analog zu SCM-Systemen sollen mehrere Unternehmen bzw. Akteure Zugriff auf das BWS bekommen. Daten werden von allen Beteiligten des Bauprojektes in dem System abgelegt und verarbeitet. Ein solches System muss folglich in der Lage sein, Planungsdaten abzubilden, Warenströme zu steuern und im Anschluss über einen Soll-Ist-Vergleich kontrollieren zu können. Hierfür wird ein Rechtemanagement initiiert, das es den Beteiligten lediglich erlaubt, für deren Planungsprozess relevante Informationen einzusehen. Inhalte anderer Unternehmen beziehungsweise

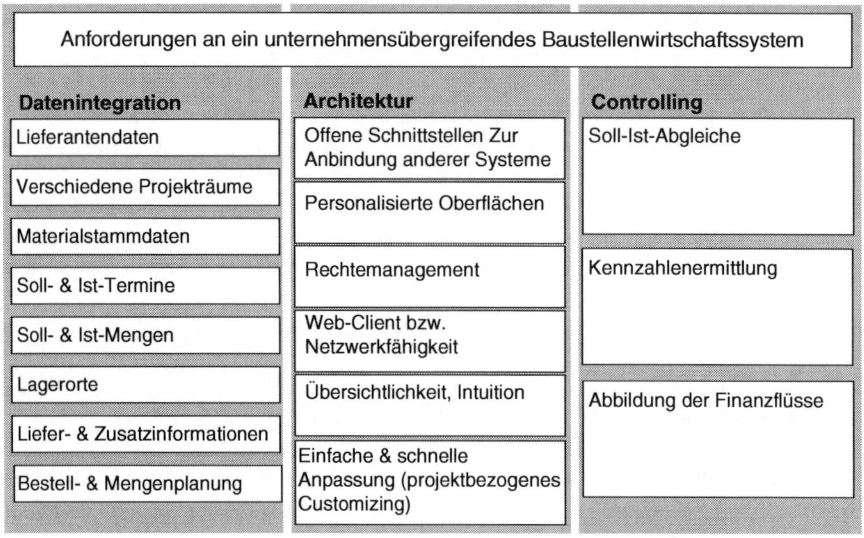

Anforderungen an ein unternehmensübergreifendes Baustellenwirtschaftssystem		
Datenintegration	**Architektur**	**Controlling**
Lieferantendaten	Offene Schnittstellen Zur Anbindung anderer Systeme	Soll-Ist-Abgleiche
Verschiedene Projekträume	Personalisierte Oberflächen	
Materialstammdaten		
Soll- & Ist-Termine	Rechtemanagement	Kennzahlenermittlung
Soll- & Ist-Mengen	Web-Client bzw. Netzwerkfähigkeit	
Lagerorte	Übersichtlichkeit, Intuition	Abbildung der Finanzflüsse
Liefer- & Zusatzinformationen	Einfache & schnelle Anpassung (projektbezogenes Customizing)	
Bestell- & Mengenplanung		

Abb. 5.47 Anforderungen an ein BWS-System bezüglich Datenintegration, Architektur und Controllingfunktion

des Auftraggebers bleiben verborgen, sofern diese nicht von höherer Instanz freigegeben werden. Weitere Anforderungen ergeben sich aus dem Unikatcharakter eines Bauprojekts. Dieser erfordert das einfache Anlegen neuer Projektstrukturen sowie eine einfache Zugriffsregelung für die Vielzahl der am Projekt beteiligten Unternehmen. Zentrale Anforderung im Datenmanagement ist die Definition der Ein- und Ausgangsdaten, die in verschiedenen Systemen erzeugt und im BWS abgebildet werden. Die Verwendung eines 3D-Produktmodells in der Planungsphase bietet, in Verbindung mit einer durchgängigen Artikelnummernlogik, die Basis für die Implementierung einer einheitlichen Datenbasis.

Das Baustellenwirtschaftssystem soll die Informationen der Planungsphase für die Bauausführung nutzbar machen. Dazu werden notwendige materialspezifische Daten (Menge, Verbauzeitpunkt etc.) aus dem Baustelleninformationsmodell mit logistischen Informationen zu den einzelnen Bauteilen verknüpft und verarbeitet. Diese werden als Soll-Daten im BWS abgelegt, um später mit den Ist-Daten der Ausführung verglichen zu werden. Beteiligte Unternehmen erhalten in Abhängigkeit ihrer Aufgaben und der entsprechend zugewiesenen Rollen, Informationen zu den auszuführenden Tätigkeiten. Das Baustellenwirtschaftssystem ermittelt auf Basis aller zur Verfügung stehenden Informationen logistisch sinnvolle Bestellvorschläge, die in Art und Menge an die Lieferanten weitergegeben werden. Lieferungen werden von den Lieferanten vorweg avisiert und können im System entsprechend der gewünschten Belieferungsreihenfolge eingetaktet werden. In Abhängigkeit der gewählten Liefer- bzw. Lagerhaltungsstrategie wird den Materialien ein Lagerplatz in einem der Lager oder temporären Pufferlager zugewiesen. Daten, die heute in papierbasierter Form auf Lieferscheinen vorhanden sind, können zukünf-

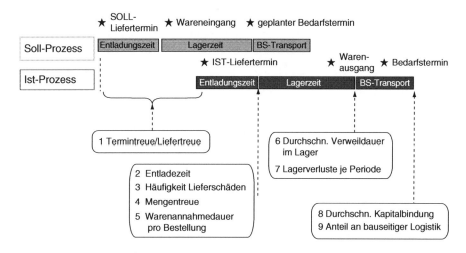

Abb. 5.48 Ableitung von Kennzahlen aus Prozessinformationen

tig durch digitale Informationen, z. B. mittels RFID, ergänzt werden. Dadurch besteht die Möglichkeit, Warenausgänge zukünftig durch festgelegte, RFID-gestützte Workflows automatisiert zu verbuchen. Weiterhin ist es denkbar, den Verbau der Materialien bspw. mittels mobiler Endgeräte zu erfassen und dadurch die Fertigstellung eines Bauteils oder Bauabschnitts an das Baustellenwirtschaftssystem zu melden.

Die Vielzahl der Informationen, die im Baustellenwirtschaftssystem zusammenlaufen, ermöglicht ein umfangreiches Controlling der logistischen Prozesse. Wie einleitend bereits erwähnt, spielt die Auswertung, die Kontrolle der erbrachten Leistung, eine herausragende Rolle für das unternehmensübergreifende Management von Materialflüssen. Um bei dieser Informationsfülle den Überblick zu behalten, misst man die Güte von Prozessen anhand von Kennzahlen. Das Zusammenspiel von Soll-Daten, Prozessinformationen und Kennzahlen ist in Abb. 5.48 exemplarisch dargestellt, wobei die aufgetragenen Kennzahlen nur einen Ausschnitt der möglichen Leistungsindikatoren darstellen. Informationen aus dem 4D-Modell (Soll-Daten) und solche, die in den einzelnen Prozessschritten anfallen, wie z. B. die Wareneingangszeit und -menge, werden im BWS verknüpft. Die vorliegenden Einzeldaten eines Versorgungsprozess werden vom System zu Kennzahlen verdichtet, die den Prozess vergleichbar machen. Dadurch können Fehler und Störungen schneller erkannt, korrigiert und letztendlich die logistischen Prozesse optimiert werden.

Im Rahmen von ForBAU wurde zusammen mit dem Praxispartner *Bauvision Management BVM GMBH* die Umsetzung einer solchen Lösung ausgearbeitet (s. Abb. 5.49). Im Fokus stand dabei die Integration der in Abschn. 5.3.6 vorgestellten Last-Meter-Baulogistik Lösung. Durch Einbindung dieser mobilen Lösung an das stationäre BWS-System kann sichergestellt werden, dass die Daten dort zu

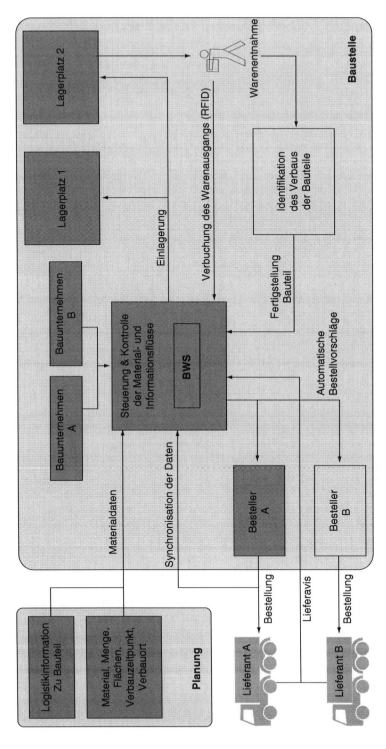

Abb. 5.49 Prinzipskizze eines unternehmensübergreifenden Baustellenwirtschaftssystems

Tab. 5.5 Probleme bei der Implementierung von Baustellenwirtschaftssystemen. (Quelle: eigene Darstellung in Anlehnung an Little 1999)

Hindernisse/Schwierigkeiten bei der Implementierung	Anzahl (%)
Widerstände gegen Veränderungen	52
Ungenügende Datenverfügbarkeit	51
Komplexität des Redesigns der Supply Chain	49
Ungeeignete Organisationsstrukturen	41
Ungenügende Objektausrichtung	39
Überbelastung durch Change-Initiativen	38
Mangelnde SCM-Fähigkeiten	37
Andere Prioritäten	35
Ungenügende funktionsübergreifende Zusammenarbeit	33
Leistungsmessung	32
Mangelhaftes Vertrauen zwischen Kunden und Lieferanten	32
Mangelndes Internet/E-Commerce Fähigkeiten	27
Fehlende Erfahrung mit Outsourcing-Projekten	25
Unzureichendes Top-Management-Commitment	24

Verfügung stehen, wo sie gebraucht werden – auf der Baustelle, während der Ausführung.

Hürden und Herausforderungen

Auch wenn die erläuterten Vorteile eines solchen Systems nicht von der Hand zu weisen sind, gestaltet sich die Implementierung in der Praxis als äußerst schwierig. Eine umfangreiche Studie von Little (1999) mit 245 europäischen Großunternehmen zeigt, welche Schwierigkeiten bei der Einführung eines unternehmensübergreifenden Systems beachtet werden müssen (s. Tab. 5.5).

Eine besondere Problematik stellt dabei die Verankerung der unternehmensübergreifenden Zusammenarbeit in den Köpfen der Beteiligten dar. Zudem erschweren die hohen Anforderungen an eine durchgängige Datenverfügbarkeit die Umsetzung in der Praxis. Dabei stellt die kontinuierliche Aktualisierung ihrer Stamm- und Bewegungsdaten vor allem für klein- und mittelständische Unternehmen eine große Hürde dar. Diese Hindernisse gilt es zu überwinden, indem der Nutzen für alle Beteiligten transparent kommuniziert wird. Zusammenarbeit und Vertrauen werden gestärkt, indem nur kooperationsrelevante Informationen ausgetauscht werden. Daten, die für die baustellenweite Steuerung der Materialflüsse nicht notwendig sind, bleiben den einzelnen Unternehmen verborgen.

Erste Ansätze in der Baupraxis, wie z. B. die Baustellenlogistik für die Großbaustellen am Potsdamer Platz, zeigen, dass die projektbezogene, unternehmensübergreifende Koordination von Materialversorgungsprozessen einen erheblichen Erfolgsfaktor bei der effizienten Abwicklung von Bauprojekten darstellt. Durch die Weiterentwicklung dieses Ansatzes hin zu einem ganzheitlichen Baustellenwirtschaftssystem rückt die Vision eines unternehmensübergreifenden Gesamtoptimums bei der Versorgung von Bauprojekten einen großen Schritt näher.

5.4.2 Die zeitnahe Abbildung des Baustellenzustands als Schlüssel zum effizienten Management

Karin H. Popp

Kontrollieren bedeutet Vergleichen. Doch um vergleichen zu können, benötigt man mindestens zwei vergleichbare Bestandteile: Einen Soll-Zustand und einen Ist-Zustand. Um Aussagen über den Zustand eines Bauprojekts tätigen zu können, ist die laufende Erfassung der Ist-Zustände in Echtzeit eine große Herausforderung. Aus baulogistischer Sicht sind hier insbesondere die Informationen hinsichtlich der Ressourcen Material, Personal und Geräte/Maschinen von Bedeutung.

Die Beurteilung des Baustellenstandes und die Quantifizierung des Ressourceneinsatzes stellt jedes Bauunternehmen immer wieder aufs Neue vor Herausforderungen und bedarf eines großen Erfahrungsschatzes. Ein wesentliches Problem ist dabei die Ermittlung der eingesetzten Ressourcen sowie eine zeitnahe Abbildung dieser Daten. Dabei gilt: Je genauer diese Abbildung sein soll, desto teurer ist diese. Demgegenüber steht jedoch eine steigende Transparenz in den Prozessen, die die Grundlage für den Ausbau und die Überwachung von Prozesssicherheit und Prozessfähigkeit eines Unternehmens darstellt (Nyhuis 2008).

Derzeit werden in der Baupraxis Durchlaufzeiten, Materialbestände und -verbräuche sowie Maschinen- und Personaleinsatzzeiten in der Regel zeitversetzt abgebildet und in verschiedenen Systemen erfasst, so dass eine tagesgenaue Steuerung und Kontrolle dieser Ressourcen nur bedingt möglich ist. Noch immer ist die Nachkalkulation das wichtigste Controlling-Instrument zur Beurteilung, ob eine Baustelle ein rentables Projekt war oder nicht. Diese Beurteilung erfolgt jedoch ex post, d. h. nachdem die Leistung erbracht wurde. Ein Ergreifen von Gegenmaßnahmen bei aktuellen Störungen im Bauablauf ist somit nicht möglich.

Mit einer frühzeitigen Erhebung der Ist-Daten kann diese Unsicherheitsquelle beseitigt und ein zeitnahes, effizientes Controlling des Bauverlaufs erreicht werden. Dadurch ist eine baubegleitende Kalkulation umsetzbar, die für eine Aussage, ob eine Baustelle ein rentables Projekt ist oder nicht, das wichtigste Instrument darstellt. Die Frage, die sich in diesem Zusammenhang ergibt, lautet: Wie gelangt man von einem 3D-Modell zu einer effektiven Steuerung des Bauablaufs?

Auf dem Weg vom 3D-Modell zum Management von Bauabläufen
Im Folgenden soll ein Weg skizziert werden, wie mit Hilfe bestehender Softwarelösungen der Firma *RIB* eine informationstechnische Aufnahme und Abbildung der Materialflüsse ermöglicht wird. Sie schließt die Schnittstelle zwischen Planung und Ausführung und generiert, dokumentiert und transferiert Informationen aus dem zentralen 3D-Modell in die Ausführungsprozesse und umgekehrt.

Ziel dieses wechselseitigen Informationsaustauschs ist es, wie in Abb. 5.50 dargestellt, einen laufenden Soll-Ist-Abgleich bei Materialanlieferungen zu ermöglichen. Nur ein Vergleich der Soll-Daten mit den Ist-Daten ermöglicht eine Kontrolle der Abläufe vor Ort und ein im Notfall steuerndes Eingreifen in die Prozessabläufe, damit das richtige Material in der richtigen Menge zum richtigen Zeitpunkte am

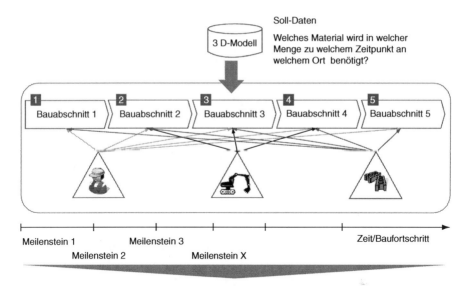

Abb. 5.50 Soll-Ist-Vergleich der Materialflüsse

richtigen Ort eintrifft. Zudem kann mit Hilfe der gewonnenen Daten eine laufende Baufortschrittskontrolle durchgeführt werden, indem der aktuelle Baustellenzustand in Echtzeit abgebildet werden kann.

Der Übergang von der Planung in die Ausführung stellt eine sehr komplexe Schnittstelle dar. Diese kann durch den Einsatz neuer Technologien deutlich entzerrt werden. 3D-Modelle beinhalten eine Vielzahl hochwertiger Informationen, die über diese Schnittstelle transportiert werden müssen.

Softwaresysteme bieten bereits heute die Möglichkeit, um Informationen über den Bauablauf medienbruchfrei von der Planungs- in die Bauausführungsphase zu übermitteln (s. Abb. 5.51). Dabei werden Informationen aus CAD-, ERP- sowie Terminplan-Systeme zusammengefügt.

Das 3D-Modell bildet die Grundlage für das Prozess- und Kostenmanagement. Darauf aufbauend können über die CPI-Technologie (Construction Process Integration, *iTWO*) Geometrien mit alphanumerischen Qualitäten verknüpft werden. Die CPI-Technologie führt Informationen unabhängig von den jeweils eingesetzten CAD- und Fachapplikationen zusammen. So können genaue und nachvollziehbare Mengenabfragen aus dem 3D-Modell erstellt werden.

Die Bauteile des 3D-Modells werden mit einzelnen Positionen des Leistungsverzeichnisses verknüpft und die jeweiligen Mengen berechnet (ein beispielhafter Auszug des Mengen-Modells ist in Abb. 5.52 visualisiert). Die Teilleistungspositionen sind dabei mit Kalkulationsansätzen versehen (Stundenansätze, Materialansätze, Geräteansätze etc.), so dass zunächst verschiedene Betrachtungen über

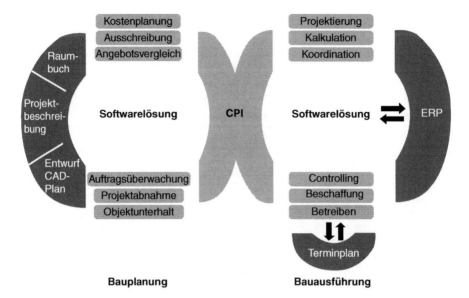

Abb. 5.51 Informatorische Verknüpfung von Planung und Ausführung durch die Softwarelösung RIB iTWO. (Quelle: RIB Deutschland GmbH)

das gesamte Projekt ermöglicht werden. Die verschiedenen Betrachtungsperspektiven beinhalten Materialbedarf, Personal- sowie Maschineneinsatz und sonstige Kosten.

Modellbezogene Vorgänge mit Start- und Enddatum ermöglichen es, den Bauablauf darzustellen. Da die Bauteile des 3D-Modells ihrerseits bereits mit Teilleistun-

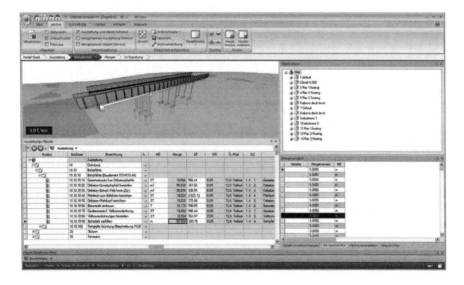

Abb. 5.52 Zuordnung im 3D-Viewer: Modell mit Mengen. (Quelle: RIB Deutschland GmbH)

gen und Kalkulationsansätzen bzw. Ressourcen verknüpft sind und nun den einzelnen Vorgängen zugeordnet werden, sind folgende Betrachtungen möglich:

- Personaleinsatzplanungen (Kolonnenplanung) für einzelne Vorgänge;
- Stunden, Kosten, Erlöse, Budgets zugeordnet zu den einzelnen Vorgängen;
- exakte Prognose des Kostenverlaufs;
- Ressourceneinsatzplanung über definierte Zeiträume (Material, Maschinen, Personal);
- vorgelagerte und nachgelagerte, zeitabhängige Auswertungen wie Stunden-, Material-, Gerätebedarf in verschiedenen Relationen.

Diese Ablaufplanung wird mit einem externen Terminplansystem verknüpft, so dass sich etwaige Veränderungen auf das jeweilige Start- und Enddatum auswirken und somit auf die oben aufgeführten Betrachtungen.

Auf den Vorgängen werden die Leistungsmeldungen erfasst, woraus sich die Soll-Kosten (Leistungsmenge * Einzelkosten der Teilleistungen/Mengeneinheit) und Soll-Stunden (Leistungsmenge * Stunden/Mengeneinheit) ergeben. Eine Konfiguration verknüpft technische und kaufmännische Kostenarten. Dadurch können zum Stichtag aus dem ERP-System die Ist-Kosten importiert werden und ein Kosten Soll-Ist-Vergleich gewährleistet werden. Dieser kann wiederum am Modell dargestellt werden.

Geleistete Arbeitsstunden werden im Berichtszeitraum nach Tätigkeiten auf der Baustelle durch mobile Endgeräte erfasst und automatisch an das ERP-System übergeben (s. Abb. 5.53). Nun wird auf Basis der Soll-Stunden, die aus der Leistungsmeldung resultieren, der Stunden Soll-Ist-Vergleich vorgenommen.

Potenziale und Hindernisse
Die Möglichkeiten des Einsatzes neuer Technologien sind prinzipiell gegeben. Dies beinhaltet jedoch nicht nur die Implementierung der Technologie, sondern zudem ein Umdenken in den Abläufen des gesamten Bauprojekts.

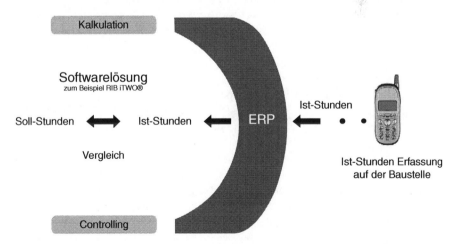

Abb. 5.53 Mobile Datenerfassung der geleisteten Arbeitsstunden. (Quelle: RIB Deutschland GmbH)

Die Potenziale eines durchgängigen Informationsflusses durch innovative Technologien liegen auf der Hand. Die Vermeidung von Medienbrüchen durch einheitliche Informations- und Kommunikationsstandards ist eine wesentliche Grundlage für ein effektives Controlling, da diese erst eine hochwertige Daten- und Informationsqualität ermöglichen. Ein effizientes Controlling wiederum gibt den Projektverantwortlichen ein neuartiges Steuerungsinstrument an die Hand, um bei drohenden oder eingetretenen Abweichungen von den geplanten Ist-Vorgaben steuernd in den Bauprozess eingreifen zu können.

Das frühzeitige Erkennen von Störungen, wie es beim Supply Chain Event Management der Fall ist, erfordert jedoch eine präzise Planung und ein Vordenken der Prozessabläufe. Als Folge dessen entsteht eine Mengen- und Kostensicherheit, die die heute übliche „klassische" Aufmaßpraxis für die Rechnungsstellung erübrigt, da die Ist-Mengen direkt am Modell ermittelt werden und gesetzte Bauzeit- und Baukostenbudgets weit häufiger eingehalten werden.

Ein effizientes Controlling ist dabei auf eine permanente Bestandsmeldung über in Anspruch genommene Ressourcen von der Baustelle in das Controlling-System angewiesen. Die Qualität der übermittelten Informationen ist hier der Kernpunkt, der über den Erfolg oder Misserfolg entscheidet. Und genau hier liegen die größten Herausforderungen.

Jeder Akteur generiert durch seine Tätigkeiten Daten, die per Informationstechnologie in das System eingespeist werden müssen. Die Mitarbeiter sind es also, die solch eine Technologie zu einem Erfolg oder Misserfolg werden lassen, was sie zu einem Schlüsselelement einer erfolgreichen Umsetzung macht. Für sie bedeutet die Anwendung zunächst einmal einen gewissen Grad an Mehrarbeit und eine präzise Koordination untereinander. Dieser anfängliche Mehraufwand beinhaltet aber letztendlich Zeitersparnis und Qualität. Es liegt somit an den Projektverantwortlichen, den Mitarbeiter zu motivieren. Dass jedes einzelne Handeln Auswirkungen sowohl auf vor- als auch auf nachgelagerte Wertschöpfungsstufen hat und der Mitarbeiter als kleines Rädchen in einem großen Uhrwerk eine kritische Rolle innerhalb des Gesamtprojekts spielt, ist kaum jemandem bewusst. Schulungen und Workshops, in denen bspw. Leitfäden zur Prozessbeschreibung mit genauen Tätigkeitsbeschreibungen definiert werden, schaffen bei den Akteuren ein Prozessbewusstsein und eine ganzheitliche Sicht- und Denkweise.

Daneben wird eine Akzeptanz bei den Anwendern insbesondere durch einen insgesamt geringeren Mehraufwand gegenüber den vorherigen Abläufen erreicht, hervorgerufen durch eine leichte, verständliche Handhabung der neuen Technologien. Für den einzelnen Mitarbeiter muss ein Nutzen seiner Tätigkeit für sich und das Bauprojekt erkennbar sein, da nur so eine intrinsische Motivation erhalten bleiben kann. „Worin liegen meine Vorteile und die des gesamten Projekts?" Diese Frage wird sich jeder stellen, bevor er eine neue Technologie konsequent einsetzen wird.

Aber das tiefste Prozessbewusstsein und die größte Akzeptanz für neue Technologien alleine kann ein effizientes Prozesscontrolling nicht gewährleisten. Eine permanente, wechselseitige und bereichsübergreifende Kommunikation, insbesondere zwischen den Akteuren vor- und nachgelagerter Tätigkeiten, ist nur möglich, wenn alle auf demselben Informationsstand sind. Eine Auflösung von Informationsasymmetrien kann allerdings erst dann erfolgen, wenn jedem Akteur ein selbständiger Zugang zu den Informationen ermöglicht wird. Berechtigungskonzepte verhindern dabei zum einen, dass die „falschen" Informationen in die „falschen" Hände geraten und bestehende Nutzerrechte verletzt werden und zum anderen, dass nicht eine Informationsflut die Mitarbeiter überfordert.

Der Mensch im Mittelpunkt der technischen Entwicklung
Um die technischen Entwicklungen zu einem durchgreifenden Erfolg werden zu lassen, ist der Faktor Mensch entscheidend. Dieser muss nicht nur die Technologie als Hilfsmittel verstehen, sondern er muss auch den Mut haben, die neuen Technologien einzusetzen. Die technischen Weiterentwicklungen können ihren Nutzen nur entfalten, wenn der Mensch diesen Weg mitgeht. Daher ist die Positionierung des Menschen in dem Zusammenspiel mit der Technologie sehr wichtig.

Die Bedeutung der Akzeptanz für die Ermittlung von Daten auf der Baustelle bestimmt somit ihren Erfolg. Daher ist die Abstimmung zwischen den Mitarbeitern und der technischen Datenerfassung wesentlich. Es gilt dabei, die Mitarbeiter auf den Baustellen und in der Leitung nicht zu überfordern. Jedoch sind die Potenziale der technischen Lösungen so groß, dass ein sinnvoller Einsatz in jeden Fall angestrebt werden sollte.

5.4.3 Investitionsentscheidungen unter Unsicherheit – Bewertung neuer Technologien in unternehmensübergreifenden Prozessen

Gerritt Höppner

Die Fragestellung, ob sich der Einsatz einer neuen Technologie in einem Unternehmen lohnt, ist nicht immer einfach zu beantworten. Noch schwieriger wird es, wenn es darum geht, Technologieeinsatz im unternehmensübergreifenden Kontext zu betrachten oder gar zu bewerten. Denn hier tritt nicht selten auch die Frage auf, wem ein Einsatz denn jetzt eigentlich mehr nutze. Diese Fragestellung soll in Folgenden näher betrachtet werden.

Gerade in der Bauwirtschaft besteht ein großes Potenzial für den Einsatz neuer Technologien. Für die zögernde Übernahme von Innovationen in dieser Branche gibt es viele Gründe: Einer davon ist die Unsicherheit über die Folgen eines Technologieeinsatzes. Die vergleichende Prozesskostenrechnung ermöglicht eine Abschätzung der Auswirkungen und kann somit helfen, diese Unsicherheit zu reduzieren.

Bei einer Integration von neuen Technologien in der Bauwirtschaft kommt es fast immer zu Änderungen im Prozessablauf. Der Innovationsgrad der Technologie bestimmt dabei entscheidend das Ausmaß der Auswirkungen. Während man bei inkrementellen Neuerungen (beispielsweise einer verbesserten Baumaschine) diese leicht kalkulieren kann, ist eine Bewertung von radikalen Anpassungen (beispielsweise bei Prozessrestrukturierungen) schwierig. Hier gilt es, eine Vielzahl von Faktoren zu berücksichtigen. Arbeitsvorgänge werden beschleunigt, der Prozessablauf

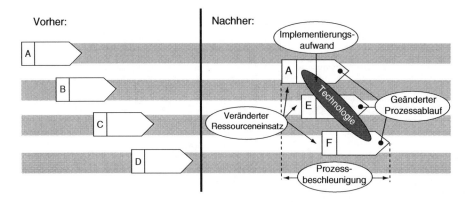

Abb. 5.54 Auswirkungen des Technologieeinsatzes auf den Prozessablauf

angepasst und andere Ressourcen eingesetzt. Auch der Aufwand für die Implementierung der neuen Technologie muss dabei berücksichtigt werden (vgl. Abb. 5.54). Eine Bewertung ist auf den ersten Blick nicht ohne Weiteres möglich. Hierfür bedarf es einer umfassenden, strukturierten Analyse der zu erwartenden Änderungen. Als Hilfsmittel bietet sich eine *vergleichende Prozesskostenrechnung* an.

Im Rechnungswesen bedient man sich der Prozesskostenrechnung, um Gemeinkosten im Unternehmen beanspruchungsgerecht zu verteilen (beispielsweise die Verrechnung der Lagerkosten nicht nach Warenwert, sondern nach Platzverbrauch im Lager). Oberstes Gebot ist hier das *Beanspruchungsprinzip*, d. h. die Berücksichtigung aller direkten (z. B. Materialverbrauch) und indirekten (z. B. Planungsaufwand) Kosten. Unterschieden wird hier zwischen leistungsmengenneutralen (lmn) und leistungsmengeninduzierten (lmi) Kosten. Für die Durchführung der Analyse ist die Erhebung zusätzlicher Daten erforderlich, allerdings wird dadurch die Kostentransparenz deutlich erhöht (Mayer 1998). Das Vorgehen zur Ermittlung der Prozesskosten im konkreten Anwendungsfall der Technologiebewertung ist analog.

In einem ersten Schritt gilt es, den zu vergleichenden Prozess zu definieren – hierbei müssen alle Bereiche mit einbezogen werden, die von der Technologieeinführung betroffen sind. Danach folgt eine detaillierte Aufschlüsselung aller leistungsmengeninduzierten Kosten über Teilprozesse bis hin zu einzelnen *Aktivitäten*. Für jede dieser Einzelaktivitäten muss dann ein Kostentreiber und ein Kostensatz aufgestellt werden. Dabei sind die *Kostentreiber* die für die Kostenverursachung verantwortlichen Faktoren (m³ Erdaushub, Bestellvorgang, Fahrtkilometer, o. ä.). Der *Kostensatz* besteht aus den Personal- und Sachkosten, die bei Ausführung der Aktivität pro Kostentreiber anfallen (z. B. € pro m³ Erdaushub: Personalkosten für Baggerführer und anteilige Sachkosten für die Benutzung des Baggers) (vgl. Abb. 5.55).

Für die Aufstellung des Ist-Zustandes eignet sich eine Datenerfassung, wie in Abschn. 5.3.6 vorgeschlagen. Danach müssen die Änderungen auf den Prozessablauf im Soll-Zustand abgeschätzt werden. Denkbar sind Anpassungen bei den Kostentreibern (z. B. häufigere Bestellungen) und bei den Kostensätzen (z. B. Kostensenkung durch effektivere Ausführung), aber auch der Wegfall einiger Einzel-

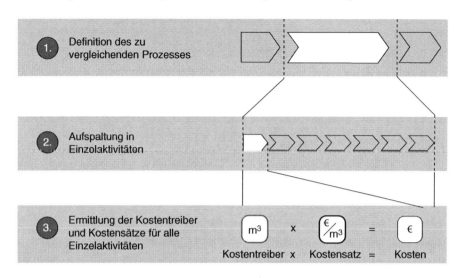

Abb. 5.55 Vorgehen zur Ermittlung der Prozesskosten

aktivitäten und das Hinzukommen neuer Teilschritte sind möglich. Hilfreich bei der Abschätzung der Auswirkungen sind Erfahrungen, die in anderen Unternehmen oder bei Einführung ähnlicher Technologien gemacht worden sind (vgl. Abb. 5.56).

Als Ergebnis erhält man eine erste Abschätzung der quantitativen Auswirkungen des Technologieeinsatzes auf den Prozessablauf. Durch schrittweise Abänderung einiger Annahmen kann man zudem kritische Erfolgsfaktoren ermitteln und Szenarien bilden. Das ermittelte Nutzenpotenzial kann man nun mit den erforderlichen Investitionskosten (Sachkosten, Lizenzkosten, Umrüstungskosten, Anlaufkosten) vergleichen und so eine Wirtschaftlichkeitsanalyse durchführen.

Allerdings lässt sich nur ein Teil der gewünschten Effekte quantitativ abbilden. Viele Vorteile sind nicht direkt messbar (höhere Qualität, mehr Flexibilität, größere Kundenzufriedenheit, Risikoreduzierung, Zugang zu Schlüsselkunden oder -lieferanten). Oft sind aber gerade diese qualitativen Verbesserungen ein entscheidender

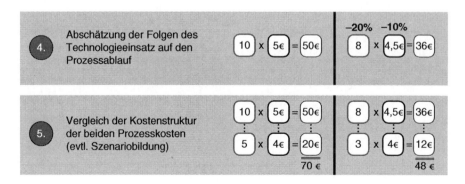

Abb. 5.56 Vergleich der Prozesskosten

Abb. 5.57 Qualitative und quantitative Effekte. (Quelle: eigene Darstellung in Anlehnung an Krupp und Precht 2009)

Grund für die Einführung einer neuen Technologie (vgl. Abb. 5.57). Somit sind diese für eine abschließende Bewertung mit zu berücksichtigen. Dies kann systematisch mittels einer Nutzwertanalyse erfolgen.

Zumeist sind bei solchen Prozessanpassungen mehrere Unternehmen betroffen, da gerade an den Schnittstellen noch ein großes Optimierungspotenzial besteht. Grundvoraussetzung für den Erfolg eines Projektes ist, dass der Netzwerkgewinn positiv ist, also über alle Beteiligten hinweg der Nutzen die Kosten überwiegt. Allerdings ist die Verteilung der positiven und negativen Effekte über die verschiedenen Akteure oft sehr unterschiedlich, so dass für einige Unternehmen sogar die negativen Folgen überwiegen können. Auch können sich die Voraussetzungen für die verschiedenen Beteiligten im Zeitverlauf ändern – so kann ein Projektpartner hohe Umstellungskosten stemmen müssen, im Zeitverlauf aber große sekundäre Nutzen heben.

Da die Einführung unternehmensübergreifender Technologien gegen den Widerstand eines Akteurs nicht möglich ist, müssen für alle beteiligten Partner Anreize zur Kooperation bestehen. Mit der Lösung dieses wirtschaftlichen Konflikts beschäftigt sich das Cost Benefit Sharing (vgl. dazu Riha 2009).

Ziel ist die Schaffung eines Ausgleichs innerhalb des Netzwerkes, damit alle Beteiligten vom Gesamterfolg profitieren. Mögliche Ausgleichsmechanismen sind neben reinen Preisverhandlungen beispielsweise Investitionszulagen, Abnahmegarantien und Open-Book-Kalkulationen. Folgende Anforderungen werden an ein *Gewinnverteilungssystem* gestellt:

- Transparenz und Nachvollziehbarkeit
- moderater Aufwand zur Gewinnung der Datenbasis
- Robustheit gegenüber Manipulation
- Erfolgsorientierung

Je nach Voraussetzungen und Gegebenheiten des Projekts werden dabei verschiedene Systeme angewandt: Geht die Initiative klar von *einem* Unternehmen aus und sind andere Partner nur geringfügig an den Schnittstellen betroffen, so ist die Übernahme von Verlusten am praktikabelsten. Dabei werden den Partnern alle mit dem Projekt verbundenen Aufwendungen durch das initiierende Unternehmen erstattet und mit einer Prämie ein Anreiz für eine Kooperation geschaffen. Das ganze Risiko wird hierbei nur von einem Unternehmen getragen, allerdings kann dieses auch den größten Teil des Nutzens für sich behaupten.

Handelt es sich bei den Projektpartnern um *gleichwertige* Unternehmen, die in ähnlichem Umfang Kosten und Risiken eingehen, so sollte auch der Gesamtgewinn gleich verteilt werden. Somit fördert man mit einem klaren und einfachen System eine Erfolgsorientierung aller Beteiligten und schafft die Voraussetzungen für eine enge Zusammenarbeit.

Bei Projekten, an denen sehr *unterschiedliche* Unternehmen beteiligt sind und bei denen Kosten und Nutzen stark divergieren, ist eine komplexere Betrachtung notwendig. Ziel der Verteilung ist hier, dass die Rendite aller Beteiligten gleich der Gesamtrendite des Projekts ist und somit jeder Beteiligte einen gerechten Nutzen für die aufgewendeten Kosten erwarten kann. Hierbei sollte auch unbedingt der qualitative Nutzen mit einbezogen werden, da es bei einer rein quantitativen Berechnung zu starken Verzerrungen kommen kann. Dieses Verteilungssystem ist am fairsten, erfordert aber auch eine sehr detaillierte Aufstellung an Daten und einen hohen Koordinationsaufwand (vgl. Riha 2009).

Allgemeine *Voraussetzung* für den Erfolg einer Prozessanpassung ist eine generelle Aufgeschlossenheit aller Beteiligten, gegenseitiges Vertrauen und Fairness sowie eine klare Absprache von Korrekturmaßnahmen, falls die realisierten Kosten und Nutzen stark von den geplanten abweichen. Eine komplette Datentransparenz zwischen den Projektpartnern ist in der Praxis allerdings nicht zu erreichen.

Die *Grenzen* der vergleichenden Prozesskostenrechnung als Verfahren zur Technologiebewertung liegen bei radikalen Prozessumstellungen, deren Änderungen nur sehr grob abgeschätzt werden können und bei denen Erfahrungswerte fehlen. Aber auch wenn sich in diesem Fall mit den gemachten Annahmen keine konkreten Erfolgsaussichten berechnen lassen, so ist die strukturiere Vorgehensweise hilfreich, um ein detailliertes *Prozess- und Technologieverständnis* zu fördern. Unter Abwägung aller qualitativen und quantitativen Faktoren ist somit auch in diesem Fall eine fundierte Entscheidung möglich.

5.5 Mehrwert Logistik – Nutzen der Logistik für den gesamten Bauprozess

Jörg Weidner, Gerritt Höppner

Eine übergeordnete logistische Planung und Koordination von Material-, Informations- und Finanzflüssen erfolgt in der Baubranche bisher, wenn überhaupt, nur bei Großbauprojekten. Dabei ist die Baulogistik ein Garant für den reibungslosen und effizienten Projektablauf. Durch die richtige Ausgestaltung von Material- und Informationsflüssen können Warte- und Suchzeiten reduziert, Verzögerungen und Unterbrechungen vermieden sowie Auslastungsschwankungen und überdimensioniert hohe Sicherheitslagerbestände minimiert werden. Der Schlüssel zum Erfolg liegt in der Versorgung der Baustelle mit den benötigten Materialien zur richtigen Zeit, am richtigen Ort, in der richtigen Menge und Qualität. Dennoch wird von den Bauunternehmen bis heute das baulogistische Rationalisierungspotenzial zur Optimierung von Bauprozessen nur unzureichend ausgeschöpft – anders als in der stationären Industrie, die bereits in den 1980er Jahren die Bedeutung der Logistik erkannt hat. Dabei stellt die „Logistik" mehr dar, als nur den reinen Materialfluss zu gestalten. Der integrierte Logistikansatz (im Sinne eines Supply Chain bzw. Flow-Managements) beinhaltet die unternehmensübergreifende Optimierung der Prozesse, die zusammen über den Erfolg bzw. Misserfolg eines Bauprojektes entscheiden. Die ganzheitliche Vernetzung und die Synchronisation von Einzelprozessen zu einem durchgängigen Gesamtbauablauf ist dabei das Ziel. Integrierte Logistiklösungen erfordern deshalb eine frühzeitige Einbeziehung aller beteiligten Akteure, wobei insbesondere deren informatorische Vernetzung eine entscheidende Rolle spielt. Denn nur mit aktuellen Daten lassen sich Prozesse effektiv steuern und kontrollieren.

In Verbindung mit dem zielgerichteten Einsatz neuartiger Informations- und Kommunikations-Technologien lassen sich diese Ansätze auch in die Baubranche transferieren. In den vorangegangenen Abschnitten wurden Methoden aufgezeigt, wie Daten mittels Auto-ID-Technologien auf der Baustelle erzeugt und durch den intelligenten Einsatz von Softwaresystemen ganzheitlich genutzt werden können. Der Ansatz der Digitalen Baustelle bietet hierbei die große Chance, eine einheitliche Datengrundlage für alle am Projekt beteiligten zu schaffen. Dies ebnet den Weg für die Implementierung unternehmensübergreifender Softwaresysteme, wie das in Abschn. 5.4.1 vorgestellte Baustellenwirtschaftssystem. Durch die zunehmende Digitalisierung, wie z. B. durch den Einsatz der RFID-Technologie, kann die Kontrolle der Leistung zukünftig erheblich schneller und detaillierter als bisher erfolgen. Dies wiederum ermöglicht eine engere Kooperation und eine bessere Integration von Lieferanten und Dienstleistern in den Wertschöpfungsprozess.

Gerade in einer Branche wie der Bauwirtschaft, die von unternehmensübergreifenden Abläufen geprägt ist, bekommt die Qualität und Effizienz ganzheitlicher Prozesse eine noch stärkere Bedeutung. Die Konzeption unternehmensübergreifender Abläufe beim sogenannten Partnering oder bei Public-Private-Partnership (PPP-) Projekten bestätigen diese Entwicklung und schaffen zudem neue Anreize für eine Optimierung in diese Richtung.

Die bessere informatorische und prozessuale Verknüpfung der Akteure verspricht durch die zielgerichtete Planung, Steuerung und Kontrolle von Prozessen, in Verbindung mit der stärkeren Fokussierung auf die eigenen Kernkompetenzen, einen erheblichen Effizienzgewinn. Nur wenn alle Baubeteiligten in unternehmensübergreifenden Kooperationen gemeinsam an einem Strang ziehen und dasselbe Ziel der ganzheitlichen Optimierung des Bauprozesses verfolgen, kann die Vision der Digitalen Baustelle realisiert werden. Eine wichtige Fragestellung an dieser Stelle ist, wie sowohl die anfallenden Investitionskosten als auch der daraus resultierende, quantitative und qualitative Nutzen gerecht auf die Akteure verteilt werden können. Ansätze hierfür wurden in Abschn. 5.4.3 vorgestellt. Eine faire Verteilung der Investitionskosten über alle Wertschöpfungspartner hinweg ist für die Akzeptanz der vorgestellten Lösungen, mit denen die Vision der Digitalen Baustelle steht und fällt, entscheidend.

Literatur

Arnold D, Isermann H, Kuhn A, Tempelmeier H (Hrsg) (2004) Handbuch Logistik, 2. Aufl. Springer, Berlin

Arnold U (2000) Beschaffung am Scheideweg: Orientierungen auf dem Weg zum modernen Supply Chain Management. Beschaff Aktuell 2000(8):42–44

BAS (2010) CONCREMOTE. http://www.basbv.com/. Zugegriffen: 23. Juli 2010

Bauer H (2007) Baubetrieb, 3. Aufl. Springer, Berlin

Beckmann H (2008) Lenkung und Planung. In: Arnold D, Isermann H, Kuhn A, Tempelmeier H, Furmans K (Hrsg) Handbuch Logistik. Springer, Berlin

Berger TG (2007) Service-Level-Agreements – Konzeption und Management von Service-Level-Agreements für IT-Dienstleistungen. VDM, Saarbrücken

Berner F, Kochendörfer B, Schach R (2007) Grundlagen der Baubetriebslehre, Bd 1. Teubner, Wiesbaden

Biebl E (1993) Zum Entwurf integrierter Millimeterwellenschaltkreise. Habilitationsschrift, Universität München

Bisani K (2005) Baustelleneinrichtungsplanung. Skript zur Vorlesung, München

Blochmann G, Mahlstedt H (2007) Wirtschaftliche und sichere Baustelleneinrichtung. Bundesanstalt für Arbeitsschutz und Arbeitsmedizin, Dortmund

Boenert L, Blömeke M (2003) Logistikkonzepte im Schlüsselfertigbau zur Erhöhung der Kostenführerschaft. Bauingenieur 78(6):277–283

Börkircher M (2006) Vorteile und Chancen von RFID. Dtsch Baubl 2006(320):29

Böttcher P, Neuenhagen H (1997) Baustelleneinrichtung. Betriebliche Organisation, Geräte, Kosten, Checklisten. Bauverl., Wiesbaden

CE (2008) EMV-Richtlinie. http://www.ce-zeichen.de/klassifizierung/emv-richtlinie.html. Zugegriffen: 23. Juli 2010

Corsten D, Gabriel C (2004) Supply Chain Management erfolgreich umsetzen – Grundlagen, Realisierung und Fallstudien. Springer, Berlin

Datalogic GmbH (2004) Strichcode-Fibel. http://www.support-datalogic.de/Handbucher/fibel-g.pdf. Zugegriffen: 23. Juli 2010

Delfmann W (1999) Kernelemente der Logistik-Konzeption. In: Pfohl H-C (Hrsg) Logistikforschung. Schmidt, Berlin, S 37–59

Delfmann W (2008a) Just-in-time. In: Klaus P, Krieger W (Hrsg) Gabler Lexikon Logistik. Gabler, Wiesbaden

Delfmann W (2008b) Push-Prinzip. In: Klaus P, Krieger W (Hrsg) Gabler Lexikon Logistik. Gabler, Wiesbaden

Deml A (2008) Entwicklung und Gestaltung der Baulogistik im Tiefbau. Dargestellt am Beispiel des Pipelinebaus. Dr. Kovac, Hamburg

Dodel JH (2004) Supply Chain Integration. Deutscher Universitäts-Verlag, Wiesbaden

Eitelhuber A (2007) Partnerschaftliche Zusammenarbeit in der Bauwirtschaft. Ansätze zu kooperativem Projektmanagement im Industriebau. University Press, Kassel

Ellis A, Kauferstein M (2004) Dienstleistungsmanagement – Erfolgreicher Einsatz von prozessorientierten Service Level Management. Springer, Berlin

Ellram LM (1991) Supply chain management: the industrial organizational perspective. Phys Distribut Logis Manag 21(l):13–22

Engelmann W (2001) Marktveränderungen und organisatorischer Wandel. In: Mayrzedt H, Fissenewert H (Hrsg) Handbuch Bau-Betriebswirtschaft. Werner, Düsseldorf

Farjah M (2010) Frühzeitige Rosterkennung mit RFID. http://www.rfid-im-blick.de/20100715710/fruehzeitige-rosterkennung-mit-rfid.html. Zugegriffen: 29. Juli 2010

Finkenzeller K (2006) RFID-Handbuch. Grundlagen und praktische Anwendungen induktiver Funkanlagen, Transponder und kontaktloser Chipkarten, 4. Aufl. Hanser, München

Fleisch E, Tellkamp C, Thiesse F (2004) Intelligente Waren beschleunigen die Prozesse. IO New Manag 12(2004):28–31

Franz V, Funk T (2008) Kosteneinsparungen und Rationalisierungseffekte durch ein zentrales Logistikmanagement im Wohnungsbau. Abschlussbericht, Fraunhofer IRB, Stuttgart

Frühauf H (1999) Qualitätsverbesserung im schlüsselfertigen Hochbau. Ein Modell zur Berechnung der Bau- und Projektleitungskapazität. expert, Renningen-Malmsheim

Gillert F (2007) RFID für die Optimierung von Geschäftsprozessen. Carl Hanser Verlag, München

Girmscheid G (2005) Angebots- und Ausführungsmanagement – Leitfaden für Bauunternehmen. Springer, Berlin

Gleißner H (2000) Logistikkooperationen zwischen Industrie und Handel. Cuvillier, Göttingen

Goldenberg I (2005) Optimierung von Supply Chain Prozessen in der Bauwirtschaft durch mobile Technologien und Applikationen. Mensch & Buch, Berlin

Gudehus T (2005) Logistik. Springer, Berlin

Gudehus T (2006) Dynamische Disposition. Strategien zur optimalen Auftrags- und Bestandsdisposition. Springer, Berlin

Günthner W (2010) Materialfluss und Logistik. Skript zur Vorlesung, Garching

Günthner W, Zimmermann J (2008) Logistik in der Bauwirtschaft. Status quo, Handlungsfelder, Trends und Strategien. Bayern Innovativ, Nürnberg

Gussow V (2000) Schlüsselfertiger Hochbau. Vieweg, Wiesbaden

Helmus M, Laußat L, Meins-Becker A, Seget A (2008) Integriertes Wertschöpfungsmodell. RFID im Bau, Tagungsband zum Kongress am 22.+23.02.2008 auf der bautec/Build IT

Helmus M, Laußat L, Meins-Becker A, Seget A (2009) RFID in der Baulogistik. Vieweg und Teubner Verlag, Wiesbaden

Hertel J, Zentes J, Schramm-Klein H (2005) Supply-Chain-Management und Warenwirtschaftssysteme im Handel. Springer, Berlin

Hilti AG (2010) TPS – Elektronischer Diebstahlschutz. http://www.hilti.de/holde/page/module/product/prca_rangedetail.jsf?lang=de&nodeId=-65172. Zugegriffen: 23. Juli 2010

Hungenberg H (2004) Strategisches Management in Unternehmen. Gabler, Wiesbaden

Kamm H (1994) Materialwirtschaftliche Steuerung im Baubetrieb. Analyse und Verbesserung baubetrieblicher Beschaffungsvorgänge. VDI, Düsseldorf

Kern C (2007) Anwendung von RFID-Systemen, 2. Aufl. Springer, Berlin

Klaus P (2007) Logistik – Flow Management. Nürnberger Logistik-Arbeitspapier Nr 8, Nürnberg

Klaus P, Kille C (2008) Stand der Entwicklungsperspektiven des Logistikmanagements. In: Arnold D, Isermann H, Kuhn A, Tempelmeier H, Furmans K (Hrsg) Handbuch Logistik. Springer, Berlin

Klaus P, Krieger W (Hrsg) (2008) Gabler Lexikon Logistik. Gabler, Wiesbaden

Köster D (2007) Marketing und Prozessgestaltung am Baumarkt. Deutscher Universitäts-Verlag, Wiesbaden

Krupp M, Precht P (2009) „RFID Nutzen Eisberg" – Eine Methodik zur Strukturierung von RFID-Nutzenpotentialen. Inf Manag Consulting 24(4):77–84

Krupp T (2001) Supply Chain Software – Einordnung der Softwarelösungen zur Unterstützung von Supply Chain Management und ein Bewertungsraster für einen Profilvergleich bestehender Advanced Planning Systems (APS). Fraunhofer IRB-Verlag, Stuttgart

Kummer S, Grün O, Jammernegg W (Hrsg) (2006) Grundzüge der Beschaffung. Produktion und Logistik. Pearson Studium, München

Leimböck E, Klaus UR, Hölkermann O (2007) Baukalkulation und Projektcontrolling. Unter Berücksichtigung der KLAR Bau und der VOB, 11. Aufl. Vieweg, Braunschweig

Leinz J (2004) Strategisches Beschaffungsmanagement in der Bauindustrie. Einkauf und Logistik in überregional tätigen Unternehmen des schlüsselfertigen Hochbaus. DUV, Wiesbaden

Leinz J (2006) Die Optimierung der Beschaffungsfunktion in Bauunternehmen. In: Clausen U (Hrsg) Baulogistik – Konzepte für eine bessere Ver- und Entsorgung im Bauwesen. Praxiswissen, Dortmund

Lennerts K (1999) Entwicklung eines hybriden, objektorientierten Systems zur optimierten Baustelleneinrichtungsplanung (ESBE). Bautechnik 76(3):204–215

Lim X (1995) Construction productivity issues encountered by contractors in Singapore. Int J Project Manag 13(1):51–58

Little AD (1999) A European supply chain survey. Little International, Inc., Brüssel

Low SP, Choong JC (2001) Just-in-time management in precast concrete construction: a survey of the readiness of the main contractors in Singapore. Integr Manufacturing Systems 12(6): 416–429

Mayer R (1998) Prozesskostenrechnung – State of the Art. In: Horváth & Partners (Hrsg) Prozesskostenmanagement: Methodik und Anwendungsfelder, 2. Aufl. Vahlen, München

Möllmann K (2000) Zur Krisenanfälligkeit kleiner und mittlerer Bauunternehmen. LIT-Verlag, Münster

Nyhuis P (2008) Produktionskennlinien – Grundlagen und Anwendungsmöglichkeiten. In: Nyhuis P (Hrsg) Beiträge zu einer Theorie der Logistik. Springer, Berlin

Opitz H (1971) Moderne Produktionstechnik. Girardet, Essen

Pfarr KH (2000) Die Entwicklung der Bau- und Immobilienwirtschaftslehre. In: Institut für Bauwirtschaft der Universität Kassel (Hrsg) Perspektiven am Beginn des neuen Milleniums. Tagungsband zum wissenschaftlichen Symposium Bauwirtschaft 2000. University Press, Kassel

Pfohl HC (2000) Logistiksysteme. Springer, Berlin

RFID-News (2008) Sign up for enhanced drivers's license. http://www.rfidnews.org/2008/01/24/ 2000-sign-up-for-enhanced-drivers-license/. Zugegriffen: 23. Juli 2010

Riha IV (2009) Entwicklung einer Methode für cost benefit sharing in Logistiknetzwerken. Praxiswissen, Dortmund

SAP (2010) Eckterminbestimmung durch Rückwärtsterminierung. http://help.sap.com/saphelp_45b/ helpdata/de/f4/7d294a44af11d182b40000e829fbfe/content.htm. Zugegriffen: 2. Aug. 2010

Schach R, Otto J (2008) Baustelleneinrichtung. Grundlagen – Planung – Praxishinweise – Vorschriften und Regeln. Teubner/GWV Fachverlage Wiesbaden, Wiesbaden

Schiller K, Kloß S (2003) Praktische Baukalkulation. Beuth, Berlin

Schmidt N (2003) Wettbewerbsfaktor Baulogistik. Neue Wertschöpfungspotenziale in der Baustoffversorgung. Deutscher Verkehrs-Verlag, Hamburg

Schönsleben P (2007) Integrales Logistikmanagement. Springer, Berlin

Seefeldt M (2003) Projektmanagement im Auf-Bau. Hansebuch, Hamburg

Seemann YF (2007) Logistikkoordination als Organisationseinheit bei der Bauausführung. Mainz-Verl., Aachen

Seydel H (2001) Biometrie – Biometrische Daten. http://www.aufenthaltstitel.de/stichwort/ biometrie.html. Zugegriffen: 20. Juli 2010

Sennheiser A, Schnetzler MJ (2008) Wertorientiertes Supply Chain Management. Springer, Berlin

Stark K (2006) Baubetriebslehre. Vieweg, Wiesbaden

Statistisches Bundesamt (2008) Unternehmen und Arbeitsstätten. Nutzung von Informations- und Kommunikationstechnologien in Unternehmen. Ausg. 2008. Statistisches Bundesamt, Wiesbaden

Stölzle W, Heusler KF, Karrer M (2004) Erfolgsfaktor Bestandsmanagement: Konzept – Anwendung – Perspektiven, 1. Aufl. Versus, Zürich

Strassner M, Fleisch E, Lampe M (2004) Ubiquitous Computing in der Flugzeugwartung. Multikonferenz Wirtschaftsinformatik, Essen

Strüker J, Gille D, Faupel T (2008) RFID Report 2008 – Optimierung von Geschäftsprozessen in Deutschland. IIG-Telematik/Albert-Ludwigs-Universität Freiburg/VDI nachrichten, Düsseldorf

Suchanek S (2007) Strukturation von Handwerksnetzwerken. Deutscher Universitäts-Verlag, Wiesbaden

Thabet W, Beliveau Y (1997) SCaRC: space-constrained resource-constrained scheduling system. J Construct Eng Manag 11(1):48–59

Thonemann U, Behrenbeck K, Diederichs R, Großpietsch J, Küpper J, Leopoldseder M (2003) Supply chain champions. Gabler, Wiesbaden

Töpfer A (2007) Betriebswirtschaftslehre. Anwendungs- und prozessorientierte Grundlagen. Springer, Berlin

Transkanen K, Holmström J, Elfving J, Talvitie U (2009) Vendor-managed-inventory (VMI) in construction. Int J Prod Perform Manag 58(1):29–40

Vahrenkamp R (2007) Logistik. Management und Strategien, 6. Aufl. Oldenbourg, München

Verband der Automobilindustrie e. V. (2005) Auto Jahresbericht. VDA, Frankfurt a. M.

Wannenwetsch H (2005) Vernetztes Supply-Chain-Management. SCM-Integration über die gesamte Wertschöpfungskette. Springer, Berlin

Wagner MS, Rink C (2007) Lieferantenmanagement: Strategien, Prozesse uns systemtechnische Umsetzung. In: Brenner W, Wenger R (Hrsg) Elektronische Beschaffung. Springer, Berlin

Weber J (2007) Simulation von Logistikprozessen auf Baustellen auf Basis von. 3D-CAD Daten, Dortmund

Weber J, Kath T (2005) Baulogistik: ein aktuelles Meinungsbild. Baumarkt Bauwirtsch 104(6):25–27

Weber R (2006) Zeitgemäße Materialwirtschaft mit Lagerhaltung: Flexibilität, Lieferbereitschaft, Bestandsreduzierung, Kostensenkung – Das deutsche Kanban, 8. Aufl. Expert, Renningen

Wildemann H (2008) Entwicklungspfade der Logistik. In: Baumgarten H (Hrsg) Das Beste der Logistik. Springer, Berlin

Wildemann H (2009) Logistik – Prozessmanagement, 4. Aufl. TCW, München

Yeo KT, Ning JH (2002) Integrating supply chain and critical chain concepts in engineer-procurement-construct (EPC) projects. Int J Project Manag 20(9):253–262

Kapitel 6
Die Umsetzung der Digitalen Baustelle

Tobias Baumgärtel, Tim Horenburg, Yang Ji, Mathias Obergrießer,
Claus Plank, Markus Schorr, Bernhard Strackenbrock
und Johannes Wimmer

In den vorangegangenen Kapiteln wurden die vom Forschungsverbund ForBAU in Zusammenarbeit mit den Industriepartnern erarbeiteten Konzepte der *Digitalen Baustelle* vorgestellt. In allen Projektphasen wurden die Anforderungen, Konzepte und Ergebnisse an realen Pilotbaustellen validiert. Dabei wurden die den Konzepten zugrunde liegenden Annahmen überprüft und die Praxistauglichkeit der Entwicklungen an den bestehenden Anforderungen der täglichen Baupraxis getestet, weiter optimiert und so in der Realität umgesetzt.

Als Pilotbaustelle zur durchgängigen Umsetzung der Digitalen Baustelle wurde ein Teilstück eines vierspurigen Neubaus einer Bundesstraße ausgewählt. An dieser Pilotbaustelle „Bundesstraße" wurde die Zusammenführung der Teilmodelle mittels des ForBAU-Integrators realisiert. Das vom Integrator erzeugte parametrische Volumenmodell wurde für die trassengebundene 3D-Brückenmodellierung sowie für Ablaufsimulationen der Erdbauprozesse verwendet. An der Pilotbaustelle „Bundesstraße" wurde weiterhin die baubegleitende Vermessung mittels terrestrischem Laserscannings umgesetzt. Für die Verwaltung der Modelle wurde ein PDM-System eingesetzt. Die an dieser Pilotbaustelle gewonnenen Ergebnisse und Erfahrungen sind im nachfolgenden Abschn. 6.1 beschrieben.

Beispiele zur weiteren Nutzung digitaler Modelle während des Ausführungsprozesses sind in Abschn. 6.2 dargestellt. An der Pilotbaustelle „Tunnelquerschlag" wurden neue Methoden zur modellbasierten Qualitätssicherung bei der Dichtblockherstellung untersucht, die auch bei weiteren Tiefgründungsarten Anwendung finden. Zur Evaluierung von Baugrundmodellen anhand von Informationen aus der Bauausführung wurden an der Pilotbaustelle „Bohrpfahlgründung" umfangreiche Auswertungen durchgeführt. An der Pilotbaustelle „Flussquerung" wurde zudem der geometrische Soll-Ist-Abgleich mittels Augmented Reality durchgeführt. Die Erstellung eines 3D-Baustellenmodells aus Airborne-Photogrammetrie-Daten wurde an der Pilotbaustelle „Autobahnbrücke" demonstriert.

T. Baumgärtel (✉)
Zentrum Geotechnik, Technische Universität München, Baumbachstraße 7, 81245 München, Deutschland
E-Mail: t.baumgaertel@bv.tum.de

W. Günthner, A. Borrmann (Hrsg.), *Digitale Baustelle- innovativer Planen, effizienter Ausführen*, DOI 10.1007/978-3-642-16486-6_6, © Springer-Verlag Berlin Heidelberg 2011

6.1 Pilotbaustelle „Bundesstraße"

Bei der untersuchten Trasse handelt es sich um ein ca. zwölf Kilometer langes Teilstück eines vierspurigen Neubaus einer Bundesstraße. Die erforderlichen Erdbauarbeiten in diesem Abschnitt umfassen das Auffahren von 16 Einschnitten und die Herstellung von 17 Dammschüttungen. Die Trasse wird höhenfrei von zahlreichen Straßen und Wegen gekreuzt. Für Detailbetrachtungen wurde ein 1,1 km langer Abschnitt, in dem ein Einschnitt und zwei Dammschüttung herzustellen waren, herangezogen. Im Einschnittbereich kreuzt ein Wirtschaftsweg auf einer zweifeldrigen Brücke die Bundesstraße.

6.1.1 Einsatz des Integrators

Yang Ji

Für die Pilotbaustelle „Bundesstraße" war ein vollständiges 3D-Modell der Trasse zu erzeugen. Das 3D-Modell wurde als Grundlage zur trassengebundenen 3D-Modellierung einer Brücke (s. Abschn. 6.1.2) verwendet. Weiterhin wurden anhand des 3D-Modells die Eingangsdaten für die Simulation des Erdbaus (s. Abschn. 6.1.3) gewonnen.

Das Urgelände mit einer Fläche von 2,37 km² lag bereits in Form eines digitalen Geländemodells vor, das aus 11.815 Dreiecken bestand.

Die Bundesstraße wurde nach dem Regelquerschnitt 26 (RQ 26) konstruiert (Abb. 6.1). Die Trassenplanung selbst wurde in Form eines LandXML-Files zur

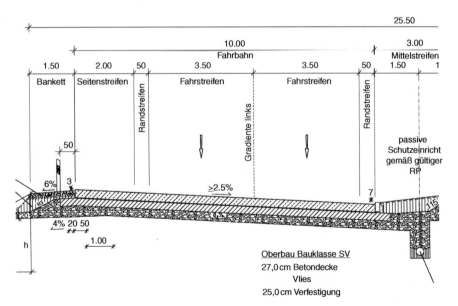

Abb. 6.1 Linke Seite des symmetrischen Regelquerschnitts des Trassenbauwerks. (Quelle: Autobahndirektion Südbayern)

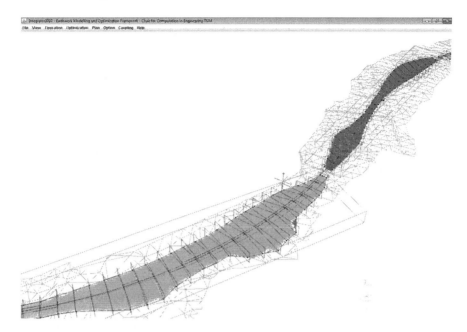

Abb. 6.2 Teil des 3D-Trassenmodells im ForBAU-Integrator

Verfügung gestellt. Zur Erstellung des 3D-Gelände- und Trassenmodells wurden die im Rahmen des ForBAU-Projekts entwickelten Technologien, die im Abschn. 2.3.3 vorgestellt wurden, angewendet.

Das in Abb. 6.2 dargestellte integrierte 3D-Modell wurde vom *ForBAU-Integrator* (s. Abschn. 2.3.6) erstellt. Die zu erstellenden Erdbauwerke, 16 Einschnitte und 17 Dammschüttungen, wurden mit Hilfe des Voxelisierungsalgorithmus in ca. zwei Millionen Voxel-Objekte zu je 16 m^3 (4 m×4 m×1 m) diskretisiert. Jedes Voxel-Objekt enthält die Bodeneigenschaft, die 3D-Position sowie den Typ der Erdbauarbeit (Auftrag oder Abtrag). Trotz dieser sehr hohen Zahl von Voxel-Objekten, nimmt der Voxelisierungsvorgang nur etwa 20 min bei Nutzung eines handelsüblichen Computers in Anspruch.

Das Geländemodell sowie das Trassenmodell wurden anschließend im CAD-Programm *Siemens NX* für die Visualisierung der Ablaufsimulation und für die 3D-Brückenmodellierung zur Verfügung gestellt (Abb. 6.3).

6.1.2 Trassengebundene 3D-Brückenmodellierung

Mathias Obergrießer

Die trassengebundene Brückenmodellierung war zentraler Bestandteil im Forschungsprojekt ForBAU und wird nachfolgend anhand der Überführung eines Wirtschaftsweges detailliert beschrieben. Die hierfür benötigten theoretischen Grundlagen sowie die neu entwickelten Modellierungskonzepte wurden bereits im Abschn. 2.3.4 vorgestellt und bilden die Basis für die nachfolgende Umsetzung.

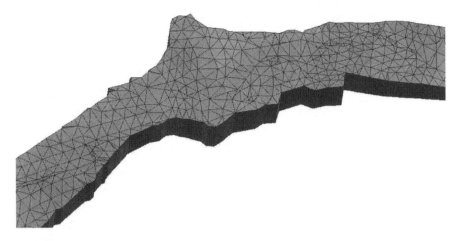

Abb. 6.3 Teil des 3D-Trassenmodells in *Siemens NX*

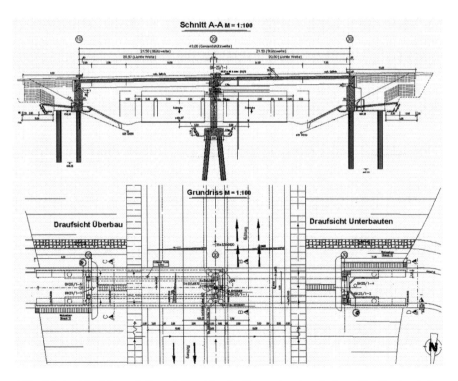

Abb. 6.4 Ansicht, Längsschnitt und Grundriss des Bauwerksentwurfsplans. (Quelle: Autobahn-direktion Südbayern)

Bei dem zu modellierenden Bauwerk handelt es sich um eine zweifeldrig ge-
lagerte Plattenbalkenbrücke, welche auf Großbohrpfählen mit einem Durchmesser
von 75 cm und Längen zwischen acht und zehn Metern gegründet wurde. Im Bereich der Pfeilerachse werden die Bohrpfähle mit einer Neigung von 10:1, in den
Widerlagerachsen senkrecht konzipiert. Der Überbauquerschnitt setzt sich aus zwei
Fertigteil-Plattenbalken (FT-PlaBa) mit anschließender Ortbetonergänzung zusammen und besitzt eine Spannweite von 43,0 m. Die Einzelstützweiten der beiden
Felder betragen jeweils 21,5 m. Die Lagerung des 6,5 m breiten Überbaues erfolgt
durch sechs Elastomerlager, die im Bereich der Widerlager und des Pfeilers angeordnet werden. Die Widerlager selbst werden direkt an die Bohrpfähle ohne Pfahlkopfplatte angebunden, was eine kostengünstige Variante darstellt. Die Gründung
des Pfeilers erfolgt konventionell mittels Pfahlkopfplatte. Weitere geometrische
Informationen, die das Bauwerk bzw. die Trassengeometrie betreffen, können aus
dem Bauwerksentwurfsplan in Abb. 6.4 entnommen werden. Neben dem Übersicht-
plan liegen als Entwurfsplanung weitere Detailzeichnungen, beispielsweise zum
Überbauquerschnitt wie in Abb. 6.5 dargestellt, vor.

Modellierung der Brücke
Der Trassierungsverlauf der Brücke stellt eine wichtige Grundlage für die 3D-Mo-
dellierung dar und bestimmt die geometrische Form sowie die Positionierung der
Brücke im Trassierungsnetz. Der Verlauf der Trasse wurde mit Hilfe der Schnittstelle „Integrator2NX" (s. Abschn. 2.3.6) in die CAD-Umgebung integriert und
anschließend in einer Master-Skizze abgelegt. Die integrierten Referenzlinien
(Abb. 6.6) spiegeln den rechten, linken und mittleren Verlauf der Trasse wider und

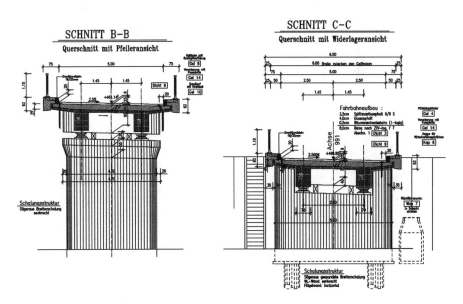

Abb. 6.5 Querschnitt des Bauwerksentwurfsplans. (Quelle: Autobahndirektion Südbayern)

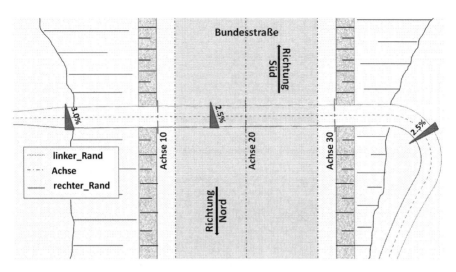

Abb. 6.6 Referenzlinien und Systemachsen der Brücke und der Straße

gewährleisten eine korrekte Modellierung des Brückenbauwerks in Abhängigkeit
der Längs- und Querneigung sowie des Verlaufs der Trasse in Lage und Höhe.

Im nächsten Modellierungsschritt wurden die Brückenlagerachsen zu den Referenzlinien aus der Masterskizze hinzugefügt. Zur Sicherstellung einer assoziativen
Kopplung der Lagerachsen an die Referenzlinien wurden diese in einer Skizzenebene, welche entlang eines Pfades (Referenzlinien) definiert ist, erzeugt (Abb. 6.7).
Dieser Vorgang ermöglicht zum einen eine frei wählbare Positionierung der Unterbauten und zum anderen eine Definition der Stützweite des Überbaues. Die technische Umsetzung der Positionierung der Lagerachsen erfolgte durch die Angabe
eines Abstandes bzw. der Bogenlänge der Skizzenebenen zum Startpunkt der Referenzlinie. Durch die tangentiale Abhängigkeit der Lagerachse (Skizzenebene) zur

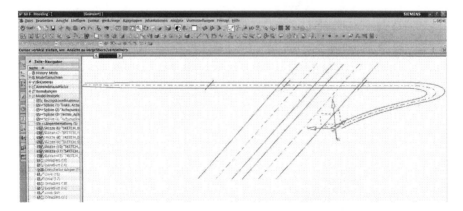

Abb. 6.7 Referenzlinien und Systemachsen der Brücke in *Siemens NX*

Brückenachse (Referenzlinie) kann zu einem beliebigen Zeitpunkt eine Modifikation der Positionierung bzw. der Stützweite der Brücke erfolgen.

Nachdem die Hauptgeometrien des Bauwerks definiert wurden, konnte mit der Modellierung der einzelnen Bauteile begonnen werden. Hierzu wurden im ersten Schritt, entsprechend der im Abschn. 2.3.4 bereits angesprochenen Strukturdefinitionen, die Hauptbaugruppen wie z. B. Brücke, Baugrund, Trasse angelegt. Anschließend wurden diese Hauptbaugruppen in weitere Unterbauteile zerlegt, sodass eine einfache und bauteilorientierte Navigation durch die Modellierungshierarchie möglich war. Am Beispiel der Brückenbaugruppe erfolgte eine erneute Unterteilung des Bauteils in die Unterbaugruppen Überbau und Unterbau. Dies erlaubt anschließend eine noch kleinteiligere Organisation. Die neu erzeugten Unterbaugruppen beinhalten sämtliche geometrischen Modellierungselemente und -vorgänge, die zur Erstellung des Bauteils nötig waren. Die feingranulare Einteilung der Bauwerksstruktur ermöglicht während bzw. nach Abschluss des Modellierungsprozesses eine einfache Nachverfolgung der einzelnen Arbeitsschritte und vereinfacht die Lösung von Problemen sowie nebenläufige Modifikationen durch unterschiedliche Bearbeiter (Concurrent Engineering).

Nachfolgend werden anhand des Brückenüberbaus die erforderlichen Modellierungsschritte exemplarisch aufgezeigt. Der Brückenüberbau sollte wenn möglich zuerst modelliert werden, da er zum einen die Form der Unterbauten sowie die Lage der Damm- bzw. Einschnittbereiche definiert. Begonnen wurde mit der Verlinkung der Referenzlinien bzw. der Brückenachsen mit dem Überbau-Bauteil. Dieser Vorgang gewährleistet eine assoziative und redundanzfreie Kopplung des Bauteils an die Elemente aus der Masterskizze. In einem nächsten Schritt wurde eine Skizze erzeugt, die den Querschnitt des zweistegigen Plattenbalkens entlang eines Pfades (mittlere Referenzline) definiert. Sämtliche geometrische Informationen, die den Überbauplattenquerschnitt betreffen, konnten aus dem Bauwerksentwurfsplan (Abb. 6.5) entnommen und anschließend in die Skizze in Abb. 6.8 integriert werden.

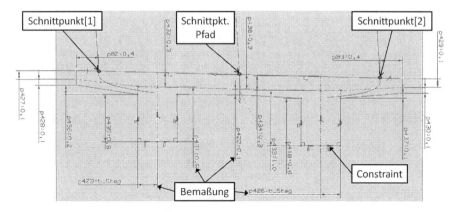

Abb. 6.8 Querschnittsskizze des Brückenüberbaues

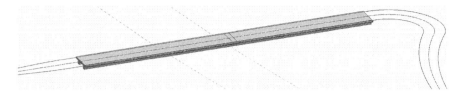

Abb. 6.9 Extrudierter Überbaukörper der Brücke

Durch den Einsatz einer Schnittpunktermittlungsfunktion zwischen der Skizzenebene und den beiden äußeren Referenzkurven konnte eine Kopplung umgesetzt
und ein trassengebundener Modellierungsverlauf des Plattenbalkenquerschnittes
gewährleistet werden.

Die Parametrisierung und somit die Modifizierbarkeit des Querschnittes erfolgt
durch den Einsatz von parametrisch definierbaren Vermaßungsketten bzw. geometrischen Zwangsbedingungen (Constraints). Die Verwendung eines allgemein gültig
definierten Parameter „b_Steg", welcher mit der Vermaßungskette des Plattenbalken-
steges aus der Skizze (p423 und p426 in Abb. 6.8) verknüpft wurde, ermöglichte zum
Beispiel die Umsetzung variabler Stegbreiten des Plattenbalkens. Eine andere Möglichkeit der Parametrisierung bestand darin, die geometrische Beziehung zwischen
der Kragarmbreite des Plattenbalkens und der Breite der Kappen mit Hilfe einer
mathematisch definierten Abhängigkeit (im Beispiel: p82=b_Kappe – 0,35 m) herzustellen. Zudem wurden diese und weitere Parametrisierungstechniken eingesetzt,
um komplexe geometrische Beziehungen innerhalb aber auch außerhalb einer Skizzenebene erstellen zu können. Ergaben sich aus der geometrischen Aufgabenstellung
bzw. dem Bauwerksentwurfsplan rechtwinklige, parallele oder kollineare Bedingungen, so wurden diese als „Constraints" mit in die Skizze integriert. Der Parametrisie-
rungsprozess konnte abgeschlossen werden, nachdem alle geometrischen Freiheitsgrade mittels Vermaßungsketten und Zwangsbedingungen festgelegt wurden.

Im Anschluss erfolgte die Extrusion des erstellten Plattenbalken-Skizzenquer-
schnittes (Abb. 6.9). Hierfür kamen zwei verschiedene Extrusionsarten zum Einsatz. Die „Variable Extrusion" modelliert den Querschnitt entlang eines definierten
Pfades. Die Funktion „Extrudiert" erzeugt aus mehreren variablen Querschnitts-
skizzen entlang von maximal drei Führungslinien einen Extrusionskörper. Die
Funktion „Variable Extrusion" eignete sich sehr gut für die Modellierung der einfachen Kappengeometrie. Hier wurde die Funktion „Extrudiert" für die Umsetzung
des Überbauplattenbalkenkörpers eingesetzt, da mit ihr geometrische Extrusions-
probleme im Bereich kleinerer Kurvenradien bzw. der Fahrbahnverengung vermieden werden können.

Nachdem die Extrusion des Überbaukörpers (Plattenbalken und Kappe) abgeschlossen war, wurde in einem nächsten Schritt eine parametrische Abhängigkeit zwischen der Überbaulänge (Spannweite) und den verlinkten Brückenachsen
hergestellt. Hierzu wurde, wie in Abb. 6.10 dargestellt, eine assoziativ gekoppelte
Bezugsebene in einen Abstand von 0,75 m zur Achsenebene der Widerlager erzeugt. Mit Hilfe dieser beiden Bezugsebenen konnte der Überbaukörper auf die
reale Länge getrimmt werden. Die gleichen Modellierungsschritte wurden zur parametrischen Längendefinition der Kappenkörper durchgeführt.

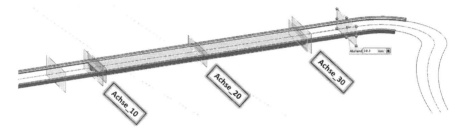

Abb. 6.10 Achsbezogen getrimmter Überbaukörper der Brücke

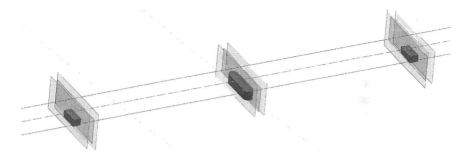

Abb. 6.11 Achsbezogen getrimmter Querbalken der Brücke

Im nächsten Schritt erfolgte die Umsetzung der Querbalken im Bereich der Widerlager bzw. des Pfeilers (Abb. 6.11). Hierzu wurde wiederum der Querschnitt in einer Skizze entlang eines Pfades konstruiert, anschließend extrudiert und mit Hilfe von achsgekoppelten Bezugsebenen auf die erforderliche Länge zugeschnitten. Zusätzlich wurde am Querbalken der Pfeilerachse eine Abrundung der Eckkanten mit einem Radius von 62,5 cm modelliert. Die Umsetzung erfolgte durch den Einsatz eines vom CAD-System zur Verfügung gestellten parametrisierten Features zur Kantenverrundung.

Nach Abschluss der Querbalkenmodellierung war der Überbau vollständig modelliert (Abb. 6.12), so dass im Anschluss die Umsetzung des Unterbaus (Widerlager, Pfeiler, Gründung, Lager usw.) erfolgen konnte. Aufgrund der Analogie des Modellierungsprozesses zur Überbaumodellierung wird auf eine detaillierte Beschreibung verzichtet. Die vollständig modellierte Brücke ist in Abb. 6.13 dargestellt.

Modellierung der Gründung

Bei der Modellierung der Bohrpfähle kam ein Konzept zum Einsatz, das eine Kopplung der Bohrpfähle an die Widerlager bzw. Pfeilerpfahlkopffundamente ermöglicht und zudem die Neigung der Schrägpfähle berücksichtigt. Die Modellierung der Bohrpfähle im Bereich der Widerlager erfolgte mit Hilfe von zwei Skizzen, die über eine assoziativ gekoppelte Bezugsebene mit einander verlinkt sind. Dieser Kopplungsansatz ermöglichte die Modellierung einer variablen Pfahllänge, welche

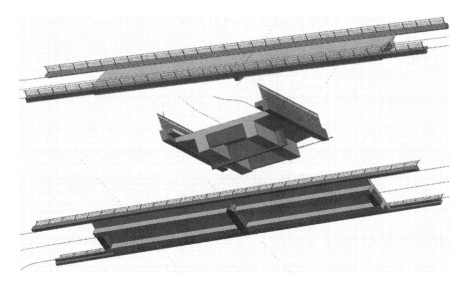

Abb. 6.12 Vollständiges Überbaumodell der Brücke

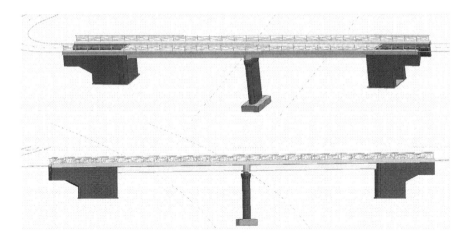

Abb. 6.13 Vollständiges Unterbaumodell der Brücke

durch den Abstand zwischen den beiden Ebenen definiert wurde. Außerdem besitzen die Pfahlskizzen eine vermaßungsgekoppelte Beziehung zu den Widerlager-
außenkanten, sodass eine Verschiebung der Widerlagerposition eine Verschiebung
der Bohrpfähle bewirkt. Die in Abb. 6.14 dargestellten Schrägpfähle unter dem
Brückenpfeiler wurden nach dem gleichen Prinzip wie bei den Widerlagerpfählen
modelliert. Zusätzlich wurde das Neigungsverhältnis der Schrägpfähle von 10:1
mit Hilfe des Verhältnisses Mittelpunktabstand der oberen Pfahlskizze zur unteren
Pfahlskizze (X=Z/10 mit Z=Abstandsparameter der Ebenen) parametrisch integ-

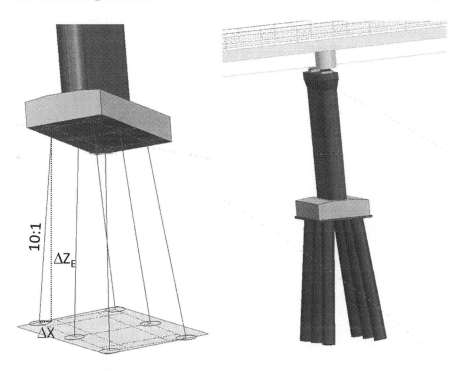

Abb. 6.14 Schräge Bohrpfähle unter Pfeilerachse

riert. So bewirkt eine Verlängerung des Pfahles bzw. des Abstandes der Bezugsebene eine Längenänderung des Pfahlschaftes bei gleichbleibender Neigung.

Vollständig parametrisches 3D-Brückenmodell
Am Ende dieses Modellierungsprozesses erhielt man ein parametrisches, trassen-
gebundenes Brückenmodell (Abb. 6.15).

Durch eine Modifikation der Elemente aus der Masterskizze wird eine einfache Anpassung an neue Randbedingungen aus der Trassen- bzw. Brückenplanung

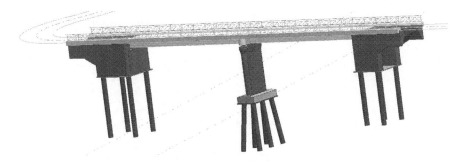

Abb. 6.15 Vollständiges Unterbaumodell mit Pfählen

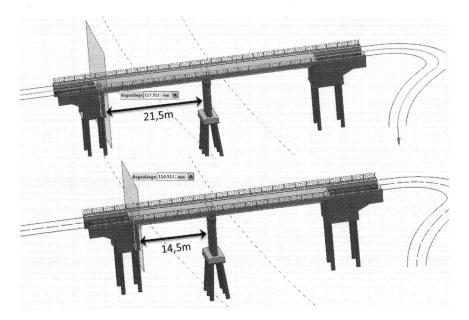

Abb. 6.16 Parametrisierte Modelländerung der Stützweite

ermöglicht. Sollte sich zum Beispiel aus der Finite-Elemente-Struktursimulation die Notwendigkeit zur Änderung der Stützweite ergeben, so kann der Brückenkonstrukteur dies durch eine Neupositionierung der Widerlagerachsen, beispielsweise von der Position 117,5117 m auf die Position 110,5117 m (Stützweitenreduktion $\Delta L_s = 7{,}0$ m) in der Masterskizze umsetzen, ohne dabei weitere Modellierungsprozesse durchführen zu müssen. Die Auswirkungen entsprechender Anpassung sind in Abb. 6.16 gegenübergestellt.

Anbindung weiterer 3D-Modelle
Zur Fertigstellung der gesamten 3D-Modellierung des Bauvorhabens wurden noch weitere Modellierungsschritte zur Anbindung des Baugrund- und Trassenmodells aus Abschn. 6.1.1 durchgeführt. Hierbei wurden Skizzen entwickelt, die die Geometrie der jeweiligen Objekte wie Straße, Damm oder Einschnitt mit ihren Parametern Böschungsneigung, Straßenbelaghöhe und -breite widerspiegeln. Die Einschnitts- bzw. Dammkörper wurden anschließend mit Hilfe von booleschen Operationen erzeugt. Aus den erhaltenen Erdkörpern kann man Informationen über die geplanten Massen ermitteln. Die Navigation durch die komplexe Modellierungsstruktur samt der beinhalteten Modellierungsprozesse konnte mit Hilfe eines bauteilorientierten Konzeptes auf einfache Art und Weise beherrscht werden. Die Modellhierarchie der einzelnen Bauteile ist in Abb. 6.17 dargestellt.

Anhand der Bildsequenz in Abb. 6.18 kann der Modellierungsprozess der Erdbauwerke nachverfolgt werden. Im oberen Bild wurde das 3D-Baugrundmodell im Bereich des Brückenbauwerks erzeugt. Das mittlere Bild zeigt die anschließend

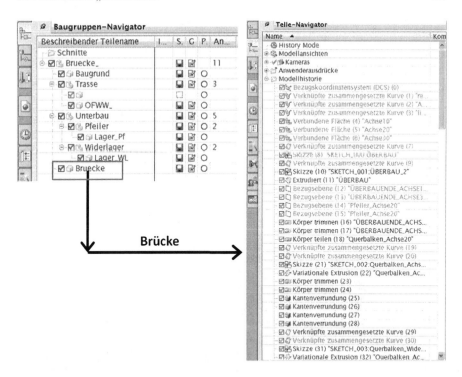

Abb. 6.17 Modellhierarchie der einzelnen Bauteile

modellierten Einschnitte im Bereich des Brückenbauwerks. Vervollständigt wird das Baugrund-Trassen-Brückenmodell durch das Hinzufügen der Dammgeometrie.

Selbstverständlich werden für die baupraktische Umsetzung des Bauwerkes immer noch ausgeplottete 2D-Ausführungspläne auf der Baustelle gefordert. Diese Pläne können durch das Ableiten von Ansichten und Schnitten aus dem 3D-Modell generiert und anschließend durch das Hinzufügen von Vermaßungsketten bzw. Beschriftungen an die Ansprüche der jeweiligen Gewerke (Schalungsbauer, Betonbauer, etc.) angepasst werden. Das bidirektionale Kopplungskonzept zwischen den 2D-Plänen und dem 3D-Modell ermöglicht eine redundanzfreie und zeitverkürzte Planungsänderung, indem die Modifikationen des Bauteils entweder am 3D-Modell direkt oder in der 2D-Zeichnung umgesetzt werden.

Mit dem hier beschriebenen Konzept kann jedes beliebige Brückenbauwerk modelliert werden. Durch die Kopplung der Brücke an den Trassierungsverlauf können bereits während der Entwurfs-, aber auch noch in der Ausführungsphase Planungsprozesse optimiert und redundante Vorgänge reduziert werden. Die Planung eines 3D-Brückenbauwerks, welches zugleich in die Trassierungs- und Baugrundumgebung integriert ist (Abb. 6.19), bringt daher wesentliche Vorteile im gesamten digitalen Planungsprozess.

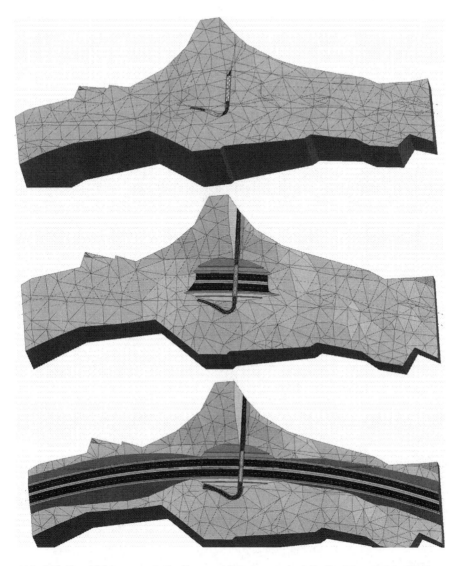

Abb. 6.18 Entwicklungsszenario des Baugrund-Trassierungsmodells. Zunächst wird das 3D-Baugrundmodell erzeugt, die Einschnitte im Bereich des Brückenbauwerks modelliert und schließlich die Dammgeometrie hinzugefügt

6.1.3 Ablaufsimulation

Tim Horenburg, Johannes Wimmer, Yang Ji

Die Planung im Bereich des Erdbaus ist, gerade im Trassenbau, eine komplexe, vielschichtige Aufgabe: Es gilt Geräte und Maschinen zu disponieren, das Baustel-

Abb. 6.19 Vollständiges parametrisches Baugrund-Trassen-Brückenmodell

lenlayout bezüglich der Transportrouten, Deponien und Zwischenlager zu entwerfen sowie das geplante Vorhaben in mehrere Bauabschnitte zu unterteilen. Auf Basis gemittelter Erdmassen muss die Zuweisung von Erdaushub- und Einbauarbeiten geregelt und an ausführende Unternehmen vergeben werden. In der Praxis beruht dieser Planungsprozess auf der Erfahrung der verantwortlichen Ingenieure. Spezielle Berechnungstools zur Unterstützung von Entscheidungen in der Erdbauplanung werden bislang kaum eingesetzt. Falsche Entscheidungen können dazu führen, dass die Arbeiten nicht fristgerecht erledigt werden und sich somit Projektdauer und Gesamtkosten erhöhen.

Die Bauablaufsimulation bietet die Möglichkeit, alternative Szenarien mit unterschiedlichen Maschinenkombinationen, Ausführungsreihenfolgen der Arbeiten sowie verschiedenen Layouts der Baustelleneinrichtung zu bilden und miteinander zu vergleichen. Der in Abschn. 4.5.2 vorgestellte Lösungsansatz wird hier exemplarisch für den Erdbau der Pilotbaustelle gezeigt (Abb. 6.20). Dieser unterstützt die Verantwortlichen vor und während der Bauausführung dabei, den Erdbauprozess und dessen zeitlichen Ablauf zu steuern.

Randbedingungen

Im Bereich der Pilotbaustelle „Bundesstraße" sind die meisten anstehenden Bodenarten für eine Weiterverwendung im Erdbau geeignet. Ein möglichst großer Anteil der aus den 16 Einschnitten gewonnenen Böden soll für die Aufschüttung der Dämme verwendet werden. Die Massenbilanz aus erforderlichem Auftrag und verfügbarem Abtrag ergibt keinen vollständigen Massenausgleich. Überschüssiges Material wird daher auf mehrere Deponien transportiert. Drei zu erstellende Brückenbauwerke sind bei der Einrichtung der Pilotbaustelle zu berücksichtigen und erschweren die Erstellung von Baustraßen sowie die Positionierung von Zwischenlagern und Deponien.

Abb. 6.20 Trasse und Zwischenlager der Pilotbaustelle

Die Ausführung der Pilotbaustelle erfolgt mit fünf organisatorisch zusammenhängenden Kolonnen an verschiedenen Einschnitten. Jede dieser Kolonnen besteht aus einem Bagger als Ladegerät sowie der erforderlichen Anzahl an Transportfahrzeugen, Geräten zum Einbau und mehreren Walzen zur Verdichtung.

Die Simulationsstudie für diese Baumaßnahme wurde anhand der in Abschn. 4.2 beschriebenen Vorgehensweise durchgeführt. Dabei wurden die Arbeitspakete

- Festlegung der Zielgrößen
- Systemanalyse
- Datenaufnahme
- Modellierung
- Implementierung
- Simulation und
- Auswertung

in dieser Reihenfolge bearbeitet und durchgängig dokumentiert. Die Studie beruht auf der für den Tiefbau implementierten Bausteinbibliothek, die in Abschn. 4.5.2 vorgestellt wurde. Die Modellierung wird somit weniger aufwändig, da die grundlegenden Bauprozesse bereits als Bausteine hinterlegt worden sind. Für die Erstellung des Simulationsmodells müssen die Bausteine lediglich über Parameter an die Rahmenbedingungen der jeweiligen Baustelle angepasst und die Zielgrößen festgelegt werden.

Festlegung der Zielgrößen
Zu Beginn einer Studie sind Ziele zu definieren, die mit dem Simulationsmodell eruiert werden sollen. Durch diese frühe Festlegung wird gewährleistet, dass das Simulationsmodell später die Erwartungen aller Beteiligten erfüllt. Für die betrachtete Baustelle ist das globale Ziel, die Verantwortlichen in ihrer planerischen Arbeit

Abb. 6.21 Abgrenzung des zu betrachtenden Systems

zu unterstützen. Im Speziellen gilt es, folgende Ziele durch den Einsatz der Simulation zu erreichen:

- Minimierung der mittleren Transportdistanz im Erdbau durch verschiedene Transportszenarien
- Untersuchung verschiedener Maschineneinsatzszenarien im Hinblick auf Leistungs- und Kostenentwicklung

Systemanalyse

Am Anfang einer Simulationsstudie muss zudem festgelegt werden, welche Vorgänge auf der Baustelle im Detail betrachtet werden sollen, da jede simulierte Tätigkeit einen zusätzlichen Modellierungsaufwand bedeutet. Daher ist vor dem Beginn einer Studie abzuschätzen, welche Prozesse für den Bauablauf kritisch sind, welche lediglich als Randbedingung und welche nicht zu betrachten sind. Abbildung 6.21 zeigt die Prozessschritte der im Beispiel umgesetzten Maßnahme, die detailliert betrachtet werden.

Die Simulationsstudie beschränkt sich auf den groben Erdbau entlang der Trasse. Dieser beginnt nach dem Abtrag des Oberbodens und beinhaltet den Abtrag der Erdmassen aus den Einschnitten, den Transport zu einem Dammbereich oder der Deponie sowie Einbau und Verdichtung. Die darauffolgenden Prozesse werden nicht im Detail betrachtet.

Datenaufnahme

Nach Festlegung der Grenzen des zu betrachtenden Systems sowie der Definition der Zielgrößen bestehen die nächsten Schritte in der Aufnahme der simulationsrelevanten Daten sowie der Modellierung der zuvor bestimmten Vorgänge. Aus den bereits ausgearbeiteten Plandaten gilt es, hochwertige Simulationsquelldaten zu generieren. Dazu werden die Ein- und Ausgangsdaten definiert, die das System Erdbau benötigt bzw. im Anschluss an die Simulationsexperimente ausgibt. Konventionelle Ausschreibungspläne des Bauherrn dienten innerhalb des Beispielprojekts als Eingangsdaten. Dazu gehörten ein digitales Geländemodell, Bodenuntersuchungen, der Verlauf der Trasse und ein Projektplan mit allen Fertigstellungsterminen. Zudem wurden mehrere Treffen mit der ausführenden Baufirma sowie Datenaufnahmen auf der Baustelle durchgeführt.

Der in Abschn. 2.3.6 erläuterte *Integrator* verschneidet das Modell des Urgeländes (Gelände- und Baugrundmodell) mit der Trasse und ermittelt die einzelnen Einschnitt- und Dammbereiche. Die entstehenden Volumenkörper werden in kleine quaderförmige Einheiten, sogenannte Voxel unterteilt. Diesen werden transport- und einbaurelevante Bodeneigenschaften zugewiesen. Auf Basis dieser Parameter und der Position der einzelnen Voxel werden Transportaufträge ausgegeben. Die Zuordnung von Einschnitt- zu Dammbereichen sollte dabei so erfolgen, dass die zurückzulegenden Wege für die Transportmittel minimal sind. Dies wird durch eine lineare Optimierung erreicht. Ziel ist es, ausgehobenes Material entlang der Trasse wiederzuverwenden, um zusätzliche Kosten zu vermeiden, die durch Zukauf von Erdbaustoffen bzw. Deponieren des Bodenaushubs entstehen.

Eigenschaften verschiedener Maschinen und Geräte werden dem Equipment-Information-System entnommen. Diese Maschinendatenbank liefert neben den 3D-Modellen notwendige Parameter, um die Gerätebausteine der Simulation mit realen Werten zu versorgen. Informationen zur Ausführung werden dem Projekt-management-Tool *Microsoft Project* entnommen, angrenzende Bauwerke wurden in *Siemens NX* modelliert (s. Abschn. 6.1.2).

Abbildung 6.22 zeigt neben den notwendigen Eingangsdaten auch die möglichen Ergebnisse einer Simulationsstudie. Diese liefert Daten zur Geräte- und Ressour-ceneinsatzplanung für die auszuführenden Erdbauprozesse. Zudem lassen sich ge-eignete Transport- und Ladegeräte, aber auch das notwendige Personal sowie deren Nutzungs- bzw. Arbeitszeiten ermitteln. Diese werden im Anschluss den Vorgängen in einem überarbeiteten Projektplan zugewiesen. Zusätzlich werden verschiedene, alternative Transportnetze verglichen und die optimierten Transportaufträge aus dem Integrator validiert.

Daten, die sich nicht aus den Ausschreibungsunterlagen ergeben, müssen mit dem ausführenden Bauunternehmen abgeklärt werden. Beispiele hierfür sind die

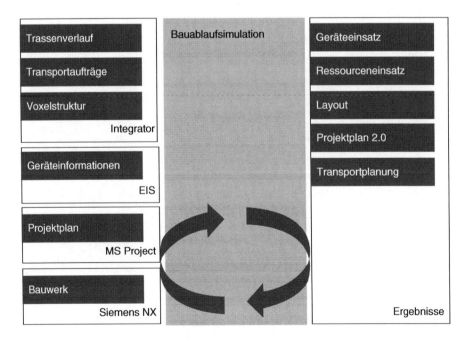

Abb. 6.22 System mit Ein- und Ausgangsdaten

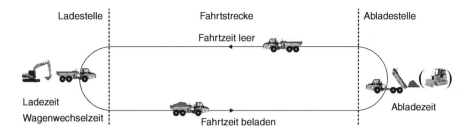

Abb. 6.23 Vereinfachtes Modell des Erdbaus

erstellten Zufahrten zur Baustelle, die verwendeten Maschinen sowie der Verlauf der Baustraßen im Baufeld. Zudem sind die Spielzeiten der Bagger und Fahrzeuge durch Berechnungsverfahren oder manuelles Messen im Vorfeld zu ermitteln, zu interpretieren und gegebenenfalls einer stochastischen Verteilungsfunktion zuzuordnen. Aus den erhobenen Daten kann nun ein Modell erstellt werden.

Modellierung
Ein Modell ist eine vereinfachte Abbildung der Realität. Dabei gilt es, das Modell nur so genau wie nötig zu gestalten, da ansonsten der Modellbildungs-, Implementierungs- und Rechenaufwand über die Maßen zunimmt, ohne eine zusätzliche Aussagekraft der Ergebnisse zu erreichen. Dieser Grundsatz wurde bereits bei der Erstellung der Bausteinbibliothek für den Erd- und Tiefbau berücksichtigt. Abbildung 6.23 zeigt ein grobes Modell des Erdbaus. Um die Parametrierung und die Aufnahme der Eingangsdaten zu erleichtern, ist noch die notwendige Modelltiefe der einzelnen Vorgänge zu wählen.

Wie bereits in Abschn. 4.5.2 erläutert, sind die verwendeten Geräte als Prozessbausteine modelliert, die lediglich anhand der realen Maschinen zu parametrisieren sind. Die Transporte haben maßgeblichen Einfluss auf die Erdbauleistung, so dass diese im höchsten Detaillierungsgrad simuliert werden. Zur Berechnung der Fahrgeschwindigkeiten kommt eine Kinematiksimulation (s. Abschn. 4.5.2) zum Einsatz, welche die aktuellen Geschwindigkeiten in Abhängigkeit des Fahrzeugtyps, der Zuladung sowie des zurückzulegenden Streckenprofils ermittelt.

Für nicht im Detail betrachtete Vorgänge, in diesem Fall die Erstellung der drei Brückenbauwerke sowie das Anlegen von Böschungen und Entwässerungsleitungen, sind Zeitverbräuche hinterlegt, die eine stochastische Verteilung aufweisen, um den realen Arbeitsfortschritt möglichst genau abzubilden. Deren Auswirkungen auf die im Detail simulierten Prozesse müssen zudem über Rahmenbedingungen, wie die zeitweise Sperrung von Transportwegen, abgebildet werden.

Die Wege an der untersuchten Baustelle verlaufen meist auf dem verdichteten Unterbau der späteren Trasse. Durch die im Beispiel anstehenden, bindigen Böden ist die Fahrstrecke sehr witterungsempfindlich, so dass die Fahrzeiten der verwendeten Transportgeräte stark schwanken und teilweise die Arbeiten eingestellt werden müssen. Gerade der Arbeitsausfall über mehrere Tage bereitet der Simulation in der Planungsphase Probleme, da derartige Störungen schwer vorherzusehen sind.

Daher ist es durchaus sinnvoll, die Simulation als Planungsmethode auch während der Ausführung zu nutzen.

Implementierung

Im nächsten Schritt gilt es, die modellierten Abläufe der Baustelle zu implementieren. Durch die im Simulationssystem erstellte Bausteinbibliothek sind die Teilvorgänge des Erdbaus Lösen, Laden, Fördern, Einbauen und Verdichten bereits abgebildet (s. Abschn. 4.5.2) und müssen lediglich mit den Rahmenbedingungen der Baustelle paramentrisiert werden. Hierfür sind sogenannte Aufträge zu erstellen, in denen die auszuführenden Teilvorgänge, Daten über die verwendeten Maschinen sowie Lage und Menge der zu bewegenden Massen hinterlegt werden. Zudem muss in der Simulation die Baustelleneinrichtung, also in diesem Fall das Wegenetz für den Erdbau erstellt werden.

Die einzelnen Einschnitt- und Dammbereiche werden zunächst als Voxel aus dem Integrator importiert und im Simulationssystem visualisiert. Aus Gründen der Übersichtlichkeit wird neben dem 3D-Geländemodell auch der 2D-Bauplan importiert und gemeinsam mit den Erdkörpern dargestellt. Abbildung 6.24 zeigt das Ergebnis des Imports im dreidimensionalen Modus.

Ein Ziel in der Erdbauplanung ist die Minimierung der mittleren Transportstrecke zwischen Ausbau- und Einbaustelle. Die Voxel werden hierfür in Untergruppen (ca. tausend Voxel) und Gruppen (gesamter Damm- oder Einschnittsbereich) zusammengefasst. Über einen linearen Optimierungsalgorithmus werden anschließend die jeweiligen Ausbau- und Einbaubereiche auf Ebene der Untergruppen so zugeordnet, dass insgesamt das Produkt aus zu transportierender Menge und Transportdistanz minimal ist. Tabelle 6.1 zeigt einen Ausschnitt der sich ergeben-

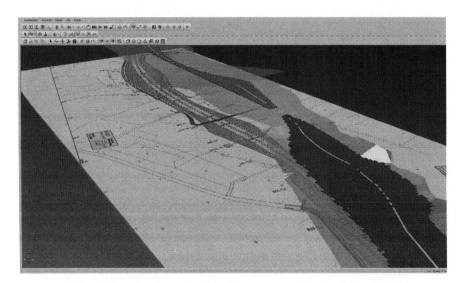

Abb. 6.24 Voxel von Einschnitt (*links*) und Damm (*rechts*) entlang der Trasse

Tab. 6.1 Ausschnitt der Transportmatrix nach linearer Optimierung (in m³). Vertikal aufgetragen sind die Nummern der Einschnitte, horizontal die der Dämme

	4	6	8	10	12	13	15	16	18	20	22	24
1	87.080	–	–	–	–	–	–	–	–	–	–	–
3	7.180	–	–	–	–	–	–	–	–	–	–	–
5	23.604	30.780	–	–	–	–	–	–	–	–	–	–
7	–	29.172	1.632	42.520	–	–	–	–	–	–	–	–
9	–	–	–	7.192	4.572	–	–	–	–	–	–	–
11	–	–	–	–	19.672	–	–	–	–	–	–	–
14	–	–	–	–	38.912	11.052	68.236	–	–	–	–	–
17	–	–	–	–	–	–	68.208	43.640	–	–	–	–
19	–	–	–	–	–	–	14.708	–	6.228	70.952	–	–
21	–	–	–	–	–	–	–	–	–	912	6.312	2.932
23	–	–	–	–	–	–	–	–	–	–	–	10.364
25	–	–	–	–	–	–	–	–	–	–	–	48.484

den Transportmatrix, in der die Massentransporte in m³ von einem Einschnitt- zu dem entsprechenden Dammbereich aufgetragen sind (die Untergruppen der Voxel innerhalb der einzelnen Bereiche sind aus Gründen der Übersichtlichkeit nicht dargestellt).

Für die betrachtete Baustelle wurde das Wegenetz in der Simulation unabhängig von den verschiedenen Bauphasen abgebildet. Dieses kann allerdings für die verschiedenen Simulationsexperimente variiert werden, um beispielsweise alternative Streckenführungen hinsichtlich ihrer Auswirkung auf den Erdbaubetrieb zu untersuchen.

Simulation

In der Simulationsphase erfolgt durch eine genügend große Anzahl an Experimenten und der entsprechenden Auswertung eine Optimierung des Ressourceneinsatzes. Auf Basis einer systematischen Versuchsplanung werden entsprechende Experimente entworfen. Variationsparameter sind die unterschiedlichen Maschinenkombinationen sowie mehrere Varianten von Transportwegeführungen. Die Berücksichtigung gegenseitiger Wechselwirkungen der in der Simulation abgebildeten Elemente ermöglicht eine realistische Prognose der Erdbauprozesse.

Zielparameter sind die Erfüllung des Fertigstellungstermins und die Reduzierung der Produktionskosten, welche sich aus dem jeweiligen Ressourceneinsatz ermitteln lassen. Verschiedene Maschinenkombinationen und deren Transportzeiten werden optimiert, indem das Kosten-Nutzen-Verhältnis maximiert wird. Für die verwendeten Geräte ergeben sich folglich hohe Auslastungen mit geringen Wartezeiten.

Zusätzlich steht zur Veranschaulichung der Prozesse eine parallele 4D-Visualisierung zur Verfügung, die räumliche und prozessbedingte Kollisionen aufzeigt. Vorteil dieses Kommunikationsmittels ist, dass die Planung detailliert veranschaulicht und mit allen Beteiligten diskutiert werden kann. Probleme und Fragestellungen im Erdbau, wie beispielsweise die Wegführung an Brückenbauwerken oder Engstellen, können frühzeitig geklärt werden.

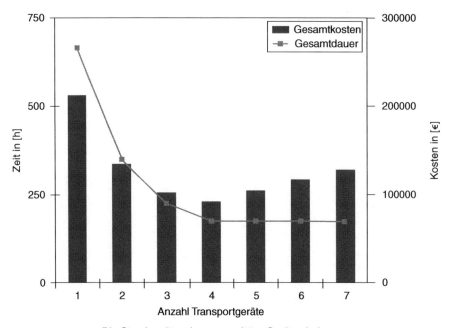

Die Stundensätze der verwendeten Geräte sind
geschätzt und spiegeln nicht die real anfallenden Kosten wider

Abb. 6.25 Auswertung verschiedener Maschineneinsatzszenarien

Auswertung

Die ermittelten Ergebnisse müssen interpretiert und entsprechend aufbereitet werden, um auf deren Basis weitere Experimente durchführen zu können. Durch die
Simulation ist es möglich, die Abläufe der untersuchten Erdbaustelle frühzeitig
und detailliert zu analysieren. Verschiedene Varianten des Transportfahrzeugeinsat-
zes geben den Planungsverantwortlichen Auskunft darüber, wie viel Zeit der Erd-
transport bei dem jeweils gewählten Ressourceneinsatz in Anspruch nehmen wird.
Abbildung 6.25 zeigt die Auswirkungen mehrerer Maschineneinsatzszenarien an
einem Teilstück der untersuchten Baustelle.

Bei einer geringen Anzahl an Fahrzeugen ist die Transportleistung entscheidend
für die Dauer der Erdbaumaßnahme. Diese sinkt zuerst mit jedem zusätzlich eingesetzten Fahrzeug. Ab einer bestimmten Grenze, in diesem Fall bei vier Fahrzeugen,
verkürzt sich die Projektdauer nicht weiter, da das Ladegerät der Erdbaukolonne
(in diesem Fall ein Bagger) an seine Kapazitätsgrenzen stößt. Ab hier ist die Ladeleistung des Baggers der Engpass für eine weitere Verkürzung. Die alleinige Einführung weiterer Transportfahrzeuge führt lediglich zu Wartezeiten und verursacht
zusätzliche Kosten. Den Fahrzeugen sind Stundensätze hinterlegt, auf deren Basis
die Kosten für den untersuchten Abschnitt ermittelt werden. Die Kosten sinken be-
ständig mit der Einführung zusätzlicher Fahrzeuge. Ist jedoch die Grenze erreicht,
ab der die Ladeleistung entscheidend ist, steigen die Kosten linear mit jedem wei-

teren Transportfahrzeug, so dass sich das Kostenoptimum in diesem Fall bei vier Fahrzeugen ergibt.

Zusammenfassung

Das durchgängige Lösungskonzept basiert auf einer realitätsnahen Modellierung der erdbaurelevanten Prozesse. Auf diese Weise wird dem Planer eine Möglichkeit zur Absicherung seiner Entscheidungen zur Verfügung gestellt. Im beschriebenen Beispiel wurden die

* Transportzeiten optimiert,
* geeignete Transportnetze bestimmt,
* der Maschineneinsatz kostenminimiert geplant und
* die Einhaltung des Fertigstellungstermins überprüft.

Ergebnis ist ein Ausführungsplan, der sowohl die Elemente der Baustelleneinrichtung (Geräte, Transportwege, Deponien etc.) enthält als auch Arbeitsanweisungen zu Abtrag, Auftrag und Transport des Erdreichs vorgibt. Aus diesen Daten lässt sich ein neuer, ressourcenoptimierter Projektplan generieren. Die Reihenfolge der einzelnen Vorgänge wird hinsichtlich vorhandener Ressourcen optimiert und den Prozessen werden Informationen zum Geräteeinsatz zugewiesen.

Setzt man die Simulation synchron zur Ausführung eines solchen Projekts ein, können ungewöhnliche Ereignisse, wie der witterungsbedingte Stillstand der Arbeiten betrachtet werden. In solchen Situationen stellt sich die Frage, wie viele zusätzliche Ressourcen eingesetzt werden müssen, um den geplanten Zeitpunkt der Fertigstellung einzuhalten. Dazu müssen Daten zum aktuellen Baufortschritt in die Simulationsumgebung importiert werden. Eine Möglichkeit, derart aktuelle Daten einer Baustelle zu ermitteln, ist z. B. die baubegleitende Vermessung.

6.1.4 Terrestrisches Laserscanning – Baubegleitende Vermessung und Soll-Ist-Abgleich im Erdbau

Claus Plank

Im Vorfeld von Infrastrukturbaumaßnahmen werden meistens konventionelle Vermessungsmethoden, wie die tachymetrische Punktaufnahme oder die Vermessung mittels Satelliten (GNSS) zur Bestandsaufnahme eingesetzt. Diese Bestandsaufnahme ist die Grundlage für anschließende Planungsprozesse. Befindet sich die Maßnahme in bewaldeten Gebieten oder unwegsamen Gelände, so ist eine flächendeckende Vermessung zur Erstellung eines digitalen Geländemodells meist nur mit erheblichem Aufwand möglich.

Der Forschungsverbund ForBAU hat Möglichkeiten untersucht, das Geländemodell aus der Bauplanung während der Bauausführung fortlaufend zu aktualisieren und so kontinuierlich einen Abgleich zwischen der Realität und dem digitalen Modell zu schaffen. Eine vielversprechende Technologie ist das terrestrische Laserscanning. In einem Einschnittbereich der Pilotbaustelle wurden die dazu nötigen Arbeitsprozesse und die Durchführbarkeit untersucht.

Die Ergebnisse der baubegleitenden Vermessung wurden anschließend für Untersuchungen zum Abgleich zwischen dem Soll-Modell der Planung und dem Ist-Modell genutzt. Hierfür wurden insbesondere die softwaretechnischen Möglichkeiten betrachtet.

Weiterhin sollte anhand der gewonnenen Realdaten untersucht werden, inwieweit ein Gelände ohne die explizite Definition von Bruchkanten ausreichend genau für die Erfordernisse des Erdbaus modelliert werden kann.

Scannerauswahl

Voraussetzung für die korrekte Erfassung der Geländeoberflächen mittels Laserscanning ist die komplette Rodung des Baufeldes. Dies ist meist nach erfolgtem Humusabtrag und durch einen ständigen Fortschritt der Bautätigkeiten gegeben.

Zu Beginn der Studie an der Pilotbaustelle war ein geeigneter Scanner, dessen Reichweite das zu untersuchende Baufeld abdeckte, auszuwählen. Die Messungen wurden zunächst im Einschnittbereich durchgeführt. Für den zu untersuchenden Einschnittbereich betrug der Abstand der Kronenränder an der breitesten Stelle 70 m. Erste Versuche wurden mit einem Phasenvergleichsscanner (vgl. Abschn. 2.3.1) durchgeführt. Die Aufnahme erfolgte zu diesem Zeitpunkt nach dem Mutterbodenabtrag in der Mitte des Einschnittbereichs. Dabei konnten mit dem Phasenvergleichsscanner Reichweiten zwischen 40 m und 50 m realisiert werden. Die theoretisch mögliche Reichweite des Phasenvergleichsscanners von 79 m wurde nicht erreicht, da diese durch den schlechten Reflexionsgrad des Erdreichs und den ungünstigen Auftreffwinkel des Lasers reduziert wurde. Für die Aufnahme des Einschnitts zu einem späteren Zeitpunkt waren die Ergebnisse demnach nicht ausreichend, so dass für weitere Messungen auf einen Impulsscanner (vgl. Abschn. 2.3.1) zurückgegriffen wurde. Die Reichweite des gewählten Impulsscanners beträgt ca. 300 m, sodass die Messungen von einem Standpunkt außerhalb des Baufeldes und somit ohne Behinderung des Baubetriebes durchgeführt werden konnten (Abb. 6.26).

Der gewählte erhöhte Standpunkt auf dem Kronenrand bietet neben dem guten Überblick und der hohen Reichweite als weiteren Vorteil günstige Auftreffwinkel auf die Einschnittsohle und die gegenüberliegende Böschung.

Bei der Wahl eines Impulsscanners ist jedoch der erhöhte Zeitbedarf der Messung gegenüber einem Phasenvergleichscanner zu beachten. Im Beispiel betrug die Messzeit mit dem Impulsscanner je Standpunkt inkl. Rüstzeiten ca. eine Stunde. Dabei wurde als Auflösung 15 cm in 80 m Entfernung gewählt. Im Vergleich dazu benötigt die Messung mit dem Phasenvergleichsscanner für einen Fulldome-Scan[1] bei einer Auflösung von 15 mm in 50 m Entfernung nur wenige Minuten. Zu beachten ist allgemein auch, dass für das Identifizieren und Einmessen der Targets durch Fine-Scans[2] fast ebenso viel Zeit benötigt wird wie für die eigentliche Messung der Szenerie.

---

[1] Fulldome-Scan: Bei Phasenvergleichsscannern wird meist aus Zeitgründen das zu scannende Fenster nicht näher definiert, sondern ein 360 °-Panoramascan durchgeführt.

[2] Fine-Scan: Scan mit erhöhter Auflösung, der auf den Bereich eines Targets beschränkt ist, um dessen Zentrum korrekt zu erfassen.

Abb. 6.26 Terrestrischer Laserscanner (*Leica Scanstation, oben* in Bildmitte) bei der Aufnahme eines Einschnittbereichs vom Kronenrand aus

Durchführung und Auswertung des terrestrischen Laserscannings

Zur Erfassung des Einschnittbereichs muss die Messung von den Kronenrändern links und rechts der Straßenachse durchgeführt werden. In der Studie wurden Standpunktpaare gebildet, die sich senkrecht zur Straßenachse gegenüber lagen. Der Abstand der Standpunktpaare in Trassenlängsrichtung wurde dabei auf ca. 100 m festgelegt. Für den untersuchten Einschnittbereich waren vier Einzelmessungen an zwei Standpunkten erforderlich. Im gewählten Rasterabstand von 100 m kann die Geländeaufnahme in Trassenlängsrichtung beliebig erweitert werden.

Die serielle Aufnahme der Trasse von unterschiedlichen Standpunkten und das Ziel, zu verschiedenen Zeitpunkten im Bauverlauf weitere Aufnahmen zu machen, erfordert die gegenseitige Referenzierung der Aufnahmen in einem übergeordneten Koordinatennetz. Diese Referenzierung erfolgte über sogenannte „Tilt-and-Turn-Targets", die wiederum von einem Tachymeter aus reflektorlos eingemessen wurden (Abb. 6.27). Der Tachymeter war über das Vermessungsnetz der Baustelle im Landeskoordinatensystem stationiert. Die „Tilt-and-Turn-Targets" wurden im Laserscan ebenfalls erfasst. Hierzu wurde die im verwendeten Laserscanner *Leica Scanstation* integrierte Kamera herangezogen, mit welcher zu Beginn eines jeden Scanvorgangs ein 360°-Panoramabild erstellt wurde. In der Steuerungssoftware des Scanners wurden die Targets im Panoramabild eingegrenzt. Mittels Fine-Scan wurden die Targets anschließend erfasst, deren Zentrum detektiert und als Punkt abgelegt.

Abb. 6.27 Scanner-Target auf Erdspieß (*links*), welches vom Tachymeter (*rechts*) zur Referenzierung der Punktwolken eingemessen wird

Mit dem beschriebenen Vorgehen konnten die vier Einzelmessungen im Einschnittbereich an einem Messtag durchgeführt werden. An zwei Folgemesstagen im Abstand von jeweils zwei Wochen wurden die Aufnahmen wiederholt und so der Baufortschritt im gewählten Einschnittbereich auf einer Länge von ca. 200 m dokumentiert.

In Abb. 6.28 ist das Ergebnis des Laserscannings im Einschnittbereich dargestellt. Die hierzu erforderliche Messzeit betrug für alle vier Standpunkte fünf Stunden. Zur Auswertung der Punktwolken eines Standpunktes sowie zur Verknüpfung der vier Punktwolken untereinander wurde die Software *Cyclone* des Scannerherstellers *Leica* eingesetzt.

Zur besseren Darstellung der durch den Scanvorgang erhaltenen Punktwolke kann diese zusätzlich mit Hilfe von Bildern einer externen Kamera eingefärbt werden. Dies ist für die baubegleitende Vermessung an sich nicht nötig, erhöht jedoch den Wiedererkennungswert beim Betrachter. Zusätzlich ist zu beachten, dass ein Einfärben der Punktwolke im Nachhinein nur schwer möglich ist, wenn die Fotos nicht vom Scannerstandpunkt gemacht wurden. Diese Entscheidung muss deshalb noch am Standpunkt des Scanners getroffen werden.

Mit der Auswertesoftware *Cyclone* ist es weiterhin möglich, die gescannten Punktwolken mit der Funktion „Unify"[3] raumbezogen auszudünnen (Abb. 6.29). Bei der hier implementierten Variante des Ausdünnens (vgl. Abschn. 2.3.1) ist es

[3] Die Funktion Unify wird in Cyclone dazu verwendet, mehrere im selben System liegende Punktwolken miteinander zu verschmelzen. Während dieses Vorgangs kann gleichzeitig eine Punktreduktion erfolgen.

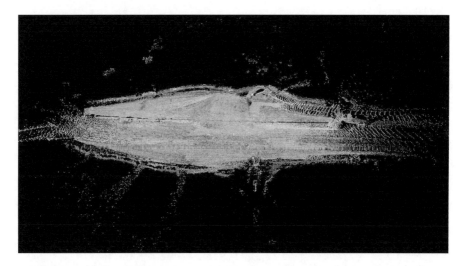

Abb. 6.28 Eingefärbte Punktwolke des ca. 200 m langen Einschnittbereichs als Ergebnis eines fünfstündigen Messtags, an dem von vier Scannerstandpunkten aus gemessen wurde

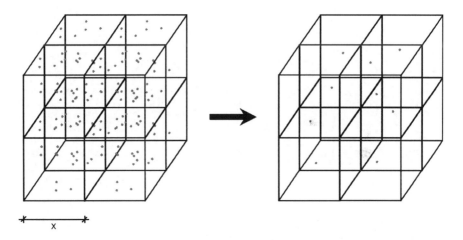

Abb. 6.29 Auf Raumraster bezogenes Ausdünnungsverfahren (*Cyclone*): Pro Würfel der frei wählbaren Kantenlänge x wird nur ein Punkt in die ausgedünnte Punktwolke übernommen. Mit größer werdender Kantenlänge x nimmt die Punktreduktion zu

möglich, pro räumlichen Rasterwürfel einen Punkt als Repräsentanten dieses Bereichs zu erhalten.

Im Fallbeispiel erwies sich eine Rastergröße von 25 cm bis 40 cm als praktikabel. Das Ausdünnen ist nötig, um die Anzahl der Punkte zu reduzieren und damit die Verwendung des Scanergebnisses im weiteren Planungsprozess zu ermöglichen. Auf diese Weise reduzierte sich die Punktmenge pro Messtag um 90 %, von fünf Millionen auf 500.000 Punkte. Mit dem Ausdünnen wird aber auch die Verteilung der Punkte über den Scan-Raum vergleichmäßigt. Dies ist erforderlich, da die Punktdichte mit steigendem Abstand zum Scanner abnimmt, in Bereichen mit schlechtem Auftreffwinkel weniger Punkte vorliegen und die resultierende Punktwolke aus den Punktwolken der verschiedenen Standorte zusammengesetzt wird.

Nutzung des Scanergebnisses in Planungs- und Ausführungsphasen

Die ermittelte Punktwolke kann direkt in Programmen zur Infrastrukturplanung wie z. B. *RIB STRATIS* weiter verwendet werden. Auf der beschriebenen Pilotbaustelle konnte eine aus ca. 500.000 Einzelpunkten bestehende Punktwolke und eine aus fast ebenso vielen Dreiecken bestehende vermaschte Oberfläche im Programm *RIB STRATIS* ohne Probleme bearbeitet werden. Diese Programme sind ursprünglich nur für Datenmengen ausgelegt, wie sie in der konventionellen Vermessung anfallen. Vor diesem Hintergrund ist es überaus bemerkenswert, dass trotzdem ohne Probleme mit den ca. 500.000 Punkten und fast ebenso vielen Dreiecken gearbeitet werden kann.

Mit dem Programm *RIB STRATIS* können des Weiteren Mengenermittlungen nach Regelungen für die elektronische Bauabrechnung (REB, z. B. eine Mengenermittlung aus Horizonten, REB-VB 22.114[4]), durchgeführt werden. Aus Horizonten des Digitalen Geländemodells (DGM), wie sie in Abb. 6.30 ersichtlich sind, wären

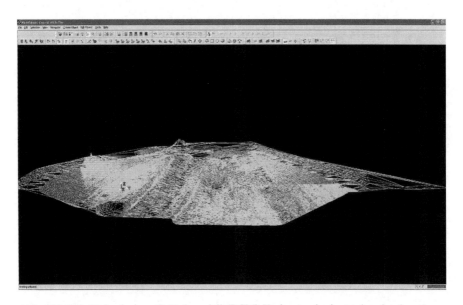

Abb. 6.30 Schnitt durch einen Geländemodell-(DGM)-Horizont, wie sie aus den einzelnen Scans zu drei verschiedenen Zeitpunkten erstellt wurden

---

[4] REB Regelungen für die elektronische Bauabrechnung, hier eine sogenannte Verfahrensbeschreibung (VB 22.114), in der standardisiert geregelt ist, wie Massenermittlung zwischen DGM-Horizonten von der jeweils verwendeten Software zu implementieren ist.

hier schließlich differenzierte Mengenermittlungen denkbar. Darüber hinaus können die Ergebnisse des Laserscannings für visuelle Auswertungen benutzt werden. So können mit einer farbigen Kennzeichnung Erdbewegungen in definierten Zeiträumen analysiert und verglichen werden. Somit dient das erstellte Modell auch zum Abgleich mit der zeitlichen Planung und zur Qualitätssicherung (vgl. nachfolgenden Abschnitt).

Soll-Ist-Abgleich im Erdbau
Für den Soll-Ist-Abgleich wurde anhand der vorliegenden Trassierungsdaten (s. Abschn. 6.1.1) das Soll-Modell in *RIB STRATIS* erzeugt. Dies geschah durch die Verknüpfung der Achse in der Lage mit den Gradienten der beiden Richtungsfahrbahnen und unter Berücksichtigung der Querneigungsänderungen in Form eines Rampenbandes. Dieses Rampenband ordnet die jeweilige Querneigung einer Achsstation zu. Die Querneigungen dazwischen werden linear interpoliert.

Das Ergebnis dieser Zuordnungen wurde in Form eines Deckenbuches (Abb. 6.31) definiert, berechnet und anschließend in Form von Profilpunkten ausgegeben. Zum Abschluss wurden diese Punkte zu einem digitalen Geländemodell (DGM), in diesem Fall zu einem Soll- oder Planungs-DGM, vermascht. Die Modellierung des Soll-Modells wurde zur Vereinfachung in diesem Beispiel auf die beiden Fahrbahnen und den Mittelstreifen beschränkt (Abb. 6.32). Im Bedarfsfall kann die Modellierung auch auf den Bankettbereich und die sich anschließenden Gräben und Böschungen erweitert werden, um eventuelle Abweichungen in diesen Bereichen zu untersuchen.

Auswertung in RIB STRATIS
Die durch terrestrisches Laserscanning ermittelte Punktwolke der baubegleitenden Vermessung wurde in *RIB STRATIS* importiert. Diese wurde anschließend in *Leica Cyclone* bearbeitet und ausgedünnt. Im Beispiel entspricht sie damit einer Momentaufnahme eines Bauzustandes. Der Import nach *RIB STRATIS* erfolgte als unver-

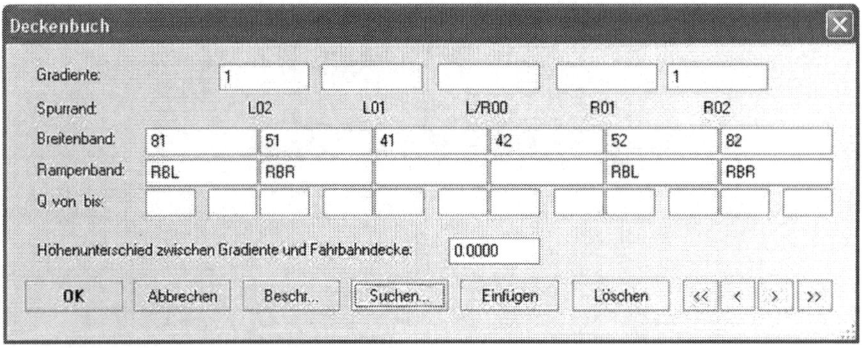

Abb. 6.31 Eingabemaske in *RIB STRATIS* zur Verknüpfung der einzelnen Bestandteile der Trassierung zu einem Deckenbuch

Abb. 6.32 Soll-DGM der
Trasse, welches über ein
Deckenbuch in *RIB STRATIS*
erzeugt wurde

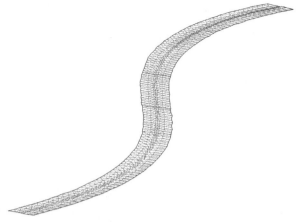

Abb. 6.33 Überlagerung des Soll-DGMs der Trasse mit der ausgedünnten und aus *Leica Cyclone* importierten Punktwolke des Einschnitts (Ist-Modell)

maschte Punktmenge über eine beiderseits vorhandene DXF-Schnittstelle[5]. Die Vermaschung selbst findet erst in *RIB STRATIS* statt, wo anschließend auch direkt die Überlagerung zwischen Soll- und Ist-Modell visualisiert werden kann (Abb. 6.33).

---

[5] DXF-Schnittstelle: Drawing Interchange Format (DXF) ist ein von der Firma *Autodesk* spezifiziertes Dateiformat zum CAD-Datenaustausch.

Wie in Abb. 6.33 deutlich zu erkennen ist, liegt die spätere Fahrbahn mittig in der Sohle des durch terrestrisches Laserscanning aufgenommenen Einschnittbereichs. Auch die Höhenlage des Einschnitts wurde korrekt hergestellt. Aus dem Soll-DGM ragen nur noch einzelne Spitzen heraus. Dabei handelt es sich um während der Scan-Aufnahmen miterfasste Fahrzeuge und Baumaschinen, die zur Veranschaulichung in diesem Fall nicht aus der Punktwolke entfernt wurden.

Auswertung in Leica Cyclone
Als alternative Auswertung wurde das in *RIB STRATIS* erstellte Soll-DGM über eine LandXML-Schnittstelle[6] in *Leica Cyclone* überführt. Diese Möglichkeit ist vor allem unter dem Aspekt interessant, dass die sich häufig ändernden Daten des Ist-Modells im Softwaresystem des Scanners anfallen und Änderungen des Soll-Modell selten eintreten.

Im Gegensatz zu *RIB STRATIS* ist die Scannersoftware *Leica Cyclone* speziell auf die Anforderungen einer 3D-Bearbeitung und -Visualisierung ausgelegt und kann mit der vollen Anzahl unausgedünnter Punkte arbeiten. So wird ausschließlich in 3D-Sichten gearbeitet (Abb. 6.34).

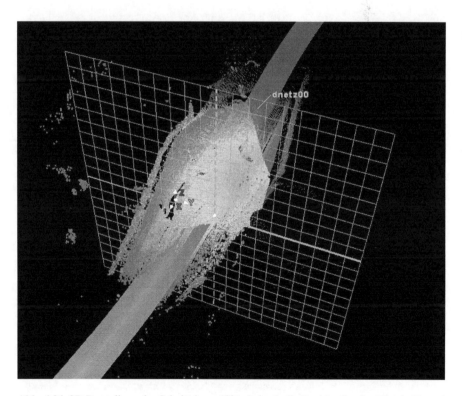

Abb. 6.34 3D-Darstellung der Schnittebene (Gitter) durch die Punktwolke des Einschnitts und das Soll-Modell der Trasse

---

[6] LandXML-Schnittstelle: Dateiformat zum Austausch georeferenzierter Objekte.

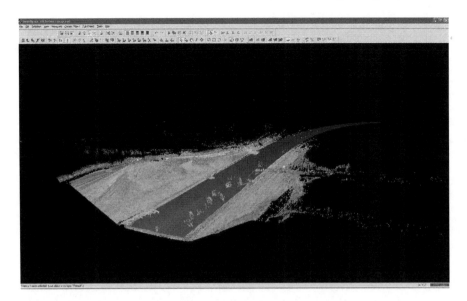

Abb. 6.35 Überlagerung des Soll-DGM der Trasse mit der Punktwolke des terrestrischen Laser-scannings direkt in *Leica Cyclone*, Schnitt durch Soll- und Ist-Modell

Zur quantitativen Kennzeichnung der Distanzen zwischen dem Soll- und Ist-Modell stehen jedoch auch in *Leica Cyclone* keine Möglichkeiten zur Verfügung.[7] Für eine Detailbetrachtung muss deshalb auf Schnitte (Abb. 6.34) zurückgegriffen werden. Dies erfolgt durch das Verschieben der Schnittebene, wodurch die Abwei-chungen schnell und exakt festgestellt werden können. Für detailliertere Auswer-tungen sind die Überführung in 2D-Schnitt-Zeichnungen an definierten Stellen und der Export in weitere Software-Systeme nötig.

Die Möglichkeiten des visuellen, qualitativen Soll-Ist-Vergleichs vermittelt die Gegenüberstellung von Schnitten zu unterschiedlichen Bauzuständen in den Abb. 6.35 und 6.36. Dieses Vorgehen ist mit dem bei der Nutzung von Augmented Reality (vgl. Abschn. 6.2.3) vergleichbar.

Bei den Auswertungen in *Leica Cyclone* ist weiterhin zu beachten, dass keine Vermaschung des Ist-Modells erfolgte, was bei größeren Ausdehnungen eine erheb-liche Zeitersparnis bedeuten kann. Darüber hinaus benötigt das Soll-Modell durch die einfachen Geometrien erheblich weniger Speicherplatz und kann ohne Proble-me zwischen den CAD-Systemen ausgetauscht werden.

Zusammenfassung

In der durchgeführten Studie an der Pilotbaustelle konnte der betrachtete Einschnitts-bereich mittels terrestrischem Laserscanning aufgenommen und der Baufortschritt durch Folgemessungen dokumentiert und ausgewertet werden. Der messtechnische Aufwand des baubegleitenden terrestrischen Laserscannings ist als sehr hoch anzu-

---

[7] Eine farbige Kodierung ist hier bisher nur im Bezug zu einer Ebene (als Ist-Modell) möglich, was jedoch in den Beispielen zu Abschn. 2.4.4 intensiv genutzt werden konnte.

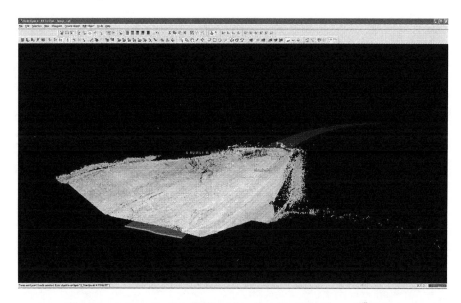

Abb. 6.36 Überlagerung von Soll- und Ist-Modell an identischer Stelle wie Abb. 6.35, jedoch mit einer Punktwolke (Ist-Modell), die zwei Wochen zuvor aufgenommen wurde

sehen. So ist die vorgestellte Technik vorwiegend für räumlich begrenzte und kontinuierlich aufzunehmende Bauabschnitte geeignet. Die messtechnische Begleitung einer gesamten Straßenbaumaßnahme ist durch terrestrisches Laserscanning nicht wirtschaftlich. Hierfür sind mobile Systeme mit kinematischem oder luftgestütztem Laserscanning besser geeignet.

Mit dieser Studie wurden weiterhin die Grundlagen für die baupraktische Anwendung des terrestrischen Laserscannings gelegt. So wurden Untersuchungen zur Positionierung der Scanner in Abhängigkeit von der Bausituation (Damm/Einschnitt) vorgenommen und die Arbeitsabläufe zur kontinuierlichen und wiederkehrenden messtechnischen Geländeerfassung analysiert und optimiert. Hinsichtlich der verwendeten Auflösungen und der resultierenden Punktdichte kann das Gelände im vorliegenden Fall auch ohne die Definition von expliziten Bruchkanten ausreichend genau abgebildet werden. Weiterer Verbesserungsbedarf besteht darüber hinaus z. B. in der Entwicklung von Möglichkeiten zur schnelleren lokalen Referenzierung der Scannerpunktwolken in Form von optimierten Zielmarken und Feldverfahren.

Die Ergebnisse zeigen weiterhin, dass die verfügbaren Methoden des Laserscannings und die Software-Systeme ein sehr detailgetreues und umfassendes Mittel für den geometrischen Soll-Ist-Abgleich darstellen. Hierzu wurden im Rahmen der Pilotbaustelle nur ansatzweise Auswertungen vorgenommen. Es wurde erkannt, dass zur besseren Veranschaulichung der Abweichung zwischen Soll- und Ist-Modell eine farbige Kodierung der einzelnen Punkte in Abhängigkeit von der Lage zum Soll-Modell vorteilhaft ist. Die Schaffung derartiger Funktionalitäten wird in zukünftigen Programmversionen sicherlich umgesetzt werden, bei anderen Softwareprodukten (z. B. *Geomagic Qualify*) wurde dies schon teilweise verwirklicht.

6.1.5   Nutzung der zentralen Datenverwaltung

Markus Schorr

Die Verwaltung aller relevanten Daten erfolgte für die Pilotbaustelle „Bundesstraße" auf einer zentralen, für alle Beteiligten via Internet zugänglichen Plattform.
Hierfür wurde das Produktdatenmanagement (PDM)-System *Procad PRO.FILE*
(s. auch Abschn. 3.4.2 und 3.5) ausgewählt, installiert und speziell an die Anforderungen der Bauindustrie angepasst. Alle Projektbeteiligten erhielten spezifische
Benutzerkonten und Zugriffsrechte. So konnte sichergestellt werden, dass jeder
Beteiligte lediglich Zugriff auf die für ihn relevanten Daten hatte. Das Bauvorhaben wurde in Form eines Projektes in der PDM-Umgebung angelegt. Nachdem die
Bauabschnitte und Bauteile im System definiert waren, konnten alle Baubeteiligten
ihre Dokumente strukturiert ablegen (Abb. 6.37). Analog zum realen Baufortschritt
wuchs damit auch die *Digitale Baustelle*.

Mit Hilfe einer derartigen Datenverwaltung konnte sichergestellt werden, dass
im Rahmen der Pilotbaustelle alle Beteiligten stets mit aktuellen und gültigen

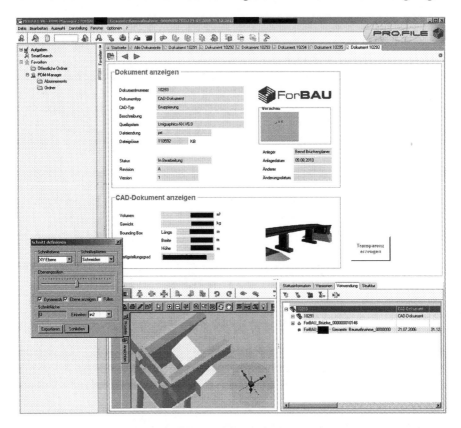

Abb. 6.37 Analyse von 3D-CAD-Daten eines Widerlagers der Pilotbaustelle „Bundesstraße"
innerhalb der PDM-Umgebung *PROCAD PRO.FILE*

Datensätzen versorgt wurden. Alle relevanten Informationen waren sofort verfügbar. Trotz der großen Anzahl an Datensätzen war die Übersichtlichkeit aufgrund umfangreicher Suchfunktionen und der bauteilorientierten Ablagestruktur im PDM-System stets gegeben.

6.2 Nutzung digitaler Modelle im Bauprozess

An den nachfolgend beschriebenen Pilotbaustellen wurde die Weiternutzung digitaler Modelle im Bauprozess untersucht. Bei den separat betrachteten technischen Fragestellungen wurden jeweils Gewerke und Bauprozesse untersucht, die in vergleichbarer Art bei jeder Infrastrukturmaßnahme zur Ausführung kommen können. So wird eine direkte Übertragbarkeit der Ergebnisse auf zusammenhängende Planungs- und Ausführungsprozesse im Infrastrukturbau gewährleistet.

6.2.1 Pilotbaustelle „Tunnelquerschlag" – Soll-Ist-Vergleich von Bohrpfahl- bzw. Schlitzwandobjekten

Mathias Obergrießer

In vielen Bereichen des Bauingenieurwesens werden täglich Geräte bzw. Baumaschinen zur Erstellung eines Bauwerks eingesetzt. Diese Maschinen errichten nicht nur das Bauwerk, sondern führen gleichzeitig eine detaillierte Dokumentation aller anfallenden Arbeitsschritte durch. Diese erfassten Produktionsdaten, sogenannte Ist-Daten, bilden die Grundlage für eine geometrische und zeitliche Soll-Ist-Analyse, die eine bauteilbezogene und prozessuale Qualitätsaussage ermöglicht. Für die Umsetzung einer derartig angestrebten Analyse wurde im Forschungsprojekt ForBAU ein Konzept entwickelt, das eine automatisierte Interpretation und Auswertung dieser Produktionsdaten durchführt. Nach Abschluss des Analysevorgangs wird ein dreidimensionales Abbild des tatsächlich vorhandenen Modells (Ist-Modell) erzeugt und mit dem Planungsmodell (Soll-Modell) visuell und analytisch verglichen. Mit Hilfe der visuellen Auswertung können geometrische Abweichungen identifiziert und gegebenenfalls bei größeren lokalen Problemzonen genauer untersucht werden. Durch die Auswertung der zeitlichen Daten erhält man zudem eine Aussage über die Produktivität des Projektes und ermöglicht eine Überprüfung der angesetzten Leistungskennwerte, eine Baufortschrittskontrolle sowie eine visuelle 4D-Ablaufanimation.

Pilotbaustelle
Die Validierung des entwickelten Verfahrens wurde anhand einer Pilotbaustelle der *Bauer Spezialtiefbau GmbH* durchgeführt. Im Zuge des Projektes sollte ein Querschlag zwischen zwei Tunnelröhren erstellt werden. Aufgrund der ungünstigen Grundwasserverhältnisse und der beengten Randbedingungen konnte der Querschlag nicht mit einer konventionellen Bauweise in Form eines bergmännischen Vor-

Längsschnitt durch Querschlag:

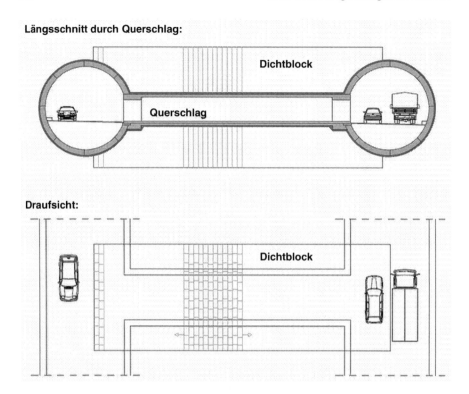

Draufsicht:

Abb. 6.38 Grundriss und Längsschnitt des Querschlages

triebes oder mit einer Tunnelvortriebsmaschine hergestellt werden. Diese speziellen Randbedingungen erforderten den Einsatz eines Spezialverfahrens. Es wurde eine Dichtblockkonstruktion, die eine Aneinanderreihung von Dichtwänden darstellt, ausgeführt. Mit Hilfe von CSM-Fräsen (Cutter-Soil-Mixing-Verfahren) wurden im Bereich des Querschlages Schlitzwandlamellen abgeteuft und der anstehende Boden in situ mit einer selbsterhärtenden Suspension zu einem Boden-Zement-Mörtel vermischt. Nach Fertigstellung des Gesamtbauwerks wurde der Querschlag im Schutze der wasserdichten Blockkonstruktion hergestellt. In Abb. 6.38 werden die geometrischen Randbedingungen des Querschlages dargestellt.

Aufgrund der schwierigen Randbedingungen und des gewählten Spezialverfahrens wurde vom Bauherrn eine prüfbare Qualitätskontrolle hinsichtlich geometrischer Abweichungen und Wasserundurchlässigkeit des Dichtblocks gefordert. Diese Anforderungen konnten durch den Einsatz des entwickelten Auswerteverfahrens abgedeckt werden.

Die anfangs erwähnten Produktionsdaten setzen sich aus Maschinendaten und georeferenzierten Daten zusammen. Hierbei dokumentieren die Maschinendaten materialspezifische, maschinenspezifische, zeitspezifische und geometrische Daten, die während des Arbeitsprozesses durch die Schlitzwandfräse aufgezeichnet werden. Die Datenübergabe an ein Dokumentenverwaltungssystem erfolgte in elektro-

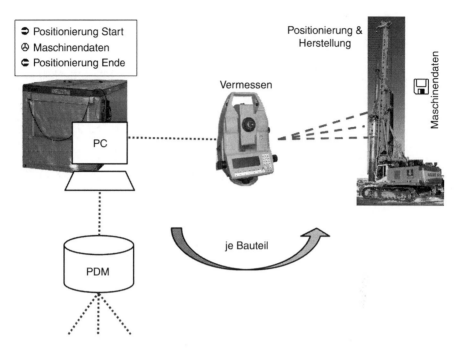

Abb. 6.39 Datentransfer der Produktionsdaten

nischer Form per USB-Stick oder Bluetooth. Leider konnte mit diesen Daten noch keine Georeferenzierung der Schlitzwandlamelle im lokalen CAD-Koordinatensystem erfolgen, so dass vor und nach jeder Erstellung einer Schlitzwandlamelle eine tachymetrische Vermessung durchgeführt werden musste. Der Ablauf der Datenübergabe kann aus Abb. 6.39 entnommen werden. Diese Georeferenzierung wurde anschließend dem bereits im Dokumentenverwaltungssystem vorliegenden Maschinendatensatz beigefügt.

Auswertung
Die Auswertung der jeweiligen Datensätze, welche durch eine eindeutige ID-Nummer gekennzeichnet sind, erfolgt in einem vorbereiteten Excel-Sheet und wird später mit Hilfe eines neutralen Datenformates an das CAD-System übergeben. Diese Systematik ermöglicht zum einen eine CAD-neutrale Datenvisualisierung und zum anderen eine geringe Einarbeitungszeit in das System. Das Einlesen der Vermessungs- und Maschinendaten erfolgt mit Hilfe einer graphischen Nutzerschnittstelle, in der die Maschinendaten für jede Lamelle gesondert eingelesen werden. Die Vermessungsdaten werden automatisiert durch die Angabe eines zentralen Speicherorts hinzugefügt (Abb. 6.40). Nach Abschluss der programminternen Datenanalyse trägt das Programm alle relevanten Daten in eine Excel-Tabelle ein. Dieser Analyseschritt wiederholt sich für jedes Fräsobjekt, sodass z. B. nach Ende eines Projekttages, in der maximal drei Lamellen hergestellt werden können, eine Überprüfung der Lamellen erfolgen kann.

	A	B	C	D	E	F	G	H	I	J	K	L	
2	IST-Daten					CSM-Daten hinzufügen			CAD-Daten exportieren				
5	ID	Lamellenabmessungen		Tiefe ab	Mittelpunkt Lamelle		Planum	Verdrehung Z	Fräsabweichungen in cm		Geräteabweichungen in m		D
6	Lamelle	Länge	Breite	Planum in m	Rechtswert	Hochwert		in Grad	in x-Richtung	in y-Richtung	Rechtswert	Hochwert	
7	PP1	2,80	1,00	19,50	4503405,585	5431691,547	225,8000	0,0000	-5,00	10,00	0,001	0,000	
8	PS2	2,80	1,00	20,00	4503408,137	5431691,545	225,8000	0,0000	2,00	14,00	-0,001	0,002	
9	PP3	2,80	1,00							-2,70	0,003	0,008	
10	SP4	2,80	1,00							5,50	-0,029	0,000	
11	SS	2,80	1,00							-5,50	0,003	-0,001	
12	SP6	2,80	1,00							20,00	0,002	0,025	
13	PP7	2,80	1,00							15,00	0,000	-0,024	
14	PS8	2,80	1,00							-1,90	-0,002	-0,045	
15	PP9	2,80	1,00							7,00	0,035	0,009	
16	SP10	2,80	1,00							-4,00	-0,021	0,001	
17	SS11	2,80	1,00							1,70	0,000	0,002	
18	SP12	2,80	1,00							-1,50	-0,001	-0,008	
19	PP13	2,80	1,00							-10,00	0,004	0,007	
20	PS14	2,80	1,00							-20,00	-0,035	0,006	
21	PP15	2,80	1,00							-4,00	0,000	0,044	

Abb. 6.40 Datenimport und -analyse

Die bereits ausgewerteten Daten können nun mit Hilfe einer weiteren graphischen Nutzerschnittstelle an das CAD-System übertragen werden. Der Export der zu visualisierenden Lamellendaten wird durch den Einsatz von zeitlichen Filterkriterien unterstützt (Abb. 6.41). Dieser Ansatz ermöglicht eine Anbindung von neu zu erstellenden Lamellen an bereits bestehende Lamellen und gewährleistet ein dynamisches Verhalten des CAD-Modells.

Die Visualisierung der exportierten geometrischen Datensätze erfolgt exemplarisch mit dem CAD-System *AutoCAD* der *Autodesk GmbH*. Der Vorgang kann aber auch in anderen CAD-Systemen umgesetzt werden. Die Visualisierung des

	A	B	C	D	E	F	G	H	I	J	K	L	
2	IST-Daten					CSM-Daten hinzufügen			CAD-Daten exportieren				
5	ID	Lamellenabmessungen		Tiefe ab	Mittelpunkt Lamelle		Planum	Verdrehung Z	Fräsabweichungen in cm		Geräteabweichungen in m		D
6	Lamelle	Länge	Breite	Planum in m	Rechtswert	Hochwert		in Grad	in x-Richtung	in y-Richtung	Rechtswert	Hochwert	
7	PP1	2,80	1,00	19,50	4503405,585	5431691,547	225,8000	0,0000	-5,00	10,00	0,001	0,000	
8	PS2	2,80	1,00								-0,001	0,002	
9	PP3	2,80	1,00								0,003	0,008	
10	SP4	2,80	1,00								-0,029	0,000	
11	SS	2,80	1,00								0,003	-0,001	
12	SP6	2,80	1,00								0,002	0,025	
13	PP7	2,80	1,00								0,000	-0,024	
14	PS8	2,80	1,00								-0,002	-0,045	
15	PP9	2,80	1,00								0,035	0,009	
16	SP10	2,80	1,00								-0,021	0,001	
17	SS11	2,80	1,00								0,000	0,002	
18	SP12	2,80	1,00								-0,001	-0,008	
19	PP13	2,80	1,00								0,004	0,007	
20	PS14	2,80	1,00								-0,035	0,006	
21	PP15	2,80	1,00								0,000	0,044	

Abb. 6.41 Datenexport an das CAD-System

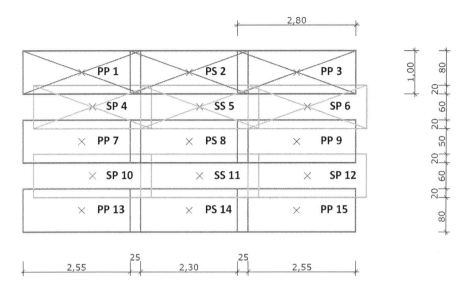

Abb. 6.42 2D-Geometrie der Lamellen

realen Lamellenmodells wird wiederum durch ein Userinterface unterstützt. Hierbei wird im ersten Schritt der exportierte Datensatz, welcher sämtliche geometrischen Informationen (Länge, Breite, Tiefe) sowie die Georeferenzierung der einzelnen Lamelle besitzt, in die Schnittstelle der CAD-Software eingelesen. Im Beispiel bestehen die Lamellen aus einem Rechteckquerschnitt mit einer Abmessung von L×B=2,8 m×1,0 m (Abb. 6.42) und einer lamellenabhängigen Tiefe. Diese Tiefe bzw. der Extrusionspfad der Lamelle ergibt sich aus der Differenz zwischen den georeferenzierten Start- und Endkoordinaten und den geometrischen Abweichungen (Schiefstellung + Verdrehung), die aus den Aufzeichnungen der Maschinendaten abgeleitet werden.

Beurteilung
Im nächsten Schritt können mit Hilfe der Benutzeroberfläche drei verschiedene geometrische Analysearten ausgewählt werden. Möchte man z. B. nur eine qualitative Aussage über geometrische Soll-Ist-Abweichungen erhalten, so genügt eine rein visuelle Darstellung der Lamellen (Abb. 6.43). Hierbei wird der rechteckige Lamellenquerschnitt entlang des realen Pfades extrudiert, das Soll-Modell eingeblendet und anschließend visuell miteinander verglichen. Dies ermöglicht eine einfache Überprüfung der Toleranzen und Überschneidungsbereiche.

Will man eine genauere Aussage über die Dichtkonstruktion erhalten, so besteht die Möglichkeit, eine zweidimensionale Schnittebenenanalyse durchzuführen. Hierbei wird das Modell mit einer rasterabhängigen Anzahl von Ebenen geschnitten und in eine Layerstruktur abgelegt. Das entstandene Schnittprofil kann danach eingeblendet und mit Hilfe von Mess- und Vermaßungsfunktionen untersucht und dokumentiert werden (Abb. 6.44).

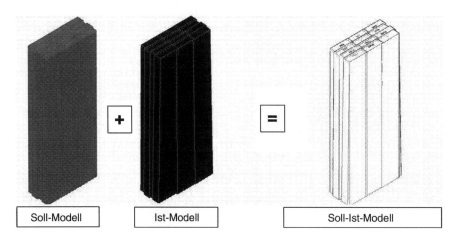

Abb. 6.43 3D-Geometrie der Lamellen

Abb. 6.44 Schnittebenenanalyse

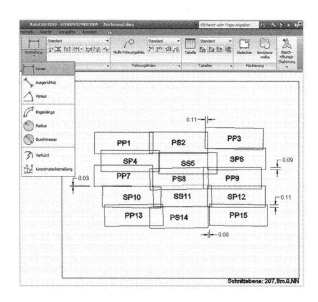

In einigen Fällen können bereits bei der visuellen Kontrolle gravierende Tole-
ranzungenauigkeiten (im Beispiel bedeutet dies eine zu geringe Überschneidung
der Lamellen) erkannt werden, sodass eine lokale Untersuchung des Modells erforderlich wird. Umgesetzt wurde dies, indem ein rasterbasiertes Analyseverfahren
entwickelt wurde, welches eine lokal definierte Schnittebene untersucht. Hierzu
werden in einem frei wählbaren Rasterabstand die Rechteckflächen der Lamellen-
schnitte auf gemeinsame Punktelemente untersucht und anschließend in der Schnittebene farblich dargestellt. Der Anwender erkennt sofort, in welchen Bereichen eine
zu geringe Überschneidung der Lamellen und somit Handlungsbedarf besteht und

Abb. 6.45 Rasteranalyse

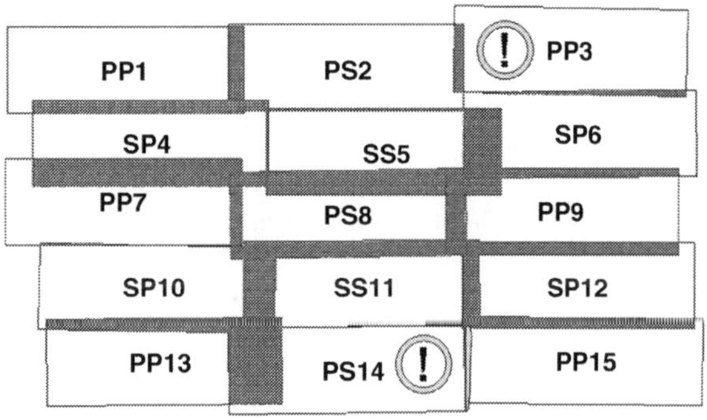

PP1	PS2	(!) PP3
SP4	SS5	SP6
PP7	PS8	PP9
SP10	SS11	SP12
PP13	PS14 (!)	PP15

welche Lamellen als wasserdicht bzw. ordnungsgemäß hergestellt zu erachten sind (Abb. 6.45).

Der Einsatz dieses Systems erfolgte täglich und ermöglichte eine umgehende Reaktion auf Abweichungen in der Geometrie. Erkannte z. B. der Bauleiter nach Analyse des Modells Stellen mit unzureichender Überschnittbreite in der Dichtblockkonstruktion (in Abb. 6.45 zwischen PS14 und PP15), so ordnete er direkt am nächsten Tag die Erstellung einer neuen überschneidenden Lamelle im Bereich der Fehlstelle an. Ergaben sich aus der 3D-Visualisierung Probleme im Baufortschritt, so hatte der Bauleiter die Möglichkeit, die verlorene Zeit durch den Einsatz einer zusätzlichen Fräse wieder aufzuholen. Eine der wichtigsten Anforderungen an das Auswertesystem bestand aber im Nachweis einer planmäßigen Bauwerkserstellung und anforderungsgerechten Qualität gegenüber dem Bauherrn. Dies konnte sowohl mit Hilfe der dreidimensionalen Modellierung als auch der querschnittbasierten Dokumentation realisiert werden (Abb. 6.46). Seitens des Auftraggebers wurde dieses Verfahren als Nachweismethode bestätigt und anerkannt, so dass sich die Firma *Bauer Spezialtiefbau GmbH* entschied, dieses System bei weiteren Baustellen einzusetzen.

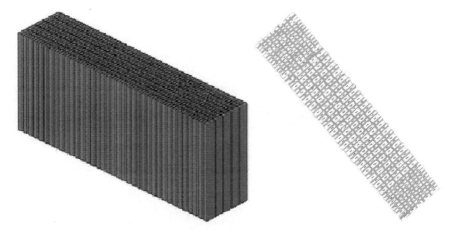

Abb. 6.46 Gesamtmodell des Dichtblockes mit Schnitt-Rasteranalyse

6.2.2 Pilotbaustelle „Bohrpfahlgründung" – Evaluierung von Baugrundmodellen

Tobias Baumgärtel

Die Möglichkeiten der 3D-Baugrundmodellierung (s. Abschn. 2.3.2) sowie der Evaluierung des vor Baubeginn erstellten Baugrundmodells wurden an einer Pilot-baustelle der Firma *Bauer Spezialtiefbau GmbH* untersucht. Für eine Fläche von ca. 140 m × 60 m standen zehn direkte Baugrundaufschlüsse aus der Baugrunderkun-dung zur Verfügung. Die Baugrundschichtung wurde nach einer fachtechnischen Beurteilung in vier für die Baumaßnahme maßgebliche Hauptschichten eingeteilt. Auf Basis dieser interpretierten Bodenschichtung wurden verschiedene 3D-Bau-grundmodelle mit deterministischen und stochastischen Interpolationsverfahren mit dem Programm *SURPAC* erstellt.

Baugrundmodellierung
Mit deterministischen Interpolationsverfahren wurden Modelle mit Triangulatio-nen, Splines und mit dem Inverse-Distanz-Verfahren erstellt (s. Abschn. 2.3.2). Bei den stochastischen Interpolationsverfahren wurde das Kriging-Verfahren eingesetzt. In Abb. 6.47 sind an einem exemplarischen Längsschnitt die unterschiedlichen Schichtverläufe, die bei einer Baugrundmodellierung mit dem Inverse-Distanz-Verfahren und dem Kriging-Verfahren erhalten wurden, dargestellt.

Wie in Abb. 6.47 ersichtlich, waren die Unterschiede zwischen den beiden Mo-dellen gering. Auffällig ist, dass die mit dem Kriging-Verfahren interpolierten Bo-denschichten eine stärkere Glättung aufwiesen. Dies ist auf die geringe Anzahl an Wertepaaren (zehn Baugrundaufschlüsse) zur Erstellung der Variogramme zurück-

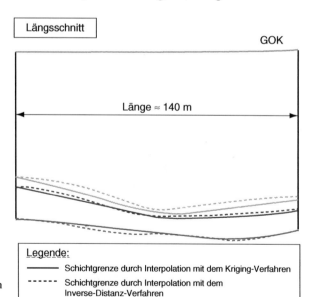

Abb. 6.47 Exemplarischer Längsschnitt und Vergleich zwischen Baugrundschichten interpoliert nach dem Kri-ging-Verfahren und nach dem Inverse-Distanz-Verfahren

Abb. 6.48 3D-Bau-
grundmodell, erstellt mit
dem Kriging-Verfahren
für die Pilotbaustelle
„Bohrpfahlgründung"

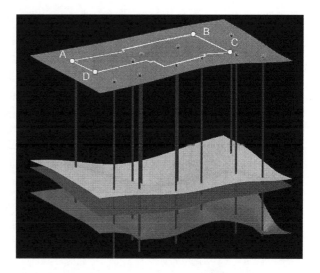

zuführen (vgl. Abschn. 2.3.2). Das mit dem Kriging-Verfahren entstandene Baugrundmodell ist in Abb. 6.48 dargestellt.

Zielsetzung der Evaluierung des Baugrundmodells

Die Bewertung des Baugrundmodells ist von projektspezifischen Anforderungen
und Zielsetzungen abhängig. Hierfür sind vorab fachspezifische Kriterien festzulegen. Die möglichen Zielsetzungen und die Inhalte der einzelnen Kriterien können
wie folgt skizziert werden:

- Art der Baumaßnahme
  Mit Erhöhung der geotechnischen Kategorie und dem damit verbundenen steigenden Schwierigkeitsgrad bei der Herstellung des Bauwerks und zunehmend
  schwierigerem Baugrund ergibt sich sowohl eine verstärkte Erfordernis als auch
  ein steigender Umfang der Evaluierung des Baugrundmodells.
- Art der Bauausführung
  Die Möglichkeiten des gewählten Bauverfahrens und die eingesetzten Baumaschinen müssen in das Evaluierungskonzept integriert werden.
- Fachtechnische Kriterien
  Diese können sein: Anforderungen zur Ausführungsqualität, Vorgaben aus statischen Nachweisen zur Gewährung einer ausreichenden Tragfähigkeit und Ge-
  brauchstauglichkeit geotechnischer Bauwerke, Vorgaben zu Regelbauweisen aus
  der Planung.
- Wirtschaftliche Kriterien
  Ziel ist die Erfassung der erzielten Bauleistungen und eine Bewertung der Ausführungszeiten. Weiterhin bilden wirtschaftliche Kriterien die Basis zur Abrech-
  nung von Bauleistungen, wozu eine Erfassung und Bewertung der verbauten
  Mengen erfolgen muss.

Abb. 6.49 Baugrundmo-
dell erstellt aus den Daten
der Bohrpfahlherstellung
für die Pilotbaustelle
„Bohrpfahlgründung"

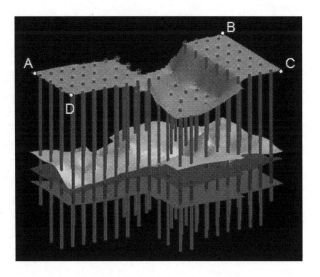

Umsetzung an der Pilotbaustelle

Bei der Pilotbaustelle wurden zur Bauwerksgründung bis zu 18 m lange Bohrpfähle
in einem Raster von ca. 8 m × 8 m in den tragfähigen Baugrund geführt. Aus den
Herstellprotokollen der Bohrpfähle lagen Angaben zur angetroffenen Bodenschichtung vor. Diese Angaben wurden genutzt, um das aus den Daten der Baugrunderkundung erstellte Baugrundmodell (Abb. 6.48) zu evaluieren und ein fortgeschriebenes
Baugrundmodell zu erstellen (Abb. 6.49).

Für die Gültigkeit eines fortgeschriebenen Baugrundmodells ist jedoch die Qualität der während der Bauausführung ermittelten Baugrunddaten unter Beachtung

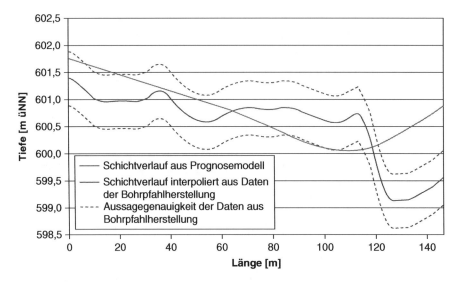

Abb. 6.50 Exemplarischer Soll-Ist-Vergleich der maßgebenden Baugrundschicht

oben aufgeführter Kriterien entscheidend. Dies betrifft bei der Pilotbaustelle die Zuverlässigkeit der Angaben in den Protokollen der Bohrpfahlherstellung. Dabei konnten die höher liegenden, teils aus feinkörnigen Auffüllungen und organischen Böden bestehenden Schichten nur ungenau differenziert werden. Der Übergang zu tief liegenden tragfähigen Schichten (unterste Schichtgrenze in Abb. 6.49) wurde jedoch gut erkannt.

Zur Kalibrierung der Daten aus der Bauausführung wurden alle Bohrpfähle, die nahe an den Stellen der Erkundungsbohrungen lagen, herangezogen. Für die überwiegende Anzahl der Bohrpfähle konnte abgeleitet werden, dass der Übergang zu den tragfähigen Schichten anhand der Bohrpfahlprotokolle mit einer Genauigkeit von ±0,5 m erkannt wurde.

Durch mehrere Baugrundschnitte wurde die sich aus der Bohrpfahlherstellung ergebenden Lage der tragfähigen Bodenschicht mit der im 3D-Baugrundmodell prognostizierten verglichen. In Abb. 6.50 ist exemplarisch ein solcher Baugrundschnitt mit Angabe des Schichtverlaufs aus dem 3D-Baugrundmodell sowie der

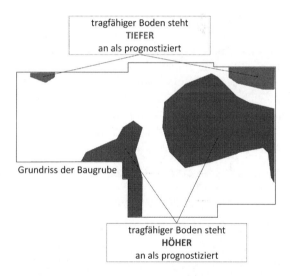

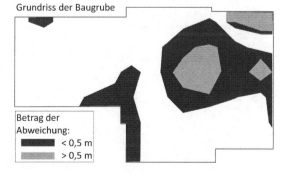

Abb. 6.51 Grundriss der Pilotbaustelle mit Auswertung der Abweichungen zwischen Prognosemodell und Ist-Modell für die maßgebende, tragfähige Bodenschicht

Schichtverlauf, abgeleitet aus den Daten der Bohrpfahlherstellung inklusive dessen Aussagegenauigkeit von ±0,5 m, angegeben.

Unter Berücksichtigung dieser Aussagegenauigkeit wurden die prognostizierte und die tatsächliche Lage der tragfähigen Bodenschicht analysiert sowie qualitativ die Bandbreite von Abweichungen errechnet. Die sich für das Baufeld ergebenden Abweichungen sind in Abb. 6.51 dargestellt. Die Auswertung zeigt, dass Ungenauigkeiten insbesondere bei Extrapolationen in Randbereichen und bei vergleichsweise großen Abständen der Bohraufschlüsse zunehmen.

6.2.3 Pilotbaustelle „Flussquerung" – Baufortschrittskontrolle mittels Augmented Reality

Markus Schorr

Neben der Nutzung der virtuellen 3D-Modelle für die Qualitätskontrolle kann damit auch ein geometrischer Abgleich des Baufortschritts erfolgen. Mit Hilfe von Augmented Reality (AR) können Fotografien von Bauwerken mit den korrespondierenden 3D-Modellen überlagert werden. So kann überprüft werden, inwiefern das real Gebaute mit der Planung übereinstimmt. Theoretische Grundlagen zu dem Verfahren wurden im Abschn. 2.4.4 erläutert.

Auf einer Pilotbaustelle der Firmengruppe *Max Bögl* wurde das Verfahren erfolgreich eingesetzt. Nach dem Import des virtuellen 3D-Modells aus der Planung und einer Digitalfotografie von der Baustelle wurde mit Hilfe der Software *metaio UNIFEYE* eine Überlagerung der beiden Datensätze vorgenommen. Abbildung 6.52 zeigt einen Screenshot der Anwendung.

Abb. 6.52 Baufortschrittskontrolle mit Hilfe von Augmented Reality

Bei der Analyse des Brückenbauwerks wurde sofort ersichtlich, dass alle Komponenten deckungsgleich mit der Planung und damit vorhanden waren. Bezüglich der Maßhaltigkeit konnte sehr einfach nachgewiesen werden, dass keine groben Fehler beim Bau der Brücke begangen wurden. An diesem Demonstrationsbauwerk sollte vor allem gezeigt werden, dass alle drei Träger an der richtigen Position angebracht worden sind. Mit Hilfe der AR-Technologie konnte dies bis auf eine Toleranz von ±3 cm nachgewiesen werden.

6.2.4   Pilotbaustelle „Autobahnbrücke" – Entwicklung eines 3D-Baustellenmodells durch luftgestützte Photogrammetrie

Bernhard Strackenbrock

Für ein Projekt des Industriepartners *Remote Sensing Solution* wurden weite Teile des Stadtgebietes von München im Sommer 2008 und im Winter 2010 mit der kommerziellen Luftbildkamera *Ultracam XP* beflogen und ausgewertet. Aus diesen Datenbeständen wurden die Kacheln[8] für den Bereich der Pilotbaustelle zur Bearbeitung im ForBAU-Projekt zur Verfügung gestellt. Die berechneten *True Ortho Photos* sind im *WGS84 System Zone 33* orientiert und haben eine Lageauflösung von 10 cm und eine Höhenauflösung von 2,5 cm. Die Daten sind in einem gekachelten Format mit 3.000 Pixel Kantenlänge (entspricht 300 m) abgelegt. Aus der Befliegung des Jahres 2008 wurden vier Kacheln und aus der des Jahres 2010 zwei Kacheln bearbeitet. Mit einer Lageauflösung von 10 cm sind die Daten für Bauwerke und bauliche Anlagen zwar noch etwas grob, zur Prüfung des Vorgehenskonzeptes aber ausreichend. Mit der in Abschn. 2.3.1 beschriebenen neuen MultiCam können in Zukunft auch erheblich höher aufgelöste Daten erstellt werden.

Datenbearbeitung

Die übergebenen Daten liegen bei den Pixelinformationen als 16-Bit-Bilder im Format *PPM* und *PGM* sowie für die Geodaten im Format *VRT* vor. Mit der Experimentalsoftware ScanBox (s. Abschn. 2.3.1) werden die Pixeldaten zunächst in das *TIF*-Format umgewandelt und die Geodaten und Bildparameter im DLR-internen *T3C*-Format mit den folgenden Meta-Informationen gespeichert:

```
Timestamp=0
model=cartesian
tiff_color=n_03_32_top_rgb8.tif
tiff_range=n_03_32_height.tif
startu=0.000
startv=0.000
resu=0.100000
resv=0.100000
offset=0.000
qscale=0.025
```

---

[8] Rechteckiger Ausschnitt der Befliegungsdaten.

```
qmode = direct
pinvalid = 1,1,1
sensor2tcp = [1 0 0; 0 1 0; 0 0 1]
tcp2world = [1.0 0.0 0.0 -29.771000; 0.0 1.0 0.0 13670.004000; 0.0 0.0 1.0 462.9198]
```

Mit dem Scanbox-Befehl *Createmesh* kann nun eine Kachel in Ausschnitten oder im Ganzen in eine ausgedünnte Vermaschung überführt und mittels *ActiveX* an das CAD-System *Autodesk AutoCAD 201x* übertragen werden. Dazu wird zunächst jeder Pixel im Tiefenbild mit der Transformation *tcp2world* in einen XYZ-Punkt umgerechnet wird. Der Z-Wert eines Punktes ergibt sich dabei aus dem 16-Bit-Grauwert des Pixels multipliziert mit dem Parameter *qscale*. Für eine Kachel ergeben sich somit 9.000.000 3D-Punkte oder ca. 18.000.000 Dreiecke im 2,5D-Raum. Die Dreiecke können über einen dynamischen Filter entsprechend der lokalen Krümmung ausgedünnt werden. Für die in den Abb. 6.53, 6.54, 6.55, 6.56, 6.57, 6.58 gezeigten Modelle konnte die Dreieckszahl so von ca. 27.000.000 auf

Abb. 6.53 Pilotbaustelle „Autobahnbrücke" 2008, Farbbild

Abb. 6.54 Pilotbaustelle „Autobahnbrücke" 2008, Tiefenbild; die bereits abgebaute Fahrspur (*rechts*) ist deutlich zu erkennen

Abb. 6.55 Pilotbaustelle
„Autobahnbrücke" 2010,
Farbbild

Abb. 6.56 Pilotbaustelle
„Autobahnbrücke" 2010,
Tiefenbild; die bereits fertig-
gestellte Fahrspur (*rechts*) ist
deutlich zu erkennen

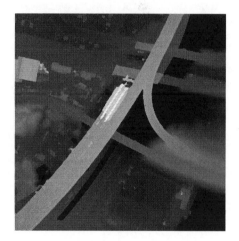

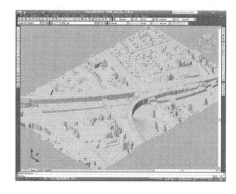

Abb. 6.57 Pilotbaustelle
„Autobahnbrücke", Baustellenmodell 2008 von Südost

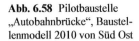

Abb. 6.58 Pilotbaustelle „Autobahnbrücke", Baustellenmodell 2010 von Süd Ost

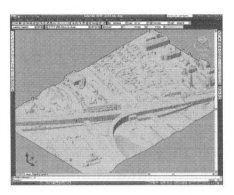

750.000 reduziert werden, von denen ca. 350.000 im unmittelbaren Baustellenbereich liegen.

Mit Hilfe der ScanBox-Software können die Luftbilddaten auch in farbige Punktwolken im *Leica PTS* Format umgewandelt oder im Zusammenspiel mit *AutoCAD 201x* als Punkt und Linienelemente ausgewertet werden. Die endgültige Bearbeitung der Daten für den Tiefbau kann dann in Spezialprogrammen wie *Autodesk Civil3D* oder *RIB STRATIS* erfolgen.

Kapitel 7
Fazit

André Borrmann und Willibald A. Günthner

Die Vision der Digitalen Baustelle umfasst die durchgängige Erfassung, Verarbeitung und zentrale Verwaltung aller für Planung und Ausführung eines Bauvorhabens relevanten Daten. Im Forschungsverbund ForBAU wurden erfolgreich Konzepte und technische Lösungsansätze zur Umsetzung dieser Vision am Beispiel des Infrastrukturbaus erarbeitet.

Dabei galt es, die schwierigen Randbedingungen der Bauindustrie zu berücksichtigen, darunter die starke Fragmentierung in kleine und mittelständische Unternehmen, die hohe Zahl der an der Planung Beteiligten und vor allem die Segmentierung der Prozesskette, die dazu führt, dass die einzelnen Phasen eines Bauvorhabens in der Regel von verschiedenen Firmen umgesetzt werden. Diese Randbedingungen machen die Einführung durchgehend digitaler Datenflüsse weitaus komplexer als in der stationären Industrie, bei der die Engineering- und Fertigungsprozesse in der Regel in einer Hand liegen.

Ausgangspunkt der Forschungsarbeiten war der heutige Stand der Einführung digitaler Technologien im Bauwesen. Dieser ist geprägt davon, dass für Teilaufgaben zwar ausgereifte, hoch-spezialisierte Softwaresysteme eingesetzt werden, die beim Austausch von Daten erreichte Informationstiefe jedoch ungenügend ist. In der überwiegenden Zahl der Bauvorhaben werden zweidimensionale Pläne, in digitaler oder gedruckter Form, vom Planungsbüro an den Bauherrn übergeben, der diese wiederum an das ausführende Bauunternehmen weiterreicht. Höherwertige digitale Informationen zu Bauablauf, Material oder Logistik können so nicht transportiert werden. Die Grundlage eines verbesserten digitalen Informationsflusses muss daher zum einen ein informationsreiches, digitales Modell der Baustelle und Bauprozesse bilden. Zum anderen muss dessen intelligente Verwaltung gewährleistet sein, um es für alle am Bau Beteiligten adäquat nutzbar zu machen.

Eine wesentliche Komponente der Digitalen Baustelle bildet folgerichtig ein umfassendes, für alle Beteiligten verfügbares dreidimensionales Modell des gesamten Bauvorhabens. Der Aufbau eines solchen Modells beginnt mit der detaillierten

A. Borrmann (✉)
Lehrstuhl für Computation in Engineering, Technische Universität München,
Arcisstraße 21, 80290 München, Deutschland
E-Mail: andre.borrmann@tum.de

Erfassung des Urgeländes mit Hilfe moderne Vermessungsmethoden, wie dem Laserscanning oder der luftgestützten Photogrammetrie. Diese erlauben eine nahezu vollautomatisierte Aufnahme des Urgeländes und die Weiterverarbeitung hin zu
einem Digitalen Geländemodell. Das Erzeugen eines 3D-Baugrundmodells durch
Anwendung von stochastischen oder deterministischen Interpolationstechniken ermöglicht es, den Baugrund des gesamten Baufelds zu modellieren und damit räumliche Angaben und quantifizierbare Vorhersagen zur Baugrundschichtung und den
Aushubmaterialen zu treffen.

3D-Gelände- und 3D-Baugrundmodell bilden die Grundlage für eine konsequent
Modell-gestützte Planung von Verkehrstrassen und der darin enthaltenen Ingenieurbauwerke. Gerade für den Entwurf von Brückenbauwerken, deren Überbau häufig
eine komplizierte dreidimensionale Krümmung aufweist, birgt die Nutzung moderner, parametrischer 3D-Entwurfswerkzeuge enorme Vorteile, darunter die Möglichkeit der Kollisionsprüfung, der Ableitung hochwertiger, konsistenter Zeichnungen
und der automatisierten Mengenermittlung. Die im ForBAU-Projekt entwickelte
Integrator-Software gewährleistet zum einen die Einbindung konventioneller Tras-
senentwurfswerkzeuge in die 3D-basierte Planung und ermöglicht zum anderen
die parametrische Bindung von Brückenbauwerken an die Geometrie des Trassenverlaufs. Die Erweiterung des 3D-Modelles um die Baustelleneinrichtung liefert
schließlich ein vollständiges und umfassendes digitales Abbild der Baustelle.

Um den Zugriff auf Modelle und Informationen für alle Beteiligten zu gewährleisten, muss ein System zur zentralen Datenverwaltung zum Einsatz kommen. Im
Rahmen des ForBAU-Projekts wurden hierzu Product Data Management Systeme
verwendet. Sie eignen sich für die Verwaltung der Digitalen Baustelle besonders
gut, da sie sowohl den Zugriff auf hochwertige 3D-Modelle im Sinne eines Concurrent Engineering-Ansatzes regeln als auch textbasierte Dokumente verwalten können. Zudem ist es möglich, die im Zuge der Planung und Ausführung abzuwickeln-
den Prozesse als Workflow im System abzubilden, wodurch diese digital begleitet
und überwacht werden können. Eine PDM-Lösung erlaubt es damit den Beteiligten,
jederzeit aktuelle Informationen zum Planungs- bzw. Ausführungsstand abzurufen.

Eine weitere wesentliche Komponente der Digitalen Baustelle ist die computergestützte Simulation der Bauabläufe. Sie hilft, Schwachstellen und Konflikte im
Bauablauf frühzeitig zu identifizieren und den Ressourceneinsatz entsprechend zu
planen. Im Rahmen von ForBAU kam hierzu ein ursprünglich für die Planung von
Fabriken entwickeltes System zum Einsatz, das auf die spezifischen Bedürfnisse
des Bauwesens angepasst wurde. Um den Aufwand zur Erstellung eines Simulationsmodells zu verringern, wurde ein Simulationsbaukasten mit vordefinierten
bauspezifischen Komponenten entwickelt.

Auf Basis dieser hochwertigen digitalen Planungsdaten kann im nächsten Schritt
eine detaillierte Vorbereitung der Baulogistik erfolgen, um die effektive und effiziente Materialversorgung des Bauprojektes zu gewährleisten. Im Fokus stehen hierbei insbesondere die Planung, Steuerung und Kontrolle der Lieferzeiten, -orte und
-mengen von Baustoffen und Bauteilen. Um eine punktgenaue Anlieferung zu ermöglichen, wurde von ForBAU-Wissenschaftlern ein innovatives System zur satel-
litengestützten Definition der Anlieferorte auf der Baustelle entwickelt. Gleichzei-

tig werden AutoID-Technologien wie RFID dazu verwendet, die Anlieferung und den Verbau von Bauteilen zu verfolgen und zu dokumentieren. Die so gesammelten digitalen Informationen zu Materiallieferungen und -beständen auf der Baustelle werden in einem Baustellenwirtschaftssystem verwaltet und ermöglichen die effiziente Kontrolle der logistischen Leistung.

Ein letzter Baustein der Digitalen Baustelle ist schließlich die kontinuierliche Überwachung des Baufortschritts mithilfe weitgehend automatisierter Erfassungsmethoden, wie die bereits erwähnten Verfahren des Laserscannings und der Stereophotogrammetrie.

Durch die Validierung der entwickelten Methoden anhand konkreter Pilotbaustellen der beteiligten Industriepartner konnte die Eignung und Umsetzbarkeit der erarbeiteten Konzepte der Digitalen Baustelle erfolgreich nachgewiesen werden.

Dennoch sind noch einige Hürden zu überwinden, bevor sich eine durchgängig digitale Planung und Abwicklung von Bauvorhaben endgültig durchsetzen wird. Dazu gehören zum einen technische Herausforderungen wie die Erweiterung moderner parametrischer CAD-Systeme um bauspezifische Elemente, die Implementierung standardisierter, offener Schnittstellen zum verlustfreien Austausch von Informationen oder die Bereitstellung einer kommerziellen, auf die Belange des Bauwesens angepassten Lösung zur Datenverwaltung.

Gleichzeitig hat die Arbeit im Forschungsprojekt jedoch deutlich gemacht, dass im Bauwesen die Hürden zur Einführung durchgehend digitaler Verfahren vielfach nicht technischer, sondern organisatorischer Natur sind. Ein Grund hierfür liegt in der stufenweisen Beauftragung und der dadurch bedingten großen Zahl von Akteuren und Schnittstellen in einem Bauprojekt. Heute gehen häufig Informationen beim Übergang von einem Beteiligten zum anderen verloren. Ein durchgängiges digitales Baustellenmodell kann diese Informationsverluste vermindern, allerdings bedeutet seine Erstellung einen höheren Aufwand in der Planung. Da sich der Mehrwert des Modells aber über die gesamte Projektdauer ergibt, müssen intelligente vertragliche Rahmenbedingungen geschaffen werden, die es erlauben, diesen planerischen Mehraufwand entsprechend zu vergüten.

Gelingt es der Bauindustrie, diese organisatorischen und rechtlichen Hürden zu überwinden, steht der flächendeckenden Umsetzung der Digitalen Baustelle nichts mehr im Wege. Durch die durchgehende Nutzung digitaler Informationen, die Schaffung hochwertiger Modelle in der Planung und den Einsatz von Bauablaufsimulationen zur Arbeitsvorbereitung steht eine deutliche Steigerung der Effizienz bei der Planung und Abwicklungen von Bauvorhaben zu erwarten. Damit geht eine höhere Qualität nicht nur des resultierenden Bauwerks, sondern auch des Planungs- und Ausführungsprozesses einher. Das führt letztlich zu einer erhöhten Termin- und Kostensicherheit – zwei der wesentlichen Schwachpunkte heutiger Bauabläufe.

Zwar sind noch einige Entwicklungsschritte zu leisten, trotzdem lässt sich bereits heute sagen, dass sich die richtungsweisenden Ideen und Konzepte der Digitalen Baustelle in naher Zukunft in der Baupraxis durchsetzen werden. Damit wird ein erheblicher Beitrag zur Wahrung der Technologieführerschaft und damit der Wettbewerbsvorteile Deutschlands in der Baubranche geleistet.

Sachverzeichnis

T
Tachymeter, 25, 43, 46, 50, 108
Target,
  Zielmarke, 47
technische Gebäudeausrüstung, 40
Technologie,
  Integration neuartiger, 281
Teilmodelle, 41, 42
  Zusammenführung, 78
Terminplanung,
  materialbezogene, 224
Tracking, 84
Transportkosten, 218
Transportmatrix, 311
Transportwegeführung, 311
Trassenbauprojekt, 25
Trassenmodell, 293
  3D, 42, 68
Turmdrehkraneinsatzplaner, 189
Überbaumodell, 300
Überlagerung, 336
Überwachungsmessung, 105

U
Unterbaumodell, 300

V
Variantenstudien, 75
Variogramm, 64
Vermaschung, 47

Vermassungskette, 298
Vermessung,
  baubegleitend, 316
  konventionell, 49
Versorgungsstrategie, 223
Virtuelle Baustelle, 18
Virtuelle Inbetriebnahme, 172
Virtuelle Realität, 83
Vision, 3
Visualisierung, 82, 328
VOB, 86, 190
Volumenkörper, 80
Voxel, 82, 183, 194, 293, 307
Voxelisierung, 80

W
Wärmebedarfsberechnung, 38
Wertschöpfungskette,
  Bruch, horizontaler, 215
  Bruch, vertikaler, 215
Workflow-Management, 123
  Status, 119, 123

Z
zentrales Datenmanagement,
  Verwalter, 5
zentrale Datenhaltung, 4
zentrales Datenmanagement,
  Datenmanagement-Dienstleister, 5
Zusammenbaukontrolle, 99